普通高等教育“十一五”国家级规划教材

信息通信专业教材系列

数字信号处理基础

（第3版）

周利清　苏　菲　罗仁泽　编著

北京邮电大学出版社

·北京·

内 容 简 介

“数字信号处理”是各高等院校电子类专业和通信类专业学生的一门非常重要的专业基础课。本书阐述了离散系统的性质、离散信号的各种变换；深入讲解了DFT的原理及其性质，讨论了用DFT求线性卷积和进行分段卷积的方法；阐述了各种FFT算法；详细论述了IIR数字滤波器的原理和设计方法；分析了线性相位FIR滤波器的实现条件和重要性质以及设计方法；详细讨论了IIR数字滤波器和FIR数字滤波器的各种结构及其优缺点；讨论了数字信号处理中的有限字长效应。此外，在每一章之后，加入了与本章所涉及的内容有关的Matlab方法、程序、函数等，使读者可以利用Matlab得到的结果来帮助和验证自己对于原理的理解。

全书系统、深入浅出、透彻清楚地讲解了数字信号处理的基本理论、基本概念和基本算法，数学推导严谨，逻辑关系清楚，以使得读者便于理解、掌握，并且便于自学。这本书不但可以作为本科生的教材，还可以为从事数字信号处理工作的技术人员自学所用。

图书在版编目(CIP)数据

数字信号处理基础/周利清，苏菲，罗仁泽编著．--3版．--北京：北京邮电大学出版社，2012.6(2022.12重印)

ISBN 978-7-5635-2948-3

Ⅰ.①数…　Ⅱ.①周…②苏…③罗…　Ⅲ.数字信号处理—高等学校—教材　Ⅳ.TN911.72

中国版本图书馆CIP数据核字(2012)第058838号

书　　名：数字信号处理基础(第3版)
编 著 者：周利清　苏　菲　罗仁泽
责任编辑：王晓丹
出版发行：北京邮电大学出版社
社　　址：北京市海淀区西土城路10号(100876)
发 行 部：电话：010-62282185　传真：010-62283578
E-mail：publish@bupt.edu.cn
经　　销：各地新华书店
印　　刷：唐山玺诚印务有限公司
开　　本：787 mm×960 mm　1/16
印　　张：19.5
字　　数：427千字
版　　次：2005年9月第1版　2007年11月第2版　2012年6月第3版　2022年12月第6次印刷

ISBN 978-7-5635-2948-3　　　　定　价：48.00元

· 如有印装质量问题，请与北京邮电大学出版社发行部联系 ·

前　言

“数字信号处理”是各高等院校电子类专业和通信类专业学生的一门非常重要的专业基础课，它在现代信息社会中已经越来越广泛地应用于许多领域，如语音、图像、雷达、声纳、通信、地震、地质勘探、遥感遥测、系统控制、故障检测、自动化仪表、电力系统、生物医学和航空航天等。但是，“数字信号处理”这门课程有一定难度，因为这门课最初是一门研究生课程，从20世纪八九十年代开始，高等院校的有关专业才逐渐将其作为本科生的必修课；另外，掌握这门课要求读者已经较好地学习了“高等数学”、“线性代数”、“复变函数”、“信号与系统”等课程并且具有一些计算机方面的基本知识；再有就是这门课程所涵盖的知识较丰富，并且随着现代科学技术的飞速发展，数字信号处理所包含的内容还处在不断发展和更新的进程之中。

这本书是作者在长期从事数字信号处理方面的教学和科研工作的基础上，为本科生所编写的数字信号处理课程的教材，该书只包含本科生应该掌握的数字信号处理的基本知识。作者力求在对数字信号处理的基本原理、基本概念、基本算法融会贯通、深入理解的基础上，将这些知识系统、深入浅出、透彻清楚地进行讲解，做到有理、有据、有条理，数学推导正确，逻辑关系清楚，以使读者容易理解和掌握，并且便于教学和自学。希望读者在学习这本教材所建立的坚实基础上，能够更好地去学习数字信号处理的其他更深入的内容，或者能够将这些知识很好地投入实际应用。

Matlab是数字信号处理的非常重要的工具，它可以快捷、方便地为数字信号处理所涉及的各种问题提供正确的答案和直观的图形显示。本书将以理论讲解为主，而在每一章之后，加入与本章所涉及的内容相关的Matlab方法、程序、函数等，使读者既掌握原理和方法又会使用Matlab工具，而且可以利用Matlab得到的结果来帮助和验证自己对于基本概念的理解。

本书还有一个非常重要的特色：数字信号处理中有几个在理论上和实际应用中都非常重要的基本概念。①留数法求z反变换的有关问题；②对于用重叠保留法进行分段卷积的原理的深层理解；③利用模拟滤波特性的逼近来设计IIR数字滤波器时，数字滤波器的数字频率、模拟频率以及模拟滤波器的频率之间的关系；④用窗口法设计线性相位因果FIR滤波器时，当长度N为偶数时应该如何处理。对于这些问题在本书中都有透彻的分析和明确的结果。

全书共有8章。第1章绪论，对数字信号处理进行概述；第2章离散系统的性质和离散信号的变换，这是数字信号处理的基础；第3章讲述离散傅里叶变换(DFT)的原理、性质和方法；第4章快速傅里叶变换(FFT)，阐述DFT的快速算法；第5、6、7章讲述数字信号处理的另一基本方法，即数字滤波，分别论述IIR和FIR这两大类数字滤波器的原理、特性和设计方法，并讲解数字滤波器的实现结构以及两大类数字滤波器的主要算法结构；第8章讲述数字信号处理中的有限字长效应。为了使全书内容紧凑并且更具有逻辑性和系统性，本书所用到的、在“信号与系统”中已经学过的一些重要的数学公式和结论，以及一些较长的、又不影响主要内容的推导过程和证明过程等都放在附录之中。

以上所述是本书的宗旨、内容、特色，如有不当之处，欢迎批评指正，也欢迎各位读者对本书中的缺点和错误进行批评指正。

周利清

写于第3版出版之时

目　录

注:目录中有“ * ”号的是选学的内容。

第1章　数字信号处理概述(绪论)

1.1　信号的分类

电信号可以用它随时间变化的电压大小来表示,也可以用它随时间变化的电流大小来表示,无论是用电压还是电流来表示,都可以这样来分类:

- 信号
  - 模拟信号
  - 离散信号
    - 抽样数据信号
    - 数字信号

模拟信号(的电压或者电流)是时间的连续函数,在规定的时间内的任意时刻信号都有一定的数值(幅值),而且此数值是在一定的范围内随时间连续变化的。如脉冲信号、三角形信号、正弦信号、语音信号等都是模拟信号,如图 1.1 所示。

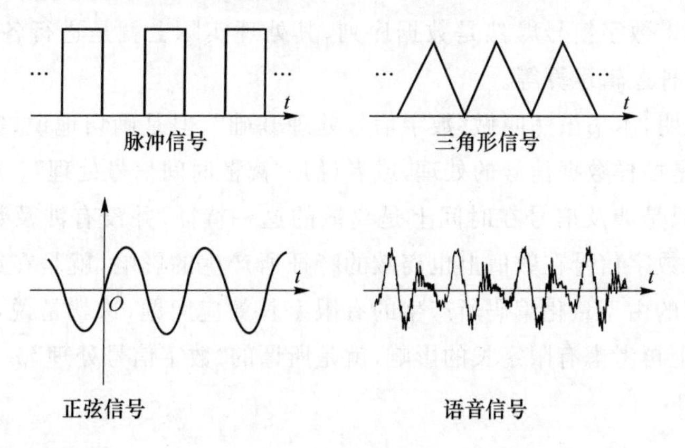

图 1.1　模拟信号

离散信号只在一组特定的时刻有数值,在其他时间数值为零,因此离散信号又叫离散时间信号。若离散信号的幅值在一定范围内可连续取值,则为抽样数据信号;将抽样数据信号的幅值量化并变为二进制数码序列,则为数字信号。因此,抽样数据信号在时间上是离散的,而其幅值是可以连续变化的;而数字信号在时间上是离散的,其幅值也不能够连续变化。

例如一个模拟信号，如图 1.1 中所示的正弦信号，假设它可以表示为函数 $f(t)=8\sin\Omega_0 t$，显然，$f(t)$不仅是时间的连续函数，而且其幅值的大小也是在一定的范围内(8 与 −8之间)连续变化的。如果对此信号进行抽样，也即每隔一定的时间间隔抽取一数值，则得到一个数据序列，此时的信号在时间上是离散的，但其幅值大小仍可以在 8 和 −8 之间任意取值，这就是抽样数据信号。抽样数据信号又叫做抽样信号或取样信号或采样信号。如果对抽样信号进行量化编码，比如采用 4 bit 线性编码来处理上述抽样信号，即每个样值用 4 位二进制码表示，则其取值只能为 7，6，…，1，0，−1，…，−8，这就是数字信号。也就是说，数字信号在时间上和数值上都是离散的。

综上所述，有：

$$\text{模拟信号}\xrightarrow{\text{抽样}}\text{抽样数据信号}\xrightarrow{\text{量化编码}}\text{数字信号}$$

1.2 数字信号处理

数字信号处理是研究如何用数字或符号序列来表示信号以及如何对这些序列进行处理的一门学科。大家知道，模拟信号的特征是用波形来描述的，而离散信号实际上是一串数据，是一个数字序列，这是它与模拟信号的根本区别，因此，对数字信号的处理肯定与模拟信号处理不同。数字信号既然是数据序列，其处理实际上就是进行各种数学运算，如加、减、乘以及各种逻辑运算等。

这里应该说明，本书虽然叫做“数字信号处理基础”，但是确切地说，实际上在第四部分之前，讲的都是抽样数据信号的处理，或者说是“离散时间信号处理”。因为在第四部分之前的内容，都只是涉及信号在时间上是离散的这一特征，并没有涉及数值上离散的特征。至于真正的数字信号在数值上也离散的特征所产生的影响，就是在第四部分或者说第 9 章中所讨论的由于量化编码所产生的有限字长效应问题，这就是说，在“离散时间信号处理”的基础上再考虑有限字长的影响，就是所谓的“数字信号处理”。

1.3 数字信号处理的优越性

对信号进行数字处理与进行模拟处理相比较，有以下一些优越性。

1. 精度高

对模拟信号的处理，是用由电感、电容、电阻等元件所组成的模拟系统来实现的，而模

拟元件精度达到 10^{-3} 已经很不容易了。若将模拟信号数字化以后进行处理,在数字系统中 17 位字长可达到 10^{-5} 的精度,而目前在计算机和微处理器中,采用 16 位、32 位的运算器和存储器已经很普遍了,再配合适当编程或采用浮点算法,达到相当高的精度是不成问题的。因此,在一些要求高精度的系统中,甚至只能采用数字技术,如高保真度的 CD 音乐光盘、高清晰度的数字电视系统等。

2. 可靠性高

模拟系统中各种参数受温度、环境影响较大,因而易出现感应、杂散效应,甚至震荡等;而数字系统受温度、环境影响较小。模拟信号受到干扰即产生失真,而数字信号由于只有两种状态,因此,所受的干扰只要在一定范围以内,就不会产生影响,这就是说,数字信号抗干扰能力强。另外,如果用数字信号进行传输,在中继站还可以对畸变了的脉冲波形进行整形,并使其再生。总的说来,信号的数字处理可靠性高。

3. 灵活性强

一个数字系统的性能主要取决于各乘法器的系数,而这些系数存放于系数存储器中,只需对这些存储器输入不同的数据,就可以改变系统参数从而得到不同性能的系统。数字信号的灵活性还表现在可以利用一套设备同时处理多路相互独立的信号,即所谓的"时分复用",这在数字电话系统中是非常有用的技术。

4. 便于大规模集成化

数字部件具有高度的规范性,易于实现大规模集成化。

5. 数字信号便于加密处理

由于数字信号实际上为数据序列,因此便于加密运算处理。

6. 对于低频信号尤其优越

处理低频信号的模拟元件如电感、电容等一般都体积较大、制作不易、使用不便而且成本较高。如果转换成数字信号来进行处理,由于频率低,对数字部件的速度要求不高,因而是很容易实现的。

数字处理当然也有其局限性,大家在后面学了抽样定理后就会知道,所处理的信号频率越高。对处理系统所要求的工作速度也就越高,目前,数字系统的速度还不能达到实时处理很高频率信号(如射频信号)的要求。但是,随着大规模集成电路、高速数字计算机的发展,尤其是微处理器的发展,数字系统的速度将会越来越高,数字信号处理也会越来越显示出其优越性。数字技术正在取代传统的模拟技术,日益广泛地应用于数字通信、图像传输、自动控制、遥感技术、雷达技术、电子测量技术、生物医学工程以及地震学、波谱学、震动学等许多领域。

1.4 数字信号处理的3种方式

数字信号既然是一串数据序列，因此，对数字信号的处理就是运算。常用的有3种运算：相加、相乘和延迟。这些运算既可以用硬件电路来实现，又可以用软件编程来实现，实际上有以下3种处理方式。

1. 软件处理

就是对所需要的运算编制程序，然后在数字计算机上实现。软件处理灵活、方便，但是总的说来速度较慢，一般用在不要求实时处理的情况，甚至也可以将需要处理的数据存储起来，在适当的时候再调出来进行计算。

2. 硬件处理

就是用加法器、乘法器、延时器以及它们的各种组合来构成数字电路，以实现所需要的运算。硬件处理显然不如软件处理方便灵活，但是处理速度快，能够对数字信号进行实时处理。

3. DSP(数字信号处理器)方式

近年来日益广泛采用的各种数字信号处理器(如TI的TMS320系列)可以认为是软硬件处理方式的结合，这种处理是用数字信号处理芯片以及存储器来组成硬件电路，所需要的运算靠特定的汇编语言编程来实现。因此，采用DSP既方便灵活，一般又能做到实时处理。近年来，DSP技术发展得非常迅速，其性能越来越高，运行速度也越来越快，已经日益广泛地应用于包括通信在内的各个领域之中。

1.5 数字信号处理的两大方法

由于数字信号本身的特点以及高速数字计算机和微处理器的应用，使得一些数字信号处理算法应运而生，其中最突出的是快速傅里叶变换和数字滤波这两大方法。

快速傅里叶变换是离散傅里叶变换的快速算法，可以用来对信号进行频谱分析，也可以用来计算离散系统的输出响应。

数字滤波是对输入数字信号进行一系列数字相加、乘以常数以及时延(或者叫延迟)等运算，结果得到满足一定要求的输出数字信号。这里所谓的数字滤波和模拟信号的滤波有相同的意义，即在输出信号中保留所需要的频率成分，而滤除其他的频率成分。

第2章　离散系统的性质和离散信号的变换

本章的一些内容在“信号与系统”课程中已经学过，但是考虑到本章的内容是离散信号处理的基础，是非常重要的，因此，有必要对已有的知识拓展和加深，使其更加系统和完善。本章所涉及的一些数学知识请参看附录A1。

2.1　抽样和内插

信号的数字处理与模拟处理相比有许多优点，但是在实际问题中，要进行处理的往往是模拟信号。因此，进行数字处理的第一个问题就是要将其离散化(抽样)，然后进行量化编码，再对得到的数字信号进行处理。数字处理的结果最后要由离散信号恢复成连续信号。将模拟信号(连续信号)离散化的过程叫抽样或取样，将离散信号变为连续信号(模拟信号)的过程叫内插。模拟信号与数字信号之间的相互转换过程如图2.1所示，本节只讨论其中的抽样和内插这两个问题，关于A/D变换(量化编码)过程和D/A变换过程请参阅对之详细讲解的书。

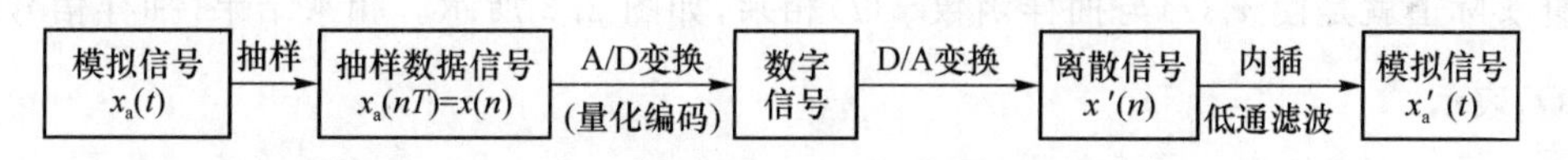

图2.1　模拟信号与数字信号之间的相互转换

图2.1中，D/A变换之后的离散信号标记为$x'(n)$是为了与$x(n)$区分开来，因为实际上这两个离散信号之间是有差别的，$x'(n)$包含有在对$x(n)$进行量化编码时所产生的量化误差。由此，内插后所恢复的模拟信号$x_a'(t)$也与原来的模拟信号$x_a(t)$不完全相同。

2.1.1　抽样

将连续信号变为离散信号最常用的方法是等间隔抽样，即每隔固定时间T_s抽取一个信号值，如图2.2所示。其中T_s称为抽样周期，其倒数为抽样频率，即$f_s=1/T_s$，而

$\Omega_s = 2\pi f_s = 2\pi / T_s$则为抽样角频率。

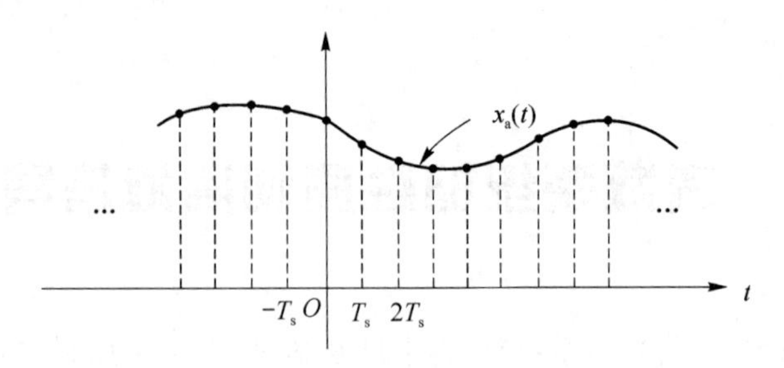

图 2.2 模拟信号的抽样

抽样过程所得到的 $x_a(nT)$ 是 $x_a(t)$每隔一定时间的抽样值序列，在每两个相邻的样点之间，可以用各种不同的曲线来连接。那么，由 $x_a(nT)$能否确定并恢复出 $x_a(t)$呢？在下面将会看到，只要满足一定的条件，离散信号 $x_a(nT)$就可以按照一定的方式恢复出 $x_a(t)$来。

抽样定理回答了在什么条件下可以唯一确定地恢复出 $x_a(t)$。

抽样定理 设 f_m 是一模拟信号 $x_a(t)$ 频谱的最高频率，当对 $x_a(t)$进行抽样时，只要抽样频率 f_s 等于或大于 $2f_m$，就可以由抽样序列 $x_a(nT)$来唯一准确地恢复出$x_a(t)$。

如果从时域和频域两个方面来分析抽样过程，就会清楚地看到，为什么只要满足了抽样定理的条件，所得到的抽样序列就能唯一确定出原来的连续信号，并由此可以知道恢复原来信号的基本方法。

首先进行时域分析。设 $x_a(t)$为一个限带信号，其最高频率为 Ω_m。容易看出，将 $x_a(t)$抽样实际上就是使 $x_a(t)$与抽样函数 $p(t)$相乘，如图 2.3 所示。相乘结果(抽样信号)以 $\hat{x}_a(t)$表示。

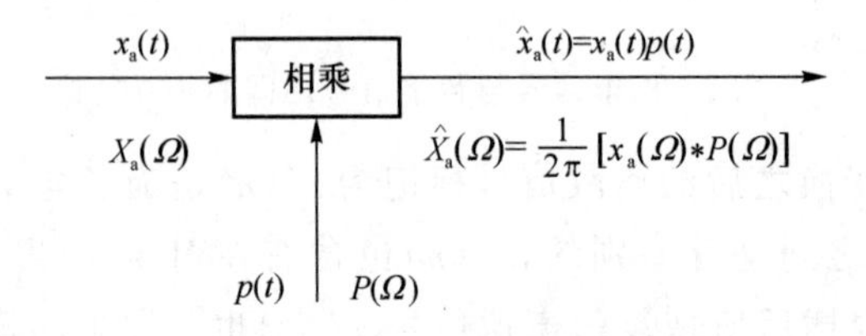

图 2.3 抽样过程的数学模型

由于抽样函数 $p(t) = \frac{1}{T_s}\text{comb}\left(\frac{t}{T_s}\right) = \sum\limits_{n=-\infty}^{\infty}\delta(t - nT_s)$，这里抽样周期 T_s 也就是抽样函数 $p(t)$ 这个周期函数的周期，于是

$$\hat{x}_a(t) = x_a(t)p(t) = \sum_{n=-\infty}^{\infty} x_a(t)\delta(t - nT_s)$$

$$= \sum_{n=-\infty}^{\infty} x_a(nT_s)\delta(t-nT_s) \tag{2.1}$$

(2.1)式表示,抽样数据信号 $\hat{x}_a(t)$(这里仍将其作为连续时间变量 t 的函数)是无穷多个 δ 函数的加权组合,权值正是 $x_a(t)$的各个抽样值。

下面进行频域分析。由模拟信号傅里叶变换的性质可知,两个信号若在时域是相乘的关系,映射到频域则为卷积的关系,也即如果在时域有

$$\hat{x}_a(t)=x_a(t)\cdot p(t) \tag{2.2}$$

则在频域有

$$\hat{X}_a(\Omega)=\frac{1}{2\pi}[X_a(\Omega) * P(\Omega)] \tag{2.3}$$

这里 $\hat{X}_a(\Omega)$、$X_a(\Omega)$、$P(\Omega)$ 分别表示 $\hat{x}_a(t)$、$x_a(t)$、$p(t)$的傅里叶变换。

要得到 $\hat{X}_a(\Omega)$,首先应求得 $P(\Omega)$。在 附录 A1 中已经给出了 $P(\Omega)$ 的表示式,但现在要得到 $P(\Omega)$ 的另一个表示式。为此,考察抽样函数 $p(t)=\sum\limits_{n=-\infty}^{\infty}\delta(t-nT_s)$,显然这是一个周期为 T_s 的周期函数,因此,可以将其用傅里叶级数表示出来,即有

$$p(t)=\sum_{n=-\infty}^{\infty}\delta(t-nT_s)=\sum_{m=-\infty}^{\infty}A_m e^{jm\Omega_s t} \tag{2.4}$$

其中 $\Omega_s=2\pi/T_s$ 是周期函数 $p(t)$ 的基波角频率,显然它也是抽样角频率。下面来求傅里叶级数的系数:

$$\begin{aligned} A_m &= \frac{1}{T_s}\int_{-T_s/2}^{T_s/2} p(t)e^{-jm\Omega_s t}dt \\ &= \frac{1}{T_s}\int_{-T_s/2}^{T_s/2}\left[\sum_{n=-\infty}^{\infty}\delta(t-nT_s)\right]e^{-jm\Omega_s t}dt \end{aligned}$$

在$|t|\leqslant T_s/2$ 的积分区间内,只有一个冲激脉冲 $\delta(t)$,其他冲激脉冲 $\delta(t-nT_s)$在 $n\neq0$ 时都在积分区间之外,因此

$$A_m=\frac{1}{T_s}\int_{-T_s/2}^{T_s/2}\delta(t)e^{-jm\Omega_s t}dt=\frac{1}{T_s}e^{-jm\Omega_s 0}=\frac{1}{T_s} \tag{2.5}$$

所以

$$p(t)=\frac{1}{T_s}\sum_{m=-\infty}^{\infty}e^{jm\Omega_s t}=\frac{1}{T_s}\sum_{n=-\infty}^{\infty}e^{jn\Omega_s t} \tag{2.6}$$

由于

$$e^{jn\Omega_s t}\overset{\mathscr{F}}{\longleftrightarrow}2\pi\delta(\Omega-n\Omega_s)$$

因此

$$p(t)=\frac{1}{T_s}\sum_{n=-\infty}^{\infty}\mathrm{e}^{\mathrm{j}n\Omega_s t}\xleftrightarrow{\mathscr{F}}P(\Omega)=\frac{2\pi}{T_s}\sum_{n=-\infty}^{\infty}\delta(\Omega-n\Omega_s) \tag{2.7}$$

所以

$$\begin{aligned}\hat{X}_a(\Omega)&=\frac{1}{2\pi}[X_a(\Omega)*P(\Omega)]=\frac{1}{T_s}\sum_{n=-\infty}^{\infty}[X_a(\Omega)*\delta(\Omega-n\Omega_s)]\\&=\frac{1}{T_s}\sum_{n=-\infty}^{\infty}X_a(\Omega-n\Omega_s)\end{aligned} \tag{2.8}$$

由上式可以知道：抽样信号 $\hat{x}_a(t)$ 的频谱 $\hat{X}_a(\Omega)$ 包含着原信号 $x_a(t)$ 的频谱以及无限多个此基带频谱经过不同平移后的结果，平移的大小为 Ω_s 的整数倍，各个子频谱的幅度都是 $X_a(\Omega)$ 幅度的 $1/T_s$ 倍。也可以说，将 $X_a(\Omega)$ 乘以 $1/T_s$ 后进行以 Ω_s 为周期的周期延拓就得到 $\hat{X}_a(\Omega)$，如图 2.4 所示。这里假设 $X_a(0)=1$，因此图中 $\hat{X}_a(0)=1/T_s$。

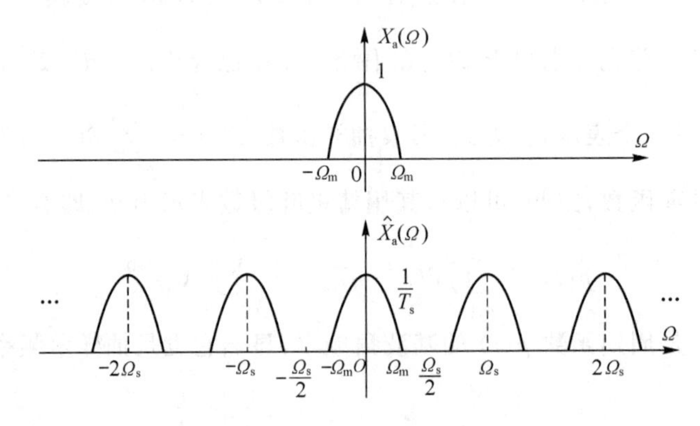

图 2.4 抽样信号的频谱与原模拟信号频谱之间的关系

由此可以得出一个重要的结论：时域中的连续信号经单位冲激抽样后，在频域中产生周期性函数，其周期等于抽样角频率 Ω_s。

容易看出，只要抽样频率足够高，满足条件 $\Omega_s\geqslant 2\Omega_m$，周期频谱 $\hat{X}_a(\Omega)$ 就不会发生混叠，此时，只需将抽样信号 $\hat{x}_a(t)$ 通过一个合适的低通滤波器，就可以滤出原模拟信号的所有频率成分，同时去除了其余的高频成分，从而正确地恢复出原来的信号 $x_a(t)$，只是幅度为原来的 $1/T_s$ 倍。至此已经说明了抽样定理的正确性。

因此，对一个连续信号进行抽样时，抽样频率 f_s 必须不小于信号频谱最高频率 f_m 的 2 倍。当 $f_s=2f_m$ 时，f_s 就叫做奈奎斯特抽样率。

例 2.1 用不同的抽样频率对信号 $x_a(t)=\mathrm{e}^{-1\,000|t|}$ 抽样，比较所得抽样信号的频谱。

(1) 以 $f_s=5\,000$ Hz 对 $x_a(t)$ 抽样得到 $x_1(n)$；

(2) 以 $f_s=1\,000$ Hz 对 $x_a(t)$ 抽样得到 $x_2(n)$。

解

先计算模拟信号 $x_a(t)$的频谱

$$
\begin{aligned}
X_a(\Omega) &= \int_{-\infty}^{\infty} x_a(t)\mathrm{e}^{-\mathrm{j}\Omega t}\,\mathrm{d}t = \int_{-\infty}^{0} \mathrm{e}^{1\,000\,t}\mathrm{e}^{-\mathrm{j}\Omega t}\,\mathrm{d}t + \int_{0}^{\infty} \mathrm{e}^{-1\,000t}\mathrm{e}^{-\mathrm{j}\Omega t}\,\mathrm{d}t \\
&= \int_{-\infty}^{0} \mathrm{e}^{(1\,000-\mathrm{j}\Omega)t}\,\mathrm{d}t + \int_{0}^{\infty} \mathrm{e}^{-(1\,000+\mathrm{j}\Omega)t}\,\mathrm{d}t \\
&= \frac{1}{1\,000-\mathrm{j}\Omega}\mathrm{e}^{(1\,000-\mathrm{j}\Omega)t}\Big|_{-\infty}^{0} - \frac{1}{1\,000+\mathrm{j}\Omega}\mathrm{e}^{-(1\,000+\mathrm{j}\Omega)t}\Big|_{0}^{\infty} \\
&= \frac{1}{1\,000-\mathrm{j}\Omega}(1-0) - \frac{1}{1\,000+\mathrm{j}\Omega}(0-1) \\
&= \frac{1\,000+\mathrm{j}\Omega+1\,000-\mathrm{j}\Omega}{1\,000^2+\Omega^2} \\
&= \frac{2\,000}{1\,000^2+\Omega^2}
\end{aligned}
$$

$$
X_a(0) = \frac{2\,000}{1\,000\,000} = 0.002
$$

对于(1), $T_s=1/f_s=1/5\,000=0.000\,2$ s, $\Omega_s=2\pi f_s=10\,000\pi$ rad/s,故有

$$
\hat{X}_a(\Omega) = 5\,000\sum_{n=-\infty}^{\infty}\frac{2\,000}{1\,000^2+(\Omega-n10\,000\pi)^2}
$$

由于

$$
\frac{1}{T_s}X_a(0)=5\,000\times0.002=10
$$

而

$$
\frac{1}{T_s}X_a(\Omega_s/2)=5\,000\times\frac{2\,000}{1\,000^2+(5\,000\,\pi)^2}\approx5\,000\times0.000\,008=0.04
$$

并且 0.04/10=0.004,非常小，所以混叠影响可以忽略。请参看图 2.5(a)的示意图。

对于(2), $T_s=1/f_s=1/1\,000=0.001$ s, $\Omega_s=2\pi f_s=2\,000\pi$ rad/s,故有

$$
\hat{X}_a(\Omega) = 1\,000\sum_{n=-\infty}^{\infty}\frac{2\,000}{1\,000^2+(\Omega-n2\,000\pi)^2}
$$

由于

$$
\frac{1}{T_s}X_a(0)=1\,000\times0.002=2
$$

而

$$
\frac{1}{T_s}X_a(\Omega_s/2)=1\,000\times\frac{2\,000}{1\,000^2+(1\,000\pi)^2}\approx1\,000\times0.000\,184=0.184
$$

并且 0.184/2=0.092,明显大于(1)的 0.004,所以(2)的情况有混叠影响,请参看图 2.5(b)的示意图。

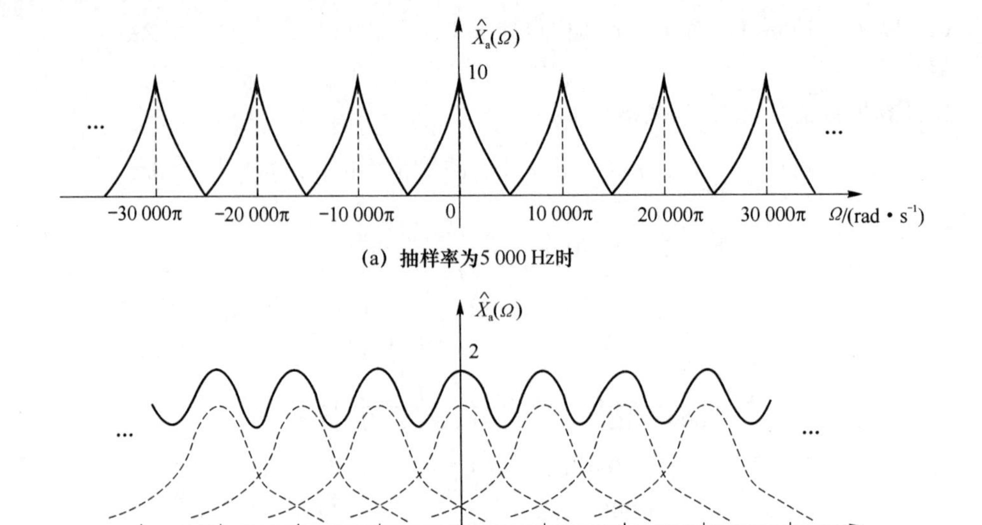

(a) 抽样率为5 000 Hz时

(b) 抽样率为1 000 Hz时

图 2.5　抽样信号频谱示意图

这个例子清楚地说明了抽样率与混叠影响之间的关系。 ■

2.1.2　内插

现在讨论如何从所得到的抽样信号 $\hat{x}_a(t)$ 恢复出原来的信号 $x_a(t)$。由上述抽样过程的讨论可知，只要抽样率不低于 $x_a(t)$ 频谱的最高频率的两倍，所得到的离散信号的频谱就不会出现混叠。因此(如图 2.6 所示)，让 $\hat{x}_a(t)$ 通过一个理想的低通滤波器，其截止频率 Ω_c 满足 $\Omega_m \leqslant \Omega_c \leqslant (\Omega_s - \Omega_m)$，这样就可以恢复出原来的连续信号 $x_a(t)$。图 2.6 中 $h(t)$ 和 $H(\Omega)$ 分别表示理想低通滤波器的冲激响应和频率响应，$H(\Omega)$ 的图像如图中矩形所示。由于离散信号的频谱与原信号的频谱 $X_a(\Omega)$ 差一个常数因子 $1/T_s$，所以恢复后的信号 $g(t)=\dfrac{1}{T_s}x_a(t)$。

下面仍要进行频域和时域两方面的分析。

(1) 频域分析

$$\begin{aligned} G(\Omega) &= \hat{X}_a(\Omega)\cdot H(\Omega) \\ &= \frac{1}{T_s}\sum_{n=-\infty}^{\infty} X_a(\Omega - n\Omega_s)\cdot \mathrm{rect}\left(\frac{\Omega}{2\Omega_c}\right) \\ &= \frac{1}{T_s}X_a(\Omega) \end{aligned} \tag{2.9}$$

因此,从频域的观点来看,由离散信号恢复原来的模拟信号的过程为低通滤波。

$\hat{x}_a(t)$, $\hat{X}_a(\Omega)$ → [$h(t)$, $H(\Omega)$] → $g(t)=\frac{1}{T_s}x_a(t)$, $G(\Omega)=\frac{1}{T_s}X_a(\Omega)$

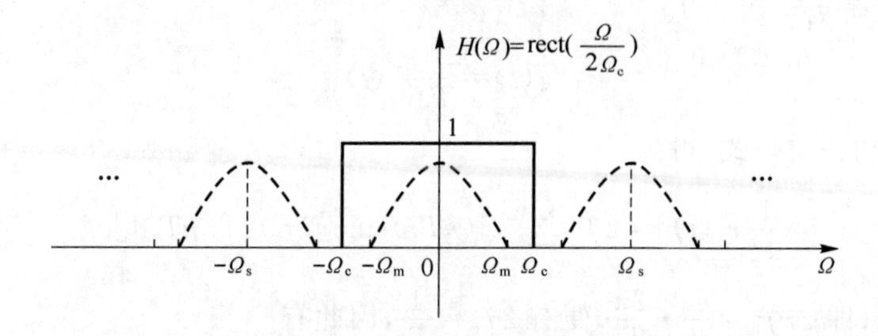

图 2.6　由抽样信号恢复原来的模拟信号

(2) 时域分析

由"信号与系统"可知,频域的相乘映射为时域的卷积,即有

$$g(t)=\hat{x}_a(t)*h(t) \tag{2.10}$$

已经知道

$$\hat{x}_a(t)=\sum_{n=-\infty}^{\infty}x_a(nT_s)\delta(t-nT_s) \tag{2.11}$$

而 $h(t)$ 可以由 $H(\Omega)$ 通过傅里叶反变换求得,即

$$\begin{aligned} h(t) &= \mathscr{F}^{-1}\left[\mathrm{rect}\left(\frac{\Omega}{2\Omega_c}\right)\right] \\ &= \frac{1}{2\pi}\int_{-\infty}^{\infty}\mathrm{rect}\left(\frac{\Omega}{2\Omega_c}\right)\mathrm{e}^{\mathrm{j}\Omega t}\,\mathrm{d}\Omega = \frac{1}{2\pi}\int_{-\Omega_c}^{\Omega_c}\mathrm{e}^{\mathrm{j}\Omega t}\,\mathrm{d}\Omega \\ &= \frac{1}{2\pi \mathrm{j}t}(\mathrm{e}^{\mathrm{j}\Omega_c t}-\mathrm{e}^{-\mathrm{j}\Omega_c t}) \\ &= \frac{1}{\pi t}\sin(\Omega_c t) \end{aligned}$$

利用 $\Omega_c=2\pi f_c$,可得

$$h(t)=2f_c\frac{\sin(2\pi f_c t)}{2f_c\pi t}=2f_c\mathrm{sinc}(2f_c t) \tag{2.12}$$

将(2.11)式和(2.12)式代入(2.10)式,有

$$g(t)=\sum_{n=-\infty}^{\infty}x_a(nT_s)\delta(t-nT_s)*2f_c\mathrm{sinc}(2f_c t)$$

$$
\begin{aligned}
&= 2f_c \sum_{n=-\infty}^{\infty} x_a(nT_s)[\delta(t-nT_s) * \mathrm{sinc}(2f_c t)] \\
&= 2f_c \sum_{n=-\infty}^{\infty} x_a(nT_s)\mathrm{sinc}[2f_c(t-nT_s)]
\end{aligned} \tag{2.13}
$$

由频域分析的结果 $G(\Omega)=\frac{1}{T_s}X_a(\Omega)$ 可以知道

$$
g(t)=\frac{1}{T_s}x_a(t) \tag{2.14}
$$

比较(2.13)式和(2.14)式,得到

$$
\frac{1}{T_s}x_a(t) = 2f_c \sum_{n=-\infty}^{\infty} x_a(nT_s)\mathrm{sinc}[2f_c(t-nT_s)] \tag{2.15}
$$

若取 $\Omega_c=\frac{1}{2}\Omega_s$,即 $2\pi f_c=\frac{1}{2}\cdot\frac{2\pi}{T_s}$,便有 $2f_c=\frac{1}{T_s}$,因此有

$$
\begin{aligned}
x_a(t) &= \sum_{n=-\infty}^{\infty} x_a(nT_s)\mathrm{sinc}[\frac{1}{T_s}(t-nT_s)] \\
&= \sum_{n=-\infty}^{\infty} x_a(nT_s)\Psi_n(t)
\end{aligned} \tag{2.16}
$$

这就是内插公式,其中

$$
\Psi_n(t)=\mathrm{sinc}\left[\frac{1}{T_s}(t-nT_s)\right] \tag{2.17}
$$

叫做内插函数。可以看出,$\Psi_n(t)$ 是具有时延 nT_s 的 sinc 函数,它在 $t=nT_s$ 的抽样点上的函数值为 1。而 $x_a(t)$ 则是由无穷多个以 $x_a(nT_s)$ 加权的 $\Psi_n(t)$ 函数叠加而成的,如图 2.7 所示。由图 2.7 可以看出,$x_a(t)$ 在 $t=nT_s$ 的各抽样点上之值正好等于 $x_a(nT_s)$,而在 t 为其他值处,如图中的 A 点,此处的 $x_a(t)$ 之值是无数个加权的 $\Psi_n(t)$ 函数在此处之值叠加而成。

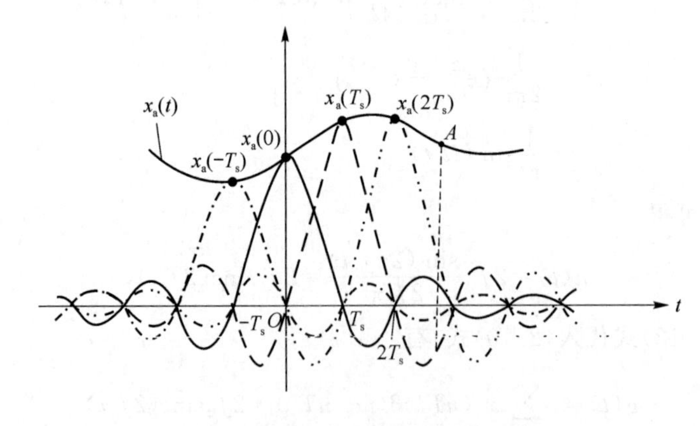

图 2.7 通过内插恢复原来的模拟信号

可以看出，内插函数 $\Psi_n(t)$ 的形式取决于所用的低通滤波器的冲激响应。上面所用的低通滤波器是理想的，低通特性为一矩形，冲激响应 $h(t)=\frac{1}{T_s}\mathrm{sinc}\left(\frac{t}{T_s}\right)$，因而内插函数也是 sinc 函数，在这种情况下能够完全恢复原来的连续信号 $x_a(t)$。

但事实上，不存在理想的低通滤波器，因而原来的信号就只能近似地恢复。例如，若低通特性为

$$H(\Omega)=\frac{4\sin^2(\Omega T_s/2)}{T_s^2\Omega^2} \tag{2.18}$$

则其冲激响应 $h(t)$ 形状为三角形，因此内插函数的波形也是三角形的，此时就不能完全恢复出原信号 $x_a(t)$。

在(2.16)式所给出的内插公式的基础上，在实际问题中，往往用下式来逼近：

$$x_a(t)\approx\sum_{n=-N}^{N}x_a(nT_s)\Psi_n(t) \tag{2.19}$$

这时，即使内插函数 $\Psi_n(t)$ 如(2.17)式所示，所得到的连续函数与 $x_a(t)$ 比较仍有误差，当 N 趋于无穷大时，误差将趋于零，一般将 N 取得足够大来将误差控制在允许的范围之内。

从时域的观点来看，由离散信号恢复原来的模拟信号的过程叫做内插。

2.2　离散时间信号

2.2.1　离散时间信号序列

2.1 节讨论了如何从一个连续信号得到离散时间信号以及如何由离散时间信号恢复原来的连续信号。因为离散信号实际上是一个数据序列，所以又叫做离散时间信号序列。

离散信号的时间间隔 T_s 是离散化过程的重要参数，即抽样周期 $T_s=1/f_s$ 必须使抽样率 $f_s\geqslant 2f_m$，才能使离散信号恢复原来的连续信号。但在已经得到了离散时间信号序列 $x_a(nT_s)$ 之后，当对此离散信号进行处理时(尤其是在非实时处理时)，对周期值 T_s 并不感兴趣，而主要关心的是这个随 n 变化的离散序列。因此，在考虑离散时间信号序列时，常常将 $x_a(nT_s)$ 写成 $x(n)$，它表示一个随 n 变化的数据序列，也可以认为 $x(n)$ 是自变量 n 的函数，而 n 是一个取值只能为整数的离散变量。以后就用符号 $x(n)$ 来表示离散时间信号。

2.2.2 常用序列

1. 单位抽样序列

定义：

$$\delta(n)=\begin{cases}1 & n=0\\0 & n\neq 0\end{cases} \tag{2.20}$$

其图像如图 2.8 所示。

2. 单位阶跃序列

定义：

$$u(n)=\begin{cases}1 & n\geqslant 0\\0 & n<0\end{cases} \tag{2.21}$$

其图像如图 2.9 所示。

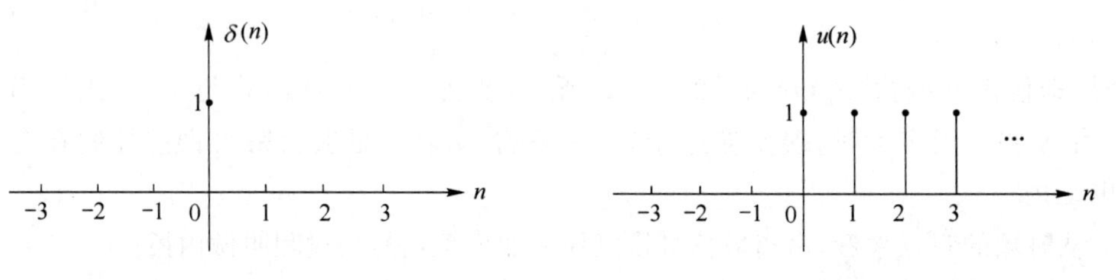

图 2.8 单位抽样序列　　　　图 2.9 单位阶跃序列

例 2.2 分别写出序列 $u(n-1)$ 和 $u(-n-1)$ 的表达式，并分别画出它们的图像。

解

$$u(n-1)=\begin{cases}1 & n\geqslant 1\\0 & n<1\end{cases}$$

$$u(-n-1)=\begin{cases}1 & n\leqslant -1\\0 & n>-1\end{cases}$$

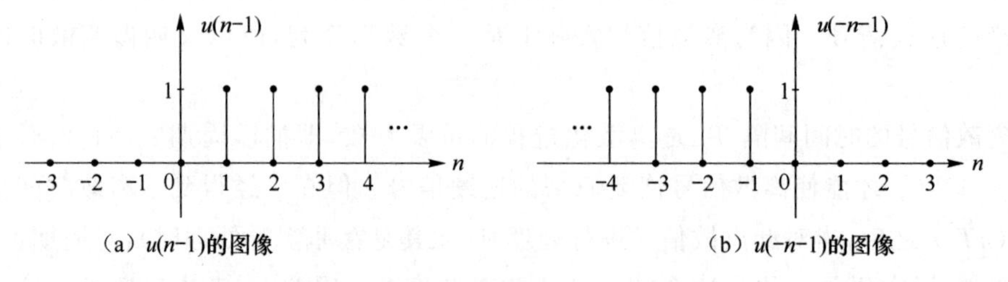

图 2.10 $u(n-1)$ 及 $u(-n-1)$ 的图像 ■

很明显，单位抽样序列与单位阶跃序列有如下关系：

$$\delta(n)=u(n)-u(n-1) \tag{2.22}$$

$$u(n)=\sum_{k=0}^{\infty}\delta(n-k) \tag{2.23}$$

3. 矩形序列

定义：
$$R_N(n)=\begin{cases}1 & 0\leqslant n\leqslant N-1\\ 0 & \text{其他}\end{cases} \tag{2.24}$$

其图像如图 2.11 所示。

4. 实指数序列

定义：　$x(n)=a^n$　（a 为实数，且 $a\neq 0$）

图 2.12 是 $0<a<1$ 时的一个实指数序列的图像。

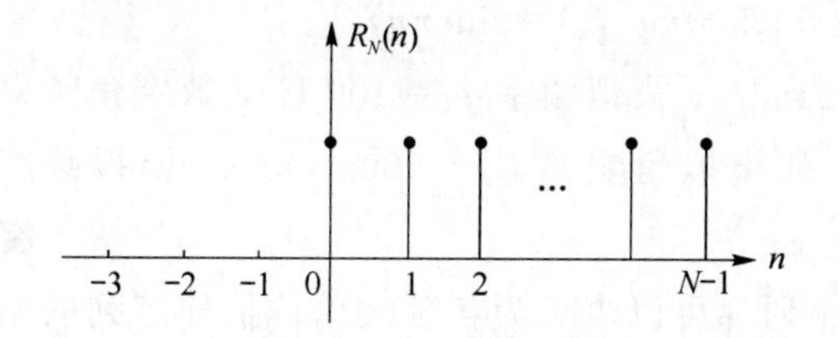

图 2.11　矩形序列

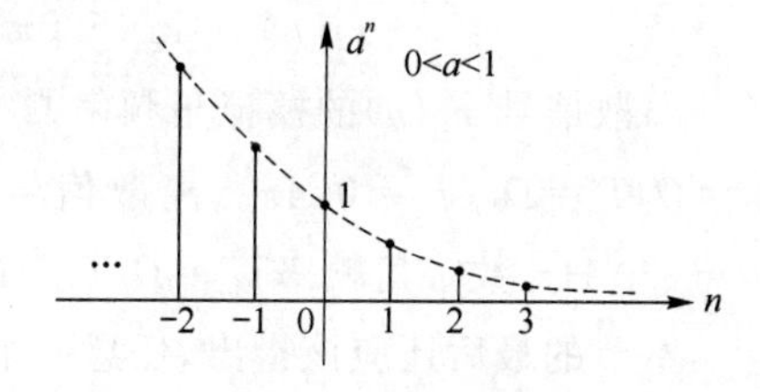

图 2.12　实指数序列

5. 正弦序列

定义：　$x(n)=\sin(n\omega_0)$　（ω_0 为实常数）　(2.25)

对正弦模拟信号 $x_a(t)=\sin(\Omega_0 t)$ 抽样，就得到正弦序列

$$x_a(nT_s)=\sin(\Omega_0 nT_s)=\sin(\omega_0 n)=x(n) \tag{2.26}$$

其图像如图 2.13 所示。

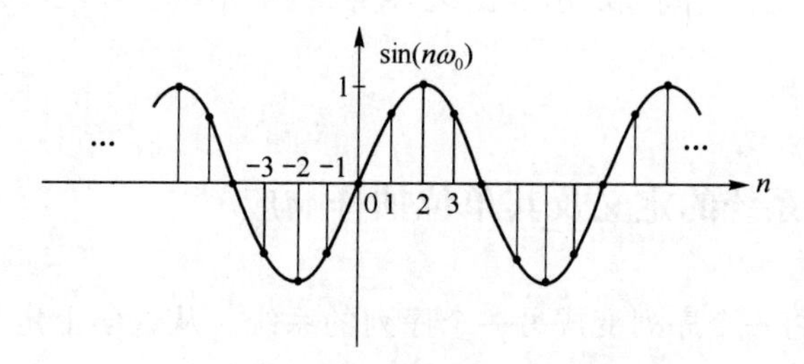

图 2.13　正弦序列

(2.26)式中有关系 $\omega_0=\Omega_0 T_s$，此关系可写成一般形式：$\omega=\Omega T_s$。其中 Ω 为模拟角频率，其单位为 rad/s，它与频率 f(单位：1/s，或 Hz)的关系为：$\Omega=2\pi f$，因此 Ω 是具有真正物理意义的量。而 ω 叫数字角频率，其单位为 rad，也可以说 ω 是无量纲的，因此它并不具有真正的物理意义，而是为了方便处理离散信号而引入的一个量。数字角频率与模拟

角频率之间总是成正比的关系，比例常数就是抽样周期 T_s。

例 2.3 设正弦信号 $x_1(t)=\sin(200\pi t)$，$x_2(t)=\sin(500\pi t)$，如果用相同的抽样率对它们进行抽样，问最低的抽样频率 f_s 等于多少？用此 f_s 抽样后分别得到离散信号 $x_1(n)$ 和 $x_2(n)$，写出 $x_1(n)$ 和 $x_2(n)$ 的表达式。这两个离散信号的模拟频率分别是多少？数字角频率又分别等于多少？

解

模拟信号 $x_1(t)=\sin(200\pi t)$，$x_2(t)=\sin(500\pi t)$ 的角频率分别为 $\Omega_1=200\pi$ rad/s 和 $\Omega_2=500\pi$ rad/s，因此最低抽样频率 $\Omega_s=2\Omega_2=1\,000\pi$ rad/s，$f_s=\Omega_s/2\pi=500$ Hz。

$$x_1(n)=\sin(200\pi nT_s)=\sin(200\pi n/f_s)=\sin(0.4\pi n)$$

$$x_2(n)=\sin(500\pi nT_s)=\sin(500\pi n/f_s)=\sin(\pi n)$$

离散信号 $x_1(n)$ 的模拟角频率 $\Omega_1=200\pi$ rad/s，模拟频率 $f_1=100$ Hz，数字角频率 $\omega_1=\Omega_1 T_s=\Omega_1/f_s=0.4\pi$。离散信号 $x_2(n)$ 的模拟角频率 $\Omega_2=500\pi$ rad/s，模拟频率 $f_2=250$ Hz，数字角频率 $\omega_2=\Omega_2 T_s=\Omega_2/f_s=\pi$。 ■

本节的最后还应该指出，任意一个离散序列都可以表示为各延时单位抽样序列的幅度加权之和，即

$$\begin{aligned} x(n) &= \cdots + x(-2)\delta(n+2) + x(-1)\delta(n+1) + x(0)\delta(n) + \\ &\quad x(1)\delta(n-1) + x(2)\delta(n-2) + \cdots \\ &= \sum_{k=-\infty}^{\infty} x(k)\delta(n-k) \end{aligned} \tag{2.27}$$

2.3 离散系统及其线性和时不变性

2.3.1 离散系统的定义及其单位抽样响应

离散系统就是将一个序列变成另一个序列的系统。从数学上定义，离散系统表示输入序列 $x(n)$ 映射成输出序列 $y(n)$ 的唯一性变换或运算，记为

$$y(n)=T[x(n)] \tag{2.28}$$

算子 $T[\ \ ]$ 表示变换，定义不同的变换就代表不同的离散系统。离散系统的模型如图 2.14所示。

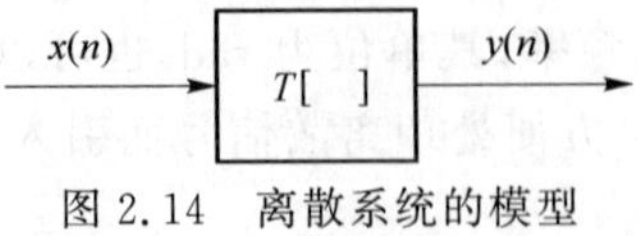

$x(n)$ → T[ ] → $y(n)$

图 2.14 离散系统的模型

对于某一输入信号，离散系统的输出也叫做系统对该输入的响应。一个离散系统的单位抽样响应是指该系统对单位抽样序列的响应，也就是说，当输入信号是单位抽样序列 $\delta(n)$ 时的输出信号就是此离散系统的单位抽样响应，记为 $h(n)$，即 $h(n)=T[\delta(n)]$。$h(n)$ 是离散系统的重要参量之一，它描述了系统的时域特性，每一个确定的离散系统都对应着一个确定的单位抽样响应，因此，$h(n)$ 也可以用来代表一个系统。单位抽样响应有时也叫做冲激响应。

显然，处理离散信号离不开离散系统，因此首先应该了解离散系统的有关特性。

2.3.2　离散系统的线性

设 $x_1(n)$ 和 $x_2(n)$ 是两个任意的离散信号，a、b 为两个任意常数，若系统 $T[\ ]$ 满足

$$T[ax_1(n)+bx_2(n)]=aT[x_1(n)]+bT[x_2(n)] \tag{2.29}$$

则此离散系统为线性系统。

设 $y(n)$ 表示两个输入信号线性组合之后再进行变换所得到的输出信号，$y'(n)$ 表示这两个信号先进行变换后再加以线性组合而得到的输出信号，即

$$y(n)=T[ax_1(n)+bx_2(n)]$$

$$y'(n)=aT[x_1(n)]+bT[x_2(n)]$$

上述定义也就是说，若 $y(n)=y'(n)$，则此系统是线性的。因此，所谓线性应包括以下两重意思。

(1) 齐次性：即任何一个信号乘上任意一个常数再进行变换应当等于此信号先进行变换后再乘以同一个常数，即

$$T[ax(n)]=aT[x(n)]$$

(2) 可加性：即任意两个信号相加后再进行变换应当等于这两个信号先分别进行同一变换后再相加，即

$$T[x_1(n)+x_2(n)]=T[x_1(n)]+T[x_2(n)]$$

上述定义可以推广到多个甚至无穷多个输入信号的情形，也就是说，如果一个系统是线性的，则无论输入信号有多少个，它们的线性组合的变换总是等于变换之后的线性组合。

要判断一个离散系统是否是线性的，应当根据定义来进行。下面举一个例子来说明。

例 2.4　设系统为 $T[x(n)]=cx(n)+d$，判断它是不是一个线性系统。

解

设 $x_1(n)$ 和 $x_2(n)$ 是两个任意的离散信号，a、b 为任意常数，有

$$\begin{aligned} y(n) &= T[ax_1(n)+bx_2(n)] \\ &= c[ax_1(n)+bx_2(n)]+d \\ &= acx_1(n)+bcx_2(n)+d \end{aligned} \tag{2.30}$$

$$
\begin{aligned}
y'(n) &= aT[x_1(n)] + bT[x_2(n)] \\
&= a[cx_1(n) + d] + b[cx_2(n) + d] \\
&= acx_1(n) + bcx_2(n) + d(a + b)
\end{aligned} \tag{2.31}
$$

比较(2.30)式和(2.31)式,可知要使 $y(n)=y'(n)$,必须有

$$d=d(a+b) \tag{2.32}$$

只有 $d=0$,才能使(2.32)式对任意常数 a、b 都成立。因此,当 $d=0$ 时此系统是线性的,否则就是非线性的。 ■

2.3.3 离散系统的时不变性

离散系统的时不变性是指系统的特性不随时间变化,用数学表示为:设对系统$T[\quad]$有 $T[x(n)]=y(n)$,n_0 为一整数,若

$$T[x(n-n_0)]=y(n-n_0) \tag{2.33}$$

则此系统是时不变的。

如果一个系统是时不变的,则对同一个输入信号,不管作用的时间先后如何,输出信号的形状均相同,只是响应的时间随输入信号的作用时间而变化,如图 2.15 所示。

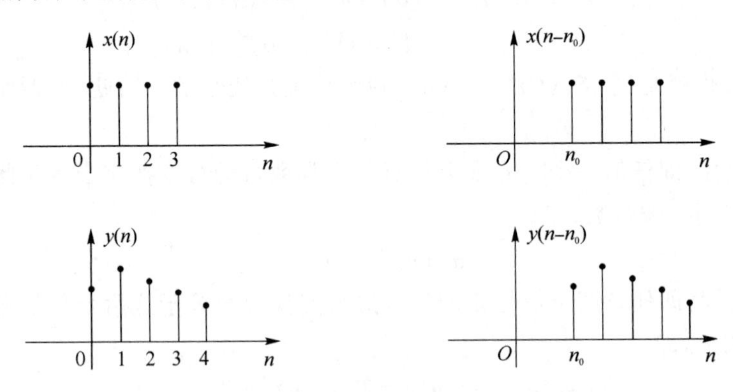

图 2.15 离散系统的时不变性

(2.33)式意指:序列 $x(n)$ 先移位(即由 $x(n)$ 变为 $x(n-n_0)$)后再进行变换 $T[x(n-n_0)]$与它先变换(即 $y(n)=T[x(n)]$)后再移位(即 $y(n)$移位为 $y(n-n_0)$),两种情况结果相同。因此,判断一个系统是否时不变,就要检验它对任意的一个序列$x(n)$,先移位后再进行变换与先变换后再进行移位的输出信号是否相同,也即(2.33)式是否成立。下面来看一个例子。

例 2.5 判断系统$T[x(n)]=cx(n)+d=y(n)$是否是时不变的。

解

先移位再变换: $$T[x(n-n_0)]=cx(n-n_0)+d \tag{2.34}$$

先变换：　　$y(n)=T[x(n)]=cx(n)+d$

再移位：　　$y(n-n_0)=cx(n-n_0)+d$　　(2.35)

由(2.34)式和(2.35)式可知：$T[x(n-n_0)]=y(n-n_0)$，故此系统是时不变的。■

2.3.4　线性时不变系统

如果一个离散系统既是线性的又是时不变的，则此系统就叫做线性时不变系统，简称为 LTI(Linear Time Invariant)系统。这类系统不仅在数学上容易表征，而且可以实现多种有用的信号处理功能，因此着重讨论这类系统。

现在讨论 LTI 系统对任一输入信号 $x(n)$的响应。

设 $T[\ \ ]$为一 LTI 系统，当输入序列为 $x(n)$时，输出序列为 $y(n)=T[x(n)]$，将表示 $x(n)$的(2.27)式代入，有

$$y(n)=T\Big[\sum_{k=-\infty}^{\infty}x(k)\delta(n-k)\Big] \tag{2.36}$$

由于系统是线性的，故有

$$T\Big[\sum_{k=-\infty}^{\infty}x(k)\delta(n-k)\Big]=\sum_{k=-\infty}^{\infty}x(k)T[\delta(n-k)] \tag{2.37}$$

根据单位抽样响应的定义：$h(n)=T[\delta(n)]$，又由于系统是时不变的，所以有

$$T[\delta(n-k)]=h(n-k) \tag{2.38}$$

由(2.36)式和(2.37)式，有

$$y(n)=\sum_{k=-\infty}^{\infty}x(k)T[\delta(n-k)] \tag{2.39}$$

将(2.38) 式代入(2.39) 式，有

$$y(n)=\sum_{k=-\infty}^{\infty}x(k)h(n-k)=x(n)*h(n) \tag{2.40}$$

(2.40)式中的符号“*”代表线性卷积。这就是说，线性时不变系统的输出序列是输入序列与该系统的单位抽样响应序列的离散线性卷积(详见下一节)。这是线性时不变系统的一个非常重要的性质。

2.4　离散信号的线性卷积

2.4.1　离散线性卷积的定义

设 $x_1(n)$和 $x_2(n)$是两个任意的离散信号，定义

$$y(n) = x_1(n) * x_2(n) = \sum_{k=-\infty}^{\infty} x_1(k)x_2(n-k) \tag{2.41}$$

为这两个离散信号的线性卷积。线性卷积满足交换律，即有

$$y(n) = x_2(n) * x_1(n) = \sum_{k=-\infty}^{\infty} x_2(k)x_1(n-k) \tag{2.42}$$

对每一个确定的 n 计算 $y(n)$ 时，由于两个数相乘时只有当这两个数都不为零时其乘积才不为零，所以，求和变量 k 的取值范围取决于 $x_1(k)$ 和 $x_2(n-k)$ 的长度和取值范围，并且最后得到的卷积结果即序列 $y(n)$ 的长度和取值范围也取决于 $x_1(n)$ 和 $x_2(n)$ 的长度和取值范围。

2.4.2 离散线性卷积的计算

离散线性卷积的计算方法可归纳为 3 种。

1. 由解析式计算

由 $x_1(n)$ 和 $x_2(n)$ 的数学表达式可分别得到 $x_1(k)$ 和 $x_2(n-k)$ 的表示式，然后代入公式

$$y(n) = \sum_{k=-\infty}^{\infty} x_1(k)x_2(n-k)$$

进行计算。但要注意，究竟用(2.41)式还是(2.42)式简单些，要根据 $x_1(n)$ 和 $x_2(n)$ 的具体情况来决定。

例 2.6 已知 $x_1(n)=a^n u(n)$，$x_2(n)=b^n u(n)$，并且 $0<|a|<1$，$0<|b|<1$。计算 $y(n)=x_1(n) * x_2(n)$。

解

$$\begin{aligned} y(n) &= \sum_{k=-\infty}^{\infty} x_1(k)x_2(n-k) \\ &= \sum_{k=0}^{\infty} a^k x_2(n-k) = \sum_{k=0}^{n} a^k b^{n-k} \\ &= b^n \sum_{k=0}^{n} (ab^{-1})^k = b^n \frac{1-(ab^{-1})^{n+1}}{1-ab^{-1}} \\ &= \frac{b^{n+1}-a^{n+1}}{b-a} \qquad (b \neq a) \end{aligned}$$

当 $b=a$ 时

$$y(n) = b^n \sum_{k=0}^{n} (ab^{-1})^k = b^n \sum_{k=0}^{n} 1^k = b^n(n+1)$$

显然，当 $n<0$ 时，对于 k 由 $-\infty$ 到 ∞ 的每一个值，$x_1(k)$ 和 $x_2(n-k)$ 都至少有一个为 0，故此时总有 $x_1(k)x_2(n-k)=0$，也即 $n<0$ 时，$y(n)=0$；而当 $n\geqslant 0$ 时

$$y(n)=\begin{cases}\dfrac{b^{n+1}-a^{n+1}}{b-a} & a\neq b\\ b^{n}(n+1) & a=b\end{cases}$$ ■

2. 作图法

作图法一般用于序列的长度有限并且容易用图表示出来的情形，如图 2.16 所示。设序列 $x(n)$长度为 N，$h(n)$的长度为 M，用作图法来计算线性卷积：

$$y(n)=x(n)*h(n)=\sum_{k=-\infty}^{\infty}x(k)h(n-k) \tag{2.43}$$

根据(2.43)式，应将序列 $h(k)$绕纵轴翻转得到 $h(-k)$，然后对每一个确定的 n 值，移位 $h(-k)$，得到 $h(n-k)$，再将 $h(n-k)$与 $x(k)$对应的值(即 k 相同的值)相乘，最后将所得的乘积相加，即得到 $y(n)$。

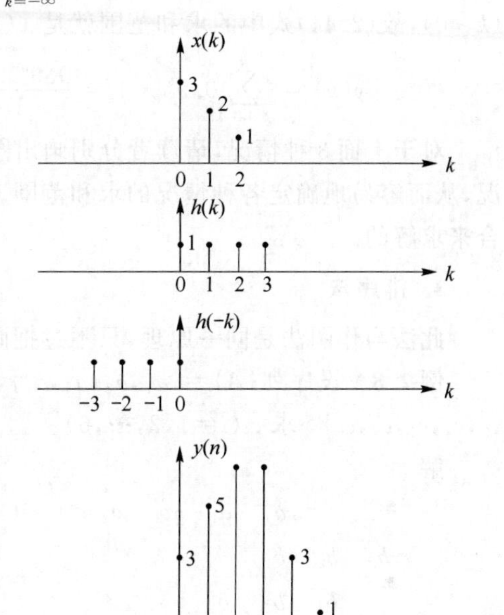

图 2.16　用作图法计算线性卷积

当 $n<0$ 时，应当将序列 $h(-k)$往左移，得到 $h(n-k)$，由图 2.16 可以看出，此时 $h(n-k)$与 $x(k)$没有相互重叠的值(即 k 相同的值)，也就是说，对任意 k 值，$h(n-k)$与 $x(k)$中至少有一个是零，故乘积为零，$y(n)$等于零。

当 $n=0$，为 $h(0-k)$，此时 $h(-k)$与$x(k)$在 $k=0$ 是重叠的，故 $y(0)$不为零。以后随着 n 的增加，$h(n-k)$逐渐向右移，与 $x(k)$相互重叠的值也越来越多。当 $n=N$ 时，$h(N-k)$已有一个值移出$x(k)$所在的区间，之后随着 n 再增大，$h(n-k)$移出 $x(k)$区间的值越来越多，当 $n=N+M-1$ 时，$h(n-k)$就全部移出 $x(k)$所在区间，此时$y(n)$又等于零了。因此，$y(n)$所在区间为 $n=0$ 到 $n=N+M-2$，其长度为 $N+M-1$。

例 2.7　一个 LTI 系统的单位抽样响应为 $h(n)=0.9^{n}u(n)$，求当输入信号为 $x(n)=u(n)-u(n-10)$时的输出 $y(n)$。

解

对于 LTI 系统，有 $y(n)=x(n)*h(n)=h(n)*x(n)$。这里 $x(n)=u(n)-u(n-10)$实际上是一个矩形序列：

$$x(n)=\begin{cases}1 & 0\leqslant n\leqslant 9\\ 0 & \text{其他}\end{cases}$$

而 $h(n)$是无限长的，故将 $x(n)$翻转比较方便，于是有

$$y(n)=h(n)*x(n)=\sum_{k=0}^{\infty}0.9^k x(n-k) \tag{2.44}$$

(1) $n<0$:此时对于 k 等于 0 到∞的每一个值,都有 $x(n-k)=0$,所以有 $y(n)=0$。

(2) $0\leqslant n\leqslant 8$:此时翻转后的矩形序列 $x(n-k)$已经右移了一部分进入 $h(k)$的非零区间($k\geqslant 0$),故(2.44)式中的求和范围应该由移位量 n 所决定,于是有

$$y(n)=\sum_{k=0}^{n}0.9^k\times 1=\frac{1-0.9^{n+1}}{1-0.9}=10\times(1-0.9^{n+1})$$

(3) $n\geqslant 9$:此时翻转后的矩形序列 $x(n-k)$已经全部移入了 $h(k)$的非零区间($k\geqslant 0$),故(2.44)式中的求和范围就是 $x(n-k)$的非零范围,于是有

$$y(n)=\sum_{k=n-9}^{n}0.9^k\times 1=\frac{0.9^{n-9}-0.9^{n+1}}{1-0.9}=10\times 0.9^{n-9}(1-0.9^{10})$$

对于上面 3 种情况,请读者分别画出图来,就会清楚地看到$h(k)$与 $x(n-k)$的重叠情况,从而容易地确定各种情况的求和范围。这道题实际上是将作图法与解析式计算相结合来求解的。 ■

3. 排序法

此法与作图法是同一原理,只不过把画出序列变为排列序列的值。下面举例说明。

例 2.8 设序列$\{A\}=\{a_1,a_2,a_3,a_4\}$,$\{B\}=\{b_1,b_2,b_3\}$,序列$\{C\}=\{A\}*\{B\}=\{c_1,c_2,c_3,c_4,c_5,c_6\}$,求 $c_i(i=1,2,\cdots,6)$。

解

$$\begin{array}{cccccccccc}
 & & a_1 & a_2 & a_3 & a_4 & & & & \\
b_3 & b_2 & b_1 & & & & & & & c_1=a_1b_1 \\
 & b_3 & b_2 & b_1 & & & & & & c_2=a_1b_2+a_2b_1 \\
 & & \vdots & & & & & & & \vdots \\
 & & & & & b_3 & b_2 & b_1 & & c_6=a_4b_3
\end{array}$$

也就是说,将序列$\{A\}$按顺序排列,再将$\{B\}$排在其下面,按相反的方向排列,b_1 与 a_1 对齐,然后将上下相对应的值相乘后再相加,即求得 c_1;以后将$\{B\}$序列每次右移一个值,进行同样的处理,就可以求出各个 c_i。 ■

2.5 离散系统的因果性和稳定性

2.5.1 因果性

若一个系统的输出变化不会发生在输入变化之前,则此系统为因果系统,也就是说,

一个因果系统,如果其输入信号未发生变化,其输出信号也不会发生变化。

用数学来表示:对于一个离散系统,取一个时刻 n_0,并已知当 $n<n_0$ 时,对输入信号有

$$x_1(n)=x_2(n)$$

如果当 $n<n_0$ 时,输出信号也有

$$y_1(n)=y_2(n)$$

则此系统为因果系统。

关于LTI系统的因果性,有下面的重要性质:

一个线性时不变系统是因果系统的充分必要条件是其单位抽样响应 $h(n)$ 当 $n<0$ 时等于零。

这个性质的证明请参见附录A2。

现在引入因果序列的定义:如果一个序列当 $n<0$ 时等于零,则此序列为因果序列。因此,一个线性时不变系统是因果系统的充分必要条件是其单位抽样响应为因果序列。

例如,设系统 $T[x(n)]=x(n-m)=y(n)$,容易证明这是一个线性时不变系统,其单位抽样响应 $h(n)=T[\delta(n)]=\delta(n-m)$。由于 $\delta(n-m)$ 只当 $n=m$ 时不为零,因此当 $m\geqslant 0$ 时,$n<0$ 的 $h(n)$ 总为零,系统为因果系统;而当 $m<0$ 时,对于小于零的某一个 $n=m$, $h(n)\neq 0$,则此系统为非因果系统。

2.5.2 稳定性

一个离散系统,当输入序列有界时,如果其输出序列也有界,则此系统是稳定系统。从数学上来描述:对一个离散系统,当其输入序列满足

$$|x(n)|<\infty \quad (\text{对一切 } n)$$

时,若输出序列有 $|y(n)|<\infty$(对一切 n),则此系统是稳定的。

下面推导线性时不变系统稳定的条件。

设一个线性时不变系统的输入序列对一切 n 满足 $|x(n)|<\infty$,$h(n)$ 是此系统的单位抽样响应,则其输出序列为

$$y(n)=h(n)*x(n)=\sum_{k=-\infty}^{\infty}h(k)x(n-k)$$

而

$$|y(n)|=\left|\sum_{k=-\infty}^{\infty}h(k)x(n-k)\right|\leqslant\sum_{k=-\infty}^{\infty}|h(k)||x(n-k)| \qquad (2.45)$$

由于 $x(n)$ 有界,则存在一正数 M 使 $|x(n)|\leqslant M$(对一切 n),因此,由(2.45)式有

$$|y(n)| \leqslant M \sum_{k=-\infty}^{\infty} |h(k)|$$

因此,若 $\sum_{k=-\infty}^{\infty} |h(k)| < \infty$,则必有 $|y(n)| < \infty$(对一切 n),也就是说系统是稳定的。由此可以知道线性时不变系统稳定的条件是

$$\sum_{n=-\infty}^{\infty} |h(n)| < \infty$$

因此,判断一个线性时不变系统的稳定性,除了根据定义以外,还可以利用其单位抽样响应 $h(n)$ 来判断。

例 2.9 已知 $h(n) = a^n u(n)$,并知此系统是线性时不变的,试判断其稳定性。

解

$$\sum_{n=-\infty}^{\infty} |h(n)| = \sum_{n=0}^{\infty} |a^n| = \sum_{n=0}^{\infty} |a|^n$$

由于当 $|a| < 1$ 时,此级数收敛,且有

$$\sum_{n=-\infty}^{\infty} |h(n)| = \sum_{n=0}^{\infty} |a|^n = \frac{1}{1-|a|} < \infty$$

因此,当 $|a|<1$ 时,此 LTI 系统是稳定的。 ■

到此为止,已经讨论了离散系统的线性、时不变性、因果性和稳定性。线性时不变系统是本书重点讨论的系统,以后若不特别说明,所涉及的离散系统都是线性时不变的;稳定性是对系统的基本要求之一;至于因果性,一般来说,可实现的实际系统都是因果系统。

2.6 离散信号的傅里叶变换

2.6.1 问题的提出

连续信号 $x_a(t)$ 经抽样就得到离散信号 $\hat{x}_a(t)$,而 $\hat{x}_a(t)$ 的频谱 $\hat{X}_a(\Omega)$ 是 $x_a(t)$ 的频谱 $X_a(\Omega)$ 在 Ω 轴上的周期延拓,即

$$\hat{X}_a(\Omega) = \frac{1}{T_s} \sum_{n=-\infty}^{\infty} X_a(\Omega - \Omega_s n) \tag{2.46}$$

这里是从时域的相乘关系 $\hat{x}_a(t) = x_a(t) p(t)$ 而得到频域的卷积关系

$$\hat{X}_a(\Omega)=\frac{1}{2\pi}[X_a(\Omega)*P(\Omega)]$$

从而导出了离散信号的频谱 $\hat{X}_a(\Omega)$的表达式，即(2.46)式。

上述关系在 2.1 节中已经阐明。现在的问题是，能否直接对离散信号进行傅里叶变换而得到其频谱函数，这就是本节要解决的问题。

2.6.2　傅里叶变换对的推导

现在来求离散信号 $\hat{x}_a(t)$的傅里叶变换：

$$\begin{aligned}\mathscr{F}[\hat{x}_a(t)]&=\mathscr{F}\left[\sum_{n=-\infty}^{\infty}x_a(nT_s)\delta(t-nT_s)\right]\\&=\sum_{n=-\infty}^{\infty}x_a(nT_s)\mathscr{F}[\delta(t-nT_s)]\\&=\sum_{n=-\infty}^{\infty}x_a(nT_s)e^{-jnT_s\Omega}\end{aligned}$$

即

$$\hat{X}_a(\Omega)=\sum_{n=-\infty}^{\infty}x_a(nT_s)e^{-jnT_s\Omega}\tag{2.47}$$

由(2.46)式可知，$\hat{X}_a(\Omega)$是一个频域的周期函数，其周期为 Ω_s。既然是周期函数，就可以展成傅里叶级数，实际上，(2.47)式正是 $\hat{X}_a(\Omega)$这个频域周期函数的傅里叶级数的指数形式。为了便于理解，可以与一个时域的周期函数的傅里叶级数的指数形式进行比较。设 $f(t)$是一个周期为 T_0 的时域周期函数，则其傅里叶级数表示式为

$$f(t)=\sum_{n=-\infty}^{\infty}A_n e^{-jn\Omega_0 t}\tag{2.48}$$

其中 Ω_0 为 $f(t)$的基波角频率，$\Omega_0=2\pi/T_0$；A_n 为傅里叶级数的系数：

$$A_n=\frac{1}{T_0}\int_{-T_0/2}^{T_0/2}f(t)e^{jn\Omega_0 t}dt\tag{2.49}$$

现在将(2.47)式与(2.48)式中的各个量进行对照：

(2.48)式：　时间变量 t　　周期 T_0　　$\frac{2\pi}{T_0}=\Omega_0$　　系数 A_n

(2.47) 式：　频率变量 Ω　　周期 Ω_s　　$\frac{2\pi}{\Omega_s}=\frac{2\pi}{\frac{2\pi}{T_s}}=T_s$　　系数 $x_a(nT_s)$

因此(2.47)式完全与(2.48)式一一对应，(2.47)式就是一个傅里叶级数表示式，而 $x_a(nT_s)$则为傅里叶级数的系数，这样，参照(2.49)这个系数表示式，就可以写出 $x_a(nT_s)$

的表示式：

$$x_a(nT_s)=\frac{1}{\Omega_s}\int_{-\frac{\Omega_s}{2}}^{\frac{\Omega_s}{2}}\hat{X}_a(\Omega)e^{jnT_s\Omega}d\Omega \tag{2.50}$$

这样，(2.47)式和(2.50)式就组成了一对变换关系，这就是离散信号的傅里叶变换对，(2.47)式为正变换，(2.50)式为反变换。

上述关系都是用模拟量来表示的，现在要把它们转换成数字域中的关系。首先，离散信号 $x_a(nT_s)$ 用 $x(n)$ 来表示；另外，已知数字角频率 ω 与模拟角频率 Ω 有关系：$\omega=\Omega T_s$；最后，频谱函数 $\hat{X}_a(\Omega)$ 要用数字频率 ω 的函数 $X(e^{j\omega})$ 来代替。于是(2.47)式变为

$$X(e^{j\omega})=\sum_{n=-\infty}^{\infty}x(n)e^{-jn\omega} \tag{2.51}$$

(2.50)式变为

$$\begin{aligned}x(n)&=\frac{T_s}{2\pi}\int_{-\pi/T_s}^{\pi/T_s}X(e^{j\omega})e^{jn\omega}d\left(\frac{\omega}{T_s}\right)\\&=\frac{1}{2\pi}\int_{-\pi}^{\pi}X(e^{j\omega})e^{jn\omega}d\omega\end{aligned} \tag{2.52}$$

(2.51)式和(2.52)式即组成了所要求的离散信号的傅里叶变换对，现重写在下面：

$$\begin{cases}X(e^{j\omega})=\sum\limits_{n=-\infty}^{\infty}x(n)e^{-jn\omega}\\x(n)=\dfrac{1}{2\pi}\displaystyle\int_{-\pi}^{\pi}X(e^{j\omega})e^{jn\omega}d\omega\end{cases}$$

因为 $\hat{X}_a(\Omega)$ 是模拟角频率 Ω 的周期函数，周期为 $\Omega_s=2\pi/T_s$，所以 $X(e^{j\omega})$ 即是数字角频率 ω 的周期函数，周期为 $\Omega_s T_s=2\pi$。

例 2.10 已知 $x(n)=3\delta(n-2)-(0.5)^n u(n)$，求这个离散信号的频谱。

解

$$\begin{aligned}X(e^{j\omega})&=\sum_{n=-\infty}^{\infty}x(n)e^{-jn\omega}\\&=\sum_{n=-\infty}^{\infty}3\delta(n-2)e^{-jn\omega}-\sum_{n=-\infty}^{\infty}(0.5)^n u(n)e^{-jn\omega}\\&=3e^{-j2\omega}-\sum_{n=0}^{\infty}(0.5e^{-j\omega})^n\\&=3e^{-j2\omega}-\frac{1}{1-0.5e^{-j\omega}}\end{aligned}$$

这里因为 $|0.5e^{-j\omega}|=0.5<1$，所以这个幂级数是收敛的。 ■

2.6.3　离散信号傅里叶变换的性质

1. 离散信号傅里叶变换的周期性

前面已经说明了离散信号的傅里叶变换 $X(e^{j\omega})$ 是 ω 的周期函数，周期为 2π，现在进一步证明如下：

$$
\begin{aligned}
X[e^{j(\omega+2\pi)}] &= \sum_{n=-\infty}^{\infty} x(n) e^{-jn(\omega+2\pi)} \\
&= \sum_{n=-\infty}^{\infty} x(n) e^{-jn\omega} e^{-jn\cdot 2\pi} \\
&= \sum_{n=-\infty}^{\infty} x(n) e^{-jn\omega} = X(e^{j\omega})
\end{aligned}
$$

因此，在进行分析时，只需要知道 $X(e^{j\omega})$ 的一个周期，即 $\omega \in [0,2\pi]$ 或者 $\omega \in [-\pi,\pi]$ 的情况即可，而不需要在整个 $-\infty < \omega < \infty$ 区间进行分析。

2. 时域-频域之间相乘与卷积的映射关系

(1) 设 $x_1(n)$ 和 $x_2(n)$ 是两个离散序列，则有

$$
x_1(n) * x_2(n) \longleftrightarrow X_1(e^{j\omega}) X_2(e^{j\omega})
$$

这就是说，时域内的卷积关系映射到频域内为相乘的关系。现在证明如下。

$$
\begin{aligned}
\mathscr{F}[x_1(n) * x_2(n)] &= \sum_{n=-\infty}^{\infty} [x_1(n) * x_2(n)] e^{-jn\omega} \\
&= \sum_{n=-\infty}^{\infty} \Big[\sum_{k=-\infty}^{\infty} x_1(k) x_2(n-k) \Big] e^{-jn\omega} \\
&= \sum_{k=-\infty}^{\infty} x_1(k) e^{-jk\omega} \sum_{n=-\infty}^{\infty} x_2(n-k) e^{-j(n-k)\omega} \\
&= \sum_{k=-\infty}^{\infty} x_1(k) e^{-jk\omega} \sum_{m=-\infty}^{\infty} x_2(m) e^{-jm\omega} \quad (m = n-k) \\
&= \sum_{k=-\infty}^{\infty} x_1(k) e^{-jk\omega} \cdot X_2(e^{j\omega}) \\
&= X_2(e^{j\omega}) \cdot X_1(e^{j\omega})
\end{aligned}
\tag{2.53}
$$

利用这一性质，可以方便地将时域内的卷积运算转换为频域内的相乘运算。

(2) 设 $x_1(n)$ 和 $x_2(n)$ 是两个离散序列，则有

$$
x_1(n) x_2(n) \longleftrightarrow \frac{1}{2\pi}[X_1(e^{j\omega}) * X_2(e^{j\omega})] = \frac{1}{2\pi}\int_{-\pi}^{\pi} X_1(e^{j\theta}) X_2[e^{j(\omega-\theta)}] d\theta \tag{2.54}
$$

这就是说，与(1)相对应的是，时域内的相乘关系映射到频域内为卷积的关系。这个性质证明从略。

3. 离散信号傅里叶变换的对称性

首先应介绍两个概念：共轭对称与共轭反对称。共轭对称序列 $x_e(n)$ 定义为：$x_e(n)=x_e^*(-n)$；共轭反对称序列 $x_o(n)$ 定义为 $x_o(n)=-x_o^*(-n)$。这里上标 * 表示共轭。

任何一个序列 $x(n)$ 总能够表示为一个共轭对称序列与一个共轭反对称序列之和，即

$$x(n)=x_e(n)+x_o(n) \tag{2.55}$$

其中

$$x_e(n)=\frac{1}{2}[x(n)+x^*(-n)] \tag{2.56}$$

$$x_o(n)=\frac{1}{2}[x(n)-x^*(-n)] \tag{2.57}$$

显然，将(2.56)式和(2.57)式代入(2.55)式后等式两边相等，而且很容易证明(2.56)式和(2.57)式所定义的序列分别是共轭对称和共轭反对称的。

共轭对称的实序列即为偶序列，有 $x_e(n)=x_e(-n)$；共轭反对称的实序列即为奇序列，有 $x_o(n)=-x_o(-n)$。

共轭对称和共轭反对称的概念也可用于函数。例如，对傅里叶变换而言，若是共轭对称的则有：$X_e(e^{j\omega})=X_e^*(e^{-j\omega})$；共轭反对称的则有：$X_o(e^{j\omega})=-X_o^*(e^{-j\omega})$。同样，任意傅里叶变换式都可分解为共轭对称和共轭反对称两部分，即

$$X(e^{j\omega})=X_e(e^{j\omega})+X_o(e^{j\omega})$$

其中

$$X_e(e^{j\omega})=\frac{1}{2}[X(e^{j\omega})+X^*(e^{-j\omega})]$$

$$X_o(e^{j\omega})=\frac{1}{2}[X(e^{j\omega})-X^*(e^{-j\omega})]$$

若实函数共轭对称，则为偶函数；共轭反对称，则为奇函数。

现在来看看离散信号傅里叶变换的对称性。设 $x(n)\longleftrightarrow X(e^{j\omega})$

(1) 若 $x(n)$ 为复序列，则有

① $x^*(n)\longleftrightarrow X^*(e^{-j\omega})$

② $x^*(-n)\longleftrightarrow X^*(e^{j\omega})$

③ $\mathrm{Re}[x(n)]\longleftrightarrow X_e(e^{j\omega})$　　　　Re 表示实部

④ $\mathrm{jIm}[x(n)]\longleftrightarrow X_o(e^{j\omega})$　　　　Im 表示虚部

⑤ $x_e(n)\longleftrightarrow \mathrm{Re}[X(e^{j\omega})]$

⑥ $x_o(n)\longleftrightarrow \mathrm{jIm}[X(e^{j\omega})]$

(2) 若 $x(n)$为实序列，则有

① $X(e^{j\omega})=X^*(e^{-j\omega})$　　实序列的傅里叶变换是共轭对称的

② $\mathrm{Re}[X(e^{j\omega})]=\mathrm{Re}[X(e^{-j\omega})]$　　实序列傅里叶变换的实部是 ω 的偶函数

③ $\mathrm{Im}[X(e^{j\omega})]=-\mathrm{Im}[X(e^{-j\omega})]$　　实序列傅里叶变换的虚部是 ω 的奇函数

④ $|X(e^{j\omega})|=|X(e^{-j\omega})|$　　实序列傅里叶变换的模是 ω 的偶函数

⑤ $\arg[X(e^{j\omega})]=-\arg[X(e^{-j\omega})]$　　实序列傅里叶变换的辐角是 ω 的奇函数

⑥ $x_e(n)\longleftrightarrow\mathrm{Re}[X(e^{j\omega})]$

⑦ $x_o(n)\longleftrightarrow \mathrm{j}\,\mathrm{Im}[X(e^{j\omega})]$

根据离散信号傅里叶变换的定义，以上各条性质都不难证明，这里证明从略。可以看到，实序列的傅里叶变换是共轭对称的；实序列傅里叶变换的实部和模都是 ω 的偶函数，而虚部和辐角都是 ω 的奇函数。

因此，如果要描绘 $X(e^{j\omega})$的幅频特性，只需要画出其半个周期即可，通常选择 $\omega\in[0,\pi]$区间。

2.6.4　线性时不变系统的频率响应

已知线性时不变系统的输入输出关系为

$$y(n)=x(n)*h(n)=\sum_{k=-\infty}^{\infty}x(k)h(n-k)$$

现在对输出信号 $y(n)$进行傅里叶变换：

$$Y(e^{j\omega})=\mathscr{F}[y(n)]=\mathscr{F}[x(n)*h(n)]$$

根据时域卷积与频域相乘的对应关系，可得

$$Y(e^{j\omega})=X(e^{j\omega})H(e^{j\omega})\tag{2.58}$$

这里 $X(e^{j\omega})$和 $H(e^{j\omega})$分别是输入序列 $x(n)$和系统的单位抽样响应序列 $h(n)$的傅里叶变换。因此，一个线性时不变系统的输出信号的频谱可方便地从频域的相乘关系得到，再对此频谱 $Y(e^{j\omega})$进行傅里叶反变换便可得到输出序列 $y(n)$。

定义 $H(e^{j\omega})$为线性时不变系统的频率响应，它表征了该系统的频率特性。$H(e^{j\omega})$可以从 $h(n)$通过傅里叶变换得到

$$H(e^{j\omega})=\sum_{n=-\infty}^{\infty}h(n)e^{-jn\omega}$$

也可由(2.58)式从输入输出信号的频谱得到

$$H(e^{j\omega})=\frac{Y(e^{j\omega})}{X(e^{j\omega})}$$

$H(e^{j\omega})$是 ω 的周期函数，周期为 2π。一般来讲，它是 ω 的复函数，其幅度$|H(e^{j\omega})|$表示这个 LTI 系统的幅频特性，而其相角$\angle H(e^{j\omega})$则表示该系统的相频特性。

2.7 离散信号的 z 变换

从"信号与系统"知道,线性模拟系统可以用常系数线性微分方程来描述,且可以利用拉氏变换将解常系数微分方程的时域方法简化为解代数方程的频域方法。而在线性离散系统中,z 变换所起的作用与拉氏变换相似,它可以将解离散系统差分方程的时域方法转换为解代数方程的频域方法。总之,z 变换在离散信号处理中起着相当重要的作用。

2.7.1 z 变换的定义及其收敛域

序列 $x(n)$的 z 变换定义为

$$X(z) = \mathscr{Z}[x(n)] = \sum_{n=-\infty}^{\infty} x(n)z^{-n} \tag{2.59}$$

其中 z 为复变量。

看得出,$X(z)$实际上是复变函数的幂级数形式。既然是幂级数,就存在是否收敛的问题。一般来说,z 变换 $X(z)$不会对任何序列或所有的 z 值都收敛。对于任意给定的序列 $x(n)$,使其 z 变换收敛的 z 值集合称为 $X(z)$的收敛区域或收敛域,即

$$\text{收敛域}=\{z:X(z)\text{存在}\}$$

根据复变函数的理论,幂级数的收敛域为 z 平面上的一环状区域,即:$R_- < |z| < R_+$,这里R_-可小到 0,R_+可大到∞。

在收敛域内,$X(z)$为解析函数,具有高阶导数,$X(z)$的极点都在收敛域之外。

下面讨论几种典型序列的 z 变换及其收敛域。

1. 右边序列

将 $n<n_0$ 时等于零的序列称为右边序列,这里 n_0 为某一整数。

一个典型的右边序列的例子是

$$x_1(n)=a^n u(n) \tag{2.60}$$

现在求它的 z 变换:

$$X_1(z) = \sum_{n=-\infty}^{\infty} a^n u(n) z^{-n} = \sum_{n=0}^{\infty}(az^{-1})^n$$

当满足$|az^{-1}|<1$,即$|z|>|a|$时,幂级数 $\sum_{n=0}^{\infty}(az^{-1})^n$ 收敛,即有

$$X_1(z) = \sum_{n=0}^{\infty}(az^{-1})^n = \frac{1}{1-az^{-1}} = \frac{z}{z-a} \tag{2.61}$$

收敛域为$|z|>|a|$,也即 $R_- = |a|$。

在这里,$X_1(z)$是一个有理函数,即

$$X_1(z)=\frac{B(z)}{A(z)}=\frac{z}{z-a}$$

其中 $B(z)=z$ 是分子多项式，$A(z)=z-a$ 是分母多项式。$B(z)$ 的根称为 $X(z)$ 的零点；$A(z)$ 的根称为 $X(z)$ 的极点。此例中，$X(z)$ 在原点 $z=0$ 处有一个零点，而在 $z=a$ 处有一个极点。

可以看出，右边序列的 z 变换不含 z 的正指数项，其收敛域在极点 $z=a$ 所确定的一个圆之外，如图 2.17 所示。

2. 左边序列

将 $n\geqslant n_0$（n_0 为一整数）时等于零的序列称为左边序列。一个典型的左边序列的例子是

$$x_2(n)=-a^n u(-n-1) \tag{2.62}$$

现在求它的 z 变换

$$X_2(z)=\sum_{n=-\infty}^{\infty} x_2(n)z^{-n}=\sum_{n=-\infty}^{-1}(-a^n)z^{-n}$$

$$=-\sum_{n=1}^{\infty}a^{-n}z^n=1-\sum_{n=0}^{\infty}(a^{-1}z)^n$$

当满足 $|a^{-1}z|<1$，即 $|z|<|a|$ 时，幂级数 $\sum_{n=0}^{\infty}(a^{-1}z)^n$ 收敛，所以有

$$X_2(z)=1-\sum_{n=0}^{\infty}(a^{-1}z)^n=1-\frac{1}{1-a^{-1}z}$$

$$=\frac{1}{1-az^{-1}}=\frac{z}{z-a} \tag{2.63}$$

收敛域即为 $|z|<|a|$，也即 $R_+=|a|$，极点 $z=a$。

可以看出，左边序列的 z 变换只含 z 的正指数项，其收敛域在极点 $z=a$ 所确定的一个圆之内，如图 2.18 所示。

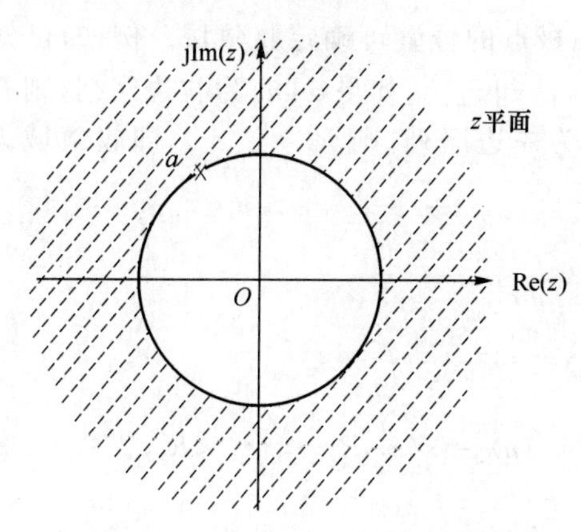

图 2.17　右边序列 z 变换的收敛域

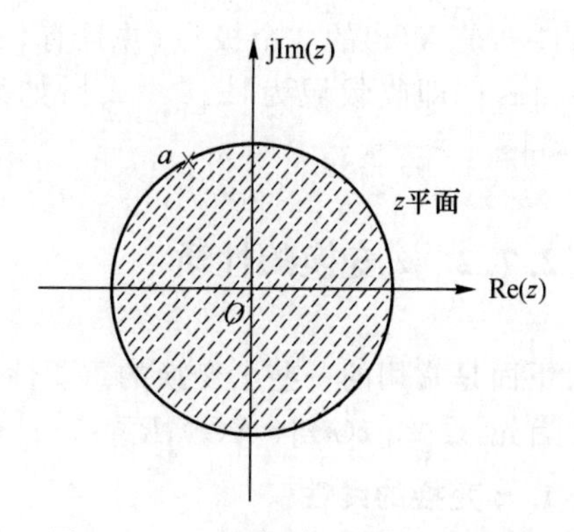

图 2.18　左边序列 z 变换的收敛域

3. 双边序列

这种序列既包含右边序列又包含左边序列，应该将其分成右边序列和左边序列两部分来分别求其 z 变换，然后再将两部分结果相加。由于右边序列收敛域为 $|z|>R_-$，左边序列收敛域为 $|z|<R_+$，因此若 $R_-<R_+$，则双边序列收敛域为 $R_-<|z|<R_+$，也即为两个单边序列收敛域的重叠部分，这是一个环状区域，z 变换的极点都不在此环内。显然，若 $R_-\geqslant R_+$，则此收敛域不存在，也即此双边序列的 z 变换在 z 平面上任何地方都不收敛，或者说这个双边序列的 z 变换不存在。

例 2.11 求双边序列 $x_3(n)=b^n u(n)-c^n u(-n-1)$ 的 z 变换，设 $|b|<|c|$。

解

$$X_3(z)=\sum_{n=-\infty}^{\infty}x_3(n)z^{-n}=\sum_{n=0}^{\infty}b^n z^{-n}-\sum_{n=-\infty}^{-1}c^n z^{-n}=\frac{z}{z-b}+\frac{z}{z-c}$$

其收敛域：$|b|<|z|<|c|$，见图 2.19。 ■

从上面的讨论看到，不同的序列可能有相同的 z 变换表示式，但是收敛域不同。如(2.61)式的 $X_1(z)$ 与(2.63)式的 $X_2(z)$ 式完全相同，但不能认为 $X_1(z)=X_2(z)$，因为它们的收敛域完全不同，虽然形式上 $X_1(z)$ 和 $X_2(z)$ 都表示为 $\frac{z}{z-a}$，但是其中一个在 $|z|>|a|$ 的范围内成立，而另一个却在 $|z|<|a|$ 的范围内成立，也就是说，两个表示式中的 z 不可能是 z 平面上的同一点。事实上，这两个 z 变换分别对应两个不同的序列。因此，只有当两个 z 变换的表达式和收敛域都相同时，它们对应的序列才相同。

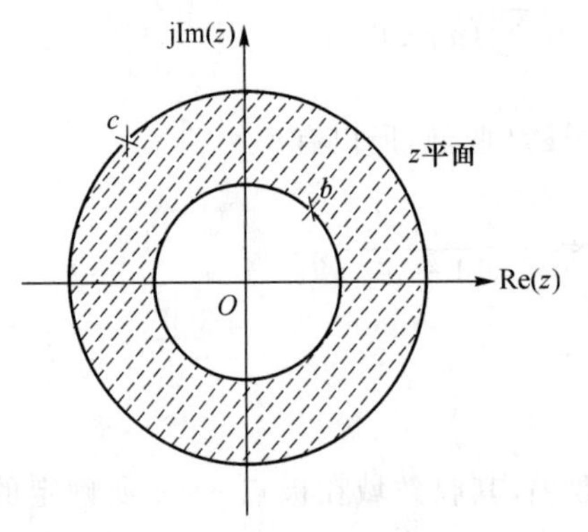

图 2.19 双边序列 z 变换的收敛域

z 变换 $X(z)$ 的收敛域与其极点关系密切，由极点的位置可确定收敛域。例如，已知 z_1、z_2、z_3 是 $X(z)$ 的 3 个极点，并且有 $|z_1|<|z_2|<|z_3|$。如果 $x(n)$ 为右边序列，则有 $R_-=|z_3|$，即收敛域为 $|z|>|z_3|$；如果 $x(n)$ 为左边序列，则 $R_+=|z_1|$，即收敛域为 $|z|<|z_1|$。

2.7.2 z 变换的性质

下面是常用的一些 z 变换的重要性质。

首先，设 $\mathscr{Z}[x(n)]=X(z)$；$R_{x-}<|z|<R_{x+}$；$\mathscr{Z}[y(n)]=Y(z)$，$R_{y-}<|z|<R_{y+}$。

1. z 变换的线性

序列线性组合的 z 变换等于这些序列各自的 z 变换的线性组合，这就是 z 变换的线

性。对于两个序列的情形，线性可以用数学表示为

$$\mathscr{Z}[ax(n)+by(n)]=aX(z)+bY(z) \qquad (a、b\text{ 为任意常数}) \tag{2.64}$$

此时的收敛域为 $R_{-}<|z|<R_{+}$，而且有 $R_{-}=\max[R_{x-},R_{y-}]$，$R_{+}=\min[R_{x+},R_{y+}]$。

这就是说，在一般情况下，序列的线性组合的 z 变换的收敛域不大于各个序列的 z 变换的收敛域；但是如果线性组合后引入了新的零点，而且新的零点正好抵消了 $X(z)$ 或 $Y(z)$ 的某些极点，则收敛域就会扩大。

(2.64) 式根据 z 变换的定义是很容易证明的。

2. 序列移位后的 z 变换

序列移位 n_0（n_0 为一整数）后的 z 变换与原来的 z 变换之间有如下的关系：

$$\mathscr{Z}[x(n+n_0)]=z^{n_0}X(z) \qquad (R_{x-}<|z|<R_{x+}) \tag{2.65}$$

证

$$\begin{aligned}\mathscr{Z}[x(n+n_0)]&=\sum_{n=-\infty}^{\infty}x(n+n_0)z^{-n}\\&=\sum_{m=-\infty}^{\infty}x(m)z^{-(m-n_0)} \qquad (m=n+n_0)\\&=z^{n_0}\sum_{m=-\infty}^{\infty}x(m)z^{-m}=z^{n_0}X(z)\end{aligned}$$

移位后 z 变换一般来说收敛域不变，但由于乘了因子 z^{n_0}，也即在 $z=0$ 或者 $z=\infty$ 处可能产生新的极点，因此，收敛域在 $z=0$ 或者 $z=\infty$ 处可能有变化。例如：

- $\mathscr{Z}[\delta(n)]=1$，因此，收敛域为整个 z 平面；
- $\mathscr{Z}[\delta(n-1)]=z^{-1}$，$z=0$ 是一阶极点，故收敛域为 $|z|>0$；
- $\mathscr{Z}[\delta(n+2)]=z^{2}$，$z=\infty$ 是二阶极点，故收敛域为 $|z|<\infty$。

3. 乘以指数序列后的 z 变换

序列 $x(n)$ 乘以指数序列后的 z 变换为

$$\mathscr{Z}[a^n x(n)]=X(a^{-1}z) \qquad (|a|R_{x-}<|z|<|a|R_{x+}) \tag{2.66}$$

证

$$\begin{aligned}\mathscr{Z}[a^n x(n)]&=\sum_{n=-\infty}^{\infty}a^n x(n)z^{-n}\\&=\sum_{n=-\infty}^{\infty}x(n)(a^{-1}z)^{-n}=X(a^{-1}z)\end{aligned}$$

其收敛域应该为 $R_{x-}<|a^{-1}z|<R_{x+}$，即有 $|a|R_{x-}<|z|<|a|R_{x+}$。

此时零极点位置也要发生相应的变化。若 z_1 是 $x(n)$ 的 z 变换 $X(z)$ 的零点或极点，则 $X(z)$ 的分子或分母应含有因式 $z-z_1$，那么 $X(a^{-1}z)$ 的分子或分母就含有因式 $a^{-1}z-z_1$，令 $a^{-1}z-z_1=0$，就可以得到 $z=az_1$，这就是说，若 $X(z)$ 有零点或极点 z_1，则 $X(a^{-1}z)$

就有零点或极点 az_1。

4. 序列 $nx(n)$ 的 z 变换

直接根据定义来求序列 $nx(n)$ 的 z 变换是困难的，但是可以先求得 $x(n)$ 的 z 变换 $X(z)$，然后再通过对 $X(z)$ 求导就可以得到 $nx(n)$ 的 z 变换，并且其收敛域不变，即

$$\mathscr{Z}[nx(n)]=-z\frac{\mathrm{d}X(z)}{\mathrm{d}z}\quad(R_{x-}<|z|>R_{x+})\tag{2.67}$$

证

$$\begin{aligned}-z\frac{\mathrm{d}X(z)}{\mathrm{d}z}&=-z\frac{\mathrm{d}}{\mathrm{d}z}\Big[\sum_{n=-\infty}^{\infty}x(n)z^{-n}\Big]=-z\sum_{n=-\infty}^{\infty}x(n)\frac{\mathrm{d}}{\mathrm{d}z}z^{-n}\\&=-z\sum_{n=-\infty}^{\infty}x(n)(-n)z^{-n-1}=\sum_{n=-\infty}^{\infty}nx(n)z^{-n}\\&=\mathscr{Z}[nx(n)]\end{aligned}$$

注意，在证明过程中幂级数 $\sum\limits_{n=-\infty}^{\infty}x(n)z^{-n}$ 可以逐项求导的条件是该幂级数收敛，由于是在 $X(z)$ 的收敛域内进行的，即在此情况下该幂级数是收敛的，因此是可以逐项求导的。

5. 共轭复序列的 z 变换

复序列的共轭序列的 z 变换为

$$\mathscr{Z}[x^*(n)]=X^*(z^*)\quad(R_{x-}<|z|<R_{x+})\tag{2.68}$$

证

$$\begin{aligned}\mathscr{Z}[x^*(n)]&=\sum_{n=-\infty}^{\infty}x^*(n)z^{-n}=\sum_{n=-\infty}^{\infty}[x(n)(z^{-n})^*]^*\\&=\Big[\sum_{n=-\infty}^{\infty}x(n)(z^*)^{-n}\Big]^*=X^*(z^*)\end{aligned}$$

6. 翻转序列的 z 变换

$$\mathscr{Z}[x(-n)]=X(1/z)\qquad(1/R_{x+})<|z|<(1/R_{x-})\tag{2.69}$$

证

$$\begin{aligned}\mathscr{Z}[x(-n)]&=\sum_{n=-\infty}^{\infty}x(-n)z^{-n}\\&=\sum_{n=\infty}^{-\infty}x(n)z^{n}=\sum_{n=-\infty}^{\infty}x(n)(1/z)^{-n}=X(1/z)\end{aligned}$$

因为 $X(z)$ 的收敛范围是 $R_{x-}<|z|<R_{x+}$，所以 $X(1/z)$ 的收敛范围是 $R_{x-}<(1/|z|)<R_{x+}$，也即 $(1/R_{x-})>|z|>(1/R_{x+})$。

7. 初值定理

若 $x(n)$ 为因果序列，则有

$$x(0)=\lim_{z\to\infty}X(z) \tag{2.70}$$

证

$$\begin{aligned}\lim_{z\to\infty}X(z) &= \lim_{z\to\infty}\Big[\sum_{n=-\infty}^{\infty}x(n)z^{-n}\Big]\\ &= \lim_{z\to\infty}[x(0)+x(1)z^{-1}+x(2)z^{-2}+\cdots]=x(0)\end{aligned}$$

8. 终值定理

设 $x(n)$为因果序列，并且 $X(z)$在单位圆外无极点，在单位圆上也最多在 $z=1$ 处有一阶极点，则

$$\lim_{n\to\infty}x(n)=\lim_{z\to 1}[(z-1)X(z)] \tag{2.71}$$

证

$$\mathscr{Z}[x(n+1)-x(n)]=\sum_{n=-\infty}^{\infty}[x(n+1)-x(n)]z^{-n} \tag{2.72}$$

因为 $x(n)$为因果序列，所以当 $n<0$ 时 $x(n)=0$，当 $n<-1$ 时 $x(n+1)=0$，这样，(2.72)式的求和范围可以从 -1 开始，即

$$\begin{aligned}\mathscr{Z}[x(n+1)-x(n)] &= \sum_{n=-1}^{\infty}[x(n+1)-x(n)]z^{-n}\\ &= \lim_{n\to\infty}\sum_{k=-1}^{n}[x(k+1)-x(k)]z^{-k}\end{aligned} \tag{2.73}$$

已知 $\mathscr{Z}[x(n)]=X(z)$，根据 z 变换的移位特性又有 $\mathscr{Z}[x(n+1)]=zX(z)$，将这两个式子相减，有

$$\begin{aligned}\mathscr{Z}[x(n+1)-x(n)] &= \mathscr{Z}[x(n+1)]-\mathscr{Z}[x(n)]\\ &= zX(z)-X(z)=(z-1)X(z)\end{aligned} \tag{2.74}$$

由(2.73)式和(2.74)式可得

$$(z-1)X(z)=\lim_{n\to\infty}\sum_{k=-1}^{n}[x(k+1)-x(k)]z^{-k} \tag{2.75}$$

由于 $X(z)$在 $z=1$ 处只有一阶极点，故$(z-1)X(z)$在 $z=1$ 处收敛，于是可以求得当$z\to 1$时$(z-1)X(z)$的极限。

现在对(2.75)式的两边取极限：

$$\begin{aligned}\lim_{z\to 1}[(z-1)X(z)] &= \lim_{z\to 1}\Big\{\lim_{n\to\infty}\sum_{k=-1}^{n}[x(k+1)-x(k)]z^{-k}\Big\}\\ &= \lim_{n\to\infty}\sum_{k=-1}^{n}[x(k+1)-x(k)]\\ &= \lim_{n\to\infty}\{[x(0)-0]+[x(1)-x(0)]+[x(2)-x(1)]+\cdots+\\ &\quad [x(n+1)-x(n)]\}\\ &= \lim_{n\to\infty}x(n+1)=\lim_{n\to\infty}x(n)\end{aligned}$$

于是(2.71)式得证。由于 $X(z)$在单位圆外无极点,在单位圆上只在 $z=1$ 处有一阶极点,于是可以求得 $X(z)$在 $z=1$ 这个一阶极点处的留数

$$\mathrm{Res}[X(z),z=1]=\lim_{z\to 1}[(z-1)X(z)]$$

因此(2.71)式又可以写为

$$x(\infty)=\mathrm{Res}[X(z),z=1] \tag{2.76}$$

9. 时域-z 域之间相乘与卷积的映射关系

(1) 序列的卷积的 z 变换等于这两个序列各自的 z 变换的乘积,即

$$\mathscr{Z}[x_1(n)*x_2(n)]=X_1(z)\cdot X_2(z) \tag{2.77}$$

其收敛域一般来说应是 $X_1(z)$和 $X_2(z)$的收敛域的重叠部分,但若其中一个 z 变换的某些极点恰好被另一个 z 变换的零点抵消,则序列卷积的 z 变换的收敛域就会扩大。

(2.77)式的证明与傅里叶变换的相应性质的证明类似,因此在这里就不证明了。

(2) (2.77)式意指时域的卷积关系映射到复频域为相乘的关系,与之对偶的是,时域的相乘关系映射到复频域为复卷积的关系。实际上,z 变换中时域与 z 域之间这样的映射关系完全是与傅里叶变换中相应的映射关系对应的,只不过在傅里叶变换中,频域的自变量是一维的连续变量,所以频域的卷积用定积分来表示;而在 z 变换中,复频域的自变量是二维的复变量,所以复频域的卷积是用围线积分来表示的。

设

$$w(n)=x(n)y(n)$$

则

$$W(z)=\mathscr{Z}[w(n)]=\frac{1}{2\pi \mathrm{j}}\oint_{c_1}X\left(\frac{z}{v}\right)Y(v)v^{-1}\mathrm{d}v \tag{2.78}$$

$W(z)$的收敛域为 $R_{x-}<|z/v|<R_{x+}$ 与 $R_{y-}<|v|<R_{y+}$ 的重叠部分,而积分围线 c_1 则是此收敛域内的一条包围原点的闭合曲线。

由于 $w(n)$中的 $x(n)$ 和 $y(n)$的地位是等价的,因此 $W(z)$肯定应有第二种形式,即

$$W(z)=\mathscr{Z}[w(n)]=\frac{1}{2\pi \mathrm{j}}\oint_{c_2}Y\left(\frac{z}{v}\right)X(v)v^{-1}\mathrm{d}v \tag{2.79}$$

此时收敛域为 $R_{x-}<|v|<R_{x+}$ 与 $R_{y-}<|z/v|<R_{y+}$ 的重叠部分,c_2 是此收敛域内的一条包围原点的闭合曲线。

利用下面将要讲到的 z 反变换关系式,(2.78)式和(2.79)式不难证明,这里证明从略。

2.7.3 z 反变换

所谓 z 反变换就是由 z 变换式 $X(z)$及其收敛域来求相应的序列 $x(n)$。计算 z 反变换通常有 3 种方法。

1. 幂级数法

已知 z 变换式

$$X(z)=\sum_{n=-\infty}^{\infty}x(n)z^{-n} \tag{2.80}$$

是一个幂级数表示式，因此，只要将 $X(z)$ 的表示式展开成幂级数形式，再与(2.80)式比较，其系数便是所求的序列 $x(n)$。但是在进行幂级数展开时必须考虑收敛域，如果收敛域是在某一圆外，则应将 $X(z)$ 展成 z^{-1} 的级数形式；如果收敛域是在某一圆内，则应将 $X(z)$ 展成 z 的级数形式；如果收敛域在一个环内，则 $X(z)$ 所展成的级数应当既包含 z 的负指数项又包含 z 的正指数项。

例 2.12　已知 $X(z)=e^{1/z}$，$|z|>0$，求 z 反变换 $x(n)$。

解

将 $e^{1/z}$ 展成 z^{-1} 的幂级数形式，即

$$e^{1/z}=1+z^{-1}+\frac{z^{-2}}{2!}+\cdots=\sum_{n=0}^{\infty}\frac{1}{n!}z^{-n}$$

所以有

$$x(n)=\frac{1}{n!}u(n)$$

■

例 2.13　已知 $X(z)=\dfrac{z^{-5}}{z+2}$，$0<|z|<2$。求所对应的序列 $x(n)$。

解

$$X(z)=\frac{z^{-5}}{2}\cdot\frac{1}{1+z/2}=\frac{z^{-5}}{2}\sum_{n=0}^{\infty}\left(-\frac{z}{2}\right)^{n}$$

$$=\frac{1}{2}z^{-5}\sum_{n=0}^{-\infty}\left(-\frac{z}{2}\right)^{-n}=\frac{1}{2}z^{-5}\sum_{n=0}^{-\infty}\left(-\frac{1}{2}\right)^{-n}z^{-n}$$

上式中 $\sum_{n=0}^{-\infty}\left(-\frac{1}{2}\right)^{-n}z^{-n}$ 所对应的序列为 $\left(-\frac{1}{2}\right)^{-n}u(-n)$，根据 z 变换的线性和移位特性，可知 $X(z)=\frac{1}{2}z^{-5}\sum_{n=0}^{-\infty}\left(-\frac{1}{2}\right)^{-n}z^{-n}$ 所对应的序列为

$$x(n)=\frac{1}{2}\left(-\frac{1}{2}\right)^{-(n-5)}u[-(n-5)]=\frac{1}{2}\left(-\frac{1}{2}\right)^{5-n}u(-n+5)$$

■

这个例子说明，在进行 z 反变换时，有时候应该与 z 变换的有关性质结合起来计算。

当 z 变换式为有理分式的时候，可以利用长除法来得到幂级数展开式，但在相除时应注意分子、分母中多项式排列的顺序。

例 2.14　已知

$$X(z)=\frac{1+2z^{-1}}{1-2z^{-1}+z^{-2}} \tag{2.81}$$

对于 $x(n)$ 分别为右边序列和左边序列两种情况分别写出 $x(n)$ 的展开式。

如果已知 $x(n)$ 为右边序列，为了使相除结果 $X(z)$ 不含 z 的正指数项，分子、分母的

多项式中各项应按降幂排列，如(2.81)式中所示。此时进行多项式除法的结果是

$$X(z) = 1 + 4z^{-1} + 7z^{-2} + \cdots = \sum_{n=0}^{\infty} x(n) z^{-n}$$

因此，有 $x(0)=1, x(1)=4, x(2)=7, \cdots$

如果已知 $x(n)$ 为左边序列，为了使相除结果 $X(z)$ 只含 z 的正指数项，分子、分母的多项式中各项应按升幂排列，此时(2.81)式应改写为

$$X(z)=\frac{2z^{-1}+1}{z^{-2}-2z^{-1}+1}$$

进行多项式除法的结果是

$$X(z) = 2z + 5z^2 + 8z^3 + \cdots = \sum_{n=-1}^{-\infty} x(n) z^{-n}$$

因此有 $x(-1)=2, x(-2)=5, x(-3)=8, \cdots$ ■

2. 部分分式法

从 2.7.1 节已经知道下面的 z 变换关系：

对右边序列有 $$a^n u(n) \longleftrightarrow \frac{1}{1-az^{-1}}=\frac{z}{z-a} \qquad |z|>|a|$$

对左边序列有 $$-a^n u(-n-1) \longleftrightarrow \frac{1}{1-az^{-1}}=\frac{z}{z-a} \qquad |z|<|a|$$

因此，当 $X(z)$ 为有理分式时，可以将其展开成部分分式(部分分式展开的方法请参阅“信号与系统”的有关部分)，然后求各简单分式的 z 反变换，再将各个结果组合起来。比如将 $X(z)$ 展开成

$$X(z) = \sum_i \frac{A_i z}{z - z_i}$$

则对右边序列有 $$x(n) = \sum_i A_i z_i^n u(n)$$

而对左边序列有 $$x(n) = -\sum_i A_i z_i^n u(-n-1)$$

当收敛域在某一环内，所对应的序列应为双边序列，此时将 $X(z)$ 展开成部分分式的和之后，应将此和分成两部分，一部分包含内圆上及之内的极点 p_i，另一部分则包含外圆上及之外的极点 s_i，即

$$X(z) = \sum_i \frac{B_i z}{z - p_i} + \sum_i \frac{C_i z}{z - s_i}$$

极点的分布情况如图 2.20 所示。此时有

$$x(n) = \sum_i B_i p_i^n u(n) - \sum_i C_i s_i^n u(-n-1)$$

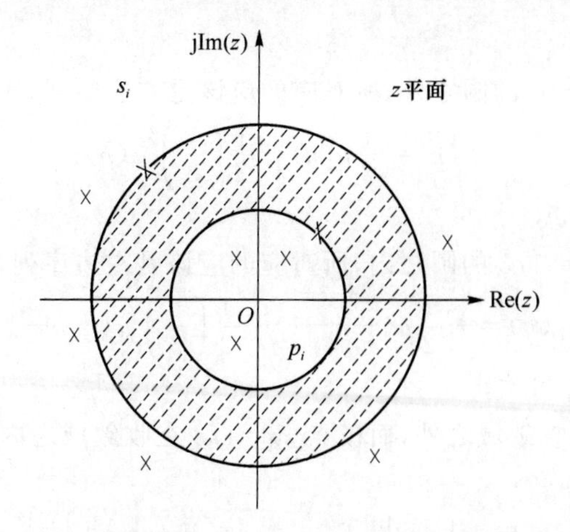

图 2.20　双边序列 z 变换的极点分布

例 2.15　$X(z)=\dfrac{z+2}{2z^2-7z+3}$，$\dfrac{1}{2}<|z|<3$，求所对应的序列 $x(n)$。

解

将 $X(z)$ 化为部分分式之和，即

$$X(z)=\frac{1}{z-3}-\frac{1}{2z-1}=z^{-1}\frac{z}{z-3}-\frac{1}{2}z^{-1}\frac{z}{z-\frac{1}{2}}$$

于是有

$$\begin{aligned}x(n)&=-3^{n-1}u[-(n-1)-1]-\frac{1}{2}\left(\frac{1}{2}\right)^{n-1}u(n-1)\\&=-3^{n-1}u(-n)-\left(\frac{1}{2}\right)^{n}u(n-1)\end{aligned}$$

■

例 2.16　求 $X(z)=\dfrac{z}{3z^2-4z+1}$ 的 z 反变换。

解

$$\begin{aligned}X(z)&=\frac{z}{3\left(z^2-\frac{4}{3}z+\frac{1}{3}\right)}=\frac{\frac{1}{3}z^{-1}}{1-\frac{4}{3}z^{-1}+\frac{1}{3}z^{-2}}\\&=\frac{\frac{1}{3}z^{-1}}{(1-z^{-1})\left(1-\frac{1}{3}z^{-1}\right)}=\frac{1}{2}\left(\frac{1}{1-z^{-1}}\right)-\frac{1}{2}\left(\frac{1}{1-\frac{1}{3}z^{-1}}\right)\end{aligned}$$

由此可知，$X(z)$ 有两个极点：$z_1=1$ 及 $z_2=1/3$。由于收敛域未给定，因此应该对于所有可能的收敛域分别求出所对应的序列。显然，有 3 种可能的收敛域，下面分别求 $x(n)$。

(1) 收敛域 $|z|>1$

此时收敛域在 $|z|=1$ 的圆之外,所对应的应该是右边序列,所以有

$$x_1(n)=\frac{1}{2}u(n)-\frac{1}{2}\left(\frac{1}{3}\right)^n u(n)$$

(2) 收敛域 $|z|<1/3$

此时收敛域在 $|z|=1/3$ 的圆之内,所对应的应该是左边序列,所以有

$$x_2(n)=-\frac{1}{2}u(-n-1)+\frac{1}{2}\left(\frac{1}{3}\right)^n u(-n-1)$$

(3) 收敛域 $1/3<|z|<1$

此时极点 $z_1=1$ 在收敛域之外,而极点 $z_2=1/3$ 在收敛域之内,所对应的应该是双边序列,于是有

$$x_3(n)=-\frac{1}{2}u(-n-1)-\frac{1}{2}\left(\frac{1}{3}\right)^n u(n)$$ ■

3. 留数法

为了从 z 变换 $X(z)$ 及其收敛域求出相应的序列 $x(n)$,有下面的 z 反变换关系式:

$$x(n)=\frac{1}{2\pi \mathrm{j}}\oint_c X(z)z^{n-1}\mathrm{d}z \tag{2.82}$$

积分围线 c 是在 $X(z)$ 的收敛域内的一条包围原点的闭合曲线。

为了证明(2.82)式,要利用复变函数的积分:

$$I(k)=\frac{1}{2\pi \mathrm{j}}\oint_c z^{k-1}\mathrm{d}z \tag{2.83}$$

这里 k 为整数,c 是一条包围原点的闭合曲线。

可以利用复变函数的有关公式和定理来求得 $I(k)$,请参看附录 A3,计算所得结果是

$$I(k)=\frac{1}{2\pi \mathrm{j}}\oint_c z^{k-1}\mathrm{d}z=\begin{cases}1 & k=0\\0 & k\neq 0\end{cases} \tag{2.84}$$

现在来证明 z 反变换关系式。考虑积分

$$\begin{aligned}\frac{1}{2\pi \mathrm{j}}\oint_c X(z)z^{n-1}\mathrm{d}z &= \frac{1}{2\pi \mathrm{j}}\oint_c\left[\sum_{k=-\infty}^{\infty}x(k)z^{-k}\right]z^{n-1}\mathrm{d}z\\ &=\sum_{k=-\infty}^{\infty}x(k)\,\frac{1}{2\pi \mathrm{j}}\oint_c z^{(n-k)-1}\mathrm{d}z\end{aligned} \tag{2.85}$$

(2.85)式中对于幂级数 $\sum\limits_{k=-\infty}^{\infty}x(k)z^{-k}$ 可以进行逐项积分的条件是该幂级数收敛,由于积分围线 c 在此幂级数(z 变换)的收敛域以内,所以是可以进行逐项积分的。由(2.84)式可知,积分 $\frac{1}{2\pi \mathrm{j}}\oint_c z^{(n-k)-1}\mathrm{d}z$ 只有当 $n-k=0$ 即 $k=n$ 时等于 1,k 为其他值时均等于 0,因此,(2.85)式虽然是对无穷多个 k 求和,但结果只剩下 $k=n$ 这一项,即

$$\frac{1}{2\pi \mathrm{j}}\oint_c X(z)z^{n-1}\mathrm{d}z=x(n)$$

于是 z 反变换关系(2.82)式得证。

(2.82)式右边的围线积分,应当用留数定理来求。根据复变函数有

$$x(n)=\frac{1}{2\pi j}\oint_c X(z)z^{n-1}\mathrm{d}z$$
$$=\sum[X(z)z^{n-1}\text{ 在围线 } c \text{ 内极点上的留数}] \tag{2.86}$$

或者

$$x(n)=-\frac{1}{2\pi j}\oint_c X(z)z^{n-1}\mathrm{d}z$$
$$=-\sum[X(z)z^{n-1}\text{ 在围线 } c \text{ 外极点上的留数}] \tag{2.87}$$

注意,(2.86)式中的积分围线是正向即逆时针方向的,而(2.87)式中的积分围线是反向即顺时针方向的。

若 $X(z)z^{n-1}$ 是 z 的有理函数,设 z_0 是它的一个 s 阶极点,于是可以将 $X(z)z^{n-1}$ 表示为

$$X(z)z^{n-1}=\frac{\Psi(z)}{(z-z_0)^s} \tag{2.88}$$

其中 $\Psi(z)$ 在 $z=z_0$ 解析。而 $X(z)z^{n-1}$ 在 $z=z_0$ 处的留数为

$$\mathrm{Res}[X(z)z^{n-1},z=z_0]=\frac{1}{(s-1)!}\frac{\mathrm{d}^{s-1}\Psi(z)}{\mathrm{d}z^{s-1}}\bigg|_{z=z_0} \tag{2.89}$$

若 z_0 是一阶极点,即 $s=1$,则此留数为

$$\mathrm{Res}[X(z)z^{n-1},z=z_0]=\Psi(z_0) \tag{2.90}$$

下面讨论如何利用上述的留数定理来计算 z 反变换,看看在什么情况下用(2.86)式,又在什么情况下用(2.87)式。

由于积分围线 c 在 $X(z)$ 的收敛域内,因此首先要确定收敛域。收敛域有时已给定,否则,就应先找出 $X(z)$ 所有的极点,从而确定 $X(z)$ 的各个收敛域,然后分别对每个收敛域计算 z 反变换 $x(n)$。

收敛域确定后,围线 c 即定,下面就应考虑被积函数 $X(z)z^{n-1}$ 在 c 内或 c 外的极点的情况,以确定用(2.86)式还是(2.87)式。极点由 $X(z)$ 和 z^{n-1} 这两部分产生,其中 $X(z)$ 的极点一般来说个数有限,阶次也有限;而 z^{n-1} 的极点在 $z=0$ 或 $z=\infty$ 处,其位置与阶次由 n 的正负和大小决定。原则是选择 $X(z)z^{n-1}$ 有有限个极点且极点阶次有限的区域来求留数,并且应尽量避免求 $z=\infty$ 点的留数,因为 $z=\infty$ 点的留数是由所有的有限远处的极点的留数来定义的。比如收敛域在某一个圆外,此时一般应计算 $n>0$ 时的 $x(n)$,就应该选择(2.86)式,因为此时 $X(z)$ 在围线 c 内有有限个极点,并且 z^{n-1} 在 $z=0$ 解析;而不用(2.87)式,因为 z^{n-1}(尤其是当 n 较大时)在 $z=\infty$ 有高阶极点。当收敛域在圆内,应计算 $n<0$ 时的 $x(n)$,就应当用(2.87)式,因为此时 $X(z)$ 在围线 c 外有有限个极点,并且 z^{n-1}

在 $z=\infty$ 解析；而不用(2.86)式，因为 z^{n-1} 在 $z=0$ 有高阶极点。当收敛域在某一环内，则应利用 $X(z)$ 在 c 内的极点求得 $n>0$ 的 $x(n)$，而利用 c 外的极点求得 $n<0$ 的 $x(n)$。

以上对于收敛域在圆内或者圆外的不同情况，是以 0 为分界点来分别进行讨论的，但是实际上，分界点的选择应该根据具体的问题来确定。下面总结出用留数法来求 z 反变换的一般方法。

首先，将 $X(z)$ 中所包含的 z 的整数幂分离出来，即将 $X(z)$ 表示为 $X(z)=X_0(z)z^m$，这里，m 是一个整数，这样，$X_0(z)$ 就在 $z=0$ 和 $z=\infty$ 都解析。然后，将(2.82)式的 z 反变换关系式中的被积函数 $X(z)z^{n-1}$ 写为

$$X(z)z^{n-1}=X_0(z)z^m z^{n-1}=X_0(z)z^{m+n-1}=X_1(z) \tag{2.91}$$

对于收敛域在圆外的情况，如图 2.21 所示，围线 c 内包含了 $X_0(z)$ 的有限个极点，而 $X_0(z)$ 在圆外(包含围线 c)解析。当 $m+n-1<0$ 即 $n<1-m$ 时，z^{m+n-1} 在 $z=\infty$ 解析，此时，如果用(2.87)式，就可以清楚地看到，在围线 c 上及其所包围的区域(由于是反向积分，所以包围的区域在围线 c 外)，被积函数 $X_1(z)=X_0(z)z^{m+n-1}$ 是解析的，没有极点，留数为 0，也即当 $n<1-m$ 时，$x(n)=0$。当 $m+n-1\geqslant 0$ 即 $n\geqslant 1-m$ 时，z^{m+n-1} 在 $z=0$ 解析，此时，如果用(2.86)式，则 $X_1(z)$ 在围线 c 内只有 $X_0(z)$ 的有限个极点，用(2.89)式或者(2.90)式就可以求出这些极点处的留数，从而求得 $n\geqslant 1-m$ 时的 $x(n)$。

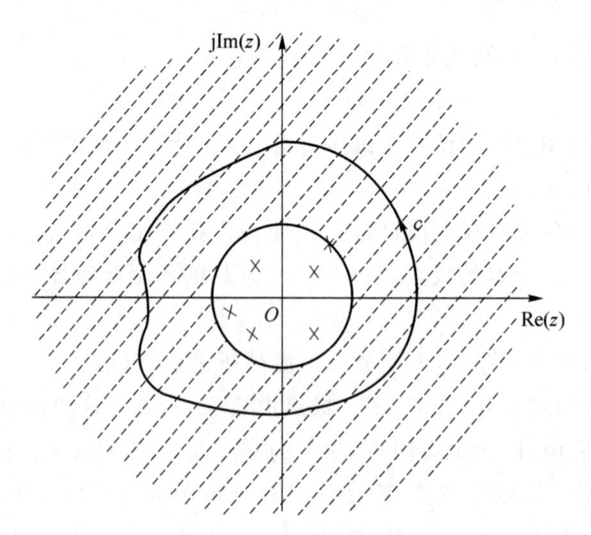

图 2.21 收敛域在圆外时的极点分布和围线位置

收敛域在圆内时的极点分布和围线位置的情况见图 2.22，收敛域在一个环内的情况见图 2.23，这两种情况的分析与圆外情况类似。总的说来，可以总结出：

用留数法求 z 反变换，在确定了 $X(z)$ 的收敛域以及围线 c 的位置之后，对围线内 $X_0(z)$ 的极点求 $X_1(z)$ 的留数就得到 $n\geqslant 1-m$ 时的 $x(n)$；对围线外 $X_0(z)$ 的极点求 $X_1(z)$ 的留数就得到 $n<1-m$ 时的 $-x(n)$。

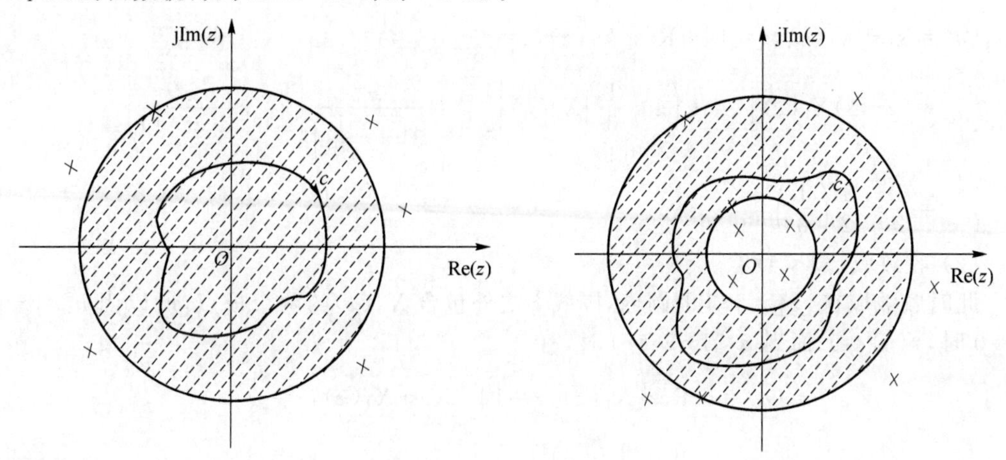

图 2.22　收敛域在圆内时的极点分布和围线位置　图 2.23　收敛域在环内时的极点分布和围线位置

前面已经讨论了计算 z 反变换的 3 种方法，在实际计算时，应根据具体情况来决定选择哪种方法最为方便。有时不同的方法要结合起来使用，有时还要结合 z 变换的有关性质来进行计算。

例 2.17　用留数法求 $X(z)=\dfrac{z}{3z^2-4z+1}$ 的 z 反变换。

解

$$X(z)=\frac{z}{3\left(z^2-\frac{4}{3}z+\frac{1}{3}\right)}=\frac{z}{3(z-1)\left(z-\frac{1}{3}\right)}$$

$$X_1(z)=X(z)z^{n-1}=\frac{z^n}{3(z-1)\left(z-\frac{1}{3}\right)}=X_0(z)z^{m+n-1}$$

显然

$$X_0(z)=\frac{1}{3(z-1)\left(z-\frac{1}{3}\right)}$$

并且 $m=1$。

由此可知，$X(z)$ 有两个极点：$z_1=1$ 及 $z_2=1/3$。由于收敛域未给定，因此应该对于 $X(z)$ 所有可能的收敛域分别求出所对应的序列。显然，有 3 种可能的收敛域，下面分别用留数法求 $x(n)$。

(1) 收敛域$|z|>1$

此时收敛域在$|z|=1$的圆外，围线c之内包含$X_0(z)$的两个极点，所以当$n<1-m=0$时，$x(n)=0$；而当$n\geqslant 1-m=0$时，有

$$x_1(n)=\text{Res}[X_1(z),z=1]+\text{Res}[X_1(z),z=\frac{1}{3}]$$

$$=(z-1)X_1(z)\Big|_{z=1}+\left(z-\frac{1}{3}\right)X_1(z)\Big|_{z=\frac{1}{3}}=\frac{z^n}{3\left(z-\frac{1}{3}\right)}\Bigg|_{z=1}+\frac{z^n}{3(z-1)}\Bigg|_{z=\frac{1}{3}}$$

$$=\frac{1}{2}-\frac{1}{2}\left(\frac{1}{3}\right)^n$$

(2) 收敛域$|z|<1/3$

此时收敛域在$|z|=1/3$的圆内，围线c之外包含$X_0(z)$的两个极点，所以当$n\geqslant 1-m=0$时，$x(n)=0$；而当$n<1-m=0$时，有

$$x_2(n)=-\text{Res}[X_1(z),z=1]-\text{Res}[X_1(z),z=\frac{1}{3}]$$

$$=-\frac{1}{2}+\frac{1}{2}\left(\frac{1}{3}\right)^n$$

(3) 收敛域$1/3<|z|<1$

此时收敛域在一个环内，$X_0(z)$的极点$z_1=1$在围线c之外，而$z_2=1/3$在围线c之内，于是有

当$n\geqslant 1-m=0$时　$x_3(n)=\text{Res}[X_1(z),z=\frac{1}{3}]=-\frac{1}{2}\left(\frac{1}{3}\right)^n$

当$n<1-m=0$时　$x_3(n)=-\text{Res}[X_1(z),z=1]=-\frac{1}{2}$

因此，当收敛域在环内时　$x_3(n)=-\frac{1}{2}u(-n-1)-\frac{1}{2}\left(\frac{1}{3}\right)^n u(n)$

3种情况的结果都与例2.16中用部分分式法所得到的结果完全相同。■

2.7.4　z变换与傅里叶变换的关系

序列$x(n)$的z变换为

$$X(z)=\sum_{n=-\infty}^{\infty}x(n)z^{-n}$$

令复变量$z=re^{j\omega}$，代入上式，得

$$X(re^{j\omega})=\sum_{n=-\infty}^{\infty}x(n)r^{-n}e^{-jn\omega}$$

令$r=1$，即$z=e^{j\omega}$，则上式为

$$X(e^{j\omega})=\sum_{n=-\infty}^{\infty}x(n)e^{-jn\omega}$$

这正是 $x(n)$ 的傅里叶变换式。变量 ω 既表示数字角频率，又表示复数 z 的辐角。$z=\mathrm{e}^{\mathrm{j}\omega}$ 表示 z 在单位圆上取值，因此，傅里叶变换就是单位圆上的 z 变换。

下面再来看一下反变换关系。z 反变换关系式为

$$x(n)=\frac{1}{2\pi\mathrm{j}}\oint_c X(z)z^{n-1}\mathrm{d}z$$

设单位圆在 $X(z)$ 的收敛域内，因此可将单位圆作为积分围线 c，即有 $z=\mathrm{e}^{\mathrm{j}\omega}$，代入上式，得

$$\begin{aligned}x(n)&=\frac{1}{2\pi\mathrm{j}}\int_{-\pi}^{\pi}X(\mathrm{e}^{\mathrm{j}\omega})\mathrm{e}^{\mathrm{j}\omega(n-1)}\mathrm{e}^{\mathrm{j}\omega}\mathrm{j}\mathrm{d}\omega\\&=\frac{1}{2\pi}\int_{-\pi}^{\pi}X(\mathrm{e}^{\mathrm{j}\omega})\mathrm{e}^{\mathrm{j}n\omega}\mathrm{d}\omega\end{aligned}$$

这正是离散信号 $x(n)$ 的傅里叶变换的反变换式。

现在再来看一下收敛条件。z 变换和傅里叶变换实际上都是级数求和，因此都存在是否收敛的问题，这就对序列 $x(n)$ 有一定的要求。下面就来看看 $x(n)$ 应满足什么条件，它的傅里叶变换或 z 变换才收敛。

傅里叶变换：

$$X(\mathrm{e}^{\mathrm{j}\omega})=\sum_{n=-\infty}^{\infty}x(n)\mathrm{e}^{-\mathrm{j}n\omega}$$

此式右边的级数收敛意指 $|X(\mathrm{e}^{\mathrm{j}\omega})|<\infty$，而

$$|X(\mathrm{e}^{\mathrm{j}\omega})|=\left|\sum_{n=-\infty}^{\infty}x(n)\mathrm{e}^{-\mathrm{j}n\omega}\right|\leqslant\sum_{n=-\infty}^{\infty}|x(n)||\mathrm{e}^{-\mathrm{j}n\omega}|=\sum_{n=-\infty}^{\infty}|x(n)|$$

因此，若 $\sum\limits_{n=-\infty}^{\infty}|x(n)|<\infty$，则傅里叶变换收敛。

z 变换：

$$X(z)=\sum_{n=-\infty}^{\infty}x(n)z^{-n}=\sum_{n=-\infty}^{\infty}x(n)r^{-n}\mathrm{e}^{-\mathrm{j}n\omega}$$

$$\begin{aligned}|X(z)|&=\left|\sum_{n=-\infty}^{\infty}x(n)z^{-n}\right|=\left|\sum_{n=-\infty}^{\infty}x(n)r^{-n}\mathrm{e}^{-\mathrm{j}n\omega}\right|\\&\leqslant\sum_{n=-\infty}^{\infty}|x(n)||r^{-n}||\mathrm{e}^{-\mathrm{j}n\omega}|=\sum_{n=-\infty}^{\infty}|x(n)|r^{-n}\end{aligned}$$

因此，若 $\sum\limits_{n=-\infty}^{\infty}|x(n)|r^{-n}<\infty$，便有 $|X(z)|<\infty$，z 变换即收敛。

上面的分析表明，傅里叶变换的收敛对序列 $x(n)$ 的要求强于 z 变换收敛对 $x(n)$ 的要求，因为，如果序列 $x(n)$ 不满足 $\sum\limits_{n=-\infty}^{\infty}|x(n)|<\infty$，还可以找到适当的模值 r，也即在 z 平面找到一个合适的区域(收敛域)，使之满足 $\sum\limits_{n=-\infty}^{\infty}|x(n)|r^{-n}<\infty$。也就是说，如果序列 $x(n)$ 的傅里叶变换不收敛，可以设法使其 z 变换收敛。

现在将模拟信号 $x_a(t)$ 及其抽样信号 $\hat{x}_a(t)$（即 $x(n)$）在时域和频域中的相互关系用图 2.24 来表示，其中，①、②表示模拟信号与离散信号之间的相互关系，而③、④表示模拟信号的频谱与离散信号的频谱之间的相互关系，这些关系式为

① $\hat{x}_a(t) = \sum_{n=-\infty}^{\infty} x_a(nT_s)\delta(t - nT_s)$

② $x_a(t) = \sum_{n=-\infty}^{\infty} x_a(nT_s)\operatorname{sinc}\left(\frac{t - nT_s}{T_s}\right)$

③ $\hat{X}_a(\Omega) = \frac{1}{T_s}\sum_{n=-\infty}^{\infty} X_a(\Omega - n\Omega_s)$

④ $X_a(\Omega) = T_s\hat{X}_a(\Omega)\operatorname{rect}\left(\frac{\Omega}{2\Omega_c}\right)$

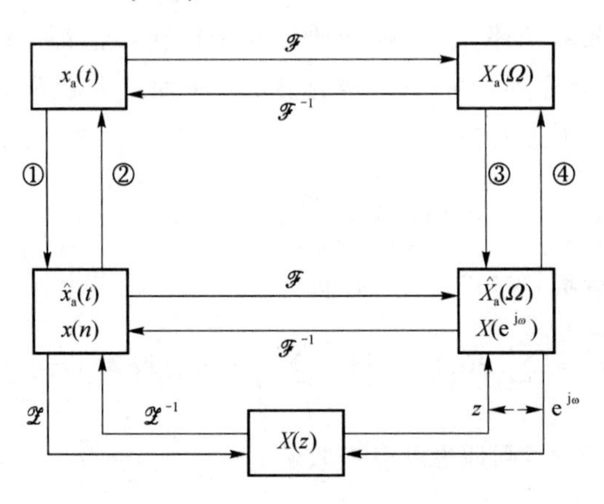

图 2.24　模拟信号及其抽样信号在时域和频域中的相互关系

2.8　离散系统的差分方程、系统函数及其零极点

2.8.1　离散系统的差分方程

模拟系统通常用微分方程来描述，而离散系统则用差分方程来描述。差分方程可分为非递归型和递归型两大类。

1. 非递归型

所谓非递归，即是指输出对输入无反馈。非递归型系统就是指输出值仅仅取决于输入值的系统，这样的系统在 n 时刻的输出值可一般地表示为

$$y(n)=f\{\cdots,x(n-1),x(n),x(n+1),\cdots\} \tag{2.92}$$

若此系统是线性时不变的，则有

$$y(n)=\sum_{i=-\infty}^{\infty}a_i x(n-i) \quad (a_i \text{ 为常数})$$

若此系统又是因果的，则应有 $i\geqslant 0$，也即系数 $a_{-1}=a_{-2}=a_{-3}\cdots=0$，因此有

$$y(n)=\sum_{i=0}^{\infty}a_i x(n-i) \tag{2.93}$$

若又有 $i>N$ 时，$a_i=0$，则

$$y(n)=\sum_{i=0}^{N}a_i x(n-i) \tag{2.94}$$

这是一个 N 阶线性差分方程，因此，一个线性时不变、因果系统的非递归型结构可用一个 N 阶线性差分方程来表示，N 为系统的阶次。

2. 递归型

所谓递归就是输出对输入有反馈。递归型系统的输出值不仅取决于输入值，也取决于输出值，在 n 时刻的输出值可以一般地表示为

$$y(n)=f\{\cdots,x(n-1),x(n),x(n+1),\cdots\}+g\{\cdots,y(n-1),y(n+1),\cdots\}$$

若系统是线性、时不变、因果的，则有

$$y(n)=\sum_{i=0}^{M}a_i x(n-i)+\sum_{i=1}^{N}b_i y(n-i) \tag{2.95}$$

这里 a_i、b_i 为常数。

由(2.95)式可知，当 $b_i=0$ 时，递归型就成了非递归型，亦即非递归型是递归型的特例。

2.8.2　离散系统的系统函数

一个线性、时不变、因果系统的差分方程(2.95)式又可以写为

$$\sum_{j=0}^{N}b_j y(n-j)=\sum_{i=0}^{M}a_i x(n-i) \tag{2.96}$$

对(2.96)式两边进行 z 变换，得

$$\sum_{j=0}^{N}b_j z^{-j}Y(z)=\sum_{i=0}^{M}a_i z^{-i}X(z)$$

于是有

$$\frac{Y(z)}{X(z)}=\frac{\sum_{i=0}^{M}a_i z^{-i}}{\sum_{j=0}^{N}b_j z^{-j}}$$

将系统的输出信号 $y(n)$ 的 z 变换与输入信号 $x(n)$ 的 z 变换的比值定义为该系统的传递函数，即系统函数，用 $H(z)$ 表示，即

$$H(z)=\frac{Y(z)}{X(z)} \tag{2.97}$$

故有

$$H(z)=\frac{\sum_{i=0}^{M} a_i z^{-i}}{\sum_{j=0}^{N} b_j z^{-j}} \tag{2.98}$$

因此，一个线性、时不变、因果系统的传递函数是一个有理函数，其分子、分母多项式的系数分别对应于描述该系统的差分方程(2.96)式中的右边和左边的各系数。

系统函数 $H(z)$ 实际上就是系统的单位抽样响应 $h(n)$ 的 z 变换，这很容易看出，因为已知一个线性时不变系统的输出序列和输入序列的关系为

$$y(n)=x(n)*h(n)$$

令 $Y(z)$、$X(z)$、$H(z)$ 分别表示 $y(n)$、$x(n)$、$h(n)$ 的 z 变换，则由序列卷积的 z 变换特性，有

$$Y(z)=X(z)\cdot H(z) \tag{2.99}$$

(2.99)式与(2.97)式是等价的，因此(2.97)式所定义的系统函数 $H(z)$ 正是系统的单位抽样响应 $h(n)$ 的 z 变换。

在(2.97)式中，令 $z=\mathrm{e}^{\mathrm{j}\omega}$，便有

$$H(\mathrm{e}^{\mathrm{j}\omega})=\frac{Y(\mathrm{e}^{\mathrm{j}\omega})}{X(\mathrm{e}^{\mathrm{j}\omega})}$$

$H(\mathrm{e}^{\mathrm{j}\omega})$ 便是 2.6 节中提到的系统的频率响应。

2.8.3 系统函数的零极点

由(2.98)式可知，系统函数 $H(z)$ 是两个 z^{-1} 的多项式之比，因此可对其分子、分母进行因式分解，有

$$H(z)=\frac{A\prod_{i=1}^{M}(1-c_i z^{-1})}{\prod_{j=1}^{N}(1-d_j z^{-1})} \tag{2.100}$$

这里假设(2.98)式中的 a_0、b_0 不等于零，则应有 $A=a_0/b_0$。(2.100)式中的 $c_i(i=1,2,\cdots,M)$ 即是系统函数 $H(z)$ 的零点，而 $d_j(j=1,2,\cdots,N)$ 即是其极点。因此，系统函数也可以用其零极点来表示。

设 $M \geqslant N$，将(2.100)式两边同乘以 z^M，有

$$H(z)=\frac{A\prod_{i=1}^{M}(z-c_i)}{z^{M-N}\prod_{j=1}^{N}(z-d_j)} \tag{2.101}$$

现在来看系统的频率响应，令 $z=\mathrm{e}^{\mathrm{j}\omega}$，代入(2.101)式：

$$H(\mathrm{e}^{\mathrm{j}\omega})=A\frac{\prod_{i=1}^{M}(\mathrm{e}^{\mathrm{j}\omega}-c_i)}{\mathrm{e}^{\mathrm{j}\omega(M-N)}\prod_{j=1}^{N}(\mathrm{e}^{\mathrm{j}\omega}-d_j)}$$

用 $\boldsymbol{C}_i$ 表示零点 c_i 指向单位圆上 $\mathrm{e}^{\mathrm{j}\omega}$ 点的向量：$\boldsymbol{C}_i=\mathrm{e}^{\mathrm{j}\omega}-c_i$

用 $\boldsymbol{D}_j$ 表示极点 d_j 指向单位圆上 $\mathrm{e}^{\mathrm{j}\omega}$ 点的向量：$\boldsymbol{D}_j=\mathrm{e}^{\mathrm{j}\omega}-d_j$

则有

$$H(\mathrm{e}^{\mathrm{j}\omega})=A\frac{\prod_{i=1}^{M}\boldsymbol{C}_i}{\mathrm{e}^{\mathrm{j}\omega(M-N)}\prod_{j=1}^{N}\boldsymbol{D}_j}=|H(\mathrm{e}^{\mathrm{j}\omega})|\mathrm{e}^{\mathrm{j}\phi(\omega)} \tag{2.102}$$

将向量 $\boldsymbol{C}_i$ 和 $\boldsymbol{D}_j$ 用极坐标表示：

$$\boldsymbol{C}_i=|\boldsymbol{C}_i|\mathrm{e}^{\mathrm{j}\alpha_i}\qquad \boldsymbol{D}_j=|\boldsymbol{D}_j|\mathrm{e}^{\mathrm{j}\beta_j}$$

故由(2.102)式有

$$|H(\mathrm{e}^{\mathrm{j}\omega})|=|A|\frac{\prod_{i=1}^{M}|\boldsymbol{C}_i|}{\prod_{j=1}^{N}|\boldsymbol{D}_j|} \tag{2.103}$$

设 $A>0$，则

$$\phi(\omega)=\sum_{i=1}^{M}\alpha_i-\sum_{j=1}^{N}\beta_j-(M-N)\omega \tag{2.104}$$

(2.103)式说明，系统的幅频响应由系统函数的各零点到 $\mathrm{e}^{\mathrm{j}\omega}$ 点的向量的模值之乘积与各极点到 $\mathrm{e}^{\mathrm{j}\omega}$ 点的向量的模值之乘积的比确定；(2.104)式说明，系统的相频响应由系统函数的各零点到 $\mathrm{e}^{\mathrm{j}\omega}$ 点的向量的相角之和与各极点到 $\mathrm{e}^{\mathrm{j}\omega}$ 点的向量的相角之和的差确定。因此，在已知系统函数的零极点的情况下，可利用几何作图法来求得系统的频率响应，用此方法还可以直观地看到频率响应与零极点在 z 平面上位置的关系。从(2.103)式并结合图 2.25 可以看到，幅频响应 $|H(\mathrm{e}^{\mathrm{j}\omega})|$ 作为 ω 的函数，其大小随 $\mathrm{e}^{\mathrm{j}\omega}$ 点在单位圆上的移动而变化。当 $\mathrm{e}^{\mathrm{j}\omega}$ 点移到零点附近时，使(2.103)式中作为分子的向量模值变得很小，因此幅频响应将出现谷值；当 $\mathrm{e}^{\mathrm{j}\omega}$ 点移到极点附近时，使(2.103)式中作为分母的向量模值变得很小，从而幅频响应将出现峰值。若零点位于单位圆上，则当 $\mathrm{e}^{\mathrm{j}\omega}$ 点与此零点重合时，谷值将等于零；若极点位于单位圆上，则当 $\mathrm{e}^{\mathrm{j}\omega}$ 点与此极点重合时，峰值将变为无穷大。

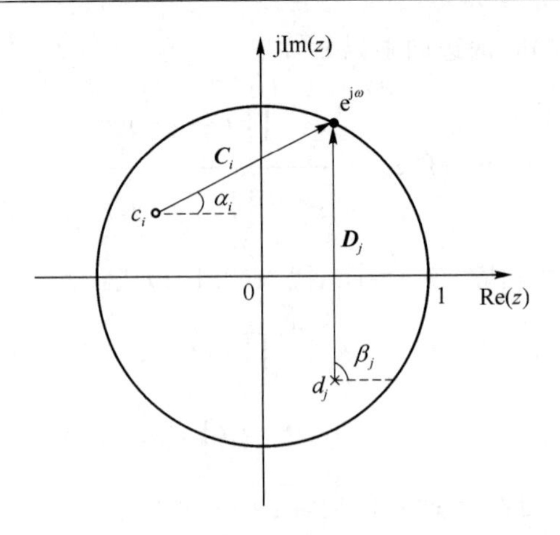

图 2.25　系统函数的零点和极点与系统的频率响应的关系

2.8.4　线性时不变因果系统的稳定性

已经看到,当系统函数的极点在单位圆上,其幅频响应将出现无穷大,因而系统就会不稳定。现在来进一步讨论系统函数的极点位置与系统稳定性的关系。

线性时不变系统当其单位抽样响应满足 $\sum\limits_{n=-\infty}^{\infty}|h(n)|<\infty$ 时便是稳定的,而又因系统也是因果的,因此只需考察 $\sum\limits_{n=0}^{\infty}|h(n)|<\infty$ 是否满足,就可以断定该系统是否稳定 。

设有一 N 阶线性时不变因果系统,系统函数为 $H(z)$。由于其单位抽样响应 $h(n)$是因果序列,因此,$H(z)$的收敛域肯定在半径为 R_- 的圆外。为讨论方便起见,假设$H(z)$只有一阶极点,用 p_i 表示($i=1,2,\cdots,N$)。

(1) 设 $R_-<1$,即 $H(z)$所有极点都在单位圆的内部,也即单位圆在收敛域内。

$h(n)$可用 z 反变换关系式表示,即

$$h(n)=\frac{1}{2\pi \mathrm{j}}\oint_c H(z)z^{n-1}\mathrm{d}z$$

并进而可用 $H(z)z^{n-1}$ 在积分围线 c 内的极点上的留数之和表示出。

当 $n=0$,被积函数 $H(z)/z$ 除了 $H(z)$在 c 内的 N 个极点之外,在 $z=0$ 还有一个一阶极点,因此

$$h(0)=\sum_{i=1}^{N}\mathrm{Res}\left[\frac{H(z)}{z},z=p_i\right]+\mathrm{Res}\left[\frac{H(z)}{z},z=0\right] \tag{2.105}$$

当 $n>0$,$H(z)z^{n-1}$在 c 内的极点就是 $H(z)$在 c 内的 N 个一阶极点,因此

$$h(n)=\sum_{i=1}^{N}\mathrm{Res}[H(z)z^{n-1},z=p_i]=\sum_{i=1}^{N}\mathrm{Res}[H(z),z=p_i]p_i^{\ n-1}$$

所以

$$\sum_{n=0}^{\infty}|h(n)| = |h(0)| + \sum_{n=1}^{\infty}\left|\sum_{i=1}^{N}\mathrm{Res}[H(z),z=p_i]p_i^{n-1}\right|$$

$$\leqslant |h(0)| + \sum_{n=1}^{\infty}\sum_{i=1}^{N}|\mathrm{Res}[H(z),z=p_i]||p_i^{n-1}| \qquad (2.106)$$

由于 $H(z)$在其极点处的留数为有限值,故可令

$$|\mathrm{Res}[H(z),z=p_i]| \leqslant R_{\mathrm{m}} \quad (i=1,2,\cdots,N)$$

于是(2.106)式变为

$$\sum_{n=0}^{\infty}|h(n)| \leqslant |h(0)| + \sum_{n=1}^{\infty}R_{\mathrm{m}}\sum_{i=1}^{N}|p_i|^{n-1} \qquad (2.107)$$

因为极点 p_i 都在单位圆内,即有$|p_i| \leqslant R_- < 1$,于是(2.107)式变为

$$\sum_{n=0}^{\infty}|h(n)| \leqslant |h(0)| + \sum_{n=1}^{\infty}R_{\mathrm{m}} \cdot NR_-^{n-1} = |h(0)| + NR_{\mathrm{m}}\sum_{n=1}^{\infty}R_-^{n-1} \qquad (2.108)$$

因 $0 \leqslant R_- < 1$,所以$\sum_{n=1}^{\infty}R_-^{n-1} < \infty$,又由(2.105)式知,$|h(0)|$为有限值,而 N、R_{m} 也为有限数,因此

$$\sum_{n=0}^{\infty}|h(n)| \leqslant |h(0)| + NR_{\mathrm{m}}\sum_{n=1}^{\infty}R_-^{n-1} < \infty$$

这就是说,系统是稳定的,而$|p_i| \leqslant R_- < 1$,即极点 p_i 都在单位圆内正是系统稳定的充分条件。

(2) 假设有一个极点 p_k 在单位圆外。

令 $p_i = r_i \mathrm{e}^{\mathrm{j}\theta_i}(i=1,2,\cdots,N)$,则有 $r_i < 1(i=1,2,\cdots,N,i \neq k)$;而 $r_k > 1$。当 $n > 0$,有

$$h(n) = \sum_{i=1}^{N}\mathrm{Res}[H(z)z^{n-1},z=p_i]$$

$$= \sum_{\substack{i=1\\i\neq k}}^{N}\mathrm{Res}[H(z),z=p_i]r_i^{n-1}\mathrm{e}^{\mathrm{j}(n-1)\theta_i} + \mathrm{Res}[H(z),z=p_k]r_k^{n-1}\mathrm{e}^{\mathrm{j}(n-1)\theta_k}$$

令 $n \to \infty$,则上式第一项中 $r_i^{n-1} \to 0$,故此时

$$h(n) \approx \mathrm{Res}[H(z),z=p_k]r_k^{n-1}\mathrm{e}^{\mathrm{j}(n-1)\theta_k}$$

由于 $r_k > 1$,故$\lim\limits_{n\to\infty}r_k^{n-1} = \infty$,而因 p_k 是 $H(z)$的极点,因此 $\mathrm{Res}[H(z),z=p_k] \neq 0$,所以有

$$\lim_{n\to\infty}|h(n)| = \lim_{n\to\infty}|\mathrm{Res}[H(z),z=p_k]|r_k^{n-1} = \infty$$

所以

$$\sum_{n=0}^{\infty}|h(n)| = \infty$$

即系统将不稳定,这是由于有单位圆外的极点所引起的。

综上所述，可以得出结论，一个线性时不变的因果系统稳定的充分必要条件是系统函数 $H(z)$ 的所有极点都在 z 平面的单位圆内。显然，对于因果线性时不变的稳定系统，单位圆必定在其系统函数 $H(z)$ 的收敛域内。

2.9 Matlab 方法

2.9.1 常用序列及序列运算的 Matlab 实现

1. 单位抽样序列

$$\delta(n)=\begin{cases}1 & n=0\\ 0 & n\neq 0\end{cases}$$

在 Matlab 中，函数 zeros(1,N) 可以产生一个包含 N 个零的行向量，在给定的区间上，可以用这个函数来产生 $\delta(n)$。

```
>>delta=[1,zeros(1,N)]
```

下面的 Matlab 函数可以实现序列 $\delta(n-n_0)=\begin{cases}1 & n=n_0\\ 0 & n\neq n_0\end{cases}$。

```
function [x,n]=impseq(n0,n1,n2)
% Generates x(n)=delta(n-n0); n1 <= n,n0 <= n2
% ------------------------------------
% [x,n]=impseq(n0,n1,n2)
n=[n1:n2];
x=[(n-n0) == 0]; %x=[zeros(1,(n0-n1)), 1, zeros(1,(n2-n0))];
```

注意，这个函数的输入参数应该满足条件 $n_1\leqslant n_0\leqslant n_2$。

2. 单位阶跃序列

$$u(n)=\begin{cases}1 & n\geqslant 0\\ 0 & n<0\end{cases}$$

在 Matlab 中，函数 ones(1,N) 产生一个由 N 个 1 组成的行向量，在给定的区间上，可以用它来产生 $u(n)$。

```
>>u =[zeros(1,N),ones(1,M)]
```

如下的 Matlab 函数可以实现序列 $u(n-n_0)=\begin{cases}1 & n\geqslant n_0\\ 0 & n<n_0\end{cases}$。

```
function [x,n] = Unitstepseq(n0,n1,n2)
% Generates x(n) = u(n-n0); n1 <= n,n0 <= n2
% ---------------------------------
% [x,n] = Unitstepseq(n0,n1,n2)
n = [n1:n2];
x = [(n-n0) >= 0]; %x = [zeros(1,(n0-n1)), ones(1,(n2-n0+1))];
```

注意,这个函数的输入参数应该满足条件 $n_1 \leqslant n_0 \leqslant n_2$。

3. 矩形序列

$$r_N(n)=\begin{cases}1 & 0\leqslant n\leqslant N-1\\ 0 & \text{其他}\end{cases}$$

矩形序列的 Matlab 实现为:

```
>>rect = [zeros(1,N),ones(1,M),zeros(1,P)]
```

4. 实指数序列

$$x(n)=a^n \quad (a\text{ 为实数 }a\neq 0)$$

在 Matlab 中,符号“.^”用来实现一个实指数序列。

例 2.18　用 Matlab 实现 $x(n)=(0.5)^n \quad (0\leqslant n\leqslant 10)$,并画出相应图形。

```
>>n =[0:10];
>>x = (0.5).^n;
>>stem(n,x);
```

图形如图 2.26 所示。

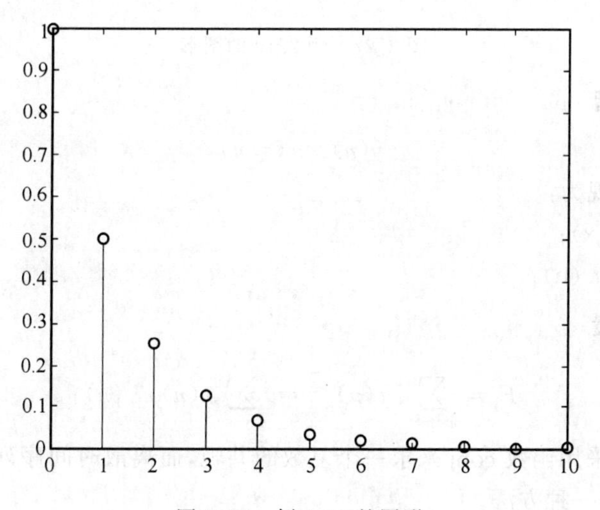

图 2.26　例 2.18 的图形

■

5．正弦序列

$$x(n)=\sin(n\omega_0)\quad(\omega_0\text{ 为实常数})$$

在 Matlab 中，函数 sin（或 cos）产生正（余）弦序列。

例 2.19 用 Matlab 实现 $x(n)=2\sin(0.6\pi n)+3\cos(0.3\pi n+\pi/3)(0\leqslant n\leqslant 10)$，并画出相应图形。

解

```
>>n=[0:0.1:10];
>> x = 2*sin(0.6*pi*n) + 3*cos(0.3*pi*n+ pi/3);
>> plot(n,x);
```

图形如图 2.27 所示。

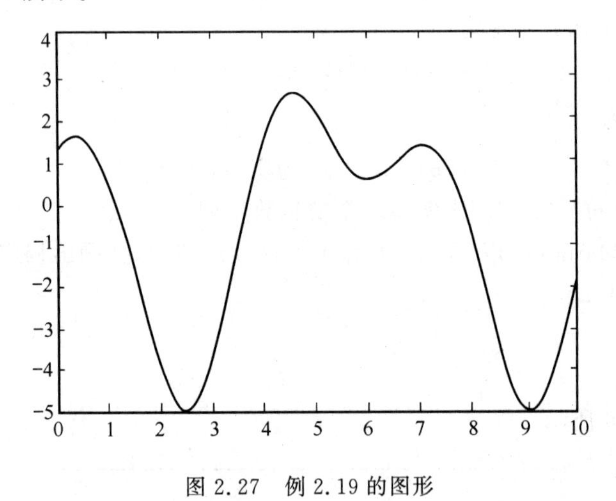

图 2.27 例 2.19 的图形 ■

6．序列的翻褶

$$y(n)=x(-n)$$

其 Matlab 实现为：

```
>>y=fliplr (x);
>>n=-fliplr (n);
```

7．信号的能量

$$E=\sum_{n=-\infty}^{+\infty}|x(n)|^2=\sum_{n=-\infty}^{+\infty}x(n)x^*(n)$$

在 Matlab 中采用函数 conj 来求一个复数的共轭，而离散时间序列能量的 Matlab 实现可以采用下述任一种方法。

(1) >>E=sum(x.*conj(x));

(2) >>E=sum(abs(x),.^2);

例 2.20　用 Matlab 实现下列序列，并画出相应图形。

$$x(n)=nu(n)+3(0.5)^{3n},\quad 0\leqslant n\leqslant 10$$

解

```
>>n=[0:10];
>>x=n*Unitstepseq(0,0,10)+3*(0.5).^(3*n);
>>stem(n,x);
>>xlabel('n');
>>ylabel('x(n)');
```

图形如图 2.28 所示。

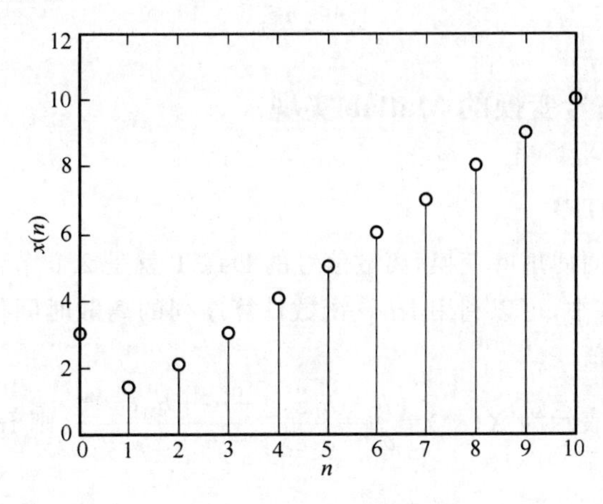

图 2.28　例 2.20 的图形　■

8. 序列的离散线性卷积计算

Matlab 中计算两个有限长序列的线性卷积的函数是 conv，该函数假设两个序列都是从 $n=0$ 开始的，其调用格式如下：

```
>> y = conv(x,h)
```

如果 x 的长度为 N，h 的长度为 M，则 y 的长度为 $L=N+M-1$。函数 conv 的返回值中只有卷积的结果，没有包含任何时间信息。但是由离散序列线性卷积的性质可以求出 $y(n)$ 的起点和终点，因此这个函数可以扩展为求任意两个有限长序列的卷积。

例 2.21　求以下两个序列的线性卷积。

① $x(n)=\{11,6,3,6,-9\}(-3\leqslant n\leqslant 1)$；

② $h(n)=\{8,17,3,20,9,14\}(-1\leqslant n\leqslant 4)$。

解

```
>> x=[11,6,3,6,-9];
>> h=[8,17,3,20,9,14];
>> y=conv(x,h)
```

于是用 Matlab 求得：

$$y=88\quad 235\quad 159\quad 337\quad 258\quad 133\quad 204\quad -84\quad 3\quad -126$$

$y(n)$定义的区间可以这样求出：因为 $y(n)=x(n)*h(n)=\sum_{k}x(k)h(n-k)$，其中 $x(k)$的非零区间为

$$-3\leqslant k\leqslant 1$$

而 $h(n-k)$的非零区间为

$$-1\leqslant n-k\leqslant 4$$

将这两个不等式相加就得到 $y(n)$的非零区间

$$-4\leqslant n\leqslant 5$$

■

2.9.2　离散信号变换的 Matlab 实现

1. 离散信号的 DTFT

DTFT 即离散时间傅里叶变换，离散信号的 DTFT 就是 2.6 节讨论的离散信号的傅里叶变换。在 Matlab 中，可以利用 freqz 函数计算序列的离散时间傅里叶变换在给定的离散频率点上的抽样值。

假设 $X(e^{j\omega})$可以表示为 $X(e^{j\omega})=\frac{b_0+b_1e^{-j\omega}+\cdots+b_Me^{-jM\omega}}{a_0+a_1e^{-j\omega}+\cdots+a_Ne^{-jN\omega}}$，则 freqz 函数有如下几种调用方式。

(1) [H,w]=freqz(b,a,N)

其中，$\boldsymbol{b}$ 和 $\boldsymbol{a}$ 分别表示 $X(e^{j\omega})$的分子和分母多项式的系数向量。此函数在单位圆上半部上等间隔地计算 N 个点处的频率响应，返回该系统的 N 点频率响应矢量 $\boldsymbol{w}$ 和 N 点复数频率响应矢量 $\boldsymbol{H}$。如果 N 没有说明，则缺省值为 512。

(2) H=freqz(b,a,w)

它返回矢量 $\boldsymbol{w}$ 指定的那些频率点上的频率响应，频率范围为 0～π。

(3) H=freqz(b,a,F,Fs)

给定单位为 Hz 的抽样频率 F_s，返回矢量 $\boldsymbol{F}$ 指定的那些频率点上的复数频率响应，单位也是 Hz。

(4) [H,w]=freqz(b,a,N,'whole')

在整个单位圆上等间隔地计算 N 点频率响应，即频率的范围是 0～2π。

(5) [H,F]=freqz(b,a,N,Fs)和[H,F]=freqz(b,a,N,'whole',Fs)

给定抽样频率 F_s，单位为 Hz；返回单位为 Hz 的频率矢量 $\boldsymbol{F}$。

也可以利用 Matlab 提供的函数 abs、angle、real、image 等来计算 DTFT 的幅度($|H(e^{j\omega})|$)、相位($\angle H(e^{j\omega})$)以及实部和虚部。

例 2.22　已知因果系统 $y(n)-0.85y(n-1)=0.5x(n)$，试画出 $H(e^{j\omega})$ 的幅度响应 $|H(e^{j\omega})|$ 和相位响应 $\angle H(e^{j\omega})$。

解

利用 freqz 函数画出幅度响应和相位响应。程序如下：

```
b=[0.5]; a=[1,-0.85];
% 调用函数 freqz(b,a,N,'whole')计算频率响应
[H,w]=freqz(b,a,200,'whole');
magH=abs(H(1:101));          % 计算幅度
phaH=angle(H(1:101));        % 计算相位
w=w(1:101);
% 画图
subplot(2,1,1);
plot(w/pi,magH);
grid; % 加网格
xlabel('frequency Unit:pi');
ylabel('Magnitude');
title('Magnitude Response');

subplot(2,1,2);
plot(w/pi,phaH/pi);
grid;
xlabel('frequency Unit:pi');
ylabel('Phase Unit:pi');
title('Phase Response');
```

幅度响应和相位响应的图形见图 2.29。■

2. z 变换与 z 反变换

(1) 函数 tf2zp 和 zp2tf

函数 tf2zp 和 zp2tf 可以进行系统函数的不同表示形式之间的转换。

假设 $H(z)=\dfrac{B(z)}{A(z)}=\dfrac{b_1+b_2z^{-1}+\cdots+b_nz^{-n-1}}{a_1+a_2z^{-1}+\cdots+a_mz^{-m-1}}$，利用函数[z,p,k]=tf2zp(b,a)，可以确定分子、分母多项式按 z 的降幂排列的有理 z 变换式的零点、极点和增益常数，即将系统函数转换成零极点的表示形式。其中输入变量 $\boldsymbol{b}$、$\boldsymbol{a}$ 分别是按 z 的降幂排列的分子、分母多项式的系数向量。输出变量 $\boldsymbol{z}$ 表示 z 变换的零点，p 表示 z 变换的极点，k 表示增益。

函数[b,a]=zp2tf(z,p,k)用来实现相反的过程。

(2) 函数 zplane

函数 zplane 可以用来画出 z 变换的零极点图,该函数有以下两种调用方式:

- zplane(zeros,poles),其中 zeros、poles 分别为 z 变换的零点和极点;
- zplane(b,a),其中 $\boldsymbol{b}$、$\boldsymbol{a}$ 分别为 z 变换中分子和分母多项式的系数向量,注意这里的多项式按照 z 的降幂排列。

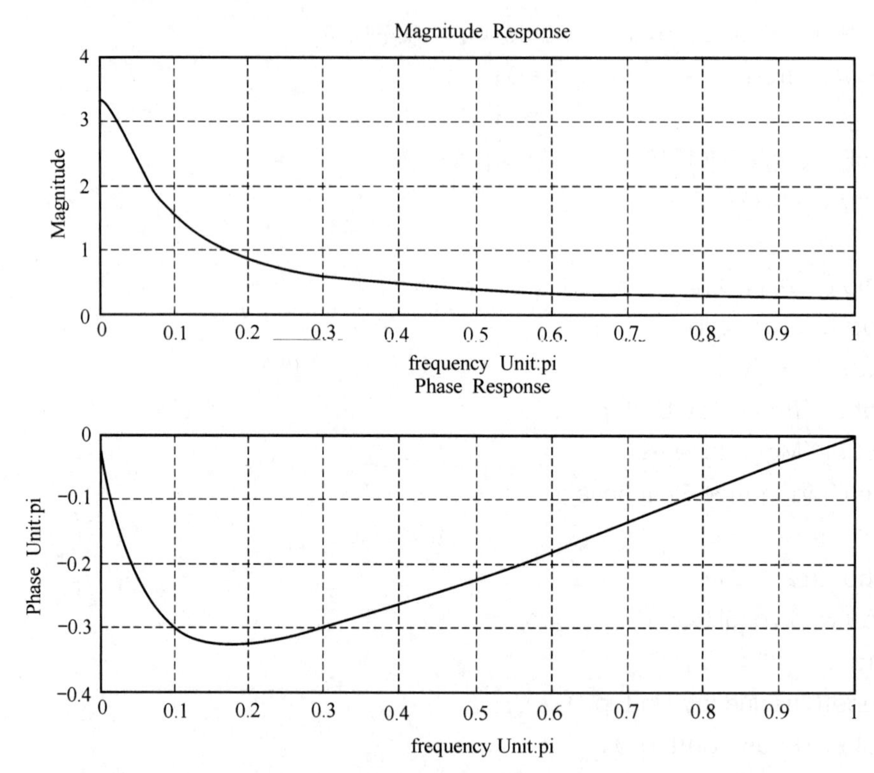

图 2.29　例 2.22 的系统的频率响应

例 2.23　已知离散系统的差分方程为

$$y(n)+0.75y(n-1)+0.125y(n-2)=x(n)-0.5x(n-1)$$

求其 z 变换,画出零、极点示意图,并判断系统的稳定性。

解

由差分方程可得　　$H(z)=\dfrac{1-0.5z^{-1}}{1+0.75z^{-1}+0.125z^{-2}}$

```
b = [1,-0.5,0];a = [1,0.75,0.125];
[z,p,k] = tf2zp(b,a);
disp('零点');disp(z');
disp('极点');disp(p');
disp('常数');disp(k');
```

```
zplane(b,a); title('Pole-Zero Plot');
```

程序运行的结果为：

零点　　0　　0.5000

极点　　－0.5000　　－0.2500

常数　　1

由图 2.30 系统的零极点示意图可知，系统的极点全部在单位圆内，所以系统是稳定的。

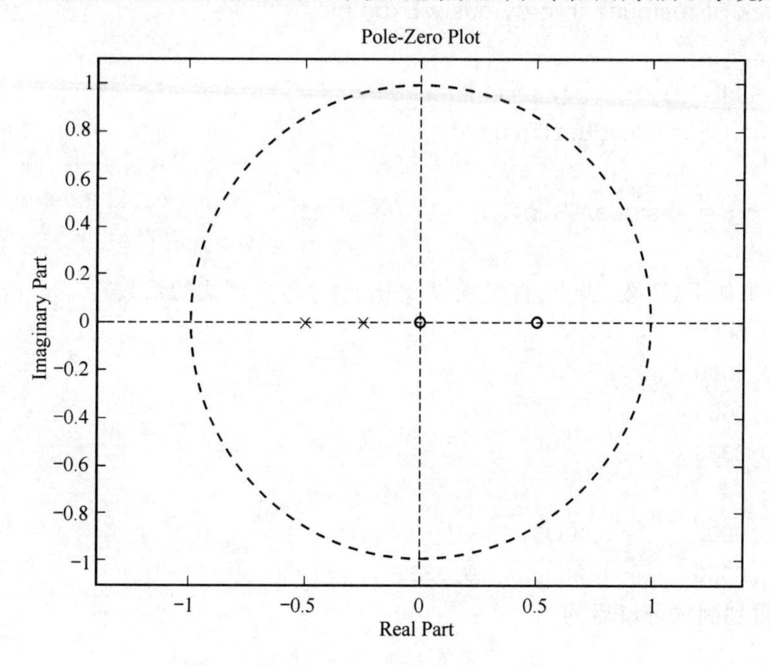

图 2.30　例 2.23 的系统的零极点示意图 ■

(3) 函数 residuez

在 Matlab 中，residuez 函数可以计算有理函数的留数和直接项(即多项式项)，因此可以用来求 z 反变换。

设多项式为

$$X(z)=\frac{b_0+b_1z^{-1}+\cdots+b_Mz^{-M}}{a_0+a_1z^{-1}+\cdots+a_Nz^{-N}}=\frac{B(z)}{A(z)}=\sum_{k=1}^{N}\frac{R_k}{1-p_kz^{-1}}+\sum_{k=0}^{M-N}C_kz^{-k}$$

residuez 函数的调用有以下两种方式。

- 用语句 [R,p,C]=residuez(b,a)可以求得 $X(z)$的留数、极点和直接项，其中输入数据 $\boldsymbol{b}$、$\boldsymbol{a}$ 分别是分子多项式和分母多项式的系数向量(这些多项式都按 z 的降幂排列)，输出数据 R 包含着留数，p 包含着极点，C 包含着直接项。
- 语句[b,a]=residuez(R,p,C)有 3 个输入变量和两个输出变量，它把部分分式变成多项式的系数行向量 $\boldsymbol{b}$ 和 $\boldsymbol{a}$。

例 2.24 求 $X(z)=\frac{z}{3z^2-4z+1}$ $(1<|z|<\infty)$的 z 反变换。

解

$$X(z)=\frac{z}{3z^2-4z+1}=\frac{z^{-1}}{3-4z^{-1}+z^{-2}}=\frac{0+z^{-1}}{3-4z^{-1}+z^{-2}}$$

```
% Check of residuez in previously Example

>>b = [0,1]; a = [3,-4,1];
>>[R,p,C] = residuez(b,a)
%
>>[b,a] = residuez(R,p,C)
```

运行结果如下(留数、极点、直接项以及分子、分母多项式的系数):

```
R=   0.5000
    -0.5000
p=   1.0000
     0.3333
C=   []
a= -0.0000      0.3333
b=   1.0000    -1.3333     0.3333
```

因此,得到因式分解后的

$$X(z)=\frac{z}{3\left(z^2-\frac{4}{3}z+\frac{1}{3}\right)}=\frac{\frac{1}{2}}{1-z^{-1}}-\frac{\frac{1}{2}}{1-\frac{1}{3}z^{-1}}$$

所以 z 反变换的结果为

$$x(n)=\frac{1}{2}u(n)-\frac{1}{2}\left(\frac{1}{3}\right)^n u(n)$$

类似地,也可将因式分解后的 $X(z)$ 再变成有理式,得到原来的形式:

$$X(z)=\frac{0+\frac{1}{3}z^{-1}}{1-\frac{4}{3}z^{-1}+\frac{1}{3}z^{-2}}=\frac{z^{-1}}{3-4z^{-1}+z^{-2}}=\frac{z}{3z^2-4z+1}$$ ■

3. 求解差分方程

Matlab 中用 filter 函数求解给定输入 $x(n)$时差分方程的解,该函数调用形式为:

```
>> y= filter(b,a,x)
```

其中 $\boldsymbol{b}=[b_0,b_1,\cdots,b_M]$;$\boldsymbol{a}=[a_0,a_1,\cdots,a_N]$是差分方程的系数,而 x 则是输入序列数

组。输出 $y(n)$和输入 $x(n)$的长度一样，这里必须保证系数 a_0 不为零。

例 2.25　离散系统的差分方程为

$$y(n)-y(n-1)+0.5y(n-2)=x(n)$$

(1) 计算并画出冲激响应 $h(n)(n=-10,-9,\cdots,0,1,\cdots,50)$。

(2) 由此 $h(n)$确定系统是否稳定。

解

```
b=[1];a=[1,-1,0.5];

% 求单位脉冲响应
x=impseq(0,-10,50);n=[-10:50];
h=filter(b,a,x);
stem(n,h)
axis([-10,50,-1,1.5])
title('Impulse Response');xlabel('n');ylabel('h(n)')

% 求出单位脉冲响应的和,可以判断系统是否稳定
sum(abs(h))

ans=3.3333
```

从图 2.31 中 $h(n)$的曲线可以看到其逐渐趋于零，而 $\sum|h(n)|$ 可以用如上Matlab 程序求得为 3.333 3，这意味着系统是稳定的。

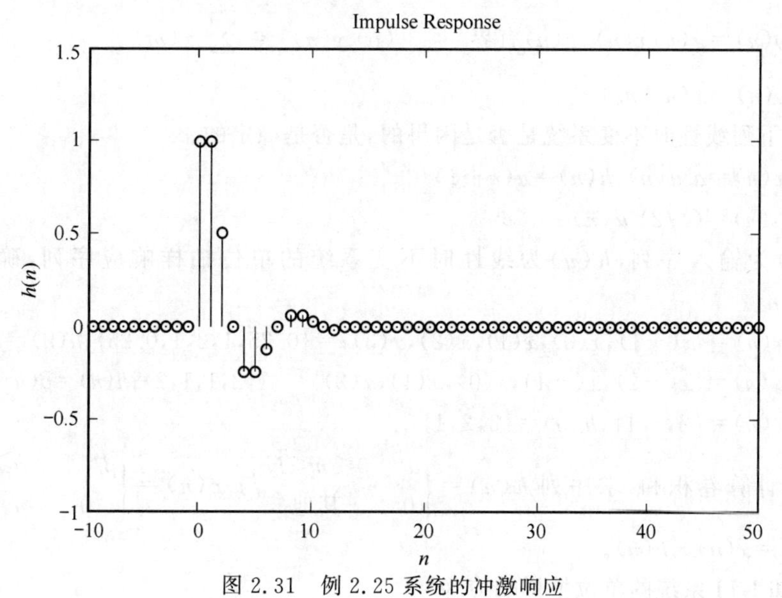

图 2.31　例 2.25 系统的冲激响应　■

习　题

2.1 有模拟正弦信号 $x_a(t)=3\sin(100\pi t)$，设抽样频率 $f_s=300$ 样值/秒。

(a) 求离散时间信号 $x(n)=x_a(nT_s)$ 的周期 N。

(b) 计算 $x(n)$ 在一个周期内的样值。

2.2 若离散时间信号为 $2\cos(2\pi n/3)$，抽样率为 3 000 Hz，写出所对应的模拟信号的表达式。

2.3 一个理想抽样器的抽样角频率 $\Omega_s=8\pi$ rad/s，抽样后经一个理想的低通滤波器 $H\left(\dfrac{\Omega}{2\Omega_c}\right)$ 来还原，这里 $\Omega_c=4\pi$ rad/s。当输入信号分别为 $x_{a1}(t)=2\cos(2\pi t)$、$x_{a2}(t)=\cos(5\pi t)$ 时，分别写出输出信号 $y_{a1}(t)$、$y_{a2}(t)$ 的表达式。

2.4 试画出下面各序列的图形。

(a) $x(n)=0.5^n u(n+1)$　　(b) $x(n)=2^{n-2}u(n-1)$

(c) $x(n)=\delta(n-1)+u(-n)$　　(d) $x(n)=2^{-n}u(n)+u(-n-2)$

2.5 下列系统中，$y(n)$ 表示输出，$x(n)$ 表示输入，试确定输入输出关系是否线性，是否时不变。

(a) $y(n)=2x(n)+3$　(b) $y(n)=x^2(n)$　(c) $y(n)=\sum\limits_{m=-\infty}^{n} x(m)$

2.6 确定下列系统是否是因果的，是否是稳定的。

(a) $y(n)=g(n)x(n)$，$g(n)$ 有界　　(b) $y(n)=\sum\limits_{m=-\infty}^{n} x(m)$

(c) $y(n)=x(n-n_0)$

2.7 确定下列线性时不变系统是否是因果的，是否是稳定的。

(a) $x(n)=a^n u(n)$，$h(n)=u(n+1)$

(b) $h(n)=(1/2)^n u(n)$

2.8 $x(n)$ 为输入序列，$h(n)$ 为线性时不变系统的单位抽样响应序列，确定输出序列 $y(n)$。

(a) $x(n)=\{x(-1),x(0),x(1),x(2),x(3)\}=\{0.25,1,2,1,0.25\}$；$h(n)=u(n)$

(b) $x(n)=\{x(-2),x(-1),x(0),x(1),x(2)\}=\{1,2,1,1,2\}$；$h(n)=\delta(n-2)$

(c) $x(n)=\{2,-1\}$；$h(n)=\{3,2,1\}$

2.9 直接计算卷积和，求序列 $h(n)=\begin{cases}\alpha^n & 0\leqslant n<N \\ 0 & \text{其他}\end{cases}$ 与 $x(n)=\begin{cases}\beta^{n-n_0} & n\geqslant n_0 \\ 0 & n<n_0\end{cases}$ 的卷积 $y(n)=x(n)*h(n)$。

2.10 已知 LTI 系统的单位抽样响应为

$$h(n)=\delta(n)+2\delta(n-1)-3\delta(n-2)+\delta(n-3)$$

求单位阶跃响应(即当输入为单位阶跃信号时的输出)$y(n)$。

2.11　试确定下列序列的傅里叶变换。

(a) $x(n)=0.5\delta(n+1)+0.5\delta(n-1)$

(b) $x(n)=a^n u(n)\qquad 0<a<1$

(c) $x(n)=u(n+3)-u(n-4)$

2.12　令 $x(n)$ 和 $X(e^{j\omega})$ 表示一个序列及其傅里叶变换，利用 $X(e^{j\omega})$ 表示下面各序列的傅里叶变换。

(a) $bx(n)$，b 为任意常数

(b) $x(n-n_0)$，n_0 为整数

(c) $g(n)=x(2n)$

(d) $g(n)=\begin{cases} x(n/2) & n\text{为偶数} \\ 0 & n\text{为奇数} \end{cases}$

2.13　一个LTI系统的单位抽样响应为 $h(n)=\left(\frac{1}{2}\right)^n u(n)$，求其频率响应 $H(e^{j\omega})$。设另一系统的频率响应为 $1/H(e^{j\omega})$，单位抽样响应为 $h'(n)$，试证明：$h(n)*h'(n)=\delta(n)$。

2.14　求下列各序列的 z 变换，并指出其零极点和收敛域。

(a) $\delta(n)+\left(\frac{1}{2}\right)^n u(n)$　　(b) $\left(\frac{1}{3}\right)^n u(n)$

(c) $\left(\frac{1}{3}\right)^n u(n)-\left(\frac{1}{2}\right)^n u(-n-1)$　　(d) $x(n)=\begin{cases} 3 & 1\leqslant n\leqslant 4 \\ 0 & \text{其他} \end{cases}$

2.15　已知序列 $x(n)$ 的 z 变换为 $X(z)$，收敛域为 $R_-<|z|<R_+$，用 $X(z)$ 表示下面各序列的 z 变换，并指出各自的收敛域。

(a) $x_1(n)=x(n-1)$　　(b) $x_2(n)=3x(n+2)$

(c) $x_3(n)=2x(-n)$　　(d) $x_4(n)=-2^n x(n)$

2.16　设 $F(z)$ 是因果序列 $f(n)$ 的 z 变换，求下列各情况下的 $f(0)$ 和 $f(\infty)$。

(a) $F(z)=(2z-1)/(z-1)$；

(b) $F(z)=(e^{-aT}-1)z/[z^2-(1+e^{-aT})z+e^{-aT}]$，$a$、$T$ 均为正数。

2.17　试利用 $x(n)$ 的 z 变换求 $n^2x(n)$ 的 z 变换。

2.18　证明，若 $0<|a|<1$ 及 $x(n)=a^{|n|}$，则 $X(z)=\dfrac{z(1-a^2)}{-az^2+(1+a^2)z-a}$，并指出其收敛域。

2.19　求 $X(z)$ 在所有可能收敛区域的反变换。

$$X(z)=\frac{z}{(z-1)^2(z-2)}$$

2.20 已知 $X(z)=\frac{1}{1-z}$。

(a) 若 $|z|>1$,求 $x(n)$;

(b) 若 $|z|<1$,求 $x(n)$。

2.21 有一线性时不变系统的单位抽样响应为 $h(n)$,输入信号为 $x(n)$,若

$$x(n)=\begin{cases}3^{-n} & n\geqslant 0\\ 2^{n} & n<0\end{cases}\qquad h(n)=\begin{cases}2^{-n} & n\geqslant 0\\ 0 & n<0\end{cases}$$

用两种方法求该系统的输出信号 $y(n)$:(a)直接求线性卷积;(b)用 z 变换求。

2.22 已知 $X(z)=e^{z}+e^{1/z}\ (z\neq\infty)$,求 $x(n)$。

2.23 令 $x(n)$ 是一因果序列,又设 $x(0)\neq 0$,试证明在 $z=\infty$ 处 $X(z)$ 没有极点和零点。

2.24 研究一线性时不变系统,该系统的输入和输出满足差分方程:

$$y(n)=x(n)-\frac{1}{2}y(n-1)$$

从下列诸项中选取两个满足该系统的单位抽样响应。

(a) $\left(-\frac{1}{2}\right)^n u(n)$

(b) $\left(-\frac{1}{2}\right)^n u(-n-1)$

(c) $\left(\frac{1}{2}\right)^n u(n-1)$

(d) $2^n u(n)$

(e) $n^{1/2}u(n)$

(f) $(-2)^n u(-n-1)$

(g) $2^{-n}u(n)$

(h) $-\left(-\frac{1}{2}\right)^n u(-n-1)$

(i) $-(-2)^n u(-n-1)$

第 3 章　离散傅里叶变换(DFT)

对信号进行傅里叶变换就是求信号的频谱。对于连续信号 $x_a(t)$，其傅里叶变换对为

$$X_a(\Omega)=\int_{-\infty}^{\infty}x_a(t)e^{-j\Omega t}dt \tag{3.1}$$

$$x_a(t)=\frac{1}{2\pi}\int_{-\infty}^{\infty}X_a(\Omega)e^{j\Omega t}d\Omega \tag{3.2}$$

这里 $X_a(\Omega)$和 $x_a(t)$分别是频域和时域的连续函数，(3.1)式和(3.2)式又都是广义积分，因此利用计算机来计算比较困难。又知，对连续信号 $x_a(t)$抽样后，可以得到时域离散的信号 $x_a(nT_s)$，即 $x(n)$，对于离散信号 $x(n)$，其傅里叶变换对为

$$X(e^{j\omega})=\sum_{n=-\infty}^{\infty}x(n)e^{-jn\omega} \tag{3.3}$$

$$x(n)=\frac{1}{2\pi}\int_{-\pi}^{\pi}X(e^{j\omega})e^{jn\omega}d\omega \tag{3.4}$$

这里虽然时域信号已经离散化，而其频谱 $X(e^{j\omega})$仍是频域内的连续函数，即频率变量 ω 仍是连续的，用计算机处理还是不方便。因此，自然地提出了在频域内抽样，使频谱离散化的问题，这就是离散傅里叶变换(DFT：Discrete Fourier Transform)。也就是说，离散傅里叶变换就是将离散信号的傅里叶变换再离散化。DFT 不仅在理论上有重要意义，而且由于它有有效算法，因而在数字信号处理中起着非常重要的作用。

3.1　离散傅里叶级数(*DFS*)及其性质

为了导出 DFT，必须先讨论周期序列的离散傅里叶级数(DFS：Discrete Fourier Series)。

3.1.1　周期序列 DFS 的推导

如果要对时域连续的信号进行抽样，此信号应该是有限频宽的，才能保证抽样信号的

周期性重复的频谱不会发生混叠。同样,如果要在频域内抽样,则要求信号应该是有限时宽的。有限的频宽可以通过对信号进行低通滤波来实现,而有限的时宽只需要从信号中取出一个时段。

设 $x_a(t)$是一有限时宽的连续信号,其时宽为 T_m;$x_a(t)$的频谱经过限带处理后用 $X_a(\Omega)$来表示,其最高频率为 Ω_m。如图 3.1(a)所示。现在分为几步来进行讨论。

(1) 首先只考虑时域的抽样,即对 $x_a(t)$抽样,得到有限时宽的序列 $x_a(nT_s)$,即$x(n)$,T_s 为抽样周期。时域抽样导致频谱的周期延拓,成为 $\widetilde{X}(\Omega)$,如图 3.1(b)所示,即有

$$\widetilde{X}(\Omega) = \frac{1}{T_s}\widetilde{X}_a(\Omega) = \frac{1}{T_s}\sum_{n=-\infty}^{\infty} X_a(\Omega - n\Omega_s)$$

这里的 $\widetilde{X}(\Omega)$就是前面所用的 $\hat{X}_a(\Omega)$。从现在开始,用字母上面的符号"～"来表示周期性重复,或者说表示一个周期函数。因此,$\widetilde{X}_a(\Omega)$就表示 $X_a(\Omega)$的周期延拓。抽样角频率 Ω_s 也即周期函数 $\widetilde{X}(\Omega)$的周期,$\Omega_s=2\pi/T_s$ 应满足 $\Omega_s \geqslant 2\Omega_m$,即 $T_s \leqslant \pi/\Omega_m$,才能使 $\widetilde{X}(\Omega)$ 不会出现混叠现象。

前面已经讨论过,周期函数 $\widetilde{X}(\Omega)$即 $\hat{X}_a(\Omega)$可以用傅里叶级数表示为

$$\widetilde{X}(\Omega) = \sum_{n=-\infty}^{\infty} x_a(nT_s)\mathrm{e}^{-\mathrm{j}nT_s\Omega}$$

而抽样值 $x_a(nT_s)$即为傅里叶级数的系数,并且有

$$x_a(nT_s) = \frac{1}{\Omega_s}\int_{-\frac{\Omega_s}{2}}^{\frac{\Omega_s}{2}} \widetilde{X}(\Omega)\mathrm{e}^{\mathrm{j}nT_s\Omega}\mathrm{d}\Omega$$

(2) 现在只考虑频域抽样,即对频谱 $X_a(\Omega)$抽样,抽样间隔为 Ω_1,于是得到离散化的频谱 $X_a(k\Omega_1)$。频域抽样将导致时域信号的周期延拓,如图 3.1(c)所示,即有

$$\widetilde{x}(t) = \frac{1}{\Omega_1}\widetilde{x}_a(t) = \frac{1}{\Omega_1}\sum_{k=-\infty}^{\infty} x_a(t - kT_1)$$

T_1 是时域周期函数 $\widetilde{x}(t)$的周期,它与频域抽样间隔 Ω_1 的关系为 $\Omega_1 = 2\pi/T_1$。由图3.1(c)可以看出,只要满足 $T_1 \geqslant T_m$,即 $\Omega_1 \leqslant 2\pi/T_m$,$\widetilde{x}(t)$就不会出现混叠现象。

周期函数 $\widetilde{x}(t)$可用傅里叶级数表示为

$$\widetilde{x}(t) = \frac{1}{T_1}\sum_{k=-\infty}^{\infty} X_a(k\Omega_1)\mathrm{e}^{\mathrm{j}k\Omega_1 t} \tag{3.5}$$

而

$$X_a(k\Omega_1) = \int_{-T_1/2}^{T_1/2} \widetilde{x}(t)\mathrm{e}^{-\mathrm{j}k\Omega_1 t}\mathrm{d}t \tag{3.6}$$

(3) 同时在时域和频域抽样,其结果是信号和频谱都被离散化,且都成为周期序列,如图 3.1(d)所示。

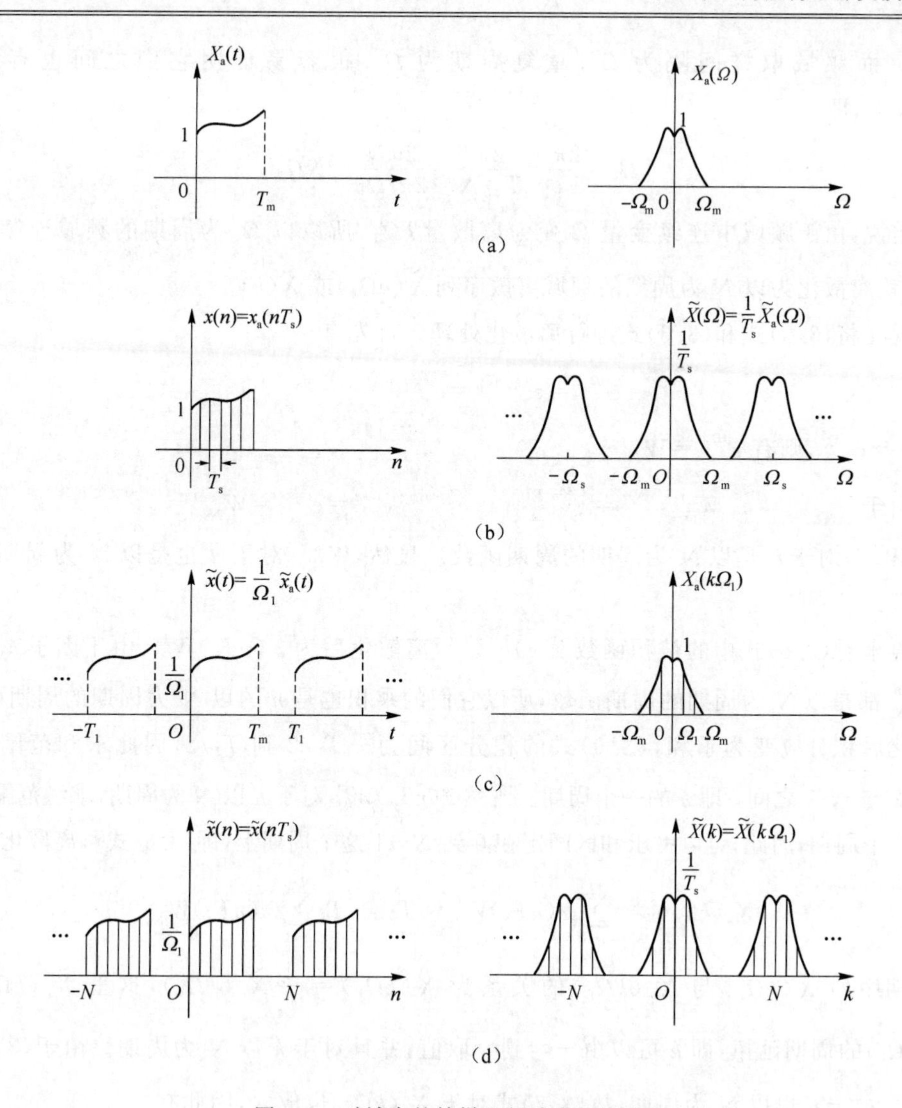

图 3.1　时域中的抽样和频域中的抽样

综上所述,可以知道,时域中函数的抽样映射到频域中为函数的周期性重复,频域中函数的抽样映射到时域中也为函数的周期性重复。任一域中函数的抽样间隔映射到另一域中函数的重复周期为:

$$重复周期=2\pi/抽样间隔$$

以上是定性的分析,下面要进行一些定量的离散化处理,以继续推导时域与频域之间的离散傅里叶级数关系。

时域抽样间隔为 T_s,故时域中连续变量 t 变为离散量 nT_s;设时域重复周期 $T_1=NT_s$,因此以 T_1 为周期的时域连续函数 $\tilde{x}(t)$离散化为以 N 为周期的离散信号 $\tilde{x}(nT_s)$或

$\tilde{x}(n)$。而频域取样间隔为 Ω_1，重复周期为 Ω_s，很容易证明它们之间也有关系 $\Omega_s=N\Omega_1$，即

$$\Omega_s=\frac{2\pi}{T_s}=\frac{2\pi}{T_1/N}=\frac{2\pi N}{2\pi/\Omega_1}=N\Omega_1$$

也就是说，由于频域中连续变量 Ω 变为离散量 $k\Omega_1$，所以以 Ω_s 为周期的频域连续函数 $\widetilde{X}(\Omega)$就离散化为以 N 为周期的频域离散序列 $\widetilde{X}(k\Omega_1)$或 $\widetilde{X}(k)$。

现在将(3.5)式和(3.6)式进行离散化处理。首先有

$$e^{jk\Omega_1 t}=e^{jk\frac{2\pi}{T_1}nT_s}=e^{jk\frac{2\pi}{NT_s}nT_s}=e^{jkn\frac{2\pi}{N}}$$

令 $W_N=e^{-j\frac{2\pi}{N}}$，则有 $e^{jk\Omega_1 t}=W_N^{-kn}$。

由于 $$W_N^{-(k+N)n}=e^{j\frac{2\pi}{N}n(k+N)}=e^{j\frac{2\pi}{N}kn}\cdot e^{j2\pi n}=e^{j\frac{2\pi}{N}kn}=W_N^{-kn}$$

所以 W_N^{-kn} 对于 k 是以 N 为周期的周期函数。显然，W_N^{-kn} 对于 n 也是以 N 为周期的周期函数。

再来看(3.6)式中的被积函数 $\tilde{x}(t)e^{-jk\Omega_1 t}$，离散化后为 $\tilde{x}(nT_s)W_N^{kn}$，由于因子$\tilde{x}(nT_s)$和 W_N^{kn} 都是以 N 为周期的周期函数，所以它们的乘积也是 n 的以 N 为周期的周期函数。离散化后积分应变为求和，(3.6)式的积分区间为 $-T_1/2$ 到 $T_1/2$，因此求和范围应在 $-N/2$ 与 $N/2$ 之间，即 n 的一个周期。既然 $\tilde{x}(nT_s)W_N^{kn}$ 对于 n 以 N 为周期，求和范围又正好是一个周期，因此，可以将求和区间定在 0 到 $N-1$ 这个周期上，即(3.6)式可离散化为

$$X_a(k\Omega_1)=\sum_{n=0}^{N-1}\tilde{x}(nT_s)W_N^{kn}\cdot T_s=T_s\sum_{n=0}^{N-1}\tilde{x}(nT_s)W_N^{kn} \tag{3.7}$$

而周期序列 $\widetilde{X}(k\Omega_1)$ 与 $\widetilde{X}_a(k\Omega_1)$ 的关系为 $\widetilde{X}(k\Omega_1)=\frac{1}{T_s}\widetilde{X}_a(k\Omega_1)$，这里 $\widetilde{X}_a(k\Omega_1)$ 是 $X_a(k\Omega_1)$的周期延拓，即 k 可以由 $-\infty$ 到 ∞ 取值，并且对于 k 以 N 为周期。由于(3.7)式中 W_N^{kn} 对于 k 也以 N 为周期，故(3.7)式对于 $\widetilde{X}_a(k\Omega_1)$也成立，因此有

$$\widetilde{X}(k\Omega_1)=\frac{1}{T_s}\cdot T_s\sum_{n=0}^{N-1}\tilde{x}(nT_s)W_N^{kn}=\sum_{n=0}^{N-1}\tilde{x}(nT_s)W_N^{kn} \tag{3.8}$$

再来看(3.5)式，离散化后为

$$\tilde{x}(nT_s)=\frac{1}{NT_s}\sum_{k=-\infty}^{\infty}X_a(k\Omega_1)W_N^{-kn} \tag{3.9}$$

式中，$X_a(k\Omega_1)$只是 $\widetilde{X}_a(k\Omega_1)$的一个周期，区间在 k 由 $-N/2$ 到 $N/2$ 之间，在此区间外 $X_a(k\Omega_1)$为 0，因此(3.9)式中的求和等价于对 $\widetilde{X}_a(k\Omega_1)$在一个周期内求和。既然 $\widetilde{X}_a(k\Omega_1)$以及 W_N^{-kn} 对 k 都是以 N 为周期，因此在任一个周期范围内求和均可，于是有

$$\tilde{x}(nT_s) = \frac{1}{NT_s}\sum_{k=0}^{N-1}\widetilde{X}_a(k\Omega_1)W_N^{-kn} = \frac{1}{NT_s}\sum_{k=0}^{N-1}T_s\widetilde{X}(k\Omega_1)W_N^{-kn}$$
$$= \frac{1}{N}\sum_{k=0}^{N-1}\widetilde{X}(k\Omega_1)W_N^{-kn} \tag{3.10}$$

在时域和频域中分别用抽样间隔 T_s 和 Ω_1 来归一化，则(3.8)式和(3.10)式分别变为

$$\widetilde{X}(k) = \mathrm{DFS}[\tilde{x}(n)] = \sum_{n=0}^{N-1}\tilde{x}(n)W_N^{kn} \tag{3.11}$$

$$\tilde{x}(n) = \mathrm{IDFS}[\widetilde{X}(k)] = \frac{1}{N}\sum_{k=0}^{N-1}\widetilde{X}(k)W_N^{-kn} \tag{3.12}$$

此两式定义了一对变换，称做周期序列的离散傅里叶级数。(3.11)式为正变换，用 DFS 表示；(3.12)式为反变换，用 IDFS 表示。其中 n、k 的变化范围都是由 $-\infty$ 到 ∞，而且由于因子 W_N^{kn} 和 W_N^{-kn} 的周期性，很容易证明：

$$\widetilde{X}(k+N) = \widetilde{X}(k),\ \tilde{x}(n+N) = \tilde{x}(n)$$

即它们都是以 N 为周期的周期序列，其中 $\widetilde{X}(k)$ 是频域的离散频谱序列，$\tilde{x}(n)$ 为时域的离散信号序列。

下面来进一步证明 DFS 表示(3.11)式和(3.12)式的正确性。首先要证明一个基本关系式，设 m、l 为整数，则有

$$\sum_{k=0}^{N-1}W_N^{km} = \begin{cases} N & m = lN \\ 0 & m \neq lN \end{cases} \tag{3.13}$$

证

当 $m=lN$

$$\sum_{k=0}^{N-1}W_N^{km} = \sum_{k=0}^{N-1}e^{-j\frac{2\pi}{N}km} = \sum_{k=0}^{N-1}e^{-j\frac{2\pi}{N}klN} = \sum_{k=0}^{N-1}e^{-j2\pi kl} = \sum_{k=0}^{N-1}1 = N$$

当 $m\neq lN$

$$\sum_{k=0}^{N-1}W_N^{km} = \sum_{k=0}^{N-1}(W_N^m)^k$$

根据等比级数求前 N 项之和的公式，有

$$\sum_{k=0}^{N-1}W_N^{km} = \frac{1-W_N^{mN}}{1-W_N^m} = \frac{1-1}{1-W_N^m} = 0 \quad (\text{因为 } m \neq lN\text{，所以 } W_N^m \neq 1)$$

于是(3.13)式得证。

为了证明变换对(3.11)式和(3.12)式的正确性，可以只考虑 k 和 n 都只在一个周期范围内变化(即由 0 到 $N-1$)的情形，这样，就可以将其中一个表示式看做由 N 个方程组成的、含有 N 个未知数的方程组，而另一个表示式则代表这 N 个解，于是，可将其解代入方程组，若等式成立，则说明这对变换式是正确的。

现在将(3.12)式看做含有 N 个未知数($\widetilde{X}(0),\widetilde{X}(1),\cdots,\widetilde{X}(N-1)$),由 N 个方程($n=0,1,\cdots,N-1$)所组成的方程组,而(3.11)式则是这 N 个解的表示式,将(3.11)式代入(3.12)式,得

$$\frac{1}{N}\sum_{k=0}^{N-1}\widetilde{X}(k)W_N^{-kn}=\frac{1}{N}\sum_{k=0}^{N-1}\left[\sum_{m=0}^{N-1}\widetilde{x}(m)W_N^{km}\right]W_N^{-kn}=\frac{1}{N}\sum_{m=0}^{N-1}\widetilde{x}(m)\sum_{k=0}^{N-1}W_N^{k(m-n)}$$

由(3.13)式可知,$\sum_{k=0}^{N-1}W_N^{k(m-n)}$ 只当 $m-n=lN$ 时才等于 N,鉴于 m 和 n 的取值范围都在 0 到 $N-1$,所以这里整数 l 只能取 0,也即只有当 $m=n$ 时,此和才等于 N,而 m 为 0 到 $N-1$ 范围内的其他值时,此和均等于零,所以有

$$\frac{1}{N}\sum_{k=0}^{N-1}\widetilde{X}(k)W_N^{-kn}=\frac{1}{N}\widetilde{x}(n)\cdot N=\widetilde{x}(n)\quad(n=0,1,\cdots,N-1)$$

即方程组满足,说明 DFS 关系式正确。

例 3.1 已知 $\widetilde{x}(n)$是周期 $N=4$ 的序列,并且当 $n=0,1,2,3$ 时,$\widetilde{x}(n)=n+1$,求 $\widetilde{X}(6)$。

解

$$\begin{aligned}\widetilde{X}(6)&=\widetilde{X}(2+4)=\widetilde{X}(2)=\sum_{n=0}^{3}\widetilde{x}(n)W_4^{2n}\\&=\widetilde{x}(0)W_4^0+\widetilde{x}(1)W_4^2+\widetilde{x}(2)W_4^4+\widetilde{x}(3)W_4^6\\&=1+2e^{-j\frac{2\pi}{4}2}+3e^{-j\frac{2\pi}{4}4}+4e^{-j\frac{2\pi}{4}6}\\&=1+(-2)+3+(-4)=-2\end{aligned}$$

■

3.1.2 DFS 的性质

1. 线性

设 $\widetilde{x}_1(n)$和 $\widetilde{x}_2(n)$都是周期为 N 的周期序列,且

$$\widetilde{x}_1(n)\xleftrightarrow{\text{DFS}}\widetilde{X}_1(k),\widetilde{x}_2(n)\xleftrightarrow{\text{DFS}}\widetilde{X}_2(k)$$

若 $\widetilde{x}_3(n)=a\,\widetilde{x}_1(n)+b\,\widetilde{x}_2(n)$,这里 a、b 为任意常数,则 $\widetilde{x}_3(n)$的 DFS 为

$$\widetilde{X}_3(k)=a\widetilde{X}_1(k)+b\widetilde{X}_2(k)\tag{3.14}$$

此性质根据 DFS 的定义(3.11)式和(3.12)式很容易证明。显然,$\widetilde{x}_3(n)$和 $\widetilde{X}_3(k)$也都是以 N 为周期的周期序列。

2. 序列的移位

设 $\widetilde{x}(n)\xleftrightarrow{\text{DFS}}\widetilde{X}(k)$,周期为 N,$\widetilde{x}_1(n)=\widetilde{x}(n+n_0)$,$n_0$ 为整数,则移位后的序列

$\tilde{x}_1(n)$的 DFS 为

$$\widetilde{X}_1(k)=W_N^{-kn_0}\widetilde{X}(k) \tag{3.15}$$

证

$$\begin{aligned}\widetilde{X}_1(k) &= \sum_{n=0}^{N-1}\tilde{x}_1(n)W_N^{nk} = \sum_{n=0}^{N-1}\tilde{x}(n+n_0)W_N^{nk} \\ &= \sum_{n_1=n_0}^{N-1+n_0}\tilde{x}(n_1)W_N^{(n_1-n_0)k} \qquad (n_1=n+n_0) \\ &= W_N^{-n_0k}\sum_{n_1=n_0}^{N-1+n_0}\tilde{x}(n_1)W_N^{n_1k}\end{aligned}$$

上式中求和的范围由 n_0 到 $N-1+n_0$，正好是一个周期，而求和的项 $\tilde{x}_1(n)W_N^{n_1k}$ 对 n_1 是以 N 为周期的，所以有

$$\sum_{n_1=n_0}^{N-1+n_0}\tilde{x}(n_1)W_N^{n_1k}=\sum_{n_1=0}^{N-1}\tilde{x}(n_1)W_N^{n_1k}=\widetilde{X}(k)$$

故有

$$\widetilde{X}_1(k)=W_N^{-kn_0}\widetilde{X}(k)$$

由于 $W_N^{-k(n_0+rN)}=W_N^{-kn_0}$（这里 r 为任意整数），所以序列移位 n_0 与移位 n_0+rN，其 DFS 相同。事实上，$\tilde{x}(n+n_0)$与 $\tilde{x}(n+n_0+rN)$是相同的序列。

频域序列的移位有与时域序列的移位相类似的结果，若

$$\widetilde{X}_2(k)=\widetilde{X}(k+l)=\widetilde{X}(k+l+rN) \qquad (l、r\text{ 为整数})$$

则与 $\widetilde{X}_2(k)$对应的时域序列为

$$\tilde{x}_2(n)=W_N^{nl}\tilde{x}(n) \tag{3.16}$$

证明与时域移位的情况类似。

3. 对称性

设 $\tilde{x}(n)\xleftrightarrow{\text{DFS}}\widetilde{X}(k)$

(1) 若 $\tilde{x}(n)$为复序列，则有：

① $\tilde{x}^*(n)\xleftrightarrow{\text{DFS}}\widetilde{X}^*(-k)$

② $\tilde{x}^*(-n)\xleftrightarrow{\text{DFS}}\widetilde{X}^*(k)$

③ $\mathrm{Re}[\tilde{x}(n)]\xleftrightarrow{\text{DFS}}\widetilde{X}_e(k)$　　（$\widetilde{X}_e(k)$表示 $\widetilde{X}(k)$的共轭对称部分）

④ $\mathrm{jIm}[\tilde{x}(n)]\xleftrightarrow{\text{DFS}}\widetilde{X}_o(k)$　　（$\widetilde{X}_o(k)$表示 $\widetilde{X}(k)$的共轭反对称部分）

⑤ $\tilde{x}_e(n)\xleftrightarrow{\text{DFS}}\mathrm{Re}[\widetilde{X}(k)]$　　（$\tilde{x}_e(n)$表示 $\tilde{x}(n)$的共轭对称部分）

⑥ $\tilde{x}_o(n) \xleftrightarrow{\text{DFS}} \mathrm{jIm}[\tilde{X}(k)]$　　　（$\tilde{x}_o(n)$表示 $\tilde{x}(n)$的共轭反对称部分）

（2）若 $\tilde{x}(n)$为实序列，则有：

① $\tilde{x}_e(n) \xleftrightarrow{\text{DFS}} \mathrm{Re}[\tilde{X}(k)]$　　　（$\tilde{x}_e(n)$表示 $\tilde{x}(n)$的偶序列部分）

② $\tilde{x}_o(n) \xleftrightarrow{\text{DFS}} \mathrm{jIm}[\tilde{X}(k)]$　　　（$\tilde{x}_o(n)$表示 $\tilde{x}(n)$的奇序列部分）

③ $\tilde{X}(k)=\tilde{X}^*(-k)$　　　（说明实序列的 DFS 是共轭对称的）

④ $\mathrm{Re}[\tilde{X}(k)]=\mathrm{Re}[\tilde{X}(-k)]$

⑤ $\mathrm{Im}[\tilde{X}(k)]=-\mathrm{Im}[\tilde{X}(-k)]$

⑥ $|\tilde{X}(k)|=|\tilde{X}(-k)|$

⑦ $\arg[\tilde{X}(k)]=-\arg[\tilde{X}(-k)]$

第④、⑤、⑥、⑦条说明实序列的 DFS 的实部和模是偶序列，而其虚部和辐角是奇序列。

上述对称性根据 DFS 的定义不难证明，下面的例子分别证明其中两条，其余的证明从略。

例 3.2　已知 $\mathrm{DFS}[\tilde{x}(n)]=\tilde{X}(k)$，证明 $\mathrm{DFS}[\tilde{x}^*(-n)]=\tilde{X}^*(k)$。

证

$$
\begin{aligned}
\mathrm{DFS}[\tilde{x}^*(-n)] &= \sum_{n=0}^{N-1}\tilde{x}^*(-n)W_N^{kn} = \sum_{n=0}^{-(N-1)}\tilde{x}^*(n)W_N^{-kn} \\
&= \sum_{n=N}^{1}\tilde{x}^*(n+N)W_N^{-k(n+N)} = \sum_{n=1}^{N}\tilde{x}^*(n)W_N^{-kn} \\
&= \sum_{n=0}^{N-1}[\tilde{x}(n)W_N^{kn}]^* = \left[\sum_{n=0}^{N-1}\tilde{x}(n)W_N^{kn}\right]^* = \tilde{X}^*(k)
\end{aligned}
$$

在证明过程中，主要利用了序列 $\tilde{x}$ 以及因子 W_N^{kn} 对于变量 n 都是以 N 为周期的，并且求和区间也正好是一个周期。■

例 3.3　已知 $\tilde{x}(n)$是实序列，并且 $\mathrm{DFS}[\tilde{x}(n)]=\tilde{X}(k)$，证明 $|\tilde{X}(k)|=|\tilde{X}(-k)|$。

证

$$
\begin{aligned}
|\tilde{X}(k)| &= \left|\sum_{n=0}^{N-1}\tilde{x}(n)W_N^{kn}\right| = \left|\sum_{n=0}^{N-1}\tilde{x}(n)\mathrm{e}^{-\mathrm{j}\frac{2\pi}{N}kn}\right| \\
&= \left|\sum_{n=0}^{N-1}\tilde{x}(n)\left[\cos\left(\frac{2\pi}{N}kn\right)-\mathrm{j}\sin\left(\frac{2\pi}{N}kn\right)\right]\right| \\
&= \left|\sum_{n=0}^{N-1}\tilde{x}(n)\cos\left(\frac{2\pi}{N}kn\right)-\mathrm{j}\sum_{n=0}^{N-1}\tilde{x}(n)\sin\left(\frac{2\pi}{N}kn\right)\right| \\
&= \left\{\left[\sum_{n=0}^{N-1}\tilde{x}(n)\cos\left(\frac{2\pi}{N}kn\right)\right]^2+\left[\sum_{n=0}^{N-1}\tilde{x}(n)\sin\left(\frac{2\pi}{N}kn\right)\right]^2\right\}^{1/2}
\end{aligned}
$$

$$|\widetilde{X}(-k)| = \left|\sum_{n=0}^{N-1}\tilde{x}(n)W_N^{-kn}\right| = \left|\sum_{n=0}^{N-1}\tilde{x}(n)e^{j\frac{2\pi}{N}kn}\right|$$
$$= \left|\sum_{n=0}^{N-1}\tilde{x}(n)\left[\cos\left(\frac{2\pi}{N}kn\right)+j\sin\left(\frac{2\pi}{N}kn\right)\right]\right|$$
$$= \left|\sum_{n=0}^{N-1}\tilde{x}(n)\cos\left(\frac{2\pi}{N}kn\right)+j\sum_{n=0}^{N-1}\tilde{x}(n)\sin\left(\frac{2\pi}{N}kn\right)\right|$$
$$= \left\{\left[\sum_{n=0}^{N-1}\tilde{x}(n)\cos\left(\frac{2\pi}{N}kn\right)\right]^2+\left[\sum_{n=0}^{N-1}\tilde{x}(n)\sin\left(\frac{2\pi}{N}kn\right)\right]^2\right\}^{1/2}$$

所以,$|\widetilde{X}(k)| = |\widetilde{X}(-k)|$。■

4. 周期卷积

设 $\tilde{x}_1(n)\xleftrightarrow{\text{DFS}}\widetilde{X}_1(k)$,$\tilde{x}_2(n)\xleftrightarrow{\text{DFS}}\widetilde{X}_2(k)$,它们的周期均为 N,若 $\widetilde{X}_3(k)=\widetilde{X}_1(k)\widetilde{X}_2(k)$,则

$$\tilde{x}_3(n) = \sum_{m=0}^{N-1}\tilde{x}_1(m)\tilde{x}_2(n-m) \tag{3.17}$$

或

$$\tilde{x}_3(n) = \sum_{m=0}^{N-1}\tilde{x}_2(m)\tilde{x}_1(n-m) \tag{3.18}$$

又若 $\tilde{x}_4(n)=\tilde{x}_1(n)\tilde{x}_2(n)$,则

$$\widetilde{X}_4(k) = \frac{1}{N}\sum_{l=0}^{N-1}\widetilde{X}_1(l)\widetilde{X}_2(k-l) \tag{3.19}$$

或

$$\widetilde{X}_4(k) = \frac{1}{N}\sum_{l=0}^{N-1}\widetilde{X}_2(l)\widetilde{X}_1(k-l) \tag{3.20}$$

现在证明(3.17)式:

$$\tilde{x}_3(n) = \frac{1}{N}\sum_{k=0}^{N-1}\widetilde{X}_3(k)W_N^{-kn} = \frac{1}{N}\sum_{k=0}^{N-1}\widetilde{X}_1(k)\widetilde{X}_2(k)W_N^{-nk}$$
$$= \frac{1}{N}\sum_{k=0}^{N-1}\left[\sum_{m=0}^{N-1}\tilde{x}_1(m)W_N^{km}\right]\left[\sum_{r=0}^{N-1}\tilde{x}_2(r)W_N^{kr}\right]W_N^{-nk}$$
$$= \frac{1}{N}\sum_{m=0}^{N-1}\tilde{x}_1(m)\sum_{r=0}^{N-1}\tilde{x}_2(r)\sum_{k=0}^{N-1}W_N^{k(r+m-n)}$$

由(3.13)式可知,当 $r+m-n=lN$ (l 为整数),即 $r=n-m+lN$ 时,$\sum_{k=0}^{N-1}W_N^{k(r+m-n)}=N$,而当 r 为 0 到 $N-1$ 范围内的其他任何值时,此和均等于零,因此有

$$\tilde{x}_3(n) = \frac{1}{N}\sum_{m=0}^{N-1}\tilde{x}_1(m)\tilde{x}_2(n-m+lN)N$$

$$= \sum_{m=0}^{N-1} \tilde{x}_1(m)\tilde{x}_2(n-m)$$

证毕。只要将 $\widetilde{X}_1(k)$ 和 $\widetilde{X}_2(k)$ 的相乘顺序交换，就可以证明(3.18)式，而(3.19)式和(3.20)式可以类似地证明。

(3.17)式到(3.20)式这 4 个式子中的运算与已经知道的线性卷积的运算很相似，称这种卷积为圆周卷积或周期卷积。周期卷积的计算可以用作图法，图 3.2 表示了(3.17)式中的周期卷积的计算。将周期序列 $\tilde{x}_2(m)$ 绕 $m=0$ 的纵轴翻转，便得到 $\tilde{x}_2(-m)$ 即 $\tilde{x}_2(0-m)$，再在 0 到 $N-1$ 这一个周期范围内将 $\tilde{x}_2(0-m)$ 与 $\tilde{x}_1(m)$ 的对应点(m 相同的点)的值相乘，然后将这 N 个乘积相加，便求得 $\tilde{x}_3(0)$ 之值。要计算 $\tilde{x}_3(1)$ 之值，只需将 $\tilde{x}_2(-m)$ 这个周期序列整个地往右移一位，得到 $\tilde{x}_2(1-m)$，然后仍在 0 到 $N-1$ 这个区间计算各乘积并求和。将 $\tilde{x}_2(-m)$ 往右移 N 位后，便得到 $\tilde{x}_2(N-m)$，显然 $\tilde{x}_2(N-m)$ 与 $\tilde{x}_2(-m)$ 完全相同，因此 $\tilde{x}_3(N)=\tilde{x}_3(0)$，即周期卷积 $\tilde{x}_3(n)$ 也是以 N 为周期的周期序列，只需计算 n 由 0 到 $N-1$ 的 $\tilde{x}_3(n)$ 就可以了。

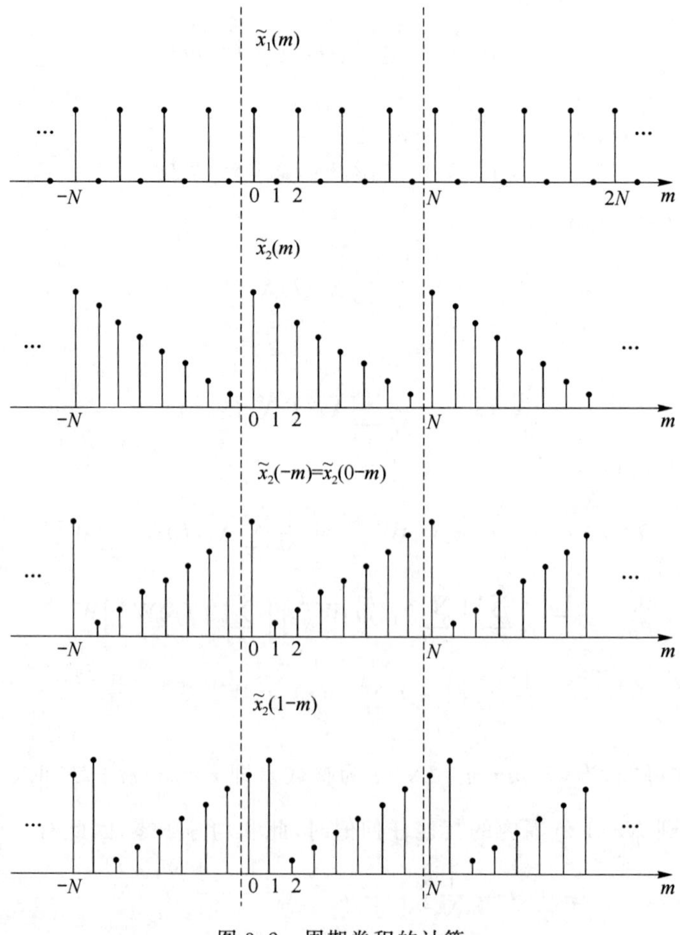

图 3.2 周期卷积的计算

序列的线性卷积与周期卷积之间有以下几点区别。

(1) 线性卷积对参与卷积的两个序列无任何要求,而周期卷积要求两个序列是周期相同的周期序列。

(2) 线性卷积的求和范围由两个序列的长度和所在的区间决定,而周期卷积的求和范围是一个周期。

(3) 线性卷积所得序列的长度由参与卷积的两个序列的长度确定,而周期卷积的结果仍是周期序列,且周期与原来的两个序列的周期相同。

这条性质说明,对于周期序列的 DFS 有:频域相乘映射为时域的周期卷积,时域相乘映射为频域的周期卷积。这完全是与傅里叶变换和 z 变换的相应性质一致的,只不过在这里,时域的信号和频域的频谱都是数学表达式类似(参看(3.11)式和(3.12)式)的周期序列,因此,在时域和频域的卷积也是表达式类似的周期卷积。

例 3.4　已知:$x(n)=\begin{cases} n+1 & 0\leqslant n\leqslant 4 \\ 0 & \text{其他} \end{cases}$,$h(n)=R_4(n-2)$,以 $N=6$ 为周期来延拓这两个序列,分别得到周期序列 $\tilde{x}(n)$ 和 $\tilde{h}(n)$,求这两个周期序列的周期卷积 $\tilde{y}_N(n)$(只需求出 $0\leqslant n\leqslant N-1$ 区间的值)。

解

n	…	0	1	2	3	4	5	…
$\tilde{x}(n)$	…	1	2	3	4	5	0	…

n	…	0	1	2	3	4	5	…
$\tilde{h}(n)$	…	0	0	1	1	1	1	…

周期卷积:$\tilde{y}_N(n)=\sum_{m=0}^{5}\tilde{x}(m)\tilde{h}(n-m)$,现在用排序法来计算:

$\tilde{x}(m)$						… |	1	2	3	4	5	0 |	…					
$\tilde{h}(0-m)$	…	1	1	1	1	0 |	0	1	1	1	1	0 |	0	1	1	1	1	…

两道竖线之间表示 0 到 $N-1$ 区间,在此区间将上下相对应的每一对数值相乘,再将这 6 个乘积相加,就得到 $\tilde{y}_N(0)$。然后将 $\tilde{h}(0-m)$ 右移一个位置,就得到 $\tilde{h}(1-m)$,再将两条竖线之内的值上下相乘并相加,就得到 $\tilde{y}_N(1)$。如此下去,直到求出 $\tilde{y}_N(n)$ 在一个周期内的所有值,列表如下:

n	…	0	1	2	3	4	5	…
$\tilde{y}_N(n)$	…	14	12	10	8	6	10	…

■

3.2 离散傅里叶变换(DFT)及其性质

3.2.1 DFT 的导出

由上面所讨论的周期序列的离散傅里叶级数的表示式可以导出有限长序列的离散傅里叶变换的表示式。

设 $x(n)$ 是一个长度为 N 的序列，也即 $x(n)$ 只在 $0 \leqslant n \leqslant N-1$ 区间内有非零值。将 $x(n)$作周期延拓得到 $\tilde{x}(n)$，因此 $x(n)$是周期为 N 的周期序列 $\tilde{x}(n)$的一个周期，或者称 $x(n)$是 $\tilde{x}(n)$的“主值序列”，并且将这个周期所在的区间($0 \leqslant n \leqslant N-1$)定义为“主值区间”。

为了从数学上表示 $x(n)$与 $\tilde{x}(n)$的关系，先说明一下“模”的概念。设有整数 n 和 N，$-\infty < n < \infty$，N 是一个有限大小的正整数，于是总可以找到整数 n_1 和 n_2，使关系式 $n = n_1 + n_2 N$ 成立，并且 n_1 必须满足 $0 \leqslant n_1 \leqslant N-1$。此时把 n_1 称做 n 对 N 的模数，并用符号 $(n)_N$ 来表示，即

$$n \text{ 模 } N = (n)_N = n_1$$

下面来看两个例子：

$$n = 15 = 7 + 8 \qquad \text{则 } (15)_8 = 7$$

$$n = -23 = 1 + (-3) \times 8 \qquad \text{则 } (-23)_8 = 1$$

用 $x(n)$来表示 $\tilde{x}(n)$有两种方式：

(1) 将 $x(n)$周期延拓就得到

$$\tilde{x}(n) = \sum_{r=-\infty}^{\infty} x(n + rN) \qquad (r \text{ 为整数})$$

(2) 对于任意整数 n，周期序列 $\tilde{x}(n)$在这点的值为 $\tilde{x}(n) = x((n)_N)$。

用 $\tilde{x}(n)$来表示 $x(n)$也有两种方式：

(1) $x(n) = \begin{cases} \tilde{x}(n) & 0 \leqslant n \leqslant N-1 \\ 0 & \text{其他} \end{cases}$

(2) $x(n) = \tilde{x}(n) R_N(n)$，而 $R_N(n) = \begin{cases} 1 & 0 \leqslant n \leqslant N-1 \\ 0 & \text{其他} \end{cases}$

长度为 N 的有限长频域序列 $X(k)$与以 N 为周期的频域周期序列 $\widetilde{X}(k)$的关系完全与 $x(n)$和 $\tilde{x}(n)$的关系相同。

现在就可以直接由周期序列的 DFS 导出有限长序列的 DFT 了。DFS 的定义(3.11)

式和(3.12)式中虽然都是对周期序列求和，但求和范围都在主值区间，在此区间的周期序列分别与各自的主值序列相同。另外，(3.11)式既然对 k 由 $-\infty$ 到 ∞ 均成立，那么当 $0\leqslant k\leqslant N-1$ 时当然也成立；同样，(3.12)式既然对 $\tilde{x}(n)$ 成立，那么对 $0\leqslant n\leqslant N-1$ 时的 $x(n)$ 当然也成立。因此，由变换对(3.11)式和(3.12)式可以得到：

$$X(k)=\mathrm{DFT}[x(n)]=\begin{cases}\sum_{n=0}^{N-1}x(n)W_N^{kn} & 0\leqslant k\leqslant N-1\\ 0 & \text{其他}\end{cases} \tag{3.21}$$

$$x(n)=\mathrm{IDFT}[X(k)]=\begin{cases}\frac{1}{N}\sum_{k=0}^{N-1}X(k)W_N^{-kn} & 0\leqslant n\leqslant N-1\\ 0 & \text{其他}\end{cases} \tag{3.22}$$

(3.21)式和(3.22)式也构成一对变换，称做有限长序列的离散傅里叶变换表示式。

一般来说，所处理的信号是有限时宽的，其频谱也是经过限带的，因此可以采用有限长序列的 DFT 关系式来计算。但是要注意，由于时域和频域同时抽样的结果，两个域中的离散序列都必然是周期性重复的无限长序列，即 $\tilde{x}(n)$ 和 $\widetilde{X}(k)$，因此应该要求这两个序列都不发生混叠现象，这样从它们所截出的两个有限长序列 $x(n)$ 和 $X(k)$ 才是有效的，也即 DFT 的运算才是有效的。而要使得 $\tilde{x}(n)$ 和 $\widetilde{X}(k)$ 不发生混叠，就应该在处理过程的开始即在时域和频域进行抽样时，使抽样间隔足够小，即必须满足前面 3.1.1 节所阐明的那些对于时域和频域的抽样间隔分别要求的条件。

3.2.2　DFT 的性质

下面讨论的 DFT 的各条性质是与前面讨论的 DFS 的各条性质对应的，可以看到，DFT 的性质与 DFS 的性质既有区别又有相当紧密的联系，并且 DFT 的性质往往是由相应的 DFS 性质导出的。

1. 线性

已知 $x_1(n)\xleftrightarrow{\mathrm{DFT}}X_1(k)$，$x_2(n)\xleftrightarrow{\mathrm{DFT}}X_2(k)$，若 $x_3(n)=ax_1(n)+bx_2(n)$，a、b 为任意常数，则 $X_3(k)=\mathrm{DFT}[x_3(n)]=aX_1(k)+bX_2(k)$。

根据 DFT 的定义式，这条性质是很容易证明的。但是要注意，若 $x_1(n)$、$x_2(n)$ 的时宽(长度)分别为 N_1 和 N_2，则 $x_3(n)$ 的时宽 $N_3=\max(N_1,N_2)$，并且计算时序列的长度都应为 N_3，时宽不够的时域序列后面要补零。

2. 有限长序列的循环移位

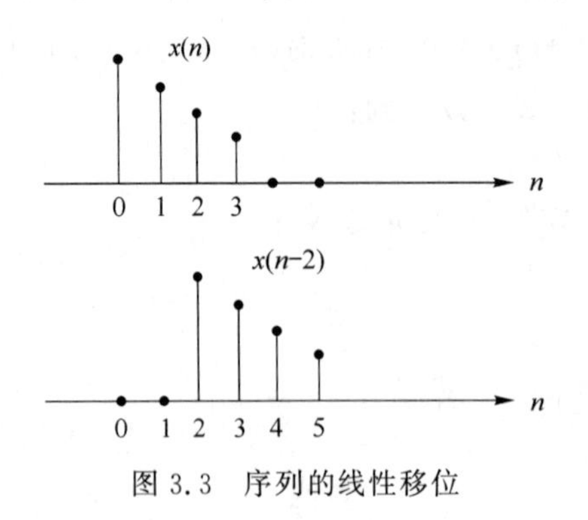

图 3.3 序列的线性移位

(1) 线性移位和循环移位

设 $x(n)$ 为一有限长序列，$0\leqslant n\leqslant N-1$，则 $x(n+m)$ 表示其线性移位。当 $m>0$ 时，向左移；当 $m<0$ 时，向右移。图 3.3 表示右移的一个例子。

而要得到 $x(n)$ 的循环移位 $x_1(n)$，首先要将 $x(n)$ 作周期延拓，得到 $\tilde{x}(n)=x((n)_N)$，再将 $\tilde{x}(n)$ 移位得到 $\tilde{x}(n+m)$。$m>0$ 表示将整个周期序列左移 m 个抽样间隔，$m<0$ 则向右移。令

$$\tilde{x}_1(n)=\tilde{x}(n+m)=x((n+m)_N)$$

最后从 $\tilde{x}_1(n)$ 中取出 n 由 0 到 $N-1$ 这一区间，即为有限长序列 $x(n)$ 的循环移位 $x_1(n)$，即

$$x_1(n)=\tilde{x}_1(n)R_N(n)=x((n+m)_N)R_N(n) \tag{3.23}$$

图 3.4 表示了求循环移位的过程。其实，序列 $\tilde{x}(n+m)$ 既可以先将 $x(n)$ 作周期延拓再移位而得到，也可以先将 $x(n)$ 移位成为 $x(n+m)$ 再作周期延拓而得到。从图中还可以看出，当一个抽样从一端移出主值区间 $n=0$ 到 $N-1$，与它相同的另一个抽样就从另一端移入此区间，因此相当于 $x(n)$ 从一端移出 0 到 $N-1$ 这一区间，又从另一端移入此区间，故为循环移位。

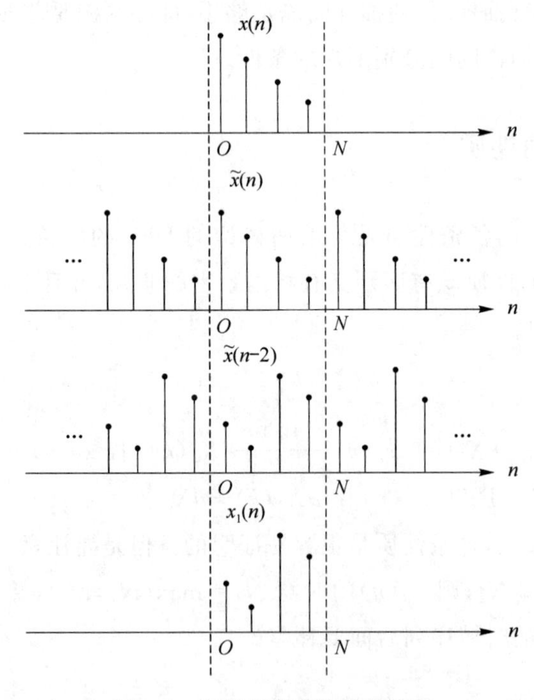

图 3.4 有限长序列的循环移位

实际上,不需要画出图 3.4 那样的图也可以容易地求出有限长序列的循环移位,其一是采用(3.23)式中的求模方法;其二是采用对有限长序列排序的方法。

例 3.5　已知 $x(n)=\begin{cases} n^2 & 0\leqslant n\leqslant 4 \\ 0 & \text{其他} \end{cases}$,求其循环移位 $x_1(n)$,令移位 $m=18$。

解

根据(3.23)式,有

$$x_1(n)=x((n+18)_5)R_5(n)$$

因此有

n	0	1	2	3	4
$(n+18)_5$	3	4	0	1	2
$x_1(n)$	9	16	0	1	4

■

例 3.6　已知 $x(n)=\{5,-4,3,-1\}$,求其循环移位 $\tilde{x}(n-19)R_4(n)$。

解

$$\begin{aligned}\tilde{x}(n-19)R_4(n) &= \tilde{x}(n-5\times 4+1)R_4(n) \\ &= \tilde{x}(n+1)R_4(n)=\{-4,3,-1,5\}\end{aligned}$$

也就是说,将 $x(n)$ 从左边移出一个数据,再让这个数据从右边进入。■

(2) 循环移位后的 DFT

循环移位过程中所得到的周期序列 $\tilde{x}_1(n)=\tilde{x}(n+m)$ 是周期序列的移位,故由 DFS 的移位性质有

$$\widetilde{X}_1(k)=W_N^{-km}\widetilde{X}(k) \tag{3.24}$$

令 $X_1(k)=\text{DFT}[x_1(n)]$,而由于循环移位 $x_1(n)=\tilde{x}_1(n)R_N(n)$,因此 $X_1(k)=\widetilde{X}_1(k)R_N(k)$,又知 $x(n)$ 的 DFT $X(k)=\widetilde{X}(k)R_N(k)$,故由(3.24)式可知循环移位后的序列 $x_1(n)$ 的 DFT 为

$$X_1(k)=W_N^{-km}X(k)$$

同理,若 $X(k)$ 在频域内循环移位为

$$X_2(k)=\widetilde{X}_2(k)R_N(k)=X((k+l)_N)R_N(k)$$

则有

$$\tilde{x}_2(n)=W_N^{nl}\tilde{x}(n) \qquad x_2(n)=W_N^{nl}x(n)$$

3. 对称性

DFS 具有若干对称性质,这说明共轭对称和共轭反对称的概念对周期序列也是适合

的。事实上，有

$$\tilde{x}(n)=\tilde{x}_e(n)+\tilde{x}_o(n) \tag{3.25}$$

其中

$$\tilde{x}_e(n)=\frac{1}{2}[\tilde{x}(n)+\tilde{x}^*(-n)] \tag{3.26}$$

$$\tilde{x}_o(n)=\frac{1}{2}[\tilde{x}(n)-\tilde{x}^*(-n)] \tag{3.27}$$

显然，$\tilde{x}_e(n)$和$\tilde{x}_o(n)$与$\tilde{x}(n)$有相同的周期 。

但是，当考察有限长序列的DFT的对称性时，就需要对共轭对称和共轭反对称的定义进行修改。为了说明方便，来看实序列的情形。设$x(n)$是一个长度为N的实序列，则有

$$x(n)=x_e(n)+x_o(n)$$

如果仍然定义

$$x_e(n)=\frac{1}{2}[x(n)+x(-n)]$$

$$x_o(n)=\frac{1}{2}[x(n)-x(-n)]$$

由于$x(n)$定义在区间0到$N-1$，所以$x(-n)$在区间0到$-(N-1)$有非零值，这样，$x_e(n)$和$x_o(n)$都定义在区间$-(N-1)$到$N-1$，其长度为$2N-1$，而$x(n)$之长度为N。

因此，在DFT的情形下，要引入两个新的定义，即周期共轭对称分量$x_{ep}(n)$和周期共轭反对称分量$x_{op}(n)$。

将长度为N的序列$x(n)$周期延拓得到$\tilde{x}(n)$，这样便有了(3.25)式、(3.26)式和(3.27)式，定义：

$$x_{ep}(n)=\tilde{x}_e(n)R_N(n) \tag{3.28}$$

$$x_{op}(n)=\tilde{x}_o(n)R_N(n) \tag{3.29}$$

又由于$x(n)=\tilde{x}(n)R_N(n)$，因此由(3.25)式，立即就得到

$$x(n)=x_{ep}(n)+x_{op}(n) \tag{3.30}$$

也就是说，在考虑DFT的对称性时，应该将有限长序列看做是由周期共轭对称分量和周期共轭反对称分量这两部分组成的。

对于有限长的频域序列，有完全类似的定义。在这样的定义下，正如下面所列出的，DFS的对称性质对于DFT仍然成立。

在一般情况下，即当$x(n)$为复序列时，若$x(n)\xleftrightarrow{\text{DFT}}X(k)$，则有

(1) $x^*(n) \xleftrightarrow{\text{DFT}} X^*((-k)_N)R_N(k)$

(2) $x^*((-n)_N)R_N(n) \xleftrightarrow{\text{DFT}} X^*(k)$

(3) $\text{Re}[x(n)] \xleftrightarrow{\text{DFT}} X_{\text{ep}}(k)$

(4) $\text{jIm}[x(n)] \xleftrightarrow{\text{DFT}} X_{\text{op}}(k)$

(5) $x_{\text{ep}}(n) \xleftrightarrow{\text{DFT}} \text{Re}[X(k)]$

(6) $x_{\text{op}}(n) \xleftrightarrow{\text{DFT}} \text{jIm}[X(k)]$

上述性质都可以由 DFS 的相应性质得到。例如上面的(1),首先将 $x(n)$ 和 $X(k)$ 延拓为周期序列 $\tilde{x}(n)$ 和 $\widetilde{X}(k)$,显然,对于 DFS 有 $\tilde{x}^*(n) \xleftrightarrow{\text{DFS}} \widetilde{X}^*(-k)$,将时域和频域的这两个序列分别取出主值区间,则有

$$\tilde{x}^*(n)R_N(n) = x^*(n) \xleftrightarrow{\text{DFT}} \widetilde{X}^*(-k)R_N(k) = X^*((-k)_N)R_N(k)$$

这里应该特别注意,箭头的右边不能写为$X^*(-k)$,这是因为,有限长序列是定义在主值区间 $0 \leqslant k \leqslant N-1$ 上的,在此区间外,有限长序列为 0,而当 k 在主值区间时,$-k$ 就很可能不在主值区间,于是 $X^*(-k)$就会为 0,因此,正确的做法是,对周期序列$X^*((-k)_N)$取出主值区间,即乘以 $R_N(k)$,这就是(1)的形式。

当 $x(n)$是实序列时,也与 $\tilde{x}(n)$是实序列时的各条 DFS 对称性相对应,特别应当指出的是,$\text{Re}[X(k)]$、$|X(k)|$ 都是周期性偶序列,而 $\text{Im}[X(k)]$、$\arg[X(k)]$ 都是周期性奇序列。所谓周期性偶(奇)序列,意指此有限长序列经周期延拓后为偶(奇)序列。

从以上的讨论可以得出一个结论,当处理有限长序列(设长度为 N)的问题时,如果所涉及区间超出了主值区间($0 \sim N-1$),都应该将有关序列延拓为周期序列,再进行有关处理,最后再将处理结果截断为有限长序列,即保留其主值区间部分,而将其他区间的序列值令其为零。实际上,从 DFS 的导出过程可知,时域与频域同时抽样的结果所得到的时域和频域离散序列必然都是周期性的,因此在处理过程中当然应该作为周期序列来对待,至于处理的结果只需要有限长序列,那就取出主值区间来。

例 3.7　如果 $\text{DFT}[x(n)] = X(k)$,求证 $\text{DFT}[X(n)] = Nx((-k)_N)R_N(k)$。

证

令 k 是 $0 \sim N-1$ 区间的某一确定整数,有

$$G(k) = \text{DFT}[X(n)] = \sum_{n=0}^{N-1} X(n)W_N^{kn}$$

$$= \sum_{n=0}^{N-1}\Big[\sum_{m=0}^{N-1} x(m)W_N^{nm}\Big]W_N^{kn} = \sum_{m=0}^{N-1}\tilde{x}(m)\sum_{n=0}^{N-1}W_N^{n(m+k)}$$

因为 $\sum\limits_{n=0}^{N-1}W_N^{n(m+k)} = \begin{cases} N & m+k = lN \\ 0 & m+k \neq lN \end{cases}$ (l 为整数),并且对于某一确定的 k 值,在 $0 \sim N-1$

区间只有一个 m 值满足 $m+k=lN$，即 $m=lN-k$，而对于 $0\sim N-1$ 区间的其他 m 值，这个和都等于 0，所以，上面的式子为

$$G(k)=\mathrm{DFT}[X(n)]=\tilde{x}(lN-k)N=N\tilde{x}(-k)=Nx((-k)_N)$$

即有

$$\mathrm{DFT}[X(n)]=Nx((-k)_N)R_N(k)$$ ■

4. 有限长序列的循环卷积

(1) 定义

设 $x_1(n)$和 $x_2(n)$是两个长度为 N 的有限长序列，它们的循环卷积 $x_3(n)$ 定义为

$$x_3(n)=x_1(n)\otimes x_2(n)=\Big[\sum_{m=0}^{N-1}\tilde{x}_1(m)\tilde{x}_2(n-m)\Big]R_N(n) \tag{3.31}$$

也就是说，有限长序列 $x_1(n)$和 $x_2(n)$的循环卷积是周期序列 $\tilde{x}_1(n)$和 $\tilde{x}_2(n)$周期卷积的主值序列。由于周期卷积满足交换律，那么循环卷积也满足交换律，即

$$x_3(n)=x_2(n)\otimes x_1(n)=\Big[\sum_{m=0}^{N-1}\tilde{x}_2(m)\tilde{x}_1(n-m)\Big]R_N(n) \tag{3.32}$$

上面的定义式说明，要得到两个长度相同的有限长序列的循环卷积，首先应该将这两个序列周期延拓得到周期序列，然后进行周期卷积。由于周期卷积的求和范围是主值区间 $0\sim N-1$，而在此区间相乘的第一个因子 $\tilde{x}_1(m)$（或者$\tilde{x}_2(m)$）与 $x_1(m)$（或者$x_2(m)$）是相同的，因此实际上写在前面的序列不需要进行周期延拓，这就是说，(3.31)式也可以写为

$$x_3(n)=x_1(n)\otimes x_2(n)=\Big[\sum_{m=0}^{N-1}x_1(m)x_2((n-m)_N)\Big]R_N(n) \tag{3.33}$$

(2) 重要性质

设 $$x_1(n)\xleftrightarrow{\mathrm{DFT}}X_1(k),\ x_2(n)\xleftrightarrow{\mathrm{DFT}}X_2(k)$$

则 $$x_1(n)\otimes x_2(n)\xleftrightarrow{\mathrm{DFT}}X_1(k)X_2(k)$$

根据周期卷积的相应性质，这条性质是很容易证明的。

设 $\tilde{x}_3(n)=\sum\limits_{m=0}^{N-1}\tilde{x}_1(m)\tilde{x}_2(n-m)$，即为 $\tilde{x}_1(n)$与 $\tilde{x}_2(n)$的周期卷积，则有 $\widetilde{X}_3(k)=\widetilde{X}_1(k)\widetilde{X}_2(k)$。而因循环卷积 $x_3(n)=\tilde{x}_3(n)R_N(n)$，且 $X_3(k)=\mathrm{DFT}[x_3(n)]$，故有$X_3(k)=\widetilde{X}_3(k)R_N(k)$。又知 $X_1(k)$和 $X_2(k)$分别是 $\widetilde{X}_1(k)$和 $\widetilde{X}_2(k)$的主值序列，因此由 $\widetilde{X}_3(k)=\widetilde{X}_1(k)\widetilde{X}_2(k)$便可知 $X_3(k)=X_1(k)X_2(k)$。

这条性质说明，在有限长序列的情形，时域序列的循环卷积映射为频域序列的相乘。

(3) 计算方法

循环卷积的计算方法有如下几种。

(a) 利用周期卷积计算循环卷积

已知如何计算周期卷积。根据循环卷积的定义,要计算循环卷积 $x_1(n)\otimes x_2(n)$,只需将 $x_1(n)$和 $x_2(n)$分别作周期延拓,得到 $\tilde{x}_1(n)$和 $\tilde{x}_2(n)$,再按照计算周期卷积的方法,计算出 n 由 $0\sim N-1$ 的周期卷积,即为循环卷积。

实际上,由于周期卷积的求和范围是 m 由 $0\sim N-1$,因此,第一个序列 $x_1(n)$可以不作周期延拓,即

$$x_3(n)=x_1(n)\otimes x_2(n)=\Big[\sum_{m=0}^{N-1}x_1(m)\tilde{x}_2(n-m)\Big]R_N(n) \tag{3.34}$$

(b) 同心圆法

将 $x_1(n)$和 $x_2(n)$分布在两个同心圆上,内圆按顺时针方向排列 $x_1(n)$,外圆按逆时针方向排列 $x_2(n)$,并使 $x_1(0)$与 $x_2(0)$对齐。然后将两个圆上的对应值相乘并相加,则得到 $x_3(0)$。再将外圆按顺时针方向旋转一位,对应值相乘并相加,则得到 $x_3(1)$,如此下去,直到求得 $x_3(N-1)$。图 3.5 表示了 $N=6$ 的情形。

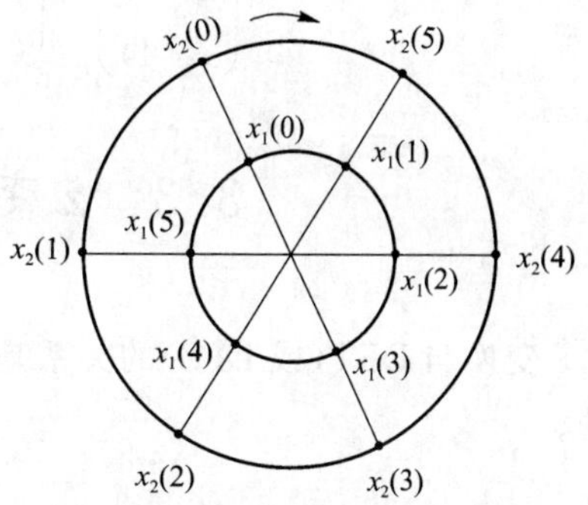

图 3.5　用同心圆作图求循环卷积

(c) 用解析式计算

如果 $x(n)$和 $h(n)$都是定义在区间 $0\sim N-1$ 的有限长序列,而 $y_N(n)$表示它们的循环卷积,则由(3.33)式可得

$$y_N(n)=x(n)\otimes h(n)=\Big[\sum_{m=0}^{N-1}x(m)h((n-m)_N)\Big]R_N(n) \tag{3.35}$$

此式可用矩阵表示为

$$\begin{pmatrix} y_N(0)\\ y_N(1)\\ y_N(2)\\ \vdots\\ y_N(N-2)\\ y_N(N-1)\end{pmatrix}=\begin{pmatrix} h(0) & h(N-1) & h(N-2) & \cdots & h(1)\\ h(1) & h(0) & h(N-1) & \cdots & h(2)\\ h(2) & h(1) & h(0) & \cdots & h(3)\\ \vdots & \vdots & \vdots & & \vdots\\ h(N-2) & h(N-3) & h(N-4) & \cdots & h(N-1)\\ h(N-1) & h(N-2) & h(N-3) & \cdots & h(0)\end{pmatrix}\begin{pmatrix} x(0)\\ x(1)\\ x(2)\\ \vdots\\ x(N-2)\\ x(N-1)\end{pmatrix} \tag{3.36}$$

注意,$\boldsymbol{h}$ 矩阵这个 N 阶方阵中的元素都是 n 由 $0\sim N-1$ 区间的 $h(n)$,也就是说,已经对(3.35)式中的$(n-m)_N$ 进行了求模运算。如果仔细观察一下 $\boldsymbol{h}$ 矩阵,可以发现其中的元素排列的规律,这样,以后在用矩阵乘法来计算循环卷积时,就不需要按照(3.35)式逐一进行求模运算了,只需要像(3.36)式那样按照规律将第二个长度为 N 的已知序列排列成 N 阶方阵就可以了。

例 3.8 设 $x_1(n)=\{1,2,3,4,5\}$，$x_2(n)=\{6,7,8,9\}$，计算 5 点循环卷积 $x_3(n)=x_1(n)\otimes x_2(n)$。

解

$x_2(n)$为 4 点序列，在其尾部填零使其成为 5 点序列，再进行循环卷积运算。

$$\begin{pmatrix} x_3(0) \\ x_3(1) \\ x_3(2) \\ x_3(3) \\ x_3(4) \end{pmatrix} = \begin{pmatrix} 6 & 0 & 9 & 8 & 7 \\ 7 & 6 & 0 & 9 & 8 \\ 8 & 7 & 6 & 0 & 9 \\ 9 & 8 & 7 & 6 & 0 \\ 0 & 9 & 8 & 7 & 6 \end{pmatrix} \begin{pmatrix} 1 \\ 2 \\ 3 \\ 4 \\ 5 \end{pmatrix} = \begin{pmatrix} 100 \\ 95 \\ 85 \\ 70 \\ 100 \end{pmatrix}$$

■

3.3 z 变换与 DFT 的关系

z 变换与 DFT(或 DFS)的关系是抽样和内插的关系，这种关系在实际应用中是很重要的。

3.3.1 由 z 变换得到 DFT

设 $x(n)$是长度为 N 的有限长序列，则其 DFT 为

$$X(k)=\sum_{n=0}^{N-1}x(n)W_N^{kn}=\sum_{n=0}^{N-1}x(n)\mathrm{e}^{-\mathrm{j}\frac{2\pi}{N}kn} \qquad (k=0,1,\cdots,N-1) \tag{3.37}$$

现在对 $x(n)$进行 z 变换：

$$X(z)=\sum_{n=-\infty}^{\infty}x(n)z^{-n}=\sum_{n=0}^{N-1}x(n)z^{-n} \tag{3.38}$$

由于是有限项求和，故可以看出，$X(z)$只在 $z=0$ 有极点，因此单位圆肯定在其收敛域内。现在将单位圆 $z=\mathrm{e}^{\mathrm{j}\omega}(0\leqslant\omega<2\pi)$进行 N 等分，即令 $\omega=\frac{2\pi}{N}k$，则第 0 个点为 $z=\mathrm{e}^{\mathrm{j}\frac{2\pi}{N}\cdot 0}$，第 k 个点为 $z=\mathrm{e}^{\mathrm{j}\frac{2\pi}{N}k}$，最后一个分点为 $z=\mathrm{e}^{\mathrm{j}\frac{2\pi}{N}(N-1)}$。将 z 在单位圆上的这些抽样值代入 z 变换(3.38)式，有

$$X(z)\Big|_{z=\mathrm{e}^{\mathrm{j}\frac{2\pi}{N}k}}=\sum_{n=0}^{N-1}x(n)\mathrm{e}^{-\mathrm{j}\frac{2\pi}{N}kn}=\sum_{n=0}^{N-1}x(n)W_N^{kn} \qquad (k=0,1,\cdots,N-1) \tag{3.39}$$

将(3.39)式与(3.21)式比较，可知这正是 $x(n)$的 DFT 表示式，因此，有限长序列的 DFT 是其 z 变换在单位圆上的抽样。

将有限长序列 $x(n)$ 作为周期序列 $\tilde{x}(n)$ 的一个周期，即 $x(n)=\tilde{x}(n)R_N(n)$，而 $\tilde{x}(n)$ 的 DFS 是 $\widetilde{X}(k)$，所以有 $X(k)=\widetilde{X}(k)R_N(k)$。已经知道 $X(k)$ 是 $x(n)$ 的 z 变换 $X(z)$ 在 z 平面单位圆上的抽样，若令 k 值由 0 和 $N-1$ 向两方扩展，即绕单位圆一圈又一圈地对 $x(n)$ 的 z 变换抽样，就得到周期序列 $\tilde{x}(n)$ 的 DFS $\widetilde{X}(k)$，而单位圆上一周的 z 变换抽样值正好对应 $\widetilde{X}(k)$ 的一个周期。

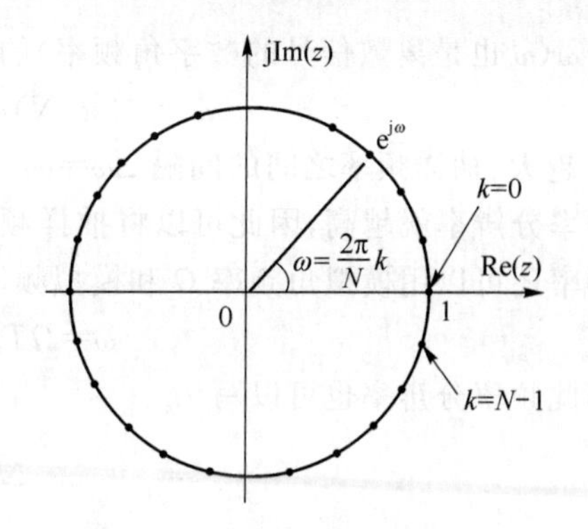

图 3.6　z 平面单位圆上的抽样点

已经知道，DFS 或 DFT 是离散信号的离散频谱。又知道，傅里叶变换是单位圆 $e^{j\omega}$ 上的 z 变换，也就是说，对离散信号在单位圆上进行 z 变换就是对离散信号进行频谱分析，而在单位圆上抽样就可以得到频谱的抽样值，也即离散频谱，这正是 DFT 或者 DFS。这样的理论分析已经被上面的数学推导所验证。

3.3.2　由 DFT 得到 z 变换

既然有限时宽序列 $x(n)$ 的 DFT $X(k)$ 可以由其 z 变换在单位圆上的抽样而得到，那么反过来，$x(n)$ 的 z 变换 $X(z)$ 也可以由 $X(k)$ 通过一个内插式来精确地恢复。现在推导如下：

$$\begin{aligned}X(z) &= \mathscr{Z}[x(n)] = \sum_{n=0}^{N-1}x(n)z^{-n} = \sum_{n=0}^{N-1}\left[\frac{1}{N}\sum_{k=0}^{N-1}X(k)W_N^{-kn}\right]z^{-n} \\ &= \frac{1}{N}\sum_{k=0}^{N-1}X(k)\left[\sum_{n=0}^{N-1}W_N^{-kn}z^{-n}\right] = \frac{1}{N}\sum_{k=0}^{N-1}X(k)\,\frac{1-(W_N^{-k}z^{-1})^N}{1-W_N^{-k}z^{-1}} \\ &= \frac{1}{N}\sum_{k=0}^{N-1}X(k)\,\frac{1-z^{-N}}{1-W_N^{-k}z^{-1}} \qquad (\text{因为 } W_N^{-kN}=1)\end{aligned} \tag{3.40}$$

因此，对于长度为 N 的序列 $x(n)$，其 z 变换 $X(z)$ 不仅可以通过 $x(n)$ 本身求得，也可以通过 $x(n)$ 的 DFT $X(k)$ 来求得。

3.3.3　频率分辨率

DFT 是离散信号的离散频谱，通过 DFT 可以方便地利用计算机来对信号进行频谱分析。此外，第 4 章会看到，DFT 还有高效的快速算法。因此，DFT 在信号处理的主要领域之一，即信号的频谱分析中起着相当重要的作用。

DFT 由对有限长序列的 z 变换在单位圆上等间隔抽样而得到，也就是将 z 平面的辐角ω(ω也是离散信号的数字角频率)的一周即2π进行N等分：

$$\omega_k=(2\pi/N)k \qquad (k=0,1,\cdots,N-1)$$

N越大，抽样频率之间的间隔$\Delta\omega=\omega_k-\omega_{k-1}=(2\pi/N)$就越小，频谱分析就越准确、细致，频率分辨率就越高，因此可以将抽样频率间隔$\Delta\omega$定义为频率分辨率。由于离散信号的频率还可以用模拟角频率Ω和模拟频率f表示，而这些频率之间的关系为

$$\omega=\Omega T_s=2\pi f T_s=2\pi f/f_s$$

因此频率分辨率也可以写为

$$\Delta\Omega=\frac{\Delta\omega}{T_s}=\frac{2\pi}{NT_s}$$

或者

$$\Delta f=\frac{\Delta\omega}{2\pi T_s}=\frac{1}{NT_s}$$

这里T_s为时域信号的抽样周期。显然，抽样点数N越多，时域抽样间隔T_s越大，Δf就越小，频率分辨率就越高。

为了提高频率分辨率，N和T_s都应该大些。但是，为了满足抽样定理的条件，T_s受到信号最高频率的限制，不能大了。可以在保持T_s一定的情况下增大N来提高频率分辨率，这可以通过在时域序列后面添零或者采集更多的数据样本来实现。在序列后面添加一定数目的零，称为填零运算，这将导致较长的DFT，而得到原始序列的离散傅里叶变换的较密的频谱。

例 3.9 已知序列$x(nT_s)$，长度为9个抽样点，$T_s=0.15$ s。如果对该序列进行频谱分析，要求频率分辨率高于2 rad/s，问DFT的长度N最少应该是多少？

解

由于给出的频率分辨率的单位是“rad/s”，所以是模拟角频率，即要求$\Delta\Omega<2$ rad/s，于是$\Delta\omega=(\Delta\Omega)T_s<2\times0.15=0.3$ rad，故有$\Delta\omega=2\pi/N<0.3$，所以$N>2\pi/0.3\approx20.94$，即最少取$N=21$，也即在序列$x(nT_s)$后面最少应该补12个0。 ■

3.4 用 *DFT* 求线性卷积

计算DFT也就是求离散信号的离散频谱。下面将会看到，DFT不仅可以用来对信号进行频谱分析，还可以用来计算序列的线性卷积，因此也就可以用DFT来求线性时不变系统的输出响应。

3.4.1 循环卷积与线性卷积的关系

已经知道了循环卷积的重要性质，即时域序列的循环卷积映射为频域序列的相乘运

算。因此,如果要求得两个长度相同的时域序列 $x(n)$ 和 $h(n)$ 的循环卷积,可以先分别求得它们的 DFT $X(k)$ 和 $H(k)$,再将这两个 DFT 相乘,最后计算乘积 $X(k)H(k)$ 的 DFT 反变换,而 $\mathrm{IDFT}[X(k)H(k)]$ 就是 $x(n)$ 和 $h(n)$ 的循环卷积。这就是说,可以用 DFT 来求循环卷积。那么,如何用 DFT 来求线性卷积呢？为了解决这个问题,首先来讨论循环卷积与线性卷积之间的关系。

前面已经给出了循环卷积的矩阵表示式,参与卷积的两个序列必须是长度相同的,所得的结果即循环卷积 $y_N(n)$ 也有相同的长度。为了便于比较,应给出两个有限长序列 $x(n)$ 和 $h(n)$ 线性卷积的矩阵表示式。线性卷积并不要求两个序列长度相同,因此可以设 $x(n)$ 长度为 N_1,$h(n)$ 长度为 N_2,则线性卷积 $y(n)$ 之长为 $N=N_1+N_2-1$。为了便于用矩阵表示,在序列 $x(n)$ 的后面添 N_2-1 个 0,使 $x(n)$ 的长度变为 N,这样,线性卷积为

$$y(n)=x(n)*h(n)=\sum_{m=0}^{N-1}x(m)h(n-m)\qquad(0\leqslant n\leqslant N-1)\tag{3.41}$$

用矩阵表示为

$$\begin{pmatrix} y(0)\\ y(1)\\ \vdots\\ y(N_2-1)\\ y(N_2)\\ y(N_2+1)\\ \vdots\\ y(N-2)\\ y(N-1)\end{pmatrix}=\begin{pmatrix} h(0) & & & & & & & & \\ h(1) & h(0) & & & & & & & \\ \vdots & \vdots & & & & & & & \\ h(N_2-1) & h(N_2-2) & \cdots & h(0) & & & & & \\ 0 & h(N_2-1) & \cdots & h(1) & h(0) & & & & \\ 0 & 0 & \cdots & h(2) & h(1) & h(0) & & & \\ \vdots & \vdots & & \vdots & \vdots & \vdots & & & \\ 0 & 0 & \cdots & h(N_2-1) & h(N_2-2) & h(N_2-3) & \cdots & h(0) & \\ 0 & 0 & \cdots & 0 & h(N_2-1) & h(N_2-2) & \cdots & h(1) & h(0)\end{pmatrix}\begin{pmatrix} x(0)\\ x(1)\\ \vdots\\ x(N_1-1)\\ 0\\ 0\\ \vdots\\ 0\\ 0\end{pmatrix}\tag{3.42}$$

回想计算线性卷积的作图法或者排序法,此矩阵表示式是不难理解的。其中 $\boldsymbol{h}$ 矩阵的右上角空的位置均表示 0。将矩阵表示(3.42)式与(3.36)式比较,可以看出,即使进行线性卷积的两个序列长度都是 N,其结果线性卷积也与循环卷积不同:(3.42)式中的 $\boldsymbol{h}$ 矩阵不但元素的排列与(3.36)式中的不同,而且矩阵的大小也不同,(3.36)式中为 N 阶方阵,而(3.42)式中此时应该为 $2N-1$ 阶方阵;或者说,如果 $x(n)$ 和 $h(n)$ 的长度都为 N,则它们的循环卷积 $y_N(n)$ 之长度为 N,而它们的线性卷积 $y(n)$ 之长度为 $2N-1$。

但是,在一定的条件下,可以使循环卷积与线性卷积的结果相同。考虑两个有限长序列的线性卷积:设 $x(n)$ 的非零区间为 $0\leqslant n\leqslant N_1-1$,$h(n)$ 的非零区间为 $0\leqslant n\leqslant N_2-1$,则线性卷积 $y(n)=x(n)*h(n)$ 的长度为 $N=N_1+N_2-1$,非零区间是 $0\leqslant n\leqslant N-1$,$y(n)$ 的表示式如(3.41)式所示。

现在来设法构造这两个序列 $x(n)$ 与 $h(n)$ 的循环卷积,使其结果与线性卷积相同。

在 $x(n)$后面补充 N_2-1 个 0,使 $x(n)$长度变为 N,即

$$x(n):x(0),x(1),\cdots,x(N_1-1),0,0,\cdots,0$$

在 $h(n)$后面补充 N_1-1 个 0,使 $h(n)$长度变为 N,即

$$h(n):h(0),h(1),\cdots,h(N_2-1),0,0,\cdots,0$$

再将 $h(n)$进行周期延拓,周期为 N:

$$\tilde{h}(n)=\sum_{r=-\infty}^{\infty}h(n+rN)$$

为了计算 $x(n)$与 $h(n)$的循环卷积 $y_N(n)$,先计算 $\tilde{x}(n)$与 $\tilde{h}(n)$的周期卷积$\tilde{y}_N(n)$:

$$\begin{aligned}\tilde{y}_N(n)&=\sum_{m=0}^{N-1}\tilde{x}(m)\tilde{h}(n-m)=\sum_{m=0}^{N-1}x(m)\tilde{h}(n-m)\\&=\sum_{m=0}^{N-1}x(m)\sum_{r=-\infty}^{\infty}h(n-m+rN)\\&=\sum_{r=-\infty}^{\infty}\Big[\sum_{m=0}^{N-1}x(m)h(n+rN-m)\Big]\end{aligned}\tag{3.43}$$

将(3.43)式最后括号中的式子与线性卷积的定义式比较,可知

$$\sum_{m=0}^{N-1}x(m)h(n+rN-m)=y(n+rN)$$

于是有

$$\tilde{y}_N(n)=\sum_{r=-\infty}^{\infty}y(n+rN)\tag{3.44}$$

此式说明,周期卷积 $\tilde{y}_N(n)$是 $x(n)$与$h(n)$的线性卷积 $y(n)$的周期延拓。$x(n)$与$h(n)$后面补 0 并不影响其线性卷积,$y(n)$的长度仍为 $N=N_1+N_2-1$。而 $\tilde{x}(n)$与$\tilde{h}(n)$的周期却都为 N,因此它们的周期卷积 $\tilde{y}_N(n)$的周期也为 N,正好等于 $y(n)$的长度,也就是说,(3.44)式中以 N 为周期的周期延拓没有发生混叠,线性卷积 $y(n)$正好是周期卷积 $\tilde{y}_N(n)$的一个周期。而循环卷积又是周期卷积的主值序列,因此,此时循环卷积$y_N(n)$与线性卷积 $y(n)$完全相同,即

$$\begin{aligned}y_N(n)&=x(n)\otimes h(n)=\tilde{y}_N(n)R_N(n)=y(n)\\&=\sum_{m=0}^{N-1}x(m)h(n-m)\qquad(0\leqslant n\leqslant N-1)\end{aligned}\tag{3.45}$$

事实上,如果将 N $(N=N_1+N_2-1)$点循环卷积 $y_N(n)=x(n)\otimes h(n)$用矩阵表示,则有

$$\begin{pmatrix} y_N(0) \\ y_N(1) \\ \vdots \\ y_N(N_2-1) \\ y_N(N_2) \\ y_N(N_2+1) \\ \vdots \\ y_N(N-2) \\ y_N(N-1) \end{pmatrix} = \begin{pmatrix} h(0) & 0 & \cdots & 0 & 0 & h(N_2-1) & h(N_2-2) & \cdots & h(1) \\ h(1) & h(0) & \cdots & 0 & 0 & 0 & h(N_2-1) & \cdots & h(2) \\ \vdots & \vdots & & \vdots & \vdots & \vdots & \vdots & & \vdots \\ h(N_2-1) & h(N_2-2) & \cdots & h(0) & 0 & 0 & 0 & \cdots & 0 \\ 0 & h(N_2-1) & \cdots & h(1) & h(0) & 0 & 0 & \cdots & 0 \\ 0 & 0 & \cdots & h(2) & h(1) & h(0) & 0 & \cdots & 0 \\ \vdots & \vdots & & \vdots & \vdots & \vdots & \vdots & & \vdots \\ 0 & 0 & \cdots & h(N_2-1) & h(N_2-2) & h(N_2-3) & h(N_2-4) & \cdots & 0 \\ 0 & 0 & \cdots & 0 & h(N_2-1) & h(N_2-2) & h(N_2-3) & \cdots & h(0) \end{pmatrix} \begin{pmatrix} x(0) \\ x(1) \\ \vdots \\ x(N_1-1) \\ 0 \\ 0 \\ \vdots \\ 0 \\ 0 \end{pmatrix} \tag{3.46}$$

将(3.46)式与线性卷积的矩阵表示式(3.42)比较,虽然 $\boldsymbol{h}$ 矩阵的右上角多了一些元素,但这些元素都恰好与 $x(n)$ 后面所补的零相乘,因此,由(3.46)式所得到的 $y_N(n)$ 与(3.42)式所得到的 $y(n)(n=0,1,\cdots,N-1)$ 完全相同。

因此,若两个有限长序列 $x(n)$ 与 $h(n)$ 的长度分别为 N_1 和 N_2,则可以在这两个序列的后面补上足够的零,使它们的长度均变为 N,且有 $N \geqslant N_1+N_2-1$,然后再对这两个序列进行 N 点循环卷积。由于此时周期卷积 $\tilde{y}_N(n)$ 中不会发生线性卷积 $y(n)$ 的混叠,所以得到的循环卷积 $y_N(n)$ 就与线性卷积 $y(n)$ 的结果完全相同。

例 3.10　设两个有限长度序列:$x(n)(0\leqslant n\leqslant 7)$;$y(n)(0\leqslant n\leqslant 19)$。令 $X(k)$ 和 $Y(k)$ 分别表示它们的 20 点 DFT,而序列 $r(n)=\mathrm{IDFT}[X(k)Y(k)]$。试指出 $r(n)$ 中的哪些点相当于线性卷积 $g(n)=x(n)*y(n)$ 中的点。

解

设 $R(k)=X(k)Y(k)$,根据循环卷积的重要性质,可知 $r(n)=x(n)\otimes y(n)$,因此序列 $r(n)=\mathrm{IDFT}[R(k)]=\mathrm{IDFT}[X(k)Y(k)]$ 是 $x(n)$ 与 $y(n)$ 的循环卷积,并且 $r(n)$ 之长度为 20。又设 $g(n)=x(n)*y(n)$,则线性卷积 $g(n)$ 之长度为 $8+20-1=27$。循环卷积 $r(n)$ 是周期卷积 $\tilde{r}(n)$ 的主值序列,而 $\tilde{r}(n)$ 又是线性卷积 $g(n)$ 的周期延拓,延拓的周期就是周期卷积的周期 20。由于 $20<27$,即延拓的周期小于线性卷积的长度,故延拓时必然发生线性卷积的混叠,即 $\tilde{r}(n)$ 的每一个周期的前 $27-20=7$ 个值都是 $g(n)$ 的前一个周期的后 7 个值与后一个周期的前 7 个值的混叠,也就是说,循环卷积 $r(n)$ 的 20 个值中,前 7 个值是线性卷积 $g(n)$ 前面的 7 个值与后面的 7 个值的混叠,后 13 个值才与 $g(n)$ 中间部分的 13 个值相同。因此,对于循环卷积 $r(n)(0\leqslant n\leqslant 19)$,只有 $7\leqslant n\leqslant 19$ 这 13 个点相当于线性卷积 $g(n)$ 中的点。 ■

3.4.2　用 DFT 求线性卷积

一个线性时不变系统的输出信号 $y(n)$ 等于其输入信号 $x(n)$ 与该系统的单位抽样响应 $h(n)$ 的线性卷积,因此,线性卷积的计算在实际问题中是相当重要的,而直接计算两个序列的卷积往往是不太容易的。已经知道,循环卷积可以通过频域序列的相乘运算来求得,上面又说明了两个有限长序列的线性卷积在一定条件下可以等同于它们的循环卷积,这样,就可以利用 DFT 来计算线性卷积了。

设 $$x_1(n) \xleftrightarrow{\text{DFT}} X_1(k), x_2(n) \xleftrightarrow{\text{DFT}} X_2(k)$$

若 $$x_3(n) = x_1(n) \otimes x_2(n) \xleftrightarrow{\text{DFT}} X_3(k)$$

则 $$X_3(k) = X_1(k)X_2(k)$$

这是已经知道的循环卷积的重要性质,因此,循环卷积 $x_3(n)$可以通过 DFT 的反变换求得:

$$x_3(n) = \text{IDFT}[X_3(k)] = \text{IDFT}[X_1(k)X_2(k)]$$

如果循环卷积的长度 N 满足 $N \geqslant N_1 + N_2 - 1$($N_1$、$N_2$ 分别是 $x_1(n)$与 $x_2(n)$的长度),则此循环卷积就等于 $x_1(n)$与 $x_2(n)$ 的线性卷积。

图 3.7 表示了用 DFT 求线性卷积 $y(n) = x(n) * h(n)$的过程。

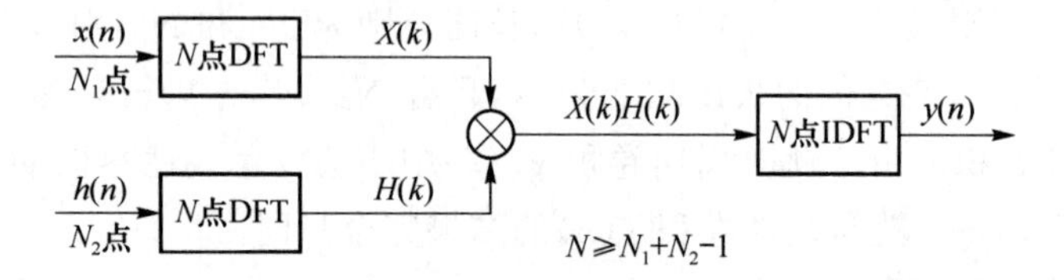

图 3.7 用 DFT 求线性卷积

这样,就将线性卷积的运算变成了 DFT 的相乘运算,这个过程中主要的运算是 DFT 的正变换与反变换。在第 4 章将会看到,DFT 的正变换和反变换都有快速算法,这就是说,线性卷积可以实现快速算法。

3.5 分段卷积

在某些场合下,可能要求将一个有限长度的序列与一个长度不定或相当长的序列进行线性卷积。若将整个序列存储起来再作大点数的运算,不但运算量太大,而且往往时延也不允许,并且在实际应用中,往往要求随时接收随时进行处理。在这些情况下,就要将长序列分段,每一段分别与短序列进行卷积,这就是所谓分段卷积。分段卷积一般有两种方法,即重叠相加法和重叠保留法。

3.5.1 重叠相加法

设序列 $h(n)$长为 M,$x(n)$是长序列。这种方法是将 $x(n)$分段,每段长设为 N_1,将每一段分别与 $h(n)$进行线性卷积,然后再将结果重叠相加,如图 3.8 所示。

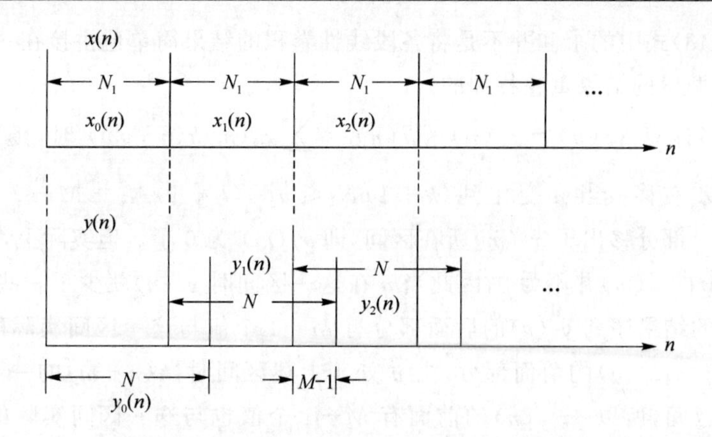

图 3.8　重叠相加法的分段以及 $y_k(n)$ 的重叠情况

设 $x(n)$ 分为 $x_0(n), x_1(n), \cdots$，第 k 段 $x_k(n)$ 表示为

$$x_k(n)=\begin{cases} x(n) & kN_1 \leqslant n \leqslant (k+1)N_1-1 \\ 0 & \text{其他} \end{cases} \tag{3.47}$$

故

$$x(n)=\sum_{k=0}^{\infty} x_k(n)$$

$$\begin{aligned} y(n) &= x(n) * h(n) = \left[\sum_{k=0}^{\infty} x_k(n)\right] * h(n) \\ &= \sum_{k=0}^{\infty}\left[x_k(n) * h(n)\right] = \sum_{k=0}^{\infty} y_k(n) \end{aligned} \tag{3.48}$$

其中 $y_k(n)=x_k(n) * h(n)$ 为第 k 段线性卷积的结果。

由于 $x_k(n)$ 长为 N_1，$h(n)$ 长为 M，故 $y_k(n)$ 长为

$$N=N_1+M-1$$

即 $y_k(n)$ 的范围为

$$kN_1 \leqslant n \leqslant kN_1+N_1+M-2=(k+1)N_1+M-2 \tag{3.49}$$

将(3.49)式与(3.47)式 $x_k(n)$ 的范围进行比较，$y_k(n)$ 显然比 $x_k(n)$ 长，长的点数为

$$[(k+1)N_1+M-2]-[(k+1)N_1-1]=M-1$$

而 $y_{k+1}(n)$ 的范围是

$$(k+1)N_1 \leqslant n \leqslant (k+1)N_1+N_1+M-2=(k+2)N_1+M-2 \tag{3.50}$$

将(3.50)式与(3.49)式比较，可知由 $(k+1)N_1$ 到 $(k+1)N_1+M-2$ 这 $M-1$ 个点上，$y_k(n)$ 的后部分与 $y_{k+1}(n)$ 的前部分发生了重叠。这样，对于在此范围的每一个 n 值，原序列 $x(n)$ 与 $h(n)$ 的卷积 $y(n)$ 之值应为

$$y(n)=y_k(n)+y_{k+1}(n)$$

这就是说,(3.48)式中的求和并不是将各段线性卷积的结果简单地拼接在一起,在某些点上是需要前后两段的结果重叠相加的。

事实上,当计算 $y_k(n)=x_k(n)*h(n)=\sum_m x_k(m)h(n-m)$ 时,随着 n 的增大,$h(n-m)$要逐步右移。当 n 变化到$(k+1)N_1\leqslant n\leqslant(k+1)N_1+M-2$ 这一范围时,$h(n-m)$已有一部分移出了 $x_k(m)$所在区间,即 $x_k(m)$ 为 0 了。但实际上,$x_k(m)$是截出来的,这些点上的 $x(m)$并不为 0,因此当 n 在这一区间时 $y_k(n)$就少了一些相加项,即第 k 段线性卷积的结果序列 $y_k(n)$的后面部分有 $M-1$ 个值与这一区间实际的$y(n)$值不相同。同理,对于 $y_{k+1}(n)$的前面部分,当 n 处于上述区间时,$h(n-m)$的一部分还未移入 $x_{k+1}(m)$所在区间,所以 $y_{k+1}(n)$的前面有 $M-1$ 个值也与这一区间实际的$y(n)$值不相同。因此,将相同 n 的 $y_k(n)$与 $y_{k+1}(n)$相加就正好是这个 n 的 $y(n)$。

例 3.11 设序列 $x(n)$的非零区间为 $0\leqslant n\leqslant 9$,$h(n)$的长度 $M=3$。将 $x(n)$分段,每段长度 $N_1=3$,用重叠相加法进行分段卷积来计算线性卷积 $y(n)=x(n)*h(n)$。

解

实际上,$x(n)$的这个长度是用不着分段的,先不分段,直接计算 $y(n)$,以便将其结果与下面用分段卷积所得结果进行比较。

现在用排序法直接计算线性卷积 $y(n)=x(n)*h(n)$。

x:　　　　　0　1　2　3　4　5　6　7　8　9

h:　　2　1　0

注意,并不知道这两个序列的各个具体数值,但是这并不影响求解。上面列出的各个数字表示的是各个序号,比如第 2 行的 2、1、0,实际上分别代表 $h(2)$、$h(1)$、$h(0)$。表 3.1 中列出的线性卷积的结果也是用序号表示的,比如第 2 行 $y(n)$为 00 实际上表示 $y(n)=x(0)h(0)$,而 $y(n)$为 01+10 实际上表示 $y(n)=x(0)h(1)+x(1)h(0)$,如此等等。

表 3.1　例 3.11 表 1

n	0	1	2	3	4	5
$y(n)$	00	01+10	02+11+20	12+21+30	22+31+40	32+41+50
n	6	7	8	9	10	11
$y(n)$	42+51+60	52+61+70	62+71+80	72+81+90	82+91	92

现在,继续用序号来代表序列的各个值,用重叠相加法进行分段卷积来计算。由于 $N_1=3$,故序列 x 的第 0 段 $x_0(n)$包括 0、1、2 这三点,$x_1(n)$包括 3、4、5 这三点,$x_2(n)$包括 6、7、8 这三点,而最后一段 $x_3(n)$只有 9 这一点。用排序法分别计算各段线性卷积 $y_k(n)=x_k(n)*h(n)(k=0,1,2,3)$,所得结果如表 3.2 所示。

表 3.2 例 3.11 表 2

n	0	1	2	3	4
$y_0(n)$	00	01+10	02+11+20	12+21	22
n	3	4	5	6	7
$y_1(n)$	30	31+40	32+41+50	42+51	52
n	6	7	8	9	10
$y_2(n)$	60	61+70	62+71+80	72+81	82
n	9	10	11		
$y_3(n)$	90	91	92		

注意，线性卷积 $y_1(n)$段的序号从 $n=kN_1=1\times3=3$ 开始，$y_2(n)$从 $n=2\times3=6$ 开始，如此等等；前三段线性卷积的结果长度均为 $3+3-1=5$，而最后一段线性卷积的长度为 $1+3-1=3$。

现在，将各段结果重叠相加，也就是将前后两段 n 相同的结果加起来，而不重叠的 n 就不要相加，于是就得到所要求的线性卷积 $y(n)(n=0,1,2,\cdots,11)$。比如 $y(0)=y_0(0)=$“00”，而 $y(3)=y_0(3)+y_1(3)=$“12+21+30”，等等。将用重叠相加法所得到的各个 $y(n)$与表 3.1 中直接计算线性卷积所得的相应的 $y(n)$进行比较，可知两种方法所得结果完全相同。■

请特别注意，重叠相加法中所分的各段 $x_k(n)$应当与 $h(n)$进行线性卷积，如果在实际问题中因点数较多(一般有几百点)要用 DFT(因为它有快速算法 FFT)来计算各段线性卷积 $y_k(n)$，那么 DFT 的长度 L 应当满足 $L\geqslant N_1+M-1$。

3.5.2 重叠保留法

设序列 $h(n)$长为 M，$x(n)$是长序列，现在用重叠保留法来计算线性卷积

$$y(n)=x(n)*h(n)$$

将 $x(n)$分段，每段长为 N_1，然后各段再往前多取 $M-1$ 个样值，这样，取出的各段 $x_k(n)$长度为

$$N=N_1+M-1$$

为了保证最前面的一段 $x_0(n)$ 之长也为 N，取出开始的 N_1 个样值之后，再在其前面补上 $M-1$ 个 0。重叠保留法的分段情况如图 3.9(a)所示。

设 $x_k(n)$ 为其中的一段，将其取出后要与 $h(n)$ 进行 N 点循环卷积，故 $h(n)$ 的后面要补 N_1-1 个 0 使其长度为 N。令

$$y'_k(n)=x_k(n)\otimes h(n)$$

为这段的循环卷积，则 $\tilde{y}'_k(n)$ 即为周期为 N 的周期卷积。再令 $y_k(n)=x_k(n)*h(n)$ 为该段的线性卷积，则 $y_k(n)$ 的长度应为

$$N'=N+M-1=N_1+2(M-1)$$

周期卷积 $\tilde{y}'_k(n)$ 应是线性卷积 $y_k(n)$ 的周期延拓，延拓的周期为 N。由于 $y_k(n)$ 之长度 $N'>N$，因此必然产生混叠，即 $\tilde{y}'_k(n)$ 的每一个周期的前 $M-1$ 个值都是 $y_k(n)$ 的前一个周期的后 $M-1$ 个值与后一个周期的前 $M-1$ 个值的混叠，如图 3.9(b)所示。也就是说，该段循环卷积 $y'_k(n)$ 的 N 个值中，前 $M-1$ 个值是线性卷积 $y_k(n)$ 前面的 $M-1$ 个值与后面的 $M-1$ 个值的混叠，后 N_1 个值才与 $y_k(n)$ 的中间的 N_1 个值相同。并且由于 $x_k(n)$ 是往前 $M-1$ 个点重叠取出的，故这 N_1 个值也正是要求的线性卷积 $y(n)$ 相应于此段的 N_1 个值。因此，只需将每一段所得的循环卷积的前 $M-1$ 个值去掉，保留后面的 N_1 个值，再将各段保留的 N_1 个值前后拼接起来，就得到所要求的线性卷积 $y(n)(n=0,1,2,\cdots)$。

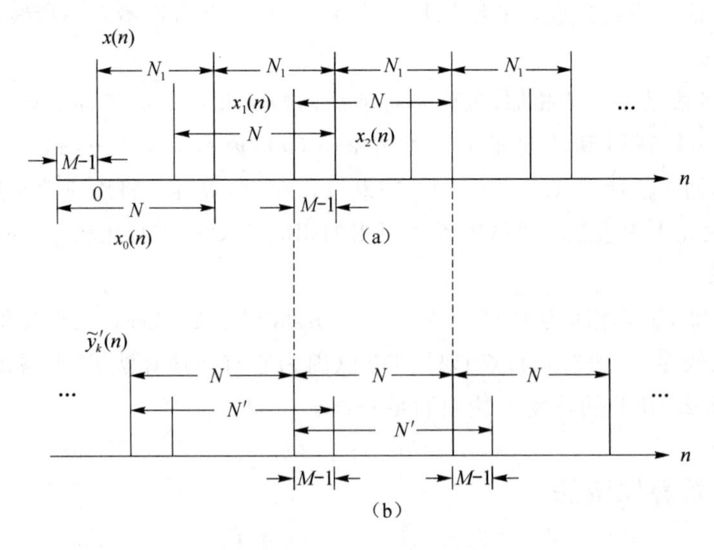

图 3.9　重叠保留法的分段以及每一段的线性卷积在周期卷积中的混叠情况

如果要透彻地理解重叠保留法的原理，就需要透彻地理解下面两个问题：其一，从 $x(n)$ 中取出的一段 $x_k(n)$，长度为 $N=N_1+M-1$，与 $h(n)$ 进行 N 点循环卷积得到 $y'_k(n)$，而 $x_k(n)$ 与 $h(n)$ 的线性卷积 $y_k(n)$ 的长度 $N'=N+M-1$，那么循环卷积 $y'_k(n)$ 的 N 个值中，有哪些值与线性卷积 $y_k(n)$ 中相应的值相同？又有哪些值不等于 $y_k(n)$ 中的值？联系 3.4 节中讨论的循环卷积与线性卷积的关系以及例 3.10，这个问题是可以想清楚的；其二，每一段的线性卷积 $y_k(n)$ 的 N' 个值中，哪些与不分段时这部分实际的线性卷积 $y(n)$ 中的值相同？哪些又不同？如果弄懂了上面讲的重叠相加法的原理，这个问题也是可以想清楚的。

下面举例说明用重叠保留法计算分段卷积的方法。

例 3.12　用重叠保留法计算例3.11中的线性卷积 $y(n)=x(n)*h(n)$。

解

将 $x(n)$ 仍然按照每段长度 $N_1=3$ 来分段,并且仍然用序号来代表序列值。于是,$x_0(n)$ 为:"×,×,0,1,2"。这里因为第 0 段前面应该补 $M-1=2$ 个 0,为了与序号"0"区分,用"×"来表示真正的数值 0。现在将 $h(n)$ 的后面补 $N_1-1=2$ 个"×",用排序法来计算 $N=N_1+M-1=5$ 点循环卷积:

$$y'_0(n)=x_0(n)\otimes h(n)=\left[\sum_{m=0}^{4}x_0(m)\tilde{h}(n-m)\right]R_5(n)$$

$$\begin{array}{ll} x_0(m) & \qquad\qquad\qquad \times\ \times\ 0\ 1\ 2 \\ \tilde{h}(0-m) & \cdots\ 0\ \times\ \times\ 2\ 1\ 0\ \times\ \times\ 2\ 1\ 0\ \times\ \times\ 2\ 1\ \cdots \end{array}$$

在主值区间上下相乘再相加,就得到 $y'_0(0)$,再将下面的周期序列右移一位,得到 $\tilde{h}(1-m)$,从而求得 $y'_0(1)$,等等。

又,$x_1(n)$ 为:"1,2,3,4,5";$x_2(n)$ 为:"4,5,6,7,8";$x_3(n)$ 为:"7,8,9,×,×"。与上面类似地可以求出各段循环卷积,结果如表 3.3 所示。

表 3.3　例 3.12 表

n	0	1	2	3	4
$y'_0(n)$	12+21	22	00	01+10	02+11+20
$y'_1(n)$	10+42+51	11+20+52	12+21+30	22+31+40	32+41+50
$y'_2(n)$	40+72+81	41+50+82	42+51+60	52+61+70	62+71+80
$y'_3(n)$	70	71+80	72+81+90	82+91	92

将每一段循环卷积的前 $M-1=2$ 个值去掉,保留后面的 $N_1=3$ 个值,再将各段保留的 3 个值前后拼接起来,就得到所要求的线性卷积 $y(n)(n=0,1,2,\cdots,11)$,与表 3.1 中 $y(n)$ 的各个结果完全相同。 ■

请注意,重叠保留法中取出的各段需要与 $h(n)$ 进行循环卷积,而重叠相加法中需要的却是各段与 $h(n)$ 进行线性卷积的结果。

3.6　*Matlab* 方法

3.6.1　利用 Matlab 计算信号的 DFT 和 IDFT

Matlab 提供了 4 个内部函数 fft(x)、fft(x,N)、ifft(x)和 ifft(x,N)用于计算 DFT 和

IDFT。这 4 个函数是用机器码写成的，而不是以 Matlab 指令写成的，即不存在 .m 文件，因此它的执行速度很快。下面分别介绍。

1. fft(*x*)

fft(x)函数用来计算 M 点的 DFT，其中 M 是序列 x 的长度。

2. fft(*x*,*N*)

fft(x,N) 函数用来计算 N 点的 DFT，其中 N 是用户指定的长度。

(1) 若序列 x 的长度 $M>N$，则将序列截短为 N 点序列，再作 N 点的 DFT；

(2) 若序列 x 的长度 $M<N$，则将原序列补零至 N 点，然后计算 N 点的 DFT。

3. ifft(*x*)

ifft(x)函数用来计算 M 点的 IDFT，其中 M 是序列 x 的长度。

4. ifft(*x*,*N*)

ifft(x,N) 函数用来计算 N 点的 IDFT，其中 N 是用户指定的长度。

(1) 若序列 x 的长度 $M>N$，则将序列截短为 N 点序列，再作 N 点的 IDFT；

(2) 若序列 x 的长度 $M<N$，则将原序列补零至 N 点，然后计算 N 点的 IDFT。

对于函数 fft(x,N)和 ifft(x,N)，如果 N 为 2 的正整数幂，则得到高速的基 2 FFT 算法，在后面的章节中介绍快速傅里叶变换(FFT)时，还会提到。

例 3.13 已知一长度为16的有限长序列 $x(n)=\sin(0.25\pi n)$，试利用 Matlab 计算序列 $x(n)$的 16 点和 512 点 DFT。

解

```
% 计算 16 点和 512 点 DFT 的程序
n=0:15;
x=sin(0.25*pi*n);                 % 序列 x(n)
dft_16=fft(x);                    % 16 点 DFT
dft_512=fft(x,512);               % 求 512 点的 DFT
L=0:511;
plot(L/512,abs(dft_512));         % 画 512 点 DFT
hold on;
plot(k/16,abs(dft_16),'o');       % using o to represent 16 points DFT
grid on;                          % 在图上画网格
xlabel('Normalized frequency');
ylabel('Magnitude');
hold off
```

从图3.10可以看出,512点的DFT比16点的DFT可以获得频谱函数更多的细节,即说明了512点的DFT比16点的DFT具有更高的频率分辨率,这与3.3.3节中得到的结论一致。

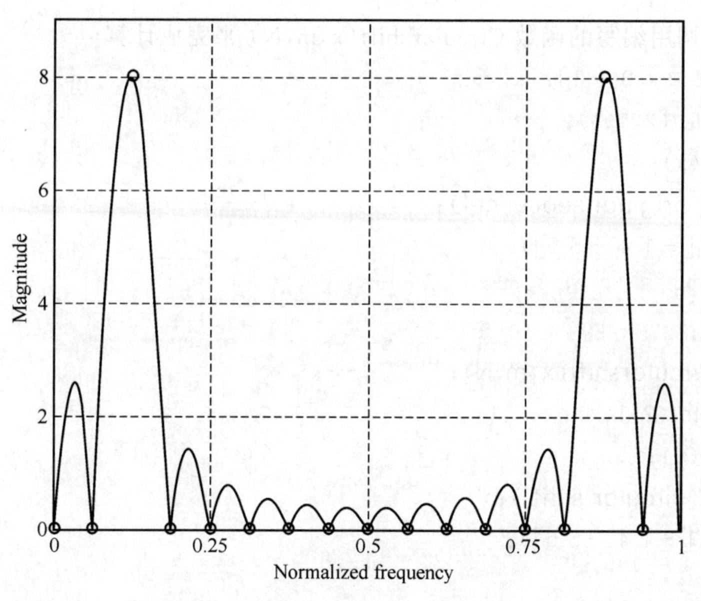

图3.10　例3.13序列的16点和512点DFT的幅度图像 ■

3.6.2　序列循环移位的Matlab实现

可以自己编写下面的Matlab函数来实现有限长序列的循环移位。

```
function y=Circularshift(x,m,N)
% y= Circularshift(x,m,N)
% y is the output sequence after the circular shift
% x is the input sequence
% m is the samples of the shift
% N is the size of circular buffer
if length(x)>N
    error('N must be larger or equal to the length of x')
end
x=[x zeros(1,N-length(x))];
n=[0:N-1];
n=mod(n-m,N);
y=x(n+1);
```

例 3.14 现在用 Matlab 来重新计算例 3.6，即已知 $x(n)=\{5,-4,3,-1\}$，求其循环移位 $\tilde{x}(n-19)R_4(n)$。

解

可以通过调用编写的函数 Circularshift(x,m,N) 来完成计算。

```
>> x=[5 -4 3 -1];
>> subplot(2,1,1);
>> stem(x);
>> title('original sequence');
>> axis([-1 4 -5 5]);
>> m=19;
>> N=4;
>> y=Circularshift(x,m,N);
>> subplot(2,1,2);
>> stem(y);
>> title('circular shift');
>> axis([-1 4 -5 5]);
>> y
y =     -4     3     -1     5
```

图形如图 3.11 所示。

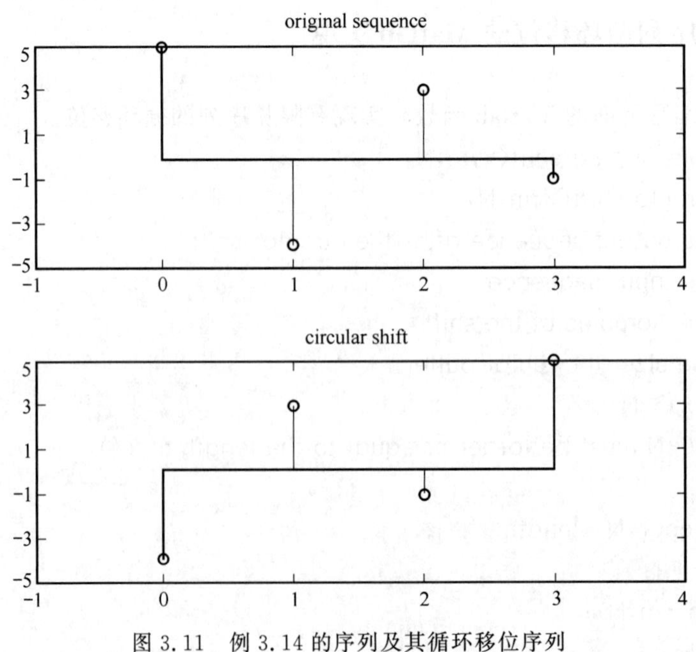

图 3.11 例 3.14 的序列及其循环移位序列

3.6.3　循环卷积的 Matlab 实现

在 3.2 节中已经学习了循环卷积的概念,因此可以利用 Matlab 编写下面的函数来实现两个序列的 N 点循环卷积。

```
function result = CircularConv(x,y,N)
% result =  CircularConv(x,y,N)
% result is the output sequence of the circular convolution
% x ,y are the input sequences individually
% N is the size of circular convolution buffer
% result(n) = sum(x(m) * y((n - m)mod N))
x = [x zeros(1,N - length(x))];
y = [y zeros(1,N - length(y))];
k = [0:N - 1];
y = y(mod( - k,N) + 1);
Z = zeros(N,N);
for n = 1:N
Z(n,:) = circularshift(y,n - 1,N);
end
result = x * Z';
```

例 3.15　利用 Matlab 计算例 3.8 中的循环卷积。即已知 $x_1(n)=\{1,2,3,4,5\}$,$x_2(n)=\{6,7,8,9\}$,计算 5 点循环卷积 $x_3(n)=x_1(n)⊗x_2(n)$。

解

调用函数 CircularConv(x1,x2,5) 即可。

```
>>x1 = [1 2 3 4 5];
>>x2 = [6 7 8 9];
>>N = 5;
>>x3 =  CircularConv(x1,x2,5)
x3 =         100      95      85      70      100
```

■

3.6.4　利用 DFT 计算线性卷积的 Matlab 实现

前面已经介绍了线性卷积和 DFT 的 Matlab 实现。这里讨论如何利用 DFT 来确定两个有限长序列的线性卷积,并与直接计算线性卷积的结果进行比较。

例 3.16　已知 $x(n)=\{1,2,3,4,5\}$,$h(n)=\{10,12,9,7\}$。

(1) 利用 DFT 计算离散线性卷积 $x(n)*h(n)$;

(2) 直接计算离散线性卷积 $x(n)*h(n)$；

(3) 比较两种方法的计算误差。

解

可以编制如下的 dftlinearconv.m 文件来求解例 3.16。

```
x=[1 2 3 4 5];
h=[10 12 9 7];
L=length(x)+length(h)-1;
xe=fft(x,L);
he=fft(h,L);
result_dftconv=ifft(xe.*he);
n=0:L-1;
subplot(2,1,1);
stem(n,real(result_dftconv));
title('Result of Linear Convolution using DFT');
xlabel('Time index n');
ylabel('Amplitude');
result_conv=conv(x,h);
subplot(2,1,2);
stem(n,abs(error));
title('Error of Amplitude');
xlabel('Time index n');
ylabel('Amplitude');
>> result_dftconv
result_dftconv =
  Columns 1 through 7
  10.0000   32.0000   63.0000   101.0000   139.0000   117.0000   73.0000
  Column 8
  35.0000
>> result_conv
result_conv =
   10   32   63   101   139   117   73   35
>> error
error =
  1.0e-013 *
  Columns 1 through 7
  -0.1421     -0.1421     0     0     0     0.1421     0
```

```
Column 8
-0.0711
```

由图 3.12 可以看出,利用 DFT 计算线性卷积的结果与直接计算线性卷积的结果之间的误差非常小。

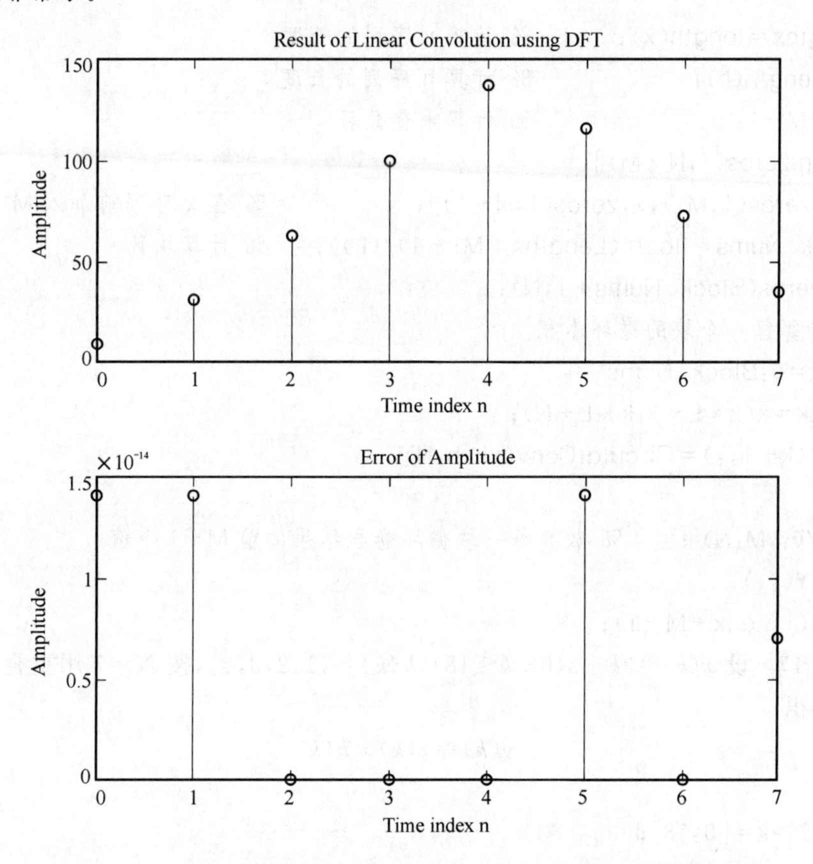

图 3.12　DFT 计算线性卷积及其与直接计算卷积的结果之间的误差

3.6.5　分段卷积的 Matlab 实现

在 3.5 节中介绍了分段卷积的两种方法即重叠保留法和重叠相加法。下面给出这两种方法的 Matlab 实现。

1. 重叠保留法

通过编写下面的 Matlab 函数来实现重叠保留法。

```
function y = overlapsave(x,h,N)
% y is the output
```

```
% x is the long sequence
% h is the short sequence
% N is the block length

Lengthx=length(x);           % 计算x序列的长度
M=length(h);                 % 计算h序列的长度
M1=M-1;                      % 计算重叠数目
h=[h zeros(1,N-M)];
x=[zeros(1,M1),x,zeros(1,N-1)];              % 在x序列前加入M1个零
Block_Nums=floor((Lengthx+M1-1)/(L));        % 计算块数
Y=zeros(Block_Nums+1,N);
% 计算每一个块的循环卷积
for k=0:Block_Nums
    xk=x(k*L+1:k*L+N);
    Y(k+1,:)=CircularConv(xk,h,N);
end
Y=Y(:,M:N)';      % 放弃每一块循环卷积结果的前M-1个值
y=(Y(:))';
y=y(1:Lenx+M-1);
```

例 3.17 设 $x(k)=3k+2(0\leqslant k\leqslant 18)$，$h(k)=\{1,2,3,4\}$，按 $N=7$ 用重叠保留法计算线性卷积

$$y(k)=x(k)*h(k)$$

解

```
>>k=[0:18];
>>x=3*k+2;
>>h=[1 2 3 4];
>>N=7;
>>y1= overlapsave(x,h,N)
y1 =
  Columns 1 through 12
  2   9   24   50   80   110   140   170   200   230   260   290
  Columns 13 through 22
  320   350   380   410   440   470   500   471   380   224
>>y2=conv(x,h);
y2 =
```

```
Columns 1 through 12
2   9   24   50   80   110   140   170   200   230   260   290
Columns 13 through 22
320   350   380   410   440   470   500   471   380   224
```

从运行结果可以看出,采用重叠保留法分段卷积与直接计算线性卷积的结果完全相同。■

2. 重叠相加法

```
function y=overlapadd(x,h,N)
% y is the output
% x is the long sequence
% h is the short sequence
% N is the block length
Lengthx=length(x);         %计算 x 序列的长度
M=length(h);               %计算 h 序列的长度
Block_Nums=floor((Lengthx)/(N));
x=[x,zeros(1,(Block_Nums+1)*N-Lengthx)];
Y=zeros(Block_Nums+1,N+M-1);
% 计算每一个块的线性卷积
for k=0:Block_Nums
    xk=x(k*N+1:k*N+N);
    Y(k+1,:)=conv(xk,h);
end
% 重叠相加
for k=1:Block_Nums
    for m=1:M-1
    Y(k+1,m)=Y(k+1,m)+Y(k,m+N-1);
end
end
XY=Y(1:Block_Nums,1:N)';
yy=Y(Block_Nums+1,:);
y=[(XY(:))',yy];
y=y(1:Lengthx+M-1);
```

例 3.18　设 $x(k)=3k+2(0\leqslant k\leqslant 18)$,$h(k)=\{1,2,3,4\}$,按 $N=7$ 用重叠相加法计算线性卷积

$$y(k)=x(k)*h(k)$$

解

```
>>k=[0:18];
>>x=3*k+2;
>>h=[1 2 3 4];
>>N=7;
>>y1= overlapadd(x,h,N)
y1 =
  Columns 1 through 12
  2    9    24    50    80    110    140    163    219    278    260    290
Columns 13 through 22
  320    350    394    471    551    470    500    471    380    224
```
■

习　　题

3.1 已知：$x(n)=\begin{cases} n^2 & 0\leqslant n\leqslant 3 \\ 0 & 其他 \end{cases}$，$h(n)=R_5(n-1)$。以 $N=6$ 为周期来延拓这两个序列，分别得到周期序列 $\tilde{x}(n)$和 $\tilde{h}(n)$，求这两个周期序列的周期卷积 $\tilde{y}_N(n)$（只需求出 $0\leqslant n\leqslant N-1$ 区间的值）。

3.2 如果 $\tilde{x}(n)$是一个周期为 N 的周期序列，则它也是周期为 $2N$ 的周期序列。把$\tilde{x}(n)$看做周期为 N 的周期序列，令 $\widetilde{X}_1(k)$表示其 DFS，再把 $\tilde{x}(n)$看做周期为 $2N$ 的周期序列，再令 $\widetilde{X}_2(k)$表示其 DFS，试利用 $\widetilde{X}_1(k)$确定 $\widetilde{X}_2(k)$。

3.3 研究两个周期序列 $\tilde{x}(n)$和 $\tilde{y}(n)$。$\tilde{x}(n)$的周期为 N，$\tilde{y}(n)$的周期为 M。序列定义为 $\tilde{w}(n)=\tilde{x}(n)+\tilde{y}(n)$。

(a) 试证明 $\tilde{w}(n)$是周期性的，NM 是它的周期。

(b) 令 $\tilde{x}(n)$的 DFS 为 $\widetilde{X}(k)$，$\tilde{y}(n)$的 DFS 为 $\widetilde{Y}(k)$，试利用 $\widetilde{X}(k)$和 $\widetilde{Y}(k)$表示$\widetilde{W}(k)$。

3.4 计算下列有限长序列 $x(n)$的 DFT，假设长度为 N。

(a) $x(n)=\delta(n)$

(b) $x(n)=\delta(n-n_0)$　　$0<n_0<N$

(c) $x(n)=a^n$　　$0\leqslant n\leqslant N-1$

(d) $x(n)=\{1,2,-3,-1\}$

3.5 长度 $N=4$ 的序列 $x(n)$如题 3.5 图所示，试画出下面各序列的图形。

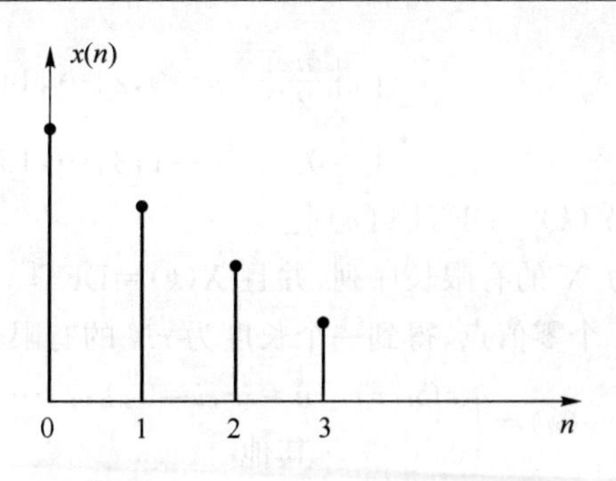

题 3.5 图

(a) $x_1(n)=x((n)_5)$

(b) $x_2(n)=\tilde{x}(n+3)R_5(n)$

(c) $x_3(n)=x((n-2)_4)R_4(n)$

(d) $x_4(n)=x((-2)_4)R_4(n)$

(e) $x_5(n)=x((n)_6)R_6(n)$

3.6　已知 $x_1(n)=\{a_0,a_1,a_2,a_3,a_4,a_5\}$，$x_2(n)=\delta(n-2)$。将这两个序列以周期$N=6$分别作周期延拓得到 $\tilde{x}_1(n)$ 和 $\tilde{x}_2(n)$，求这两个周期序列的周期卷积在主值区间的值。

3.7　令 $X(k)$表示 N 点序列 $x(n)$的 N 点 DFT，$X(k)$本身也是一个 N 点序列。如果计算 $X(k)$的 DFT 得到一序列 $x_1(n)$，试用 $x(n)$ 表示 $x_1(n)$。

3.8　若 $x(n)=\mathrm{IDFT}[X(k)]$，求证 $\mathrm{IDFT}[x(k)]=\frac{1}{N}X((-n)_N)R_N(n)$。

3.9　令 $X(k)$表示 N 点序列 $x(n)$的 N 点 DFT，试证明：

(a) 如果 $x(n)$满足关系式 $x(n)=-x(N-1-n)$，则 $X(0)=0$。

(b) 当 N 为偶数时，如果 $x(n)=x(N-1-n)$，则 $X\left(\frac{N}{2}\right)=0$。

3.10　已知序列 $x_1(n)=a^n u(n)(0<a<1)$，其 z 变换为 $X_1(z)$；又知序列 $x(n)$定义在区间 $0\leqslant n\leqslant N-1$，并且 $X(k)=\mathrm{DFT}[x(n)]$。如果 $X(k)$与 $X_1(z)$之间满足关系 $X(k)=X_1(z)\big|_{z=W_N^{-k}}$，试求序列 $x(n)$，并且将 $x(n)$表示为 a^n 的函数。

3.11　设 $\tilde{x}(n)$是周期为 N 的周期序列，线性时不变系统 $H(z)$的单位抽样响应 $h(n)$是定义在 $0\leqslant n\leqslant N-1$ 区间的有限长序列。如果 $\tilde{x}(n)$是系统 $H(z)$的输入信号，求证输出信号 $\tilde{y}(n)$为

$$\tilde{y}(n)=\frac{1}{N}\sum_{K=0}^{N-1}H(W_N^{-k})\widetilde{X}(k)W_N^{-nk}$$

3.12　长度为 8 的有限长序列 $x(n)$的 8 点 DFT 为 $X(k)$，长度为 16 的一个新序列定义为

$$y(n)=\begin{cases}x\left(\dfrac{n}{2}\right) & n=0,2,\cdots,14\\ 0 & n=1,3,\cdots,15\end{cases}$$

试用 $X(k)$ 来表示 $Y(k)=\mathrm{DFT}[y(n)]$。

3.13 已知 $x(n)$ 是长度为 N 的有限长序列，并且 $X(k)=\mathrm{DFT}[x(n)]$。现将 $x(n)$ 的每相邻两点之间补进 $r-1$ 个零值点，得到一个长度为 rN 的有限长序列 $y(n)$，即有

$$y(n)=\begin{cases}x(n/r) & n=ir, i=0,1,2,\cdots,N-1\\ 0 & \text{其他}\end{cases}$$

试求 $\mathrm{DFT}[y(n)]$ 与 $X(k)$ 之间的关系。

3.14 已知 $x_1(n)=\{1,2,3,4\}$，$x_2(n)=\{1,0,1,0\}$，求 $x_3(n)=x_1(n)\otimes x_2(n)$，并求 $\tilde{x}_1(n)$ 与 $\tilde{x}_2(n)$ 的周期卷积 $\tilde{x}_3(30)$。

3.15 已知 $x_1(n)=\begin{cases}-n & 0\leqslant n\leqslant 5\\ 0 & \text{其他}\end{cases}$，$x_2(n)=\begin{cases}n+1 & 0\leqslant n\leqslant 2\\ 0 & \text{其他}\end{cases}$，求循环卷积 $x_3(n)=x_1(n)\otimes x_2(n)$，令 $N=6$。

(a) 用同心圆法

(b) 用矩阵乘法

3.16 计算上题的两个序列 $x_1(n)$ 和 $x_2(n)$ 的线性卷积 $y(n)$，与上题算出的 $x_3(n)$ 比较，说明 $x_3(n)$ 中的哪些点相当于 $y(n)$ 中对应的点。要使上题中的循环卷积与线性卷积 $y(n)$ 完全相同，循环卷积的长度最少为多少？

3.17 用 8 kHz 的抽样率对模拟语音信号抽样，为进行频谱分析，计算了 512 点的 DFT。试确定频域抽样点之间的频率间隔，请分别计算出 $\Delta\omega$、$\Delta\Omega$ 和 Δf。

3.18 利用 DFT 对一模拟信号进行频谱分析，抽样间隔为 $T_s=0.1$ ms，要求频率分辨率不大于 10 Hz。

(a) 确定所允许处理信号的最高频率 f_m。

(b) 同一个周期中的抽样点数最少是多少（必须是 2 的正整数幂）？

(c) 确定信号的最小记录长度，也就是时域重复的一个周期的最小长度。

3.19 要利用重叠保留法来计算一个不定长序列 $x(n)$ 通过一线性时不变系统 $h(n)$ 的响应 $y(n)$，$h(n)$ 之长度为 $M=50$。为此，将 $x(n)$ 分段，每段长度 $N_1=60$，每次取出的各段必须重叠 v 个样值，与 $h(n)$ 进行 128 点循环卷积后所得结果中应该保留 s 个样值，使这些从每一段保留的样值连接在一起时，得到的序列就是所要求的 $y(n)$。

(a) $v=?$

(b) $s=?$

(c) 设循环卷积的输出序列序号为 0～127，求保留的 s 个点之起点序号与终点序号，即从循环卷积所得的 128 点中取出哪些点去和前后各段取出的点连接起来而

得到 $y(n)$。

3.20　已知有限长序列 $x(n)(0\leqslant n\leqslant N-1)$的 DFT 为 $X(k)$,试利用 $X(k)$导出下列各序列的 DFT。

(a) $x(N-1-n)\quad(0\leqslant n\leqslant N-1)$

(b) $x(2n)\quad(0\leqslant n<N/2,N$ 为偶数)

(c) $y(n)=\begin{cases}x(n) & 0\leqslant n\leqslant N-1\\ 0 & N\leqslant n\leqslant 2N-1\end{cases}$

3.21　设 $x(n)=a_n(0\leqslant n\leqslant 13)$;$h(n)=b_n(0\leqslant n\leqslant 3)$。先直接求线性卷积 $y(n)=x(n)*h(n)$,然后分别用重叠相加法和重叠保留法计算此线性卷积,按每段长为 5 进行分段($N_1=5$)。比较 3 种方法所得结果。

第4章　快速傅里叶变换(FFT)

4.1 引　　言

4.1.1 DFT的矩阵表示及其运算量

第3章中讨论了DFT,DFT在数字信号处理中起着非常重要的作用,而这是与DFT存在着高效算法,即快速傅里叶变换(FFT:Fast Fourier Transform)分不开的。FFT是实现DFT的一种快速运算手段。本章将着重讨论FFT算法。FFT可分为时间抽选法和频率抽选法。在讨论FFT算法的同时,还要将FFT的运算量与直接计算DFT的运算量进行比较,以便深刻了解FFT算法的重要性和实用性。为此,在讨论FFT之前,首先分析一下直接计算DFT的运算量。

离散傅里叶变换对为

DFT:
$$X(k)=\sum_{n=0}^{N-1}x(n)W_N^{nk}\qquad(k=0,1,\cdots,N-1)\tag{4.1}$$

IDFT:
$$x(n)=\frac{1}{N}\sum_{k=0}^{N-1}X(k)W_N^{-nk}\qquad(n=0,1,\cdots,N-1)\tag{4.2}$$

式中,$W_N=\mathrm{e}^{-\mathrm{j}\frac{2\pi}{N}}$。

下面要用矩阵来表示DFT关系。令

$$\boldsymbol{x}=\begin{pmatrix}x(0)\\x(1)\\\vdots\\x(N-1)\end{pmatrix}\qquad\boldsymbol{X}=\begin{pmatrix}X(0)\\X(1)\\\vdots\\X(N-1)\end{pmatrix}\tag{4.3}$$

并令$\boldsymbol{T}_N$、$\boldsymbol{T}_N^{-1}$表示两个变换方阵,有

$$\boldsymbol{T}_N = \begin{pmatrix} 1 & 1 & 1 & \cdots & 1 \\ 1 & W_N^1 & W_N^2 & \cdots & W_N^{N-1} \\ 1 & W_N^2 & W_N^{2\cdot 2} & \cdots & W_N^{2(N-1)} \\ \vdots & \vdots & \vdots & & \vdots \\ 1 & W_N^{N-1} & W_N^{(N-1)2} & \cdots & W_N^{(N-1)^2} \end{pmatrix} \tag{4.4}$$

$$\boldsymbol{T}_N^{-1} = \begin{pmatrix} 1 & 1 & 1 & \cdots & 1 \\ 1 & W_N^{-1} & W_N^{-2} & \cdots & W_N^{-(N-1)} \\ 1 & W_N^{-2} & W_N^{-2\cdot 2} & \cdots & W_N^{-2(N-1)} \\ \vdots & \vdots & \vdots & & \vdots \\ 1 & W_N^{-(N-1)} & W_N^{-(N-1)2} & \cdots & W_N^{-(N-1)^2} \end{pmatrix} \tag{4.5}$$

如果用 $i(0\leqslant i\leqslant N-1)$ 表示这两个 N 阶方阵的行号，用 $j(0\leqslant j\leqslant N-1)$ 表示这两个 N 阶方阵的列号，那么很容易看出，$\boldsymbol{T}_N$ 方阵中 i 行 j 列的元素为 $W_N^{i\cdot j}$，而 $\boldsymbol{T}_N^{-1}$ 方阵中 i 行 j 列的元素为 $W_N^{-i\cdot j}$。

于是(4.1)式可以写成

$$\boldsymbol{X} = \boldsymbol{T}_N\, \boldsymbol{x} \tag{4.6}$$

(4.2)式可以写成

$$\boldsymbol{x} = \frac{1}{N}\boldsymbol{T}_N^{-1}\boldsymbol{X} \tag{4.7}$$

一般情况下，信号序列 $x(n)$ 及其频谱序列 $X(k)$ 都是用复数来表示的，W_N 当然也是复数。因此由上面的矩阵表示式可知，计算 DFT 的一个值 $X(k)$ 需要进行 N 次复数乘法(与 1 相乘也包括在内)和 $N-1$ 次复数加法，而一共要计算 N 个值($k=0,1,\cdots,N-1$)，因此，直接计算 N 点的 DFT 需要进行 N^2 次复数乘法和 $N(N-1)$ 复数加法。显然，直接计算 N 点的 IDFT 所需的复乘和复加的次数也是这么多。当 N 足够大时，$N^2\approx N(N-1)$，因此，DFT 与 IDFT 的运算次数与 N^2 成正比，随着 N 的增加，运算量将急剧增加，而在实际问题中，N 往往是较大的，因此有必要对 DFT 与 IDFT 的计算方法予以改进。

4.1.2　W_N^{nk} 因子的特性

DFT 和 IDFT 的快速算法的导出主要是根据 W_N^{nk} 因子的特性，因此，在推导 FFT 的各种算法之前，有必要先来总结一下 $W_N^{nk}=\mathrm{e}^{-\mathrm{j}\frac{2\pi}{N}nk}$ 这个因子的特性，其中有些性质在前面已经接触到了。

1. 周期性

$$W_N^{n(k+N)} = W_N^{nk}\cdot W_N^{nN} = W_N^{nk} \tag{4.8}$$

对离散变量 n 有同样的周期性。

2. 对称性

$$[W_N^{nk}]^* = W_N^{-nk} = W_N^{(-n)k} = W_N^{(N-n)k} \tag{4.9}$$

或

$$[W_N^{nk}]^* = W_N^{-kn} = W_N^{(-k)n} = W_N^{(N-k)n} \tag{4.10}$$

3. 其他

$$W_N^{(k+\frac{N}{2})} = W_N^k \cdot W_N^{\frac{N}{2}} = W_N^k \cdot \mathrm{e}^{-\mathrm{j}\frac{2\pi}{N}\cdot\frac{N}{2}} = -W_N^k \tag{4.11}$$

$$W_N^{2k} = \mathrm{e}^{-\mathrm{j}\frac{2\pi}{N}\cdot 2k} = \mathrm{e}^{-\mathrm{j}\frac{2\pi}{N/2}\cdot k} = W_{\frac{N}{2}}^k \tag{4.12}$$

4.2 基 2 时间抽选的 *FFT* 算法

4.2.1 算法推导

已经知道

$$X(k) = \mathrm{DFT}[x(n)] = \sum_{n=0}^{N-1} x(n) W_N^{nk} \quad (k = 0,1,\cdots,N-1) \tag{4.13}$$

令 DFT 的长度 $N=2^M$，M 为正整数。

现在将时域序列 $x(n)(n=0,1,\cdots,N-1)$ 分为两组，n 为偶数是一组，n 为奇数是另一组，也即令

$$\begin{cases} g(r) = x(2r) \\ p(r) = x(2r+1) \end{cases} \quad \left(r = 0,1,\cdots,\frac{N}{2}-1\right)$$

这样，(4.13)式的求和也就分为两部分，即

$$\begin{aligned} X(k) &= \sum_{r=0}^{\frac{N}{2}-1} x(2r) W_N^{2rk} + \sum_{r=0}^{\frac{N}{2}-1} x(2r+1) W_N^{(2r+1)k} \\ &= \sum_{r=0}^{\frac{N}{2}-1} g(r) W_{N/2}^{rk} + W_N^k \sum_{r=0}^{\frac{N}{2}-1} p(r) W_{N/2}^{rk} \\ &= G(k) + W_N^k P(k) \qquad (k = 0,1,\cdots,N-1) \end{aligned} \tag{4.14}$$

其中

$$G(k)=\sum_{r=0}^{\frac{N}{2}-1}g(r)W_{N/2}^{rk}=\sum_{r=0}^{\frac{N}{2}-1}x(2r)W_{N/2}^{rk} \tag{4.15}$$

是由 $x(n)$的偶数抽样点形成的 DFT,而

$$P(k)=\sum_{r=0}^{\frac{N}{2}-1}p(r)W_{N/2}^{rk}=\sum_{r=0}^{\frac{N}{2}-1}x(2r+1)W_{N/2}^{rk} \tag{4.16}$$

是由 $x(n)$的奇数抽样点形成的 DFT。(4.15)式和(4.16)式虽然都是 $N/2$ 项求和,但是并不完全是 $N/2$ 点的 DFT,因为 k 的范围仍然是 $0\sim N-1$,因此,还应该进一步考虑 k 由 $N/2$ 到 $N-1$ 范围的情况。

现在,令(4.14)式中的 k,前半段为 $k=0,1,\cdots,\frac{N}{2}-1$,后半段则表示为 $k+(N/2)$,故对于后半段有

$$G(k+\frac{N}{2})=\sum_{r=0}^{\frac{N}{2}-1}g(r)W_{N/2}^{r(k+\frac{N}{2})}=\sum_{r=0}^{\frac{N}{2}-1}g(r)W_{\frac{N}{2}}^{r\frac{N}{2}}\cdot W_{\frac{N}{2}}^{rk}$$

$$=\sum_{r=0}^{\frac{N}{2}-1}g(r)W_{\frac{N}{2}}^{rk}=G(k)\qquad\left(k=0,1,\cdots,\frac{N}{2}-1\right)$$

同理

$$P(k+\frac{N}{2})=P(k)\qquad\left(k=0,1,\cdots,\frac{N}{2}-1\right)$$

又由(4.11)式得

$$W_N^{k+\frac{N}{2}}=-W_N^k\qquad\left(k=0,1,\cdots,\frac{N}{2}-1\right)$$

综上所述,可以得到

$$\begin{cases}X(k)=G(k)+W_N^kP(k)\\X(k+\frac{N}{2})=G(k)-W_N^kP(k)\end{cases}\qquad\left(k=0,1,\cdots,\frac{N}{2}-1\right) \tag{4.17}$$

其中 $G(k)$、$P(k)$分别如(4.15)式和(4.16)式所示,只是 k 由 0 到 $N/2-1$,即均为 $N/2$ 点的 DFT。

这样,就将一个 N 点的 DFT 分解成了两个 $N/2$ 点的 DFT,而且,仅最后求和的符号不同,就可同时算出 $X(k)$和 $X(k+N/2)$。图 4.1 是 $N=8$ 时的信号流图。

由于 DFT 的运算量与其点数的平方成正比,因此,将 N 点 DFT 分解为两个 $N/2$ 点的 DFT 会使运算量减少。但并不到此为止,还应该将每一个 $N/2$ 点的 DFT 再分解为两个 $N/4$ 点的 DFT,如图 4.2 所示。并且,由于 N 为 2 的正整数次幂,因此还可以继续分解下去,直到分解为 2 点的 DFT 为止,总共需要进行 $\log_2 N-1=\log_2(N/2)$次分解。

由于 $N=2$ 时(4.4)式的矩阵为

$$T_2 = \begin{pmatrix} 1 & 1 \\ 1 & W_2^1 \end{pmatrix} = \begin{pmatrix} 1 & 1 \\ 1 & -1 \end{pmatrix}$$

所以 2 点 DFT 的运算只需一次加法和一次减法，如图 4.3 所示，这样的运算叫做蝶形运算，这样的信号流图叫做蝶形图。

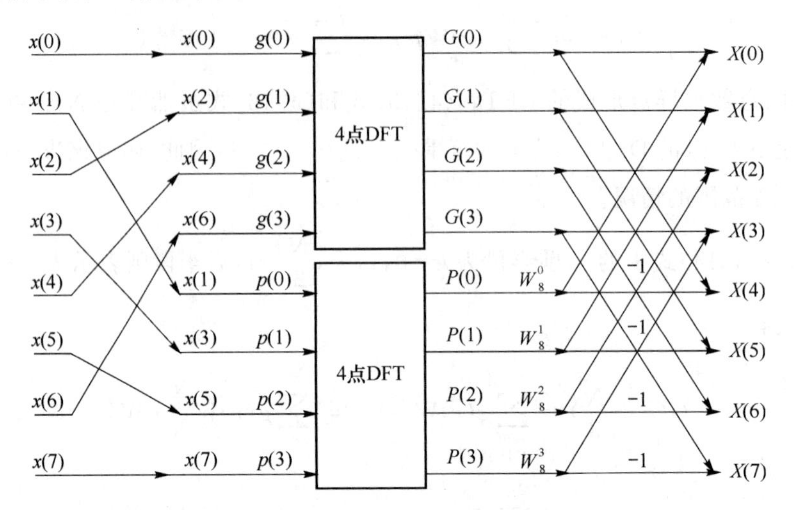

图 4.1　N 点 DFT 分解为两个 $N/2$ 点的 DFT($N=8$)

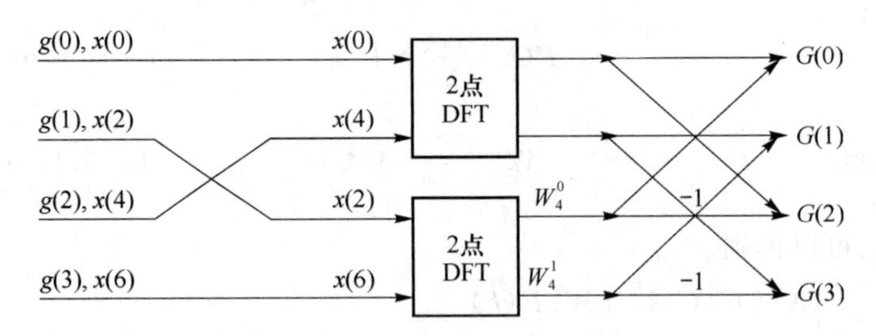

图 4.2　$N/2$ 点的 DFT 分解为两个 $N/4$ 点的 DFT($N=8$)

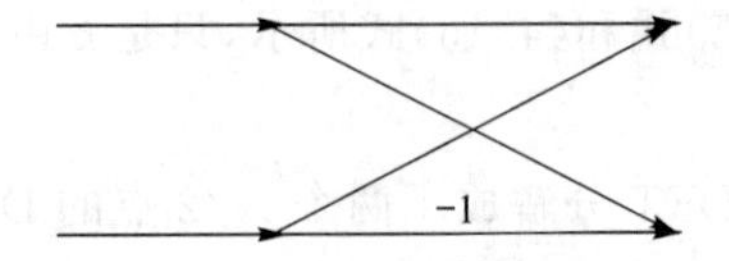

图 4.3　2 点 DFT 信号流图(蝶形图)

当 $N=8$ 时整个的信号流图(也叫做算法流图)如图 4.4 所示。该算法每次分解都是将时域序列按奇偶分为两组，因此要求 N 等于 2 的正整数幂，故而这种 FFT 算法叫做基 2 时间抽选法。

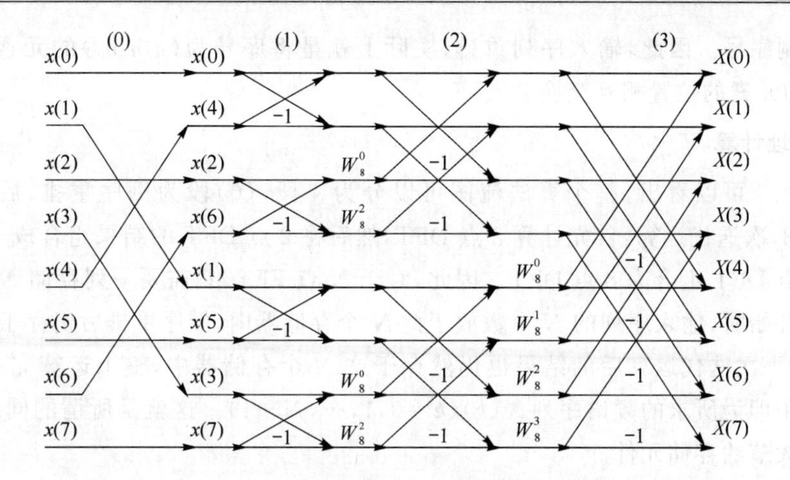

图 4.4　基 2 时间抽选法 8 点 FFT 算法流图

4.2.2　算法特点

1. 倒序重排

由上面的讨论可知，将 N 点的 DFT 分解为两个 $N/2$ 点的 DFT 时，需将输入序列按照奇偶分为两组，再分解时，又要将每组再按奇偶重排，这样下去，直到最后分解为 2 点的 DFT，输入数据才不再改变顺序。这样做的结果，使得做 FFT 算法时，输入序列的次序要按其序号的倒序进行重新排列。下面以 8 点 FFT 为例，说明输入序列按倒序重排的情况。

现在将图 4.4 中输入序号以及重排后的序号按二进制写出如下(注：下标“2”表示二进制数)：

正序		倒序	
0	000_2	000_2	0
1	001_2	100_2	4
2	010_2	010_2	2
3	011_2	110_2	6
4	100_2	001_2	1
5	101_2	101_2	5
6	110_2	011_2	3
7	111_2	111_2	7

可以看出，将输入序号的二进制表示($n_2n_1n_0$)位置颠倒，得到($n_0n_1n_2$)，就是相应的倒

序的二进制序号。因此，输入序列重排，实际上就是将序号为$(n_2n_1n_0)$的元素与序号为$(n_0n_1n_2)$的元素的位置相互交换。

2. 同址计算

从图4.4可以看出，整个算法流图可以分为4段，(0)段为倒序重排，后面3段为3($\log_2 8=3$)次迭代运算：首先计算2点DFT，然后将2点DFT的结果组合成4点DFT，最后将4点DFT组合为8点DFT。因此，对于N点FFT，只需要一列存储N个复数的存储器。开始时，输入序列的N个数放于此N个存储器内，倒序重排后仍存于这N个存储器中，每一次迭代运算后的结果也仍然存于这N个存储器中，整个运算完成后，这N个存储器中即为所求的频谱序列$X(k)(k=0,1,\cdots,N-1)$。这就是所谓的同址计算，这样可以大大节约存储元件。

3. 运算量

前面已经说明，直接计算N点的DFT需要进行N^2次复数乘法和$N(N-1)$次复数加法。现在来看看用FFT算法来计算DFT的运算量。

观察图4.4可知，图4.3所示的蝶形图实际上代表了FFT的基本运算，它实际上只包含了两次复数加法运算。一个$N(N=2^M)$点的FFT，需要进行$M=\log_2 N$次迭代运算。每次迭代运算包含了$N/2$个蝶形，因此共有N次复数加法；此外，除了第一次的2点DFT之外，每次迭代还包括了$N/2$次复数乘法(即乘W_N的幂)。因此，一个N点的FFT共有复数乘法的次数为

$$M_{c2}=\frac{N}{2}(\log_2 N-1)=\frac{N}{2}\log_2\frac{N}{2}$$

复数加法的次数为

$$A_{c2}=2\cdot\frac{N}{2}\cdot\log_2 N=N\log_2 N$$

可以看出，FFT运算比直接计算DFT大大减少了计算量，尤其是当N较大时，计算量的减少更为显著。比如，当$N=1\,024$时，如果直接计算DFT，则需要复数乘法的次数为$N^2=1\,024^2\approx10^6$；而用FFT计算，复乘次数为

$$\frac{N}{2}\log_2\frac{N}{2}=512\times9=4\,608$$

仅为直接计算法的千分之五左右。因此，FFT算法的确比直接计算DFT快得多，对于利用计算机实现DFT显示了巨大的优越性，这也大大推动了DFT在各方面的应用。

4.2.3 关于FFT算法的计算机程序

在一般情况下，进行FFT运算的序列至少都有几百点的长度，因此需要编制FFT算

法程序以便能够利用计算机来快速进行计算。可以参照图 4.4 来编制计算 N(N 必须等于 2 的正整数幂)点 FFT 的计算机程序，整个程序可以分为两部分：一部分是倒序重排；另一部分是用 3 层嵌套的循环来完成 $M=\log_2 N$ 次迭代。关于倒序重排的程序下面要详细说明。3 层循环的功能是：最里的一层循环完成蝶形运算，中间的一层循环完成因子 W_N^k 的变化，而最外的一层循环则是完成 M 次迭代过程。从图 4.4 可以看出，对于各次迭代运算，蝶形的跨度是各不相同的，W_N^k 因子中指数 k 的递增数以及它相乘的位置变化也是各不相同的，这些都要用在最外的一层循环中引入几个变量来进行控制。

倒序重排的程序是一段经典程序，它以巧妙的构思、简单的语句用高级编程语言来完成了倒序重排的功能。下面具体说明一段用 FORTRAN 语言编写的倒序重排程序，可能有的读者没有学过 FORTRAN 语言，但是没有关系，这种语言很容易读懂，而且语句后面的括弧中还有说明；关键的问题是要理解程序的构思。

```
          ⋮
      N=2**M                   (表示 N=2^M,M 是输入的正整数)
      NV2=N/2                  (NV2 是一个整数变量)
      NM1=N-1                  (NM1 也是一个整数变量)
      J=1                      (对变量 J 赋初值)
100   DO  7  I=1,NM1           (循环开始,到语句 7 结束;循环变量 I 从 1 开始,到
                                NM1 结束,步长为 1)
      IF  (I.GE.J) GOTO  5     (如果 I≥J,就转移到语句 5)
      T=X(J)      ⎫
      X(J)=X(I)   ⎬            (将输入序列中序号互为倒序的两个数值交换位置)
      X(I)=T      ⎭
5     K=NV2
6     IF(K.GE.J) GOTO  7       (如果 K≥J,就转移到语句 7)
      J=J-K
      K=K/2
      GOTO  6                  (转移到语句 6)
7     J=J+K
          ⋮
```

已经知道，同址计算是 FFT 算法的特点之一，因此程序中只用了一个数组 $X(\quad)$，这个数组共有 N 个元素。$X(\quad)$既表示输入序列，也表示倒序重排后的 N 个数值、每次迭代后所得的结果和最后的 DFT 输出值。程序中的字母都是大写的，这是 FORTRAN 语句的特点。

I 既是循环变量，也代表输入序列的正序序号，J 代表倒置后的序号。由于 FORTRAN 语言的循环变量不能从 0 开始，故以 8 点 FFT 为例，I 的范围为 1～8，下面是正序序号 I 与倒序序号 J 之间的对应关系：

I：1　2　3　4　5　6　7　8

J：1　5　3　7　2　6　4　8

已经知道,输入序列按倒序重排,实际上就是将序号为$(n_2n_1n_0)$的元素与序号为$(n_0n_1n_2)$的元素的位置相互交换,在此程序中,也就是将$X(I)$和$X(J)$相互交换位置。但是,并不是对于每一个I都要进行交换,显然,如果$I=J$,就不需要交换;而如果$I>J$,就表示$X(I)$与$X(J)$已经交换过了,若此时再交换就又换回去了。因此,在循环语句下面的语句“IF(I.GE.J)　GOTO　5”就表明了交换的条件:只有当$I<J$时才执行下面三条语句,使$X(I)$与$X(J)$互换位置,否则就跳过这3条语句。

正序序号I也是循环变量,从1开始,每次循环增加1。关键问题是对于每一个I,所对应的J是什么?程序中从语句5开始直到循环结束就是为下一次循环确定所对应的J。已经知道,$I-1$和$J-1$的二进制表示是互为倒序的关系,但是,如果按照这个思路去由I得到J,则用高级语言编程是很困难的。实际上,程序中并不是由I得到J,而是由上一个J来得到下一个J。$I-1$的范围是由0到7,用二进制来表示就是从000_2开始,每次在最低位加1,逐次增加到111_2。根据二进制加法,在最低位加1时,如果最低位是0,就将0变为1;如果最低位是1,则要往上进位,而同时最低位变为0。既然$J-1$的二进制表示是$I-1$二进制表示的倒置,那么$J-1$的变化就应该是在最高位逐次加1,而最高位的二进制数1实际上表示$N/2$。所以,在循环开始前给变量J赋初值1;循环内的语句5表示,先给变量K赋值为$\mathrm{NV2}=N/2$。语句6是判断$J-1$的最高位是0还是1,如果是0,肯定有$J-1<N/2$,于是$J\leqslant N/2=K$,所以语句6是说,如果$K\geqslant J$,就转移到语句7,执行$J+K=J+N/2$,也就是将$J-1$的二进制最高位由0变为1。相反,如果$J>K$,说明$J-1$的最高位是1,于是应该将它变为0,也就是将$J-1$减去$N/2$,所以执行语句“$J=J-K$”,就是将J减去$N/2$。接着应该在$J-1$的次高位上加上1,当然还是要先考察次高位是0还是1,而这应该用$N/4$来考察,于是执行“$K=K/2$”,就是将变量K减半为$N/4$,然后再回到语句6,也即考察$J-1$的次高位是否为0。如果是0,则执行语句7,将次高位变为1,得到了下一个J,同时完成了此次循环;如果是1,则还要将次高位变为0,并且将考察的标准K再减半,如此下去,直到得到下一个J,完成此次循环,为下一次循环中I与J进行比较作好了准备。

4.3　基2频率抽选的*FFT*算法

时间抽选法是在时域内将输入序列$x(n)$逐次分解为偶数点子序列和奇数点子序列,通过求子序列的DFT而实现整个序列的DFT。而频率抽选法则是在频域内将$X(k)$逐次分解成偶数点子序列和奇数点子序列,然后对这些分解得越来越短的子序列进行DFT运算,从而求得整个的DFT。下面就来推导基2频率抽选的FFT算法,当然,同样要求N为2的正整数幂。

已知 $x(n)$的 DFT 为

$$X(k)=\sum_{n=0}^{N-1}x(n)W_N^{kn}\qquad(k=0,1,\cdots,N-1)\tag{4.18}$$

设 $r=0,1,\cdots,\frac{N}{2}-1$,则可以分别表示出 k 为偶数和奇数时的 $X(k)$。

$$\begin{aligned}X(2r)&=\sum_{n=0}^{N-1}x(n)W_N^{2nr}=\sum_{n=0}^{\frac{N}{2}-1}x(n)W_N^{2nr}+\sum_{n=N/2}^{N-1}x(n)W_N^{2nr}\\&=\sum_{n=0}^{\frac{N}{2}-1}x(n)W_N^{2nr}+\sum_{n=0}^{\frac{N}{2}-1}x\left(n+\frac{N}{2}\right)W_N^{2\left(n+\frac{N}{2}\right)r}\\&=\sum_{n=0}^{\frac{N}{2}-1}x(n)W_{N/2}^{nr}+\sum_{n=0}^{\frac{N}{2}-1}x\left(n+\frac{N}{2}\right)W_{N/2}^{nr}\cdot W_N^{rN}\\&=\sum_{n=0}^{\frac{N}{2}-1}g(n)W_{N/2}^{nr}\end{aligned}\tag{4.19}$$

其中

$$g(n)=x(n)+x\left(n+\frac{N}{2}\right)\qquad\left(n=0,1,\cdots,\frac{N}{2}-1\right)$$

$$\begin{aligned}X(2r+1)&=\sum_{n=0}^{\frac{N}{2}-1}x(n)W_N^{(2r+1)n}+\sum_{n=N/2}^{N-1}x(n)W_N^{(2r+1)n}\\&=\sum_{n=0}^{\frac{N}{2}-1}x(n)W_N^{2nr}W_N^{n}+\sum_{n=0}^{\frac{N}{2}-1}x\left(n+\frac{N}{2}\right)W_N^{(2r+1)\left(n+\frac{N}{2}\right)}\\&=\sum_{n=0}^{\frac{N}{2}-1}x(n)W_{N/2}^{nr}W_N^{n}+\sum_{n=0}^{\frac{N}{2}-1}x\left(n+\frac{N}{2}\right)W_N^{2nr}\cdot W_N^{n}\cdot W_N^{rN}\cdot W_N^{N/2}\\&=\sum_{n=0}^{\frac{N}{2}-1}x(n)W_{N/2}^{nr}W_N^{n}+\sum_{n=0}^{\frac{N}{2}-1}x\left(n+\frac{N}{2}\right)W_{N/2}^{nr}\cdot W_N^{n}\cdot(-1)\\&=\sum_{n=0}^{\frac{N}{2}-1}[p(n)W_N^{n}]W_{N/2}^{nr}\end{aligned}\tag{4.20}$$

其中

$$p(n)=x(n)-x\left(n+\frac{N}{2}\right)\qquad\left(n=0,1,\cdots,\frac{N}{2}-1\right)$$

由(4.19)式可知 $X(2r)$为 $g(n)$的 $N/2$ 点的 DFT,由(4.20)式可知 $X(2r+1)$为 $p(n)W_N^n$ 的 $N/2$ 点的 DFT。这样,就用频率抽选法将一个 N 点的 DFT 分解为两个$N/2$ 点的 DFT,其信号流图如图 4.5 所示。当然,分解还应继续下去,直到分解为 2 点的 DFT 为止。当 $N=8$ 时,基 2 频率抽选的 FFT 算法的整个信号流图如图 4.6 所示。

将图 4.6 与图 4.4 比较,可知频率抽选法的计算量与时间抽选法相同,而且都能够同址计算。时间抽选法是输入序列按奇偶分组,故 $x(n)$的顺序要按倒序重排,而输出序列按前后分半,故 $X(k)$的顺序不需要重排;频率抽选法则是输出序列按奇偶分组,故 $X(k)$的顺序要按倒序重排,而输入序列按前后分半,故 $x(n)$不需要重排。

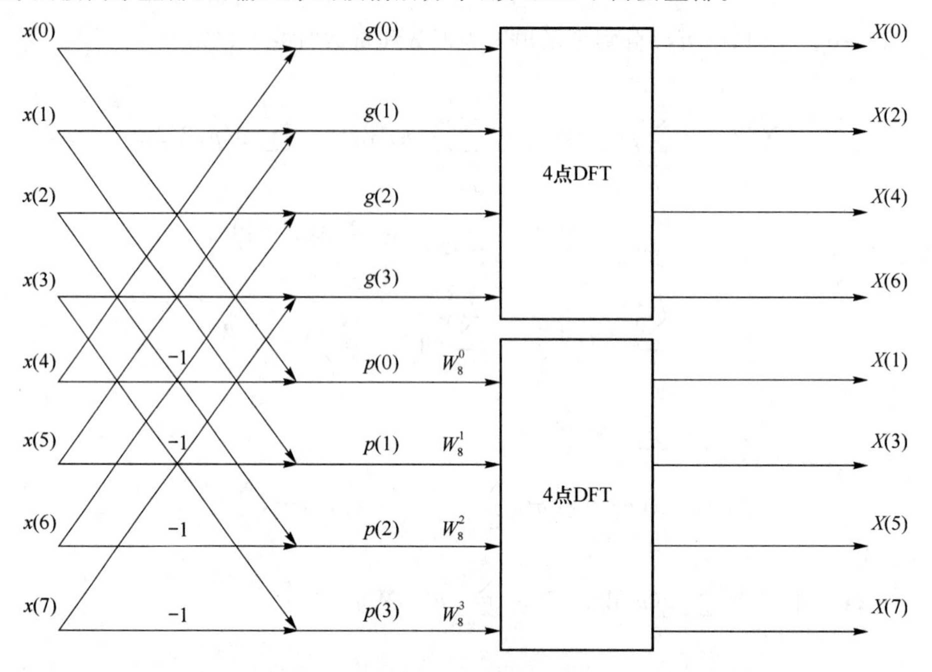

图 4.5 用基 2 频率抽选法将 8 点 DFT 分解为两个 4 点 DFT

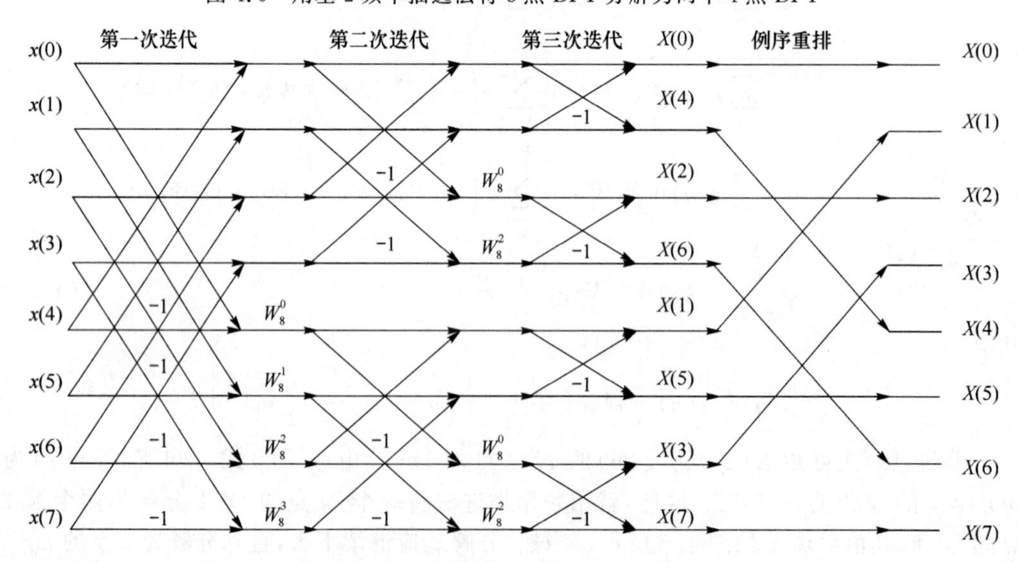

图 4.6 基 2 频率抽选法 8 点 FFT 算法流图

4.4　快速傅里叶反变换

快速傅里叶反变换(IFFT)是 IDFT 的快速算法。由于 DFT 的正变换和反变换的表达式相似,因此很容易想到 IDFT 也有相似的快速算法。可以用 3 种不同的方法来导出 IFFT 算法。

方法 1

设 $x(n)\xleftrightarrow{\text{DFT}}X(k)$,则有

$$x(n)=\frac{1}{N}\sum_{k=0}^{N-1}X(k)W_N^{-nk}\qquad(n=0,1,\cdots,N-1)$$

即 IDFT 的输入序列为 $X(k)$,输出序列为 $x(n)$。在基 2 FFT 的时间抽选法中,第一次分解的结果是

$$\begin{cases}X(k)=G(k)+W_N^kP(k)\\X\left(k+\dfrac{N}{2}\right)=G(k)-W_N^kP(k)\end{cases}\qquad\left(k=0,1,\cdots,\frac{N}{2}-1\right)$$

其中 $G(k)$、$P(k)$分别为输入序列的偶数点和奇数点的 $N/2$ 点的 DFT。由这两个式子很容易解出 $G(k)$、$P(k)$,有

$$\begin{cases}G(k)=\dfrac{1}{2}\left[X(k)+X\left(k+\dfrac{N}{2}\right)\right]\\P(k)=\dfrac{1}{2}W_N^{-k}\left[X(k)-X\left(k+\dfrac{N}{2}\right)\right]\end{cases}\qquad\left(k=0,1,\cdots,\frac{N}{2}-1\right)$$

其信号流图如图 4.7 所示。

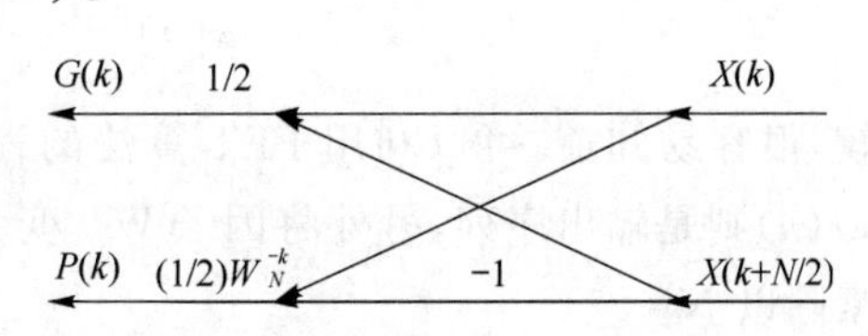

图 4.7　由 $X(k)$、$X(k+N/2)$得到 $G(k)$、$P(k)$

再由 $N/2$ 点的 DFT 求得 $N/4$ 点的 DFT,依此类推下去,就可推到求出 $x(n)$的各点。整个 8 点 IFFT 的信号流图如图 4.8 所示。将此流图与图 4.4 比较,相当于整个流向反过来,此外,因子 W_N^k 成为 W_N^{-k},还增加了因子 1/2。实际上,如果不在每次迭代后乘上 1/2,则只需要在最后将所得到的输出序列每个元素都除以 N。

显然,图 4.8 的 IFFT 算法不能直接利用按照图 4.4 编写的 FFT 算法程序。但是,如果将图 4.8 与图 4.6 比较,就可以明显看出,只要将 $X(k)$作为输入序列,因子 W_N^k 变为 W_N^{-k},并且将最后所得的输出序列的每个元素都除以 N,就可以利用频率抽选的 FFT 算法程序来计算 IFFT。

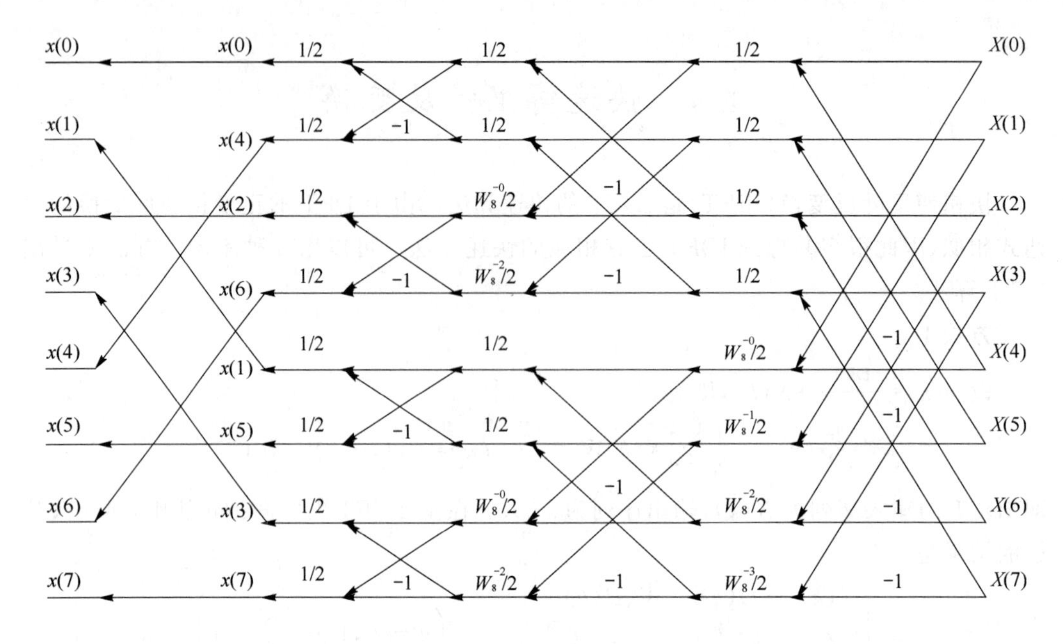

图 4.8　8 点 IFFT 信号流图

方法 2

将 DFT 的正变换式

$$X(k) = \sum_{n=0}^{N-1} x(n) W_N^{nk}$$

与其反变换式

$$x(n) = \frac{1}{N} \sum_{n=0}^{N-1} X(k) W_N^{-nk}$$

比较，很容易知道，可以利用 FFT 算法的程序来计算 IFFT，只需要将 $X(k)$作为输入序列，$x(n)$则是输出序列，另外将因子 W_N^k 变为 W_N^{-k}，当然，最后还必须将输出序列的每个元素除以 N。

方法 3

对 DFT 的反变换式取共轭，有

$$x^*(n) = \frac{1}{N} \left[\sum_{k=0}^{N-1} X(k) W_N^{-nk} \right]^*$$

$$= \frac{1}{N} \left[\sum_{k=0}^{N-1} X^*(k) W_N^{nk} \right] \qquad (n = 0, 1, \cdots, N-1)$$

与 DFT 的正变换式比较，可知完全可以利用 FFT 的计算程序，只需要将 $X^*(k)$作为输入序列，并将最后结果取共轭，再除以 N 就得到 $x(n)$。

*4.5　线性调频 z 变换算法

DFT 是离散信号的离散频谱,而且是 z 平面单位圆上等间隔的 N 个点处的频谱。但是在有些情况下,所需要的频率抽样点并不均匀地分布在单位圆上,有时只在单位圆的某一部分,有时要求某一部分抽样点密集,甚至有时抽样点不在单位圆上。在这些情况下,常常采用 Chirp z 变换(CZT)算法。下面介绍此算法。

4.5.1　基本原理

用 CZT 算法可以计算下列给定点 z_k 上的 $X(z)$(即在这些点处的复频谱)

$$z_k = AW^{-k} \qquad (k=0,1,\cdots,M-1) \tag{4.21}$$

式中,$W=W_0\mathrm{e}^{-\mathrm{j}\phi_0}$,$A=A_0\mathrm{e}^{\mathrm{j}\theta_0}$,$W_0$、$A_0$ 为正实数。

这些 z 平面上的抽样点如图 4.9 所示。抽样点所沿的周线是一条螺旋线,参数 W_0 控制周线盘旋的倾斜率。若 W_0 大于 1,则随着 k 的增加,周线向内盘旋,趋向原点;若 W_0 小于 1,则随着 k 的增加,周线向外盘旋;若 $W_0=1$,螺旋线实际上是一段圆弧,而如果又有 $A_0=1$,则这段圆弧是单位圆的一部分。A_0 和 θ_0 分别为第一个抽样点($k=0$)的模和辐角,其余抽样点沿螺旋周线按角度间隔 ϕ_0 分布。

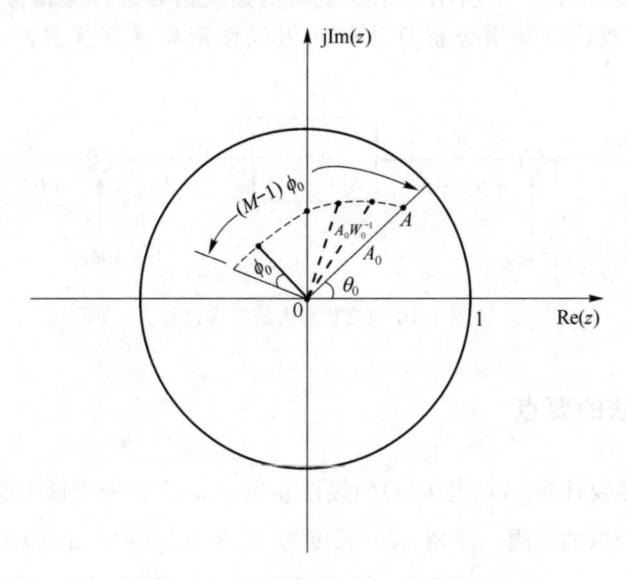

图 4.9　z 平面上一条螺旋周线上的抽样点

要计算

$$\begin{aligned}\text{CZT}[x(n)] = X(z_k) &= \sum_{n=0}^{N-1} x(n) z_k^{-n} \\ &= \sum_{n=0}^{N-1} x(n) A^{-n} W^{nk} \qquad (k = 0,1,\cdots,M-1)\end{aligned} \tag{4.22}$$

式中,N 为序列 $x(n)$的长度。由恒等式

$$nk = \frac{1}{2}[k^2 + n^2 - (k-n)^2]$$

可得

$$X(z_k) = \sum_{n=0}^{N-1} x(n) A^{-n} W^{n^2/2} W^{k^2/2} W^{-(k-n)^2/2}$$

令 $y(n) = x(n)A^{-n}W^{n^2/2}$,$h(n) = W^{-n^2/2}$,则有

$$X(z_k) = W^{k^2/2} \sum_{n=0}^{N-1} y(n) h(k-n)$$

改变变量,将 n 换为 r,k 换为 n,则有

$$X(z_n) = W^{n^2/2} \sum_{r=0}^{N-1} y(r) h(n-r) = W^{n^2/2}[y(n) * h(n)] \tag{4.23}$$

令

$$g(n) = y(n) * h(n)$$

则 $g(n)$即为线性时不变系统 $h(n)$对输入信号 $y(n)$的响应,且有

$$X(z_n) = W^{n^2/2} g(n) \qquad (n = 0,1,\cdots,M-1) \tag{4.24}$$

整个计算过程如图 4.10 所示。这里所定义的 $h(n)$类似于雷达系统中的线性调频信号(Chirp 信号),而且图 4.10 所示的系统也与对连续信号进行频谱分析的相应系统类似,因此这里的离散信号频谱分析算法就叫做线性调频 z 变换算法,即 Chirp z 变换(CZT)算法。

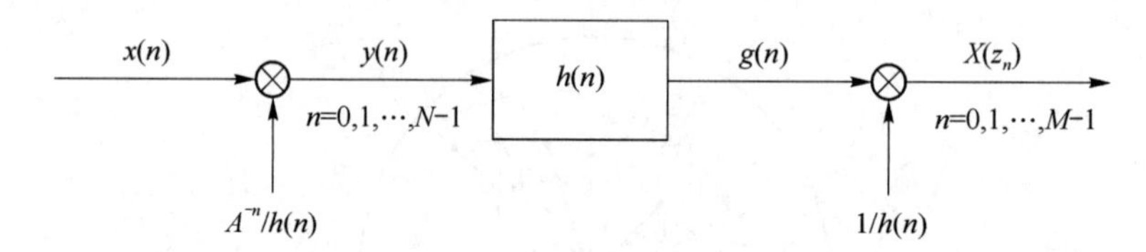

图 4.10 CZT 算法的计算过程

4.5.2 算法的要点

此算法主要是要计算 $y(n)$与 $h(n)$的线性卷积 $g(n)$。首先应该考虑进行卷积的两个序列的长度以及应取的范围。序列 $x(n)$长度为 N,因此 $y(n)=x(n)A^{-n}W^{n^2/2}$也为有限长度 $N(0 \leqslant n \leqslant N-1)$;而 $h(n)=W^{-n^2/2}$却是无限长的。不过,由于 z 平面上的抽样点只有 M 个,即只求 $n=0,1,\cdots,M-1$ 的 $X(z_n)$,因此 $h(n)$中只有有限个点值是所需要的。

下面看看应如何选取这有限个 $h(n)$ 之值。

由于只需要 M 个 $X(z_n)$ 之值，那么由(4.24)式可知，也只需要 M 个 $g(n)$ 之值，也即对于线性卷积

$$g(n) = y(n) * h(n) = \sum_{r=0}^{N-1} y(r)h(n-r) \tag{4.25}$$

只需要求 $n=0,1,\cdots,M-1$ 时的值。如图 4.11 所示，由于 $y(r)$ 的范围是 r 由 0 到 $N-1$，因此当求 $g(n)$ 的第一个值(即 $n=0$)时，也需要 $h(-r)$ 中 r 由 0 到 $N-1$ 这 N 个值。为了计算 $g(1)$ 到 $g(M-1)$，还应该将 $h(-r)$ 向右移 $M-1$ 次，也就是说，$h(-r)$ 中由 $r=-1$ 到 $r=-(M-1)$ 这 $M-1$ 个值也是所需要的。这样，需要并且也只需要 $h(-r)$ 中的由 $r=-(M-1)$ 到 $r=N-1$ 这 L 个值，而

$$L = (N-1) - [-(M-1)] + 1 = N + M - 1 \tag{4.26}$$

这也就是说，对于序列 $h(r)$(或 $h(n)$)，只需要其中 r(或 n)由 $-(N-1)$ 到 $M-1$ 这一范围的 L 个值。

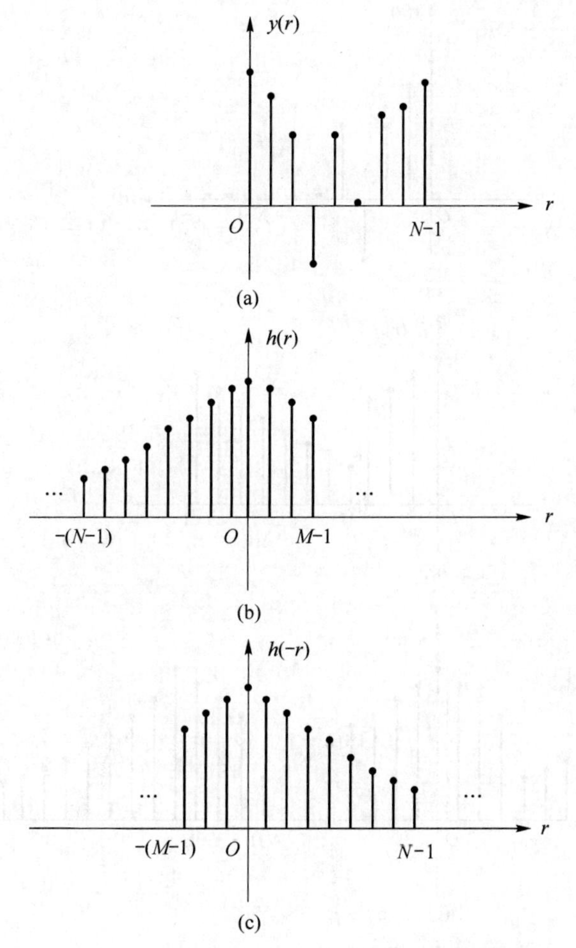

图 4.11　序列 $y(n)$ 和 $h(n)$ 的长度和所取范围

如果要用 L 点循环卷积来计算线性卷积 $g(n)$，则序列 $y(n)$ 后面应补 $M-1$ 个 0，使其长度为 L，如图 4.12(a)所示，并且由 $h(n)$ 来得到用做循环卷积的有限长序列 $h'(n)$：

$$h'(n)=\begin{cases}h(n)=W^{-n^2/2} & 0\leqslant n\leqslant M-1\\ h(n-L)=W^{-(n-L)^2/2} & M\leqslant n\leqslant L-1\end{cases} \tag{4.27}$$

如图 4.12(b)所示。然后计算 L 点循环卷积：

$$g_L(n)=\left[\sum_{r=0}^{L-1}y(r)\tilde{h}'(n-r)\right]R_L(n) \tag{4.28}$$

其结果的 L 个值中，$g_L(0)$ 到 $g_L(M-1)$ 这 M 个值正好与所需要的线性卷积 $g(0)$ 到 $g(M-1)$ 对应相等，而 $g_L(n)$ 的后 $N-1$ 个值则是不需要的。实际上，只要将图 4.12(c)中的序列 $\tilde{h}'(-r)$ 与图 4.11(c)中的序列 $h(-r)$ 对照，就不难发现，在 $r=-(M-1)$ 到 $r=N-1$ 区间，这两个序列完全相同，因此，当 $n=0,1,\cdots,M-1$ 时，由(4.28)式得到的循环卷积 $g_L(n)$ 就等于(4.25)式的线性卷积 $g(n)$。

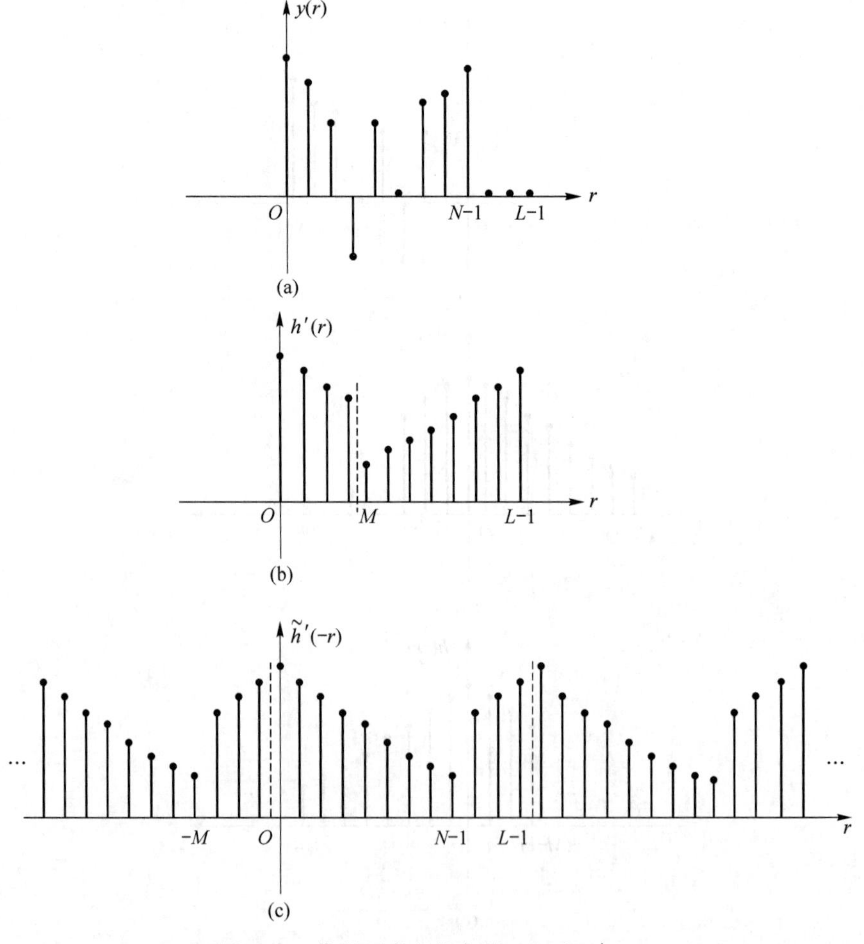

图 4.12 作循环卷积的序列 $y(n)$ 和 $h'(n)$

若计算循环卷积时需要利用 FFT 来进行快速计算，则要求 $L=2^s$，s 为正整数。此时，若 $M+N-1\neq 2^s$，则要在 $y(n)$ 后面补上 $M-1+K$ 个零，使 $L=M+N-1+K=2^s$。当然，(4.27)式所示的序列 $h'(n)$ 中也要补 K 个零，这 K 个零应该插在图 4.12(b)中虚线所示的地方，即在序列 $h'(r)$ 中 $r=M-1$ 之后插入 K 个零(实际上，可以是 K 个任意的数)。这样所得到的 $y(n)$ 与 $h'(n)$ 的循环卷积仍然只取前面的 M 个值，即为所要求的线性卷积的 M 个值。

4.5.3　算法的特点

1. 计算量

按照图 4.10 所示的计算过程，可以大致统计出用 CZT 算法计算 N 点长的时域序列 $x(n)$ 在 z 平面的一段螺旋状周线上的 M 个点处的复频谱所需要的乘法次数。

(1) 计算 $y(n)=x(n)A^{-n}/h(n)=x(n)A^{-n}W^{n^2/2}$，若复乘系数 $A^{-n}W^{n^2/2}$ 预先存储，则由于 $x(n)$ 长度为 N，故需要 N 次复乘；若此系数递推地产生，则计算 $y(n)$ 的复乘次数还要增加。

(2) $y(n)$ 的 L 点 FFT 运算需要 $\frac{L}{2}\log_2\frac{L}{2}$ 次复乘。

(3) 若保持 M 和 N 不变，$h(n)$ 可事先算好存起来，且它的 DFT $H(k)$ 也可事先算好存起来，这就不需要现场运算操作。

(4) 求 $G(k)=Y(k)H(k)$ 需要 L 次复乘。

(5) 对 $G(k)$ 进行 L 点 IFFT 运算以得到 $g(n)$，需要 $\frac{L}{2}\log_2\frac{L}{2}$ 次复乘。

(6) 将 $g(n)$ 乘上 $W^{n^2/2}$ 求得 M 点输出 $X(z_n)$，需要 M 次复乘。

综合所需要的这些复数乘法，可知主要是两次 L 点 FFT(IFFT)的运算量，因此，CZT 算法的运算量大致与 $L\log_2\frac{L}{2}$ 成正比，这里 $L\geqslant N+M-1$，其中 N 为输入序列 $x(n)$ 的长度，M 为输出序列 $X(z_n)$ 所需计算的点数。

如果用 z 变换直接计算复频谱，即

$$X(z_k)=\sum_{n=0}^{N-1}x(n)z_k^{-n}\qquad(k=0,1,\cdots,M-1)\tag{4.29}$$

则需要 $M\times N$ 次复数乘法。实际上，当 M、N 较小时，直接用 z 变换(4.29)式来计算会比较方便，运算量也不大；只有当 $M\times N$ 值较大时，用 CZT 算法的运算量才比直接计算少，而且 $M\times N$ 值越大，运算量的减少越显著。

2. 与 FFT 算法比较

与标准的 FFT 算法相比较，CZT 算法有以下特点。

(1) 输入和输出序列长度不需要相等,即不需要 $M=N$。

(2) N 与 M 都不需要是 2 的正整数幂。

(3) z_k 间的间隔可以任意选择,这样就可得到任意的分辨率,而且当所需间隔不同时,可以分段计算。

(4) z_k 点所沿周线不必须是圆弧。

(5) 起始点的选择可以是任意的,因此便于从任意的频率开始对输入序列进行频谱分析。

(6) 当(4.21)式中 $A=1,W=e^{-j2\pi/N}$,并且 $N=M$ 时,$X(z_k)$即为 $x(n)$的 DFT,因此利用 CZT 算法也能快速计算 $x(n)$的 DFT,而且不要求 N 为 2 的正整数幂。

4.6 实序列的 *FFT* 的高效算法

上面讨论的 FFT 算法,都没有限定时域序列 $x(n)$是实数,也就是说,是将 $x(n)$作为复数来对待的。但是实际上,在多数情况下 $x(n)$都是实序列,这时计算量还能够进一步减少。本节讨论当输入序列为实数序列时提高 FFT 运算效率的一些方法。

4.6.1 两个长度相同的实序列

两个长度相同的实序列的 FFT 运算可以同时进行,因为 DFT 所变换的序列是作为复序列来对待的,故可以将两个实序列组合成一个复序列来进行 FFT 运算,从而一次完成这两个实序列的 FFT,减少了总的计算量。

设 $p(n)$和 $g(n)$是两个长度均为 N 的实序列,并设

$$y(n)=p(n)+jg(n) \tag{4.30}$$

又设 $p(n)\xleftrightarrow{\text{DFT}}P(k),g(n)\xleftrightarrow{\text{DFT}}G(k),y(n)\xleftrightarrow{\text{DFT}}Y(k)$,则由 DFT 的线性有

$$Y(k)=P(k)+jG(k) \tag{4.31}$$

这里频域序列 $P(k)$和 $G(k)$一般来说是复序列,由于它们都是实序列的 DFT,因此这两个复序列的实部都是周期性的偶序列,而其虚部都是周期性的奇序列。

对复序列 $Y(k)$又有

$$Y(k)=Y_r(k)+jY_i(k) \tag{4.32}$$

这里下标 r、i 分别表示实部和虚部。$Y(k)$与其实部、虚部的长度都为 N,现将(4.32)式中各序列作周期延拓,有

$$\widetilde{Y}(k)=\widetilde{Y}_r(k)+j\widetilde{Y}_i(k) \tag{4.33}$$

由周期性有

$$\widetilde{Y}_{\mathrm{r}}(k)=\widetilde{Y}_{\mathrm{r}}(N+k) \qquad \widetilde{Y}_{\mathrm{r}}(-k)=\widetilde{Y}_{\mathrm{r}}(N-k) \tag{4.34}$$

$$\widetilde{Y}_{\mathrm{i}}(k)=\widetilde{Y}_{\mathrm{i}}(N+k) \qquad \widetilde{Y}_{\mathrm{i}}(-k)=\widetilde{Y}_{\mathrm{i}}(N-k) \tag{4.35}$$

现在将序列 $\widetilde{Y}_{\mathrm{r}}(k)$ 与 $\widetilde{Y}_{\mathrm{i}}(k)$ 作如下分解

$$\widetilde{Y}_{\mathrm{r}}(k)=\frac{1}{2}[\widetilde{Y}_{\mathrm{r}}(k)+\widetilde{Y}_{\mathrm{r}}(N-k)]+\frac{1}{2}[\widetilde{Y}_{\mathrm{r}}(k)-\widetilde{Y}_{\mathrm{r}}(N-k)] \tag{4.36}$$

$$\widetilde{Y}_{\mathrm{i}}(k)=\frac{1}{2}[\widetilde{Y}_{\mathrm{i}}(k)+\widetilde{Y}_{\mathrm{i}}(N-k)]+\frac{1}{2}[\widetilde{Y}_{\mathrm{i}}(k)-\widetilde{Y}_{\mathrm{i}}(N-k)] \tag{4.37}$$

由(4.34)式和(4.35)式，容易证明，在(4.36)式和(4.37)式这两个式子中，前一项都是偶序列，而后一项都是奇序列。

将(4.36)式和(4.37)式代入(4.33)式，并将各项进行重新组合，得到

$$\begin{aligned}\widetilde{Y}(k)=&\left\{\frac{1}{2}[\widetilde{Y}_{\mathrm{r}}(k)+\widetilde{Y}_{\mathrm{r}}(N-k)]+\mathrm{j}\,\frac{1}{2}[\widetilde{Y}_{\mathrm{i}}(k)-\widetilde{Y}_{\mathrm{i}}(N-k)]\right\}+\\&\mathrm{j}\left\{\frac{1}{2}[\widetilde{Y}_{\mathrm{i}}(k)+\widetilde{Y}_{\mathrm{i}}(N-k)]-\mathrm{j}\,\frac{1}{2}[\widetilde{Y}_{\mathrm{r}}(k)-\widetilde{Y}_{\mathrm{r}}(N-k)]\right\}\\=&\widetilde{P}'(k)+\mathrm{j}\widetilde{G}'(k)\end{aligned}$$

令 $0\leqslant k\leqslant N-1$，则上式为

$$Y(k)=P'(k)+\mathrm{j}G'(k) \tag{4.38}$$

其中

$$P'(k)=\frac{1}{2}[Y_{\mathrm{r}}(k)+Y_{\mathrm{r}}((N-k)_N)]+\mathrm{j}\,\frac{1}{2}[Y_{\mathrm{i}}(k)-Y_{\mathrm{i}}((N-k)_N)] \tag{4.39}$$

$$G'(k)=\frac{1}{2}[Y_{\mathrm{i}}(k)+Y_{\mathrm{i}}((N-k)_N)]-\mathrm{j}\,\frac{1}{2}[Y_{\mathrm{r}}(k)-Y_{\mathrm{r}}((N-k)_N)] \tag{4.40}$$

由前面的说明已经知道，这里的 $P'(k)$ 和 $G'(k)$ 的实部都是周期性的偶序列，而它们的虚部都是周期性的奇序列，此情况与(4.31)式中的复序列 $P(k)$ 和 $G(k)$ 的情况相同。因此，比较(4.31)式与(4.38)式，可以得到

$$P(k)=P'(k) \qquad G(k)=G'(k)$$

即有

$$P(k)=\frac{1}{2}[Y_{\mathrm{r}}(k)+Y_{\mathrm{r}}((N-k)_N)]+\mathrm{j}\,\frac{1}{2}[Y_{\mathrm{i}}(k)-Y_{\mathrm{i}}((N-k)_N)] \tag{4.41}$$

$$G(k)=\frac{1}{2}[Y_{\mathrm{i}}(k)+Y_{\mathrm{i}}((N-k)_N)]-\mathrm{j}\,\frac{1}{2}[Y_{\mathrm{r}}(k)-Y_{\mathrm{r}}((N-k)_N)] \tag{4.42}$$

上两式中 $0\leqslant k\leqslant N-1$。

因此，作一次 N 点复序列的 FFT 运算，将所得结果的实部和虚部按(4.41)式和(4.42)式那样组合，就可以同时得到两个 N 点实序列的 DFT，显然，这将使运算效率提高近一倍。

4.6.2 一个 2N 点的实序列

一个 $2N$ 点的实序列的 DFT 可以用 N 点 FFT 运算一次求得，方法如下：

将一个 $2N$ 点的实序列 $x(n)$ 按偶数点和奇数点分组形成两个 N 点序列

$$\begin{cases} p(n) = x(2n) \\ g(n) = x(2n+1) \end{cases} \quad (n = 0,1,\cdots,N-1)$$

则有

$$\begin{cases} X(k) = P(k) + W_{2N}^{k} G(k) \\ X(k+N) = P(k) - W_{2N}^{k} G(k) \end{cases} \quad (k = 0,1,\cdots,N-1) \tag{4.43}$$

其中

$$\begin{aligned} P(k) &= \sum_{n=0}^{N-1} p(n) W_N^{nk} \\ G(k) &= \sum_{n=0}^{N-1} g(n) W_N^{nk} \end{aligned} \quad (k = 0,1,\cdots,N-1)$$

上述关系的推导与基 2 时间抽选的 FFT 算法的第一次分解的推导过程类似，故这里从略。

实序列 $p(n)$ 和 $g(n)$ 的 DFT $P(k)$ 和 $G(k)$ 可以采用 4.6.1 节所说的方法作一次 N 点复序列的 FFT 而同时得到，然后再按(4.43)式进行组合便得到了 $2N$ 点实序列 $x(n)$ 的 DFT。

4.7 *Matlab* 方法

4.7.1 利用 Matlab 计算 FFT

在第 3 章中介绍用 Matlab 方法计算信号的 DFT 时，提到了函数 fft(x,N)和 ifft(x,N)。对于这两个函数，如果 N 为 2 的正整数幂，则可以得到本章中介绍的基 2 FFT 快速算法；如果 N 既不是 2 的正整数幂，也不是质数，则函数将 N 分解成质数，得到较慢的混合基 FFT 算法；如果 N 为质数，则 fft 函数采用原来的 DFT 算法。这里不再详细介绍，具体用法参见 3.6 节。

4.7.2　用 Matlab 实现有限长序列的 Chirp z 变换

在 Matlab 中实现有限长序列的 CZT(Chirp Z-Transform)算法的函数为

$$y = \mathrm{czt}(x, M, W, A)$$

下面介绍该函数的用法。

(1) $y=\mathrm{czt}(x,M,W,A)$

该函数返回信号 x 的线性调频 z 变换(CZT)的值 y,它是信号 x 沿着 W 和 A 定义的螺旋线进行的 z 变换。其中 M 是信号 x 的长度(点数),W 是 z 平面上感兴趣的那部分螺旋线上抽样点之间的比值,A 是螺旋线上的复数起始点。

(2) $y=\mathrm{czt}(x)$

同样返回信号 x 的线性调频 z 变换(CZT)的值 y,其中 M、W 和 A 都取缺省值,即有

$$W = \exp(2 * \mathrm{j} * \mathrm{pi}/M), A = 1$$

可以看出,对于这些缺省值,y 返回 x 信号在单位圆上等间隔的 M 个点上的 z 变换,也就是 x 的离散傅里叶变换(DFT)。

例 4.1　已知序列 $x(n)=(0.5)^n(0\leqslant n\leqslant 12)$,试计算序列 $x(n)$在单位圆上的 CZT,并与该序列的 DFT 进行比较。

解

```
% Program 4_2
% compare the results of czt and dft of sequence x
N=13; % length of x;
n=0:N-1;
xn=(0.5).^n;
y=czt(xn);
subplot(2,1,1);
stem(n,abs(y));
xlabel('n');
title('czt of x');
dft_13=fft(xn);
subplot(2,1,2);
stem(n,abs(dft_13));
xlabel('n');
title('dft of x');
```

运行结果如图 4.13 所示,从图中可以看出,此时序列在单位圆上的 CZT 就等于该序

列的 DFT。

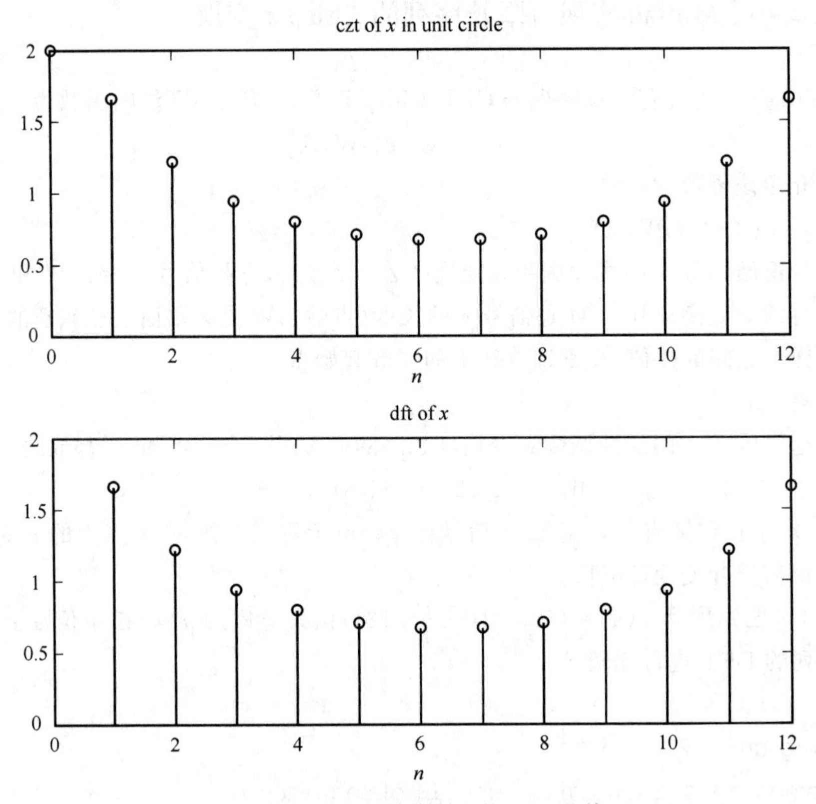

图 4.13 序列 $x(n)$在单位圆上的 CZT 及其 DFT ■

例4.2 假设序列 $x(n)$由 4 个频率分别为 6 Hz、6.3 Hz、9 Hz 和 8 Hz 的正弦序列组合而成，抽样频率为 40 Hz，时域抽样 200 点。

(1) 用 CZT 计算 DFT；

(2) 直接计算 DFT；

(3) 在 5～10 Hz 的频段范围求 CZT。

解

```
N=200;              %抽样点数
f1=6;
f2=6.3;
f3=9;
f4=8;
fs=40;              %抽样频率
stepf=fs/N;
```

```
n=0:N-1;
t=2*pi*n/fs;
n1=0:stepf:fs/2-stepf;
x=sin(f1*t)+sin(f2*t)+sin(f3*t)+sin(f4*t);        %序列 x(n)
%直接求 CZT
M=N;
W=exp(-j*2*pi/M);
A=1;
Y1=czt(x,M,W,A);

subplot(3,1,1);
plot(n1,abs(Y1(1:N/2)));
grid on;
xlabel('f/Hz');
ylabel('Magnitude');

%直接求 DFT
Y2=abs(fft(x));
subplot(3,1,2);
plot(n1,abs(Y2(1:N/2)));
grid on;
xlabel('f/Hz');
ylabel('Magnitude');

%求 5～10 Hz 的 CZT,起始点不在 z=1 处
M=100;
f0=5;
DELf=0.05;
W=exp(-j*2*pi*DELf/fs);
A=exp(j*2*pi*f0/fs);
Y3=czt(x,M,W,A);
n2=f0:DELf:f0+(M-1)*DELf;

subplot(3,1,3);
```

```
plot(n2,abs(Y3));
grid on;
xlabel('f/Hz');
ylabel('Magnitude');
```

在图 4.14 中，图(a)是直接利用 CZT 求取 DFT；图(b)是直接求 DFT，两者结果相同，图中频率为 6 Hz 和 6.3 Hz 的两个正弦信号的频谱不易分辨出；图(c)是在 5～10 Hz 这个频率范围内求出的 CZT，它的起始点不在 $z=1$ 处而且 $M \neq N$，由于它的分点比较细，所以图中 4 个正弦信号的频谱都可以分辨出来。

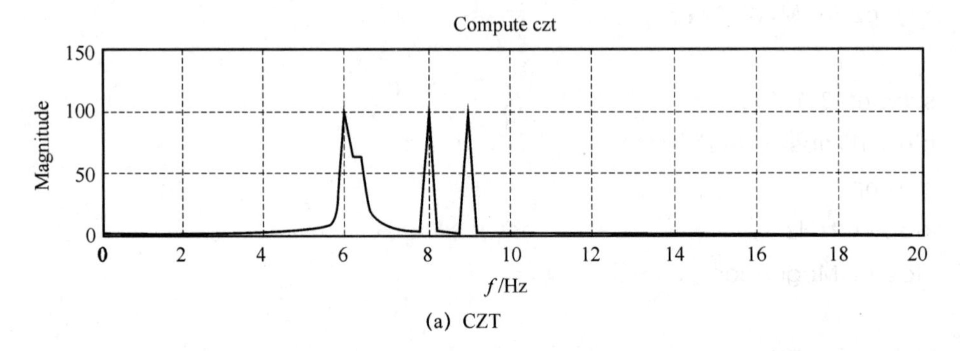

(a) CZT

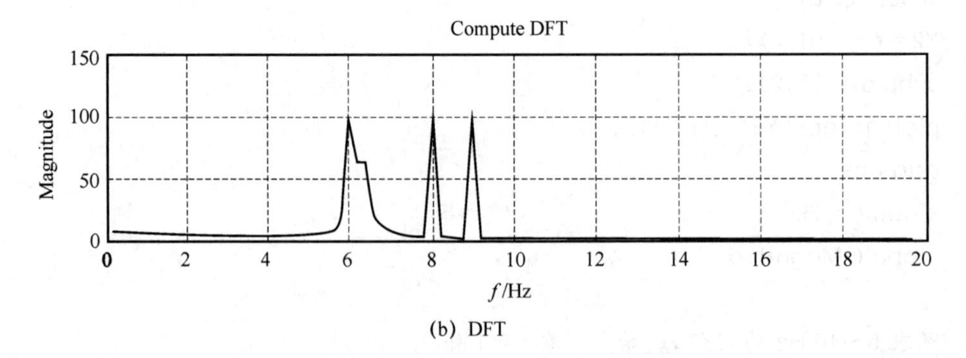

(b) DFT

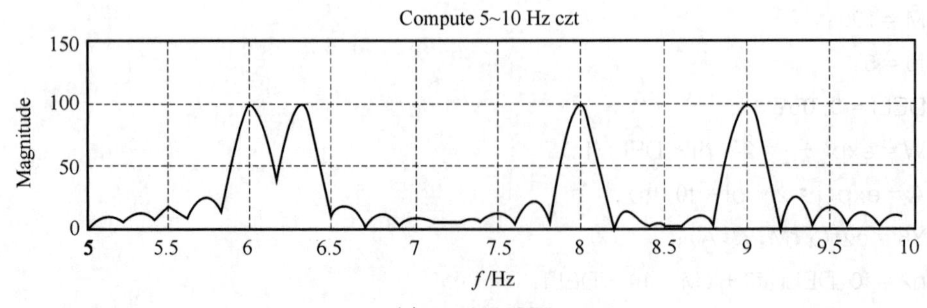

(c) 5~10 Hz CZT

图 4.14 CZT 的应用

习　题

4.1　如果一台通用计算机的速度为平均每次复乘需要 400 ns,每次复加需要 50 ns,今用来计算 $N=1\,024$ 点的 DFT,问直接运算需要多少时间？用基 2 FFT 运算需要多少时间？

4.2　一通用微处理器的速度为平均每次复乘需 40 ns,每次复加需 4 ns。如果要求该处理器用基 2 FFT 算法进行实时频谱分析,信号按每段长为 512 点分段。

(a) 每秒能够处理多少段信号？

(b) 最高抽样频率为多少？

(c) 能够进行实时处理的信号的最高频率是多少？

(d) 如果采用 DFT 定义直接计算,重新回答上述 3 个问题。

4.3　已知 $x(n)$长度为 4,并且 $x(n)=3(n+1)(n=0,1,2,3)$。按照基 2 FFT 算法的信号流图计算 $X(k)$,请写出流图中各个节点处的值。

4.4　已知一线性时不变系统的冲激响应为 $h(n)$,试用计算机分析其频谱,即求出 $H(k)$ $(0\leqslant k\leqslant 20)$。

$h(0)=h(20)=0.000\,365\,42$

$h(1)=h(19)=0.001\,137\,12$

$h(2)=h(18)=0$

$h(3)=h(17)=-0.006\,379\,90$

$h(4)=h(16)=-0.016\,988\,22$

$h(5)=h(15)=-0.020\,926\,16$

$h(6)=h(14)=0$

$h(7)=h(13)=0.057\,580\,99$

$h(8)=h(12)=0.141\,689\,86$

$h(9)=h(11)=0.218\,676\,19$

$h(10)=0.25$

4.5　画出 $N=16$ 的基 2 时间抽选的 FFT 算法的信号流图。

4.6　用高级语言编程上机练习。已知

$$x(n)=\begin{cases}Q^n & 0\leqslant n\leqslant N-1\\ 0 & n<0,n\geqslant N\end{cases}\qquad N=2^5$$

这里 $Q=0.9+\mathrm{j}0.3$。可以推导出

$$X(k)=\sum_{n=0}^{N-1}x(n)W_N^{nk}=\sum_{n=0}^{N-1}(QW_N^k)^n=\frac{1-Q^N}{1-QW_N^k}\qquad(k=0,1,\cdots,N-1)$$

首先根据这个式子计算 $X(k)$的理论值,然后计算输入序列 $x(n)$的 32 个值,再利用基 2 时间抽选的 FFT 算法,计算 $x(n)$的 DFT $X(k)$,与 $X(k)$的理论值比较(要求计算结果最少 6 位有效数字)。

4.7 设 $x(n)$是一个长度为 N、定义在区间 $0\leqslant n\leqslant N-1$ 的实序列,现在对其进行频谱分析,频率抽样点 z_k 在单位圆上均匀分布,即有 $z_k=e^{j(2\pi/M)k}(k=0,1,\cdots,M-1)$,而 M 为 2 的正整数幂。要求用一次 M 点基 2 FFT 算法求出 $x(n)$的 z 变换,即频谱 $X(z_k)$,试问在下面各种情况下,分别如何进行有效的处理?

(a) $M=N$

(b) $M>N$

(c) $M<N<2M$

4.8 对信号 $x(t)=e^{-0.1t}(t\geqslant 0)$进行频谱分析。

(a) 根据傅里叶变换求出其频谱 $X(\Omega)$的表达式。

(b) 如果用 $T_s=0.75$ s 的抽样周期对 $x(t)$抽样,求所得离散信号的频谱的重复周期 Ω_s。

(c) 求$|X(\Omega_s/2)|$与$|X(\Omega)|$的最大值的比值 c。

(d) 如果要用基 2 FFT 算法来求出该信号的离散频谱,设时域重复周期为 T_1,并且要求$x(T_1)$与 $x(t)$的最大值之比不大于 c,问时域的抽样点数 N 最少为多少?所对应的 $T_1=$?

4.9 已知两个 N 点实序列 $u(n)$和 $v(n)$的 DFT 分别为 $U(k)$和 $V(k)$,现在需要求出序列 $u(n)$和 $v(n)$,试用一次 N 点 IFFT 运算来实现。

4.10 已知长度为 $2N$ 的实序列 $x(n)$的 DFT $X(k)$的各个数值($k=0,1,\cdots,2N-1$),现在需要由 $X(k)$计算 $x(n)$,为了提高效率,请设计用一次 N 点 IFFT 来完成。

4.11 在下列说法中选择正确的结论。Chirp z 变换可以用来计算一个有限时宽序列 $h(n)$在 z 平面实 z 轴上诸点$\{z_k\}$的 z 变换 $H(z)$,而 z_k 的表达式为

(a) $z_k=a^k,k=0,1,\cdots,N-1,a$ 为实数,$a\neq 0,a\neq\pm 1$。

(b) $z_k=ak,k=0,1,\cdots,N-1,a$ 为实数,$a\neq 0$。

(c) (a)和(b)两者都行。

(d) (a)和(b)两者都不行,即 Chirp z 变换不能计算 z 为实数抽样时的 $H(z)$。

4.12 设 $x(n)$是一个 M 点($0\leqslant n\leqslant M-1$)的有限长序列,其 z 变换为

$$X(z)=\sum_{n=0}^{M-1}x(n)z^{-n}$$

令 $X(z)$在单位圆上 N 个等距离点上的抽样 $X(z_k)$为

$$X(z_k)=X(z)\big|_{z=z_k}\qquad (z_k=e^{j\frac{2\pi}{N}k},k=0,1,\cdots,N-1)$$

这里 M 和 N 都是较大的正整数,问如何用 CZT 算法快速算出全部 N 点 $X(z_k)$值来。

4.13　已知 $x(n)$当 $0\leqslant n\leqslant 7$ 时等于 1,n 为其他值时 $x(n)$均为 0。z 平面路径为:$A_0=0.6$,$\theta_0=\pi/3$,$W_0=1.2$,$\phi_0=2\pi/20$。现在计算复频谱 $X(z_k)(k=0,1,\cdots,9)$,要求:

(1) 画出 z_k 的路径;

(2) 写出 $y(n)$、$h(n)$的表达式;

(3) 当利用循环卷积 $g_L(n)=y(n)\otimes h'(n)$来计算线性卷积 $g(n)=y(n)*h(n)$时,写出 $h'(n)$的分段表达式;

(4) 若计算循环卷积时需用基 2FFT,写出 $h'(n)$的分段表达式。

第5章　IIR数字滤波器的原理及设计

5.1　滤波器概述

5.1.1　数字滤波器与模拟滤波器

一般来说，时域信号含有各种频率成分。所谓滤波器是一类系统，它能够使输入信号中的某些频率成分充分地衰减，同时保留那些需要的频率成分。比如一个低通滤波器，它将使输入信号中高于某一频率(通常称这一频率为截止频率)的成分尽可能地衰减，而低于这一频率的成分不衰减或者衰减很少。被严重衰减的频率范围称为滤波器的阻带，而被保留的频率范围称为通带。一般情况下，滤波器是一类线性时不变系统。

根据处理的信号是模拟的还是数字的，滤波器可以分为模拟滤波器和数字滤波器。模拟滤波器要用硬件电路来实现，也就是用由模拟元件(如电感、电容等)组成的电路来完成滤波的功能。而数字滤波器将输入信号序列通过一定的运算后变换为输出信号序列，从而完成滤波功能。因此，数字滤波器就是一个数字系统(离散系统)，而且一般情况下还是线性时不变系统。所以，数字滤波器具有前面所讨论的线性时不变离散系统的所有性质。数字滤波器也是用数字信号处理的3种方式来实现的，也即数字硬件电路实现、计算机编程软件方式实现以及DSP方式实现，这3种方式各自的特点在第1章中已经介绍过了。

5.1.2　两大类数字滤波器

数字滤波器既然是具有滤波功能的离散系统，而离散系统可以分为递归型和非递归型两大类，因此数字滤波器也有这两大类之分。递归型的数字滤波器实际上叫做IIR数字滤波器，IIR是无限冲激响应(Infinite Impulse Response)的意思，就是说这类滤波器的冲激响应(也即单位抽样响应)$h(n)$是无限长度的；而FIR数字滤波器实际上属于非递归型的数字滤波器，FIR是有限冲激响应(Finite Impulse Response)的意思，就是说这类滤波器的冲激响应$h(n)$是有限长度的。为什么递归型滤波器的冲激响应是无限长的，而非递归型滤波器的冲激响应是有限长的呢？已经知道，冲激响应（即单位抽样响应）$h(n)$是当输入信号为单位抽样信号$\delta(n)$时离散系统的输出信号，而$\delta(n)$只当$n=0$时为1，其他时刻都为0。如果滤波器是非递归型的，那么其输出只依赖于输入信号，并且能够实现的滤波器都应该是因果的。因此对于$\delta(n)$这个输入信号，在$n=0$时有输入，故一般情况下$n=0$时也就有输出$h(0)$，但是之后输入值就是0了，只是由于滤波器的延时单元的作用，输出值才不会马上为0，也即$h(n)$会持续一些时刻，但是终究会变为0，也即$h(n)$的长度是有限的。如果滤波器是递归型的，那么其输出不仅依赖于输入信号，而且与输出信号有关，也即n时刻的输出要反馈到输入去影响n时刻之后的输出。这样，只要$n=0$时输入不为0，并且同时产生了不为0的输出，该输出值就会送回到输入，即使之后外部的输入值已经为0了，也会产生输出值，并且输出还会不断地反馈到输入去，因而也就不断产生输出，所以这种情况下输出序列$h(n)$就会无限长。当然，如果系统是稳定的，$h(n)$会逐渐趋于0，但是不会完全等于0。

IIR数字滤波器与FIR数字滤波器无论在特性方面还是在设计方法方面都很不相同，下面各章将对这两大类滤波器分别进行讨论。

5.1.3　数字滤波器的设计步骤

设计一个数字滤波器，大致可分为以下3步。

(1) 按照实际需要确定滤波器的性能要求，比如确定所要设计的滤波器是低通、高通、带通还是带阻，截止频率是多少，阻带的衰减有多大，通带的波动范围是多少等。并且要将这些性能要求以滤波器指标的形式表示出来。

(2) 用一个因果稳定的系统函数去逼近这些指标。系统函数分为两类，即IIR系统函数与FIR系统函数。因此，应该根据所要求的滤波器的性能，先确定采用哪种类型的滤波器，然后再按照这类滤波器的设计方法去求得系统函数$H(z)$，使其尽可能地逼近滤波器的指标。

(3) 用一个有限精度的运算去实现这个系统函数。这里包括确定实现方式，选择合适的字长，以及针对滤波器类型选择适当的算法结构等。

第1步本教材不讨论，也就是说是在给定的滤波器的性能指标的条件下去考虑数字滤波器的设计问题。第2步内容将在本章及第6章中详细讨论，即这两章将分别讨论如何设计IIR滤波器和FIR滤波器的系统函数使其逼近已给定的滤波器的性能指标。第3步中实现方式应该根据硬件、软件和DSP这3种方式各自的特点以及实际的要求和实际的条件等多方面的情况来确定，在这里就不讨论了。字长位数的选择一方面要了解字长效应产生的影响（在第8章中将详细讨论），另一方面要根据实现的方式以及实际要求和实际条件来确定。关于算法结构的问题，将在第7章中详细讨论。

5.2 *IIR* 数字滤波器概述

5.2.1 IIR 数字滤波器的差分方程和系统函数

IIR 数字滤波器是一类递归型的线性时不变因果系统，其差分方程可以写为

$$y(n)=\sum_{i=0}^{M}a_i x(n-i)+\sum_{i=1}^{N}b_i y(n-i) \tag{5.1}$$

这也就是 IIR 数字滤波器差分方程的一般形式。对(5.1)式两边进行 z 变换，可得

$$Y(z)=\sum_{i=0}^{M}a_i z^{-i}X(z)+\sum_{i=1}^{N}b_i z^{-i}Y(z)$$

于是就得到 IIR 数字滤波器的系统函数

$$H(z)=\frac{Y(z)}{X(z)}=\frac{\sum_{i=0}^{M}a_i z^{-i}}{1-\sum_{i=1}^{N}b_i z^{-i}} \tag{5.2}$$

5.2.2 IIR 数字滤波器的设计方法

由(5.2)式可知，IIR 数字滤波器的系统函数是复变量 z 的有理函数，其分子和分母都是 z^{-1} 的多项式，而多项式总是可以进行因式分解的，因此 $H(z)$ 也可以表示为

$$H(z)=\frac{\sum_{i=0}^{M}a_i z^{-i}}{1-\sum_{i=1}^{N}b_i z^{-i}}=a_0\frac{\prod_{i=1}^{M}(1-c_i z^{-1})}{\prod_{i=1}^{N}(1-d_i z^{-1})} \tag{5.3}$$

其中，c_i 为零点而 d_i 为极点。系统函数 $H(z)$ 的设计就是要确定系数 a_i、b_i 或者零极点 c_i、d_i，以使滤波器满足给定的性能指标。这种设计一般有 3 种方法。

1. 零极点位置累试法

已经知道，IIR 系统函数 $H(z)$ 在单位圆内的极点处出现峰值、在零点处出现谷值，因此可以根据此特点来设置 $H(z)$ 的零极点，以达到简单的性能要求。所谓累试，就是当特性尚未达到要求时，通过多次改变零极点的位置来达到要求。当然这种方法只适用于简单的、对性能要求不高的滤波器的设计。

2. 借助于模拟滤波器的理论和设计方法来设计数字滤波器

模拟滤波器的逼近和综合理论已经发展得相当成熟，产生了许多效率很高的设计方

法,很多常用滤波器不仅有简单而严格的设计公式,而且设计参数已图表化,设计起来方便准确。而数字滤波器就其滤波功能而言与模拟滤波器是相同的,如作为低通、高通、带通和带阻滤波器等。因此,完全可以借助于模拟滤波器的理论和设计方法来设计数字滤波器。在 IIR 数字滤波器的设计中,较多地采用了这种方法。

3. 用优化技术设计

系统函数 $H(z)$的系数 a_i、b_i 或者零极点 c_i、d_i 等参数,可以采用最优化设计法来确定。最优化设计法的第一步是要选择一种误差判别准则,如最小均方误差准则等,以便根据该准则来计算误差和误差梯度等。第二步是最优化过程,这个过程的开始是赋予所设计的参数一组初值,以后就是一次次地改变这组参数,并一次次地根据所选择的误差准则,计算每次的参数下的 $H(z)$的特性与所要求的滤波器的特性之间的误差,当此误差达到要求的最小值时,所得到的这组参数即为最优参数,设计过程也就到此完成。这种方法对于许多复杂的滤波器指标都能够较精确地进行设计,但是计算往往很复杂,并且设计过程要进行大量的迭代运算,故必须借助于计算机,因而优化设计又叫做 IIR 滤波器的计算机辅助设计(CAD)。随着计算机技术的迅速发展和计算机应用的日益普遍,采用最优化设计会逐渐增多。

第一种方法的算法简单、设计粗糙,在这里不具体讨论;第三种方法所涉及的内容很多,并且需要最优化理论作为基础,因此在本章中只能作简要介绍;本章将着重讨论用得最多的第二种方法。

5.2.3　借助于模拟滤波器的理论和方法的设计原理

利用模拟滤波器来设计数字滤波器,要先根据所给的滤波器性能指标设计出相应的模拟滤波器的系统函数 $H_a(s)$,然后由 $H_a(s)$经变换而得到所需要的数字滤波器的系统函数 $H(z)$。常用的变换方法有冲激响应不变法和双线性变换法。一般来说,如果要求设计的是数字滤波器,那么所给的也就是数字滤波器的指标,因此,要先将所给的数字滤波器指标转换为模拟滤波器的指标。至于如何转换,主要由变换方法决定,后面将具体讨论。下面首先讨论模拟滤波器设计的一些主要方法。

5.3　模拟低通滤波特性的逼近

模拟滤波器的设计包括逼近和综合两大部分,其中逼近部分是与数字滤波器的设计有关的,因此本节要讨论的是,在已知模拟低通滤波器技术指标的情况下,如何设计其系统函数 $H_a(s)$,使其逼近所要求的技术指标。请注意,这里只讨论低通滤波特性的逼近问题，至于其他的频选滤波器，比如高通、带通、带阻等，是在先设计出相应的低通系统函数的情况下，再通过频率变换转换成其他频选滤波器的系统函数。频率变换可以在模拟域进行，也可以在数字域进行，下面都将进行讨论。

从“信号与系统”已经知道，模拟系统的系统函数 $H_a(s)$是其冲激响应 $h_a(t)$的拉氏变换，$H_a(s)$表征了该系统的复频域特性。而复频率 $s=\sigma+j\Omega$，当 $\sigma=0$ 即 $s=j\Omega$ 时，$H_a(j\Omega)$就是 $h_a(t)$的傅里叶变换，$H_a(j\Omega)$表征了系统的频率特性（或称频率响应）。一般情况下，$H_a(j\Omega)$是复数，其模表征系统的幅频特性，其辐角表征系统的相频特性。许多情况下，只关心系统的幅频特性，尤其当准备采用 IIR 滤波器时，往往只考虑其幅频特性指标，并根据幅频特性指标来设计系统函数。

图 5.1 中用虚线画出的矩形表示一个理想的模拟低通滤波器的指标，是以平方幅度特性$|H_a(j\Omega)|^2$ 给出的，考虑到幅频特性是 Ω 的偶函数，因此只需要在 $\Omega\geqslant 0$ 区间画出。图中 Ω_c 是截止频率，当 $0\leqslant\Omega<\Omega_c$ 时，$|H_a(j\Omega)|^2=1$，是通带；当 $\Omega>\Omega_c$ 时，$|H_a(j\Omega)|^2=0$，是阻带。但是，实际的滤波器都不可能达到这种理想状态，比如，图 5.1 中的实曲线就表示一个实际的模拟低通滤波器的平方幅度特性。我们的设计工作就是要用近似特性来尽可能地逼近理想特性，通常采用的典型逼近有 Butterworth 逼近、Chebyshev 逼近和 Cauer 逼近（也叫椭圆逼近），本节将介绍这 3 种逼近方法。

5.3.1 Butterworth 低通滤波特性的逼近

对于 Butterworth 滤波器有

$$|H_a(j\Omega)|^2=\frac{1}{\left[1+\left(\frac{\Omega}{\Omega_c}\right)^{2N}\right]} \tag{5.4}$$

满足此平方幅度特性的滤波器又叫做 B 型滤波器。这里 N 为正整数，为 B 型滤波器的阶次，Ω_c 为截止频率。该特性的图像如图 5.1 中实线所示。

1. B 型滤波特性

(1) 最平坦函数

由(5.4)式可知，B 型滤波器的幅频特性是随 Ω 增大而单调下降的。当 $\Omega\to 0$，$|H_a(j\Omega)|^2\to 1$；$\Omega\to\infty$，$|H_a(j\Omega)|^2\to 0$。这就是说，Ω 在 0 附近以及 Ω 很大时幅频特性都接近理想情况，而且在这两处曲线趋于平坦，因此 B 型特性又叫做最平坦特性。

(2) 3 dB 带宽

由(5.4)式可知，当 $\Omega=\Omega_c$ 时，$|H_a(j\Omega)|^2=1/2$，而

$$10\lg|H_a(j\Omega_c)|^2=10\lg\frac{1}{2}\approx-3\text{ dB}$$

就是说，在 Ω_c 处，平方幅度（或功率）下降了一半，即 3 dB，因此滤波器的截止频率 Ω_c 又叫做 3 dB 带宽或者半功率点。

（3）N 的影响

容易看出，当 $0<\Omega<\Omega_c$，即在通带内时，由于 $0<(\Omega/\Omega_c)<1$，故 N 越大，$|H_a(j\Omega)|^2$ 随 Ω 增大而下降越慢；当 $\Omega>\Omega_c$，即在阻带内时，由于 $(\Omega/\Omega_c)>1$，故 N 越大，$|H_a(j\Omega)|^2$ 随 Ω 增大而下降越快。因此，N 越大，B 型滤波器的幅频特性越接近理想的矩形形状，如图 5.2 所示。

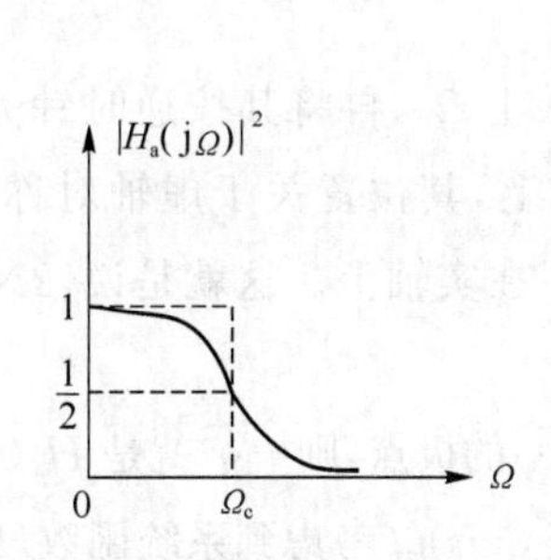

图 5.1 Butterworth 低通滤波器的平方幅度特性

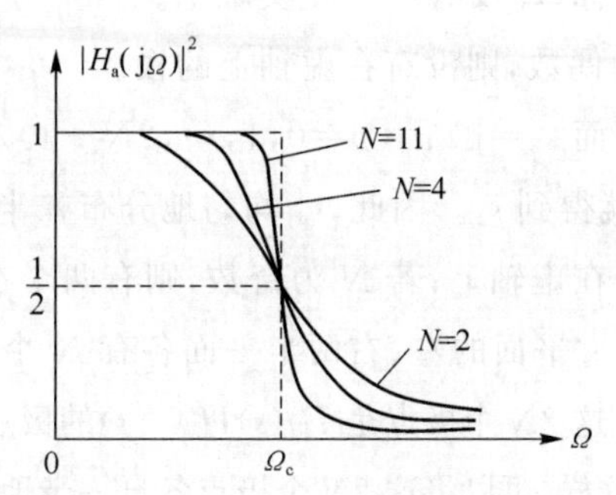

图 5.2 阶次 N 对 B 型特性的影响

显然，不同的 N 所对应的特性曲线都经过 Ω_c 处的半功率点，离 Ω_c 越近，幅频特性与理想特性相差越大。

2. 由极点得到 $H_a(s)$

知道了 Ω_c 和 N 这两个参数，就可以得到 B 型滤波器的平方幅度特性 $|H_a(j\Omega)|^2$，但是，我们的目的是要设计出系统函数 $H_a(s)$，那么，如何由 $|H_a(j\Omega)|^2$ 得到 $H_a(s)$ 呢？下面讨论这个问题。

一般情况下，$H_a(s)$ 都是 s 的实系数有理函数，故有 $H_a^*(s)=H_a(s^*)$，令 $s=j\Omega$，则有 $H_a^*(j\Omega)=H_a(-j\Omega)$，而

$$|H_a(j\Omega)|^2 = H_a(j\Omega)H_a^*(j\Omega) = H_a(j\Omega)H_a(-j\Omega) \tag{5.5}$$

由(5.4)式和(5.5)式有

$$H_a(j\Omega)H_a(-j\Omega) = \frac{1}{\left[1+\left(\dfrac{\Omega}{\Omega_c}\right)^{2N}\right]} = \frac{1}{\left[1+\left(\dfrac{j\Omega}{j\Omega_c}\right)^{2N}\right]}$$

用 s 代替上式中的 $j\Omega$，有

$$H_a(s)H_a(-s) = \frac{1}{\left[1+\left(\dfrac{s}{j\Omega_c}\right)^{2N}\right]} \tag{5.6}$$

(5.6)式的极点是使 $1+\left(\dfrac{s}{j\Omega_c}\right)^{2N}=0$ 的 s 值，故为

$$s_p = \mathrm{j}\Omega_c(-1)^{1/2N}$$

设

$$\alpha_p=(-1)^{\frac{1}{2N}}$$

即 α_p 是 -1 的 $2N$ 次方根，故其模为 1，辐角为

$$\arg[\alpha_p] = \frac{\pi + 2p\pi}{2N} \qquad (p = 0,1,\cdots,2N-1) \tag{5.7}$$

这就是说，这 $2N$ 个根均匀地分布在单位圆上，辐角间隔为 π/N；它们两两共轭，即关于实轴对称，却没有一个在实轴上；若 N 为奇数，则有两个根是单位圆与虚轴的两个交点，若 N 为偶数，则没有在虚轴上的根。

而 $s_p=\mathrm{j}\Omega_c\alpha_p(p=0,1,\cdots,2N-1)$。故将 α_p 的模乘上 Ω_c，再将其按逆时针方向旋转 90°就得到 s_p。因此，s_p 均匀地分布在半径为 Ω_c 的圆周上，其位置关于虚轴对称，却没有一个在虚轴上；若 N 为奇数，则有两个在实轴上，否则不在实轴上。这就是说，$2N$ 个极点 s_p 在 s 平面的左、右两半平面各有 N 个。

这 $2N$ 个极点是 $H_a(s)H_a(-s)$的极点，而若 s_k 是 $H_a(s)$的极点，则 $-s_k$ 就是 $H_a(-s)$的极点，这样，可以将这 $2N$ 个极点各自一半地分给 $H_a(s)$和 $H_a(-s)$。考虑到系统函数$H_a(s)$的极点必须在左半平面系统才是稳定的，因而将左半 s 平面的 N 个极点 $s_k(k=0,1,\cdots,N-1)$分给 $H_a(s)$，这样，右半平面的 N 个极点 $-s_k$ 就正好是 $H_a(-s)$的极点。因此有

$$H_a(s) = \frac{\Omega_c^N}{(s-s_0)(s-s_1)\cdots(s-s_{N-1})} \tag{5.8}$$

(5.8)式中的常数 Ω_c^N 是为了使(5.5)式满足而加入的。这 N 个极点 $s_0,s_1,\cdots,s_{N-1}$ 在 s 平面的左半平面而且以共轭形式成对出现，当 N 为奇数时，有一个在实轴上（为 $-\Omega_c$）。

3. 一般情况下的 B 型低通滤波器

一般情况下，所给的低通滤波器的指标如图 5.3 所示，即在通带和阻带都允许一定的幅度误差，图中分别以 A_1 和 A_2 表示；在通带和阻带之间可以存在一个过渡带，Ω_1 和 Ω_2 分别表示通带和阻带的边界频率。

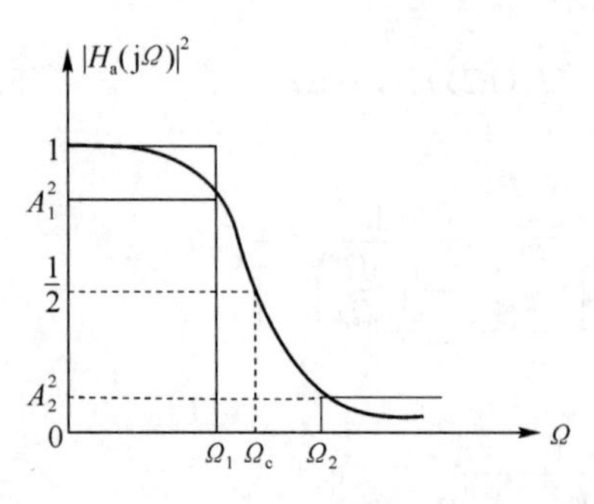

图 5.3　一般情况下低通滤波器的设计指标

在此情况下，为了处理问题方便，应将角频率 Ω 标称化，通常以 Ω_1 为基准频率，则标称化角频率为

$$\Omega' = \Omega/\Omega_1 \tag{5.9}$$

于是通带边界的标称化角频率为 $\Omega_1'=1$，并且在通带有 $0\leqslant\Omega'\leqslant1$，在过渡带和阻带则有 $\Omega'>1$。

为了方便起见，下面仍用不带撇的 Ω 表示标称化的角频率。频率标称化后，B 型滤波器的平方幅度特性仍如(5.4)式所示，只是式中的参数 Ω_c 和 N 都需要由图 5.3 给出的指标来确定。

(5.4)式可以写成

$$|H_a(j\Omega)|^2=\frac{1}{\left[1+\left(\frac{1}{\Omega_c}\right)^{2N}\cdot\Omega^{2N}\right]}\tag{5.10}$$

当 $\Omega=\Omega_1=1$ 时，(5.10)式为

$$|H_a(j\Omega_1)|^2=\frac{1}{\left[1+\left(\frac{1}{\Omega_c}\right)^{2N}\right]}=A_1^2\tag{5.11}$$

令

$$\left(\frac{1}{\Omega_c}\right)^{2N}=B^2\tag{5.12}$$

则由(5.11)式可得

$$B^2=\frac{1}{A_1^2}-1$$

当 $\Omega=\Omega_2$ 时，有

$$|H_a(j\Omega_2)|^2=\frac{1}{[1+B^2\Omega_2^{2N}]}=A_2^2\tag{5.13}$$

故

$$\Omega_2^{2N}=\frac{\left(\frac{1}{A_2^2}-1\right)}{B^2}\tag{5.14}$$

由(5.14)式可求出 N，再将其代入(5.12)式，即可求得 Ω_c。

参数 N 和 Ω_c 求出后，即可像上面所述的那样求得所要求的滤波器的系统函数 $H_a(s)$，只是现在的 3 dB 带宽 Ω_c 和各极点都是标称化值。

5.3.2　Chebyshev 低通滤波特性的逼近

已经知道，B 型低通滤波器的幅频特性是随着 Ω 增大而单调下降的，在 $\Omega=0$ 附近以及 Ω 很大时接近理想的情况，但在截止频率附近特性就不好，而且过渡带下降较缓慢。而 Chebyshev 滤波特性出现了波动，这种特性分为两个类型。Chebyshev Ⅰ 型在通带是等波纹波动的，在过渡带和阻带为单调波形；Chebyshev Ⅱ 型则在通带和过渡带为单调波

形，而在阻带是等波纹波动的。这里讨论的是 Chebyshev Ⅰ型低通滤波特性。

现将低通滤波器的平方幅度特性写成一般形式：

$$|H_a(j\Omega)|^2 = \frac{1}{1+f^2(\Omega)} \tag{5.15}$$

对于B型滤波器，$f(\Omega)=\left(\frac{\Omega}{\Omega_c}\right)^N$，显然，$\Omega=0$ 是其 N 阶零点。而当 $f(\Omega)=0$ 时，便有 $|H_a(j\Omega)|^2=1$，达到最大值。也就是说，B型滤波器在通带内 $f(\Omega)$ 的零点都集中于 $\Omega=0$ 处，因而 $\Omega=0$ 附近特性好，而随着 Ω 增大，通带特性与理想特性的误差越来越大。因此，可以想到，若将通带内 $f(\Omega)$ 的零点分散开，则 $|H_a(j\Omega)|$ 将在通带内多个点上出现最大值，于是通带内的总体特性就会得到改善。

Chebyshev 响应就具有这样的特点，具有这种特性的滤波器又叫做C型滤波器。C型滤波器的平方幅度特性为

$$|H_a(j\Omega)|^2 = \frac{1}{1+\varepsilon^2 C_N^2(\Omega)} \tag{5.16}$$

其中，Ω 为标称化的角频率，基准频率为通带边界频率，即 $\Omega_1=1$；N 为滤波器阶数，它可以是0和正整数；$C_N(\Omega)$ 是 N 阶 Chebyshev 多项式，ε 为一常数。

1. Chebyshev 多项式

从(5.16)式可知，C型滤波器的平方幅度特性主要由 Chebyshev 多项式 $C_N(\Omega)$ 决定，因此首先讨论 $C_N(\Omega)$ 的特性。

$C_N(\Omega)$ 定义为

$$C_N(\Omega) = \begin{cases} \cos(N\arccos\Omega) & 0 \leqslant \Omega \leqslant 1 \\ \cosh(N\operatorname{arccosh}\Omega) & \Omega \geqslant 1 \end{cases} \tag{5.17}$$

这里 $\cosh x$ 为双曲余弦函数：

$$\cosh x = \frac{e^x + e^{-x}}{2}, \operatorname{arccosh} x = \ln(x \pm \sqrt{x^2-1}) \tag{5.18}$$

(1) 关于 $C_N(-\Omega)$

(5.17)式定义在 $\Omega \geqslant 0$ 区间，为了考察 $\Omega<0$ 时的 Chebyshev 多项式，下面讨论 $C_N(-\Omega)$ 与 $C_N(\Omega)$ 的关系。

考虑 $0 \leqslant \Omega \leqslant 1$ 的情形，此时

$$C_N(\Omega) = \cos(N\arccos\Omega) \tag{5.19}$$

令 $\arccos\Omega=\theta$，则 $\cos\theta=\Omega$，而 $\cos(\pi-\theta)=-\cos\theta=-\Omega$，故有

$$\arccos(-\Omega) = \pi - \theta = \pi - \arccos\Omega \tag{5.20}$$

由(5.19)式有

$$C_N(-\Omega)=\cos[N\arccos(-\Omega)] \tag{5.21}$$

由(5.20)式有

$$\begin{aligned}\cos[N\arccos(-\Omega)]&=\cos[N(\pi-\arccos\Omega)]\\&=\cos(N\pi)\cos(N\arccos\Omega)+\sin(N\pi)\sin(N\arccos\Omega)\\&=(-1)^N\cos(N\arccos\Omega)\\&=(-1)^N C_N(\Omega)\end{aligned} \tag{5.22}$$

由(5.21)式和(5.22)式有

$$C_N(-\Omega)=(-1)^N C_N(\Omega) \tag{5.23}$$

(5.23)式虽然是对 $0\leqslant\Omega\leqslant1$ 时由 $C_N(\Omega)$ 的定义式推导出的，但可以证明同样对于 $\Omega\geqslant1$ 时的定义式也成立，这里证明从略。这就是说，当 N 为偶数时，$C_N(\Omega)$ 是 Ω 的偶函数；当 N 为奇数时，$C_N(\Omega)$ 是 Ω 的奇函数。而 $C_N^2(\Omega)$ 则总是 Ω 的偶函数，因此有

$$C_N^2(\Omega)=\begin{cases}\cos^2(N\arccos\Omega) & |\Omega|\leqslant1\\ \cosh^2(N\operatorname{arccosh}\Omega) & |\Omega|\geqslant1\end{cases} \tag{5.24}$$

(2) 关于分界点

(5.17)式和(5.24)式这两个分段表达式意味着 $C_N(\Omega)$ 与 $C_N^2(\Omega)$ 都在分段点 $|\Omega|=1$ 处连续，下面进行证明。

当 $0\leqslant\Omega\leqslant1$ 时，令 $\Omega=\cos\theta$，则 $C_N(\Omega)=\cos(N\theta)$；故当 $\Omega=1$ 时，有 $\theta=2\pi k$（k 为整数），因此有 $C_N(1)=\cos(N2\pi k)=1$。

当 $\Omega\geqslant1$，$C_N(\Omega)=\cosh(N\operatorname{arccosh}\Omega)$，若 $\Omega=1$，因 $\operatorname{arccosh}1=\ln(1\pm\sqrt{1-1})=0$，故

$$C_N(1)=\cosh(N\operatorname{arccosh}1)=\cosh0=\frac{e^0+e^0}{2}=1$$

这就是说，当 $\Omega\geqslant0$ 时 $C_N(\Omega)$ 虽然分段表示，但是在分界点 $\Omega=1$ 处是连续的，并且由于两段都满足 $C_N(-\Omega)=(-1)^N C_N(\Omega)$，故在 $\Omega<0$ 时的分界点 $\Omega=-1$ 处也是连续的。

(3) $C_N(\Omega)$ 是一个多项式

虽然 $C_N(\Omega)$ 的定义式是余弦函数和双曲余弦函数表达式，但它实际上是一个多项式，下面就 $0\leqslant\Omega\leqslant1$ 的情况进行推导。

已经知道，若令 $\arccos\Omega=\theta$，则 $C_N(\Omega)=\cos(N\theta)$，而

$$C_{N+1}(\Omega)=\cos[(N+1)\theta]=\cos(N\theta)\cos\theta-\sin(N\theta)\sin\theta \tag{5.25}$$

$$C_{N-1}(\Omega)=\cos[(N-1)\theta]=\cos(N\theta)\cos\theta+\sin(N\theta)\sin\theta \tag{5.26}$$

将(5.25)式和(5.26)式两边分别相加，得

$$C_{N+1}(\Omega)+C_{N-1}(\Omega)=2\cos(N\theta)\cos\theta=2C_N(\Omega)\cdot\Omega$$

于是可得到下面的递推公式：

$$C_{N+1}(\Omega) = 2\Omega \cdot C_N(\Omega) - C_{N-1}(\Omega) \tag{5.27}$$

由于

$$C_0(\Omega) = \cos 0 = 1 \tag{5.28}$$

$$C_1(\Omega) = \cos(\arccos \Omega) = \Omega \tag{5.29}$$

于是由(5.27)式、(5.28)式、(5.29)式就可以得到 N 为任何非负整数时的 $C_N(\Omega)$，而且显然这些表达式都是多项式。下面列出了 $0 \leqslant N \leqslant 8$ 时的 Chebyshev 多项式。

N	$C_N(\Omega)$
0	1
1	Ω
2	$2\Omega^2 - 1$
3	$4\Omega^3 - 3\Omega$
4	$8\Omega^4 - 8\Omega^2 + 1$
5	$16\Omega^5 - 20\Omega^3 + 5\Omega$
6	$32\Omega^6 - 48\Omega^4 + 18\Omega^2 - 1$
7	$64\Omega^7 - 112\Omega^5 + 56\Omega^3 - 7\Omega$
8	$128\Omega^8 - 25\Omega^6 + 160\Omega^4 - 32\Omega^2 + 1$

可以看出，$C_N(\Omega)$的阶次 N 正好等于多项式的最高幂次，而最高次项的系数即为 2^{N-1}，并且当 N 为偶数时，多项式 $C_N(\Omega)$只含 Ω 的偶次方项，而当 N 为奇数时，$C_N(\Omega)$只含 Ω 的奇次方项。

上述结果虽然是在 $0 \leqslant \Omega \leqslant 1$ 时推导出的，但对于 $\Omega \geqslant 1$ 时的表达式也成立，这里证明从略。又由于(5.23)式，可知对于 $\Omega < 0$ 时也成立。实际上，上面的 $C_N(\Omega)$的多项表达式以及(5.27)式的递推公式对于 $-\infty < \Omega < +\infty$ 均满足。而且上表中也清楚表明，当 N 为偶数时，$C_N(\Omega)$是 Ω 的偶函数，N 为奇数时则为奇函数，这也验证了上面已得出的结论。

(4) $C_N(\Omega)$的零点分布

当 $|\Omega| \leqslant 1$，即在通带时，$C_N(\Omega)$为一实余弦函数，有 $C_N(\Omega) = \cos(N\theta)$，而 $\Omega = \cos\theta$。因此当 $N\theta = k\pi + \pi/2$（k 为整数）时

$$C_N(\Omega) = \cos\left(k\pi + \frac{\pi}{2}\right) = 0$$

这就是说，$C_N(\Omega)$的零点为

$$\Omega = \cos\theta = \cos\frac{k\pi + \frac{\pi}{2}}{N} = \cos\frac{2k\pi + \pi}{2N} \quad (k\ 为整数) \tag{5.30}$$

容易证明，(5.30)式中的 Ω 是 k 的以 $2N$ 为周期的周期函数，而在一个周期内，即

$0\leqslant k\leqslant 2N-1$时，又有

$$\begin{aligned}\Omega(2N-1-k) &= \cos\frac{2(2N-1-k)\pi+\pi}{2N} = \cos\left(2\pi-\frac{2k\pi+\pi}{2N}\right)\\ &= \cos\frac{2k\pi+\pi}{2N} = \Omega(k)\end{aligned}$$

因此$\Omega(k)$在一个周期内（$0\leqslant k\leqslant 2N-1$，$|\Omega(k)|\leqslant 1$）共有$N$个不同的值，也即$C_N(\Omega)$的零点$\Omega(k)$总共有$N$个不同的值。

因此，在区间$|\Omega(k)|\leqslant 1$，$C_N(\Omega)$共有N个零点；而当$|\Omega|>1$，由于$C_N(\Omega)$实际上是一指数函数，故不再有零点，而且$|C_N(\Omega)|$随$|\Omega|$增大而单调上升，N越大上升越快。

(5) 关于$C_N(0)$

当$\Omega=0$，由$\Omega=\cos\theta$可知$\theta=k\pi+\pi/2$（k为整数）。由$C_N(\Omega)=\cos(N\theta)$，有

$$C_N(0) = \cos[N(k\pi+\pi/2)]$$

分两种情况：

当N为偶数时，令$N=2L$，L为整数，有

$$\begin{aligned}C_N(0) &= \cos[2L(k\pi+\pi/2)]\\ &= \cos(Lk\cdot 2\pi+L\pi) = \cos(L\pi) = \pm 1\end{aligned}$$

当N为奇数时，令$N=2L+1$，L为整数，有

$$\begin{aligned}C_N(0) &= \cos[(2L+1)(k\pi+\pi/2)]\\ &= \cos(k'\pi+\pi/2) = 0\end{aligned}\qquad (k'\text{为整数})$$

因此有

$$C_N^2(0) = \begin{cases}1 & N\text{为偶数}\\ 0 & N\text{为奇数}\end{cases}\tag{5.31}$$

2. C型低通滤波器的平方幅度特性

根据上面对Chebyshev多项式$C_N(\Omega)$的特性分析以及(5.16)式，可以得到C型低通滤波器的平方幅度特性。

(1) 通带特性

在通带，即$|\Omega|\leqslant 1$范围内，已经知道$C_N(\Omega)$有N个零点，又由(5.16)式可知，在这些零点处，$|H_a(j\Omega)|^2=1$；另外，由于在通带$C_N(\Omega)$为余弦函数，故$C_N^2(\Omega)$之最大值为1，此时$|H_a(j\Omega)|^2=\frac{1}{1+\varepsilon^2}$，这是这个平方幅度函数在通带内的最小值。因此，在通带内，$|H_a(j\Omega)|^2$在1与$\frac{1}{1+\varepsilon^2}$之间等波纹波动，波动的幅度为

$$\mathrm{RW} = 1-\frac{1}{1+\varepsilon^2}\tag{5.32}$$

此幅度通常用通带内$|H_a(j\Omega)|^2$的最小值的分贝损耗来表示，即

$$\mathrm{RW_{dB}} = -10\lg\frac{1}{1+\varepsilon^2} = 10\lg(1+\varepsilon^2) \tag{5.33}$$

显然，$\mathrm{RW_{dB}}$由参数ε决定，ε越大，$\mathrm{RW_{dB}}$越大，通带波动幅度越大。$\mathrm{RW_{dB}}$是描写C型滤波器特性的一个参数，若$\mathrm{RW_{dB}}=0.5$(对应于$\varepsilon=0.349\,3$)，则称此滤波器为0.5 dB滤波器，余此类推。

(2) 边界特性

前面已经得到$C_N(1)=1$，因此在通带边界频率$\Omega_1=1$处，无论N为何值，总有

$$|H_a(j\Omega_1)|^2 = |H_a(j1)|^2 = \frac{1}{1+\varepsilon^2} \tag{5.34}$$

当$\Omega=0$时，由(5.16)式和(5.31)式可以得到

$$|H_a(j0)^2| = \begin{cases} \dfrac{1}{1+\varepsilon^2} & N\text{为偶数} \\ 1 & N\text{为奇数} \end{cases} \tag{5.35}$$

(3) 过渡带和阻带特性以及3 dB带宽

当$\Omega>1$，即在过渡带和阻带，由于$C_N(\Omega)$单调上升，从而$C_N^2(\Omega)$单调上升，故$|H_a(j\Omega)|^2$随Ω增大而单调下降，N越大下降越快。

现在来看看C型滤波器的3 dB带宽。由其定义知道，$|H_a(j\Omega_c)|^2=1/2$；又由(5.34)式知道，$|H_a(j\Omega_1)|^2=|H_a(j1)|^2=\dfrac{1}{1+\varepsilon^2}$，故当$\varepsilon=1$时，$|H_a(j\Omega_1)|^2=1/2$。因此，当$\varepsilon=1$时，$\Omega_c=\Omega_1=1$为通带的边界；而当$0<\varepsilon<1$时，$\Omega_c$总是大于1的。3 dB带宽$\Omega_c$由参数$N$和$\varepsilon$决定，有

$$\Omega_c = \cosh\left[\frac{1}{N}\operatorname{arccosh}(1/\varepsilon)\right] \tag{5.36}$$

这个式子的证明从略。总的说来，3 dB带宽对于C型滤波器来说，并不是重要的参数。

根据上面的讨论，可以描述出C型低通滤波器的平方幅度特性如图5.4所示。比较(5.15)式和(5.16)式可知，对于C型滤波器，$f(\Omega)=\varepsilon C_N(\Omega)$，这种滤波器正是将通带内$f(\Omega)$的$N$个零点分散开来实现的，因此通带的总体特性优于B型滤波器。此外，对于同样的阶次N，C型滤波器的过渡带和阻带特性也优于B型滤波器。

(4) ε和N的影响

C型滤波器的特性参数是ε和N。增大ε会使阻带衰减增大，从而改善阻带特性；但同时通带波动幅度增大，通带特性变坏。加大N可使阻带衰减增大，过渡带变陡；而N的大小只影响通带波动的快慢，并不影响通带波动的幅度，因此应该说不影响通带特性。

3. 根据滤波器所要求的指标确定参数ε和N

下面举例来说明如何确定C型滤波器的参数ε和N。

例5.1 一个低通滤波器的指标如图5.5所示，Ω为标称化的角频率。若用C型滤波

特性逼近，求其参数 ε 和 N。

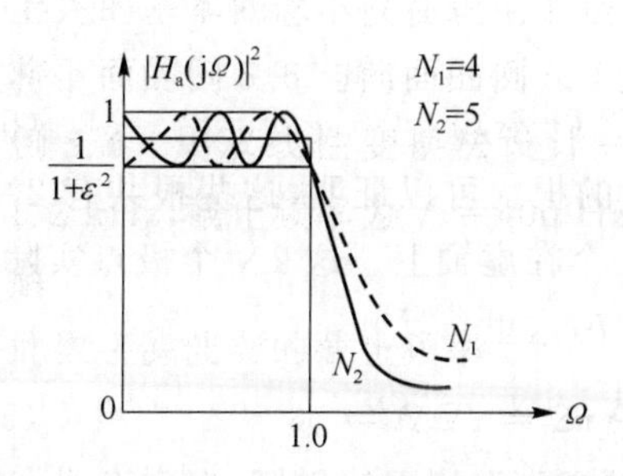

图 5.4　C 型低通滤波器的平方幅度特性

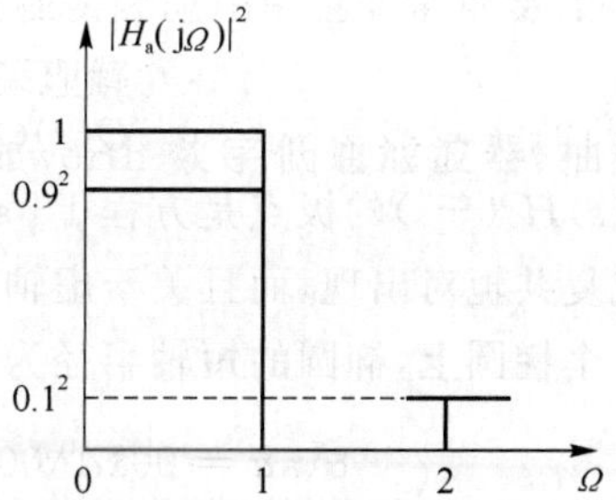

图 5.5　一个低通滤波器的指标

解

由于通带波动大小只与 ε 有关，故应先根据通带要求确定 ε。由

$$\frac{1}{1+\varepsilon^2}=0.9^2=0.81$$

可得到 $\varepsilon^2=0.234\,57$，$\varepsilon=0.484\,32$。

再根据阻带要求确定 N，由所给指标有

$$|H_a(\mathrm{j}2)|^2=\frac{1}{1+\varepsilon^2 C_N^2(2)}\leqslant 0.1^2$$

故可得
$$C_N^2(2)\geqslant\frac{99}{\varepsilon^2}=422.05$$

即有
$$C_N(2)\geqslant 20.5 \tag{5.37}$$

根据递推公式
$$C_{N+1}(2)=4C_N(2)-C_{N-1}(2)$$

因
$$C_0(2)=1,C_1(2)=2$$

故有
$$C_2(2)=4\times2-1=7,C_3(2)=4\times7-2=26$$

已经看到，只要 $N=3$，便可满足(5.37)式。因此所设计的 C 型滤波器的平方幅度响应为

$$|H_a(\mathrm{j}\Omega)|^2=\frac{1}{1+0.234\,57C_3^2(\Omega)}$$ ■

4. C 型低通滤波器的极点和系统函数

由(5.3)式和(5.16)式可得

$$H_a(\mathrm{j}\Omega)H_a(-\mathrm{j}\Omega)=|H_a(\mathrm{j}\Omega)|^2=\frac{1}{1+\varepsilon^2C_N^2\left(\frac{\mathrm{j}\Omega}{\mathrm{j}}\right)} \tag{5.38}$$

用 s 代替 $\mathrm{j}\Omega$，便有

$$H_a(s)H_a(-s)=\frac{1}{1+\varepsilon^2C_N^2(-\mathrm{j}s)} \tag{5.39}$$

令

$$H_a(s)=\frac{1}{Q(s)}$$

则有

$$Q(s)Q(-s)=1+\varepsilon^2C_N^2(-\mathrm{j}s) \tag{5.40}$$

故 $H_a(s)H_a(-s)$ 的极点是方程 $1+\varepsilon^2C_N^2(-\mathrm{j}s)=0$ 的根。可以证明，这些根共有 $2N$ 个，它们成复共轭对出现，而且关于虚轴对称，却没有一个在虚轴上。这 $2N$ 个极点实际上分布在一个椭圆上，椭圆的短轴半径为 a，长轴半径为 b，这里

$$a=\frac{1}{2}(\alpha^{1/N}-\alpha^{-1/N}),b=\frac{1}{2}(\alpha^{1/N}+\alpha^{-1/N}) \tag{5.41}$$

而

$$\alpha=\varepsilon^{-1}+\sqrt{1+\varepsilon^{-2}} \tag{5.42}$$

将左半平面的 N 个极点分给 $H_a(s)$，设这 N 个极点为

$$s_k=\sigma_k+\mathrm{j}\Omega_k \qquad (k=1,2,\cdots,N) \tag{5.43}$$

则有

$$\sigma_k=-a\sin\frac{(2k-1)\pi}{2N},\Omega_k=b\cos\frac{(2k-1)\pi}{2N} \tag{5.44}$$

而

$$Q(s)=(s-s_1)(s-s_2)\cdots(s-s_N) \tag{5.45}$$

前面已经说明，Chebyshev 多项式 $C_N(\Omega)$ 的最高次幂的系数为 2^{N-1}，因此(5.40)式中的 $Q(s)$ 的最高次项的系数应为 $\varepsilon 2^{N-1}$，于是(5.45)式应修正为

$$Q(s)=\varepsilon 2^{N-1}(s-s_1)(s-s_2)\cdots(s-s_N)$$

于是

$$H_a(s)=\frac{\varepsilon^{-1}2^{1-N}}{(s-s_1)(s-s_2)\cdots(s-s_N)} \tag{5.46}$$

椭圆上的这 $2N$ 个极点还可以由作图法确定，如图 5.6 所示，图中是 $N=3$ 的情况。具体做法是，分别以椭圆的长、短轴半径 b、a 为半径在 s 平面上画两个同心圆，原点为其圆心，再将这两个圆的圆周同时等分为 $2N$ 个部分，每两个分点之间辐角间隔为 π/N。若 N 为奇数，则第一个分点在正实轴上；若 N 为偶数，则第一个分点辐角为 $\pi/2N$。于是椭圆上的每个极点的纵坐标由大圆的相应点的纵坐标确定，其横坐标由小圆的相应点的横坐标确定。

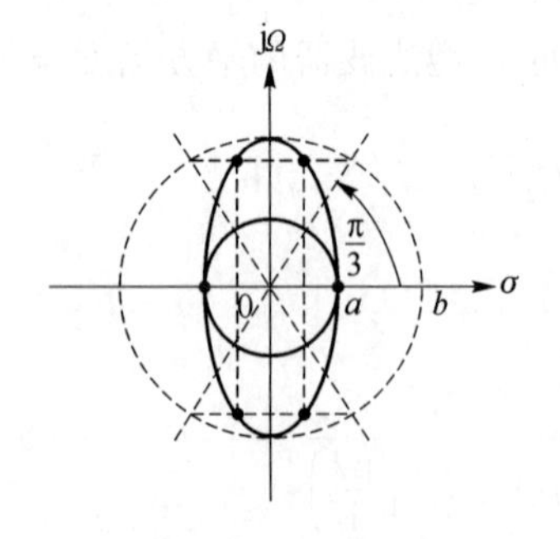

图 5.6　C 型低通滤波器的极点分布

例 5.2　求 $\varepsilon=0.04$，$N=4$ 的 C 型低通滤波器的系统函数。

解

$$\alpha=\varepsilon^{-1}+\sqrt{1+\varepsilon^{-2}}=1/0.04+\sqrt{1+1/0.0016}\approx 50.02$$
$$a=(\alpha^{1/4}-\alpha^{-1/4})/2=(50.02^{1/4}-50.02^{-1/4})/2\approx 1.142$$
$$b=(\alpha^{1/4}+\alpha^{-1/4})/2=(50.02^{1/4}+50.02^{-1/4})/2\approx 1.518$$

左半平面的极点为 $s_k=\sigma_k+\mathrm{j}\Omega_k$，其中

$$\sigma_k=-a\sin\frac{(2k-1)\pi}{2N},\Omega_k=b\cos\frac{(2k-1)\pi}{2N}\qquad(k=1,2,3,4)$$

故有

$$\sigma_1=-a\sin(\pi/8)=-0.437,\quad \Omega_1=b\cos(\pi/8)=1.4$$
$$\sigma_2=-a\sin(3\pi/8)=-1.055,\ \Omega_2=b\cos(3\pi/8)=0.581$$
$$\sigma_3=-a\sin(5\pi/8)=-1.055,\ \Omega_3=b\cos(5\pi/8)=-0.581$$
$$\sigma_4=-a\sin(7\pi/8)=-0.437,\ \Omega_4=b\cos(7\pi/8)=-1.4$$

因此，系统函数的分母多项式为

$$\begin{aligned}Q(s)&=(s-s_1)(s-s_2)(s-s_3)(s-s_4)\\&=(s+0.437-\mathrm{j}1.4)(s+1.055-\mathrm{j}0.581)(s+1.055+\mathrm{j}0.581)(s+0.437+\mathrm{j}1.4)\\&=s^4+2.984s^3+5.446s^2+5.807s+3.121\end{aligned}$$

该 C 型低通滤波器的系统函数为

$$H_{\mathrm{a}}(s)=\frac{\varepsilon^{-1}2^{1-N}}{Q(s)}=\frac{0.04^{-1}2^{-3}}{Q(s)}$$
$$=\frac{3.125}{s^4+2.984s^3+5.446s^2+5.807s+3.121}$$ ■

可以看到，B 型和 C 型滤波器的系统函数 $H_{\mathrm{a}}(s)$的分子都是常数，分母都是 s 的多项式，这样的滤波器叫做全极点滤波器。就幅频特性而言，C 型滤波器是最佳的全极点滤波器，当给定允许的通带和阻带的误差容限时，它有最短的过渡带。

5.3.3　Cauer 低通滤波特性简介

由于全极点滤波器的系统函数的分子是常数，因此 $H_{\mathrm{a}}(s)$在 s 平面的有限远处没有零点，其零点即衰减极点在 $s=\infty$，这就是说，全极点低通滤波器在阻带只有当频率无限大时其特性才达到衰减无限大的理想状态。因此，全极点滤波器的阻带特性不是很好，并且其过渡带也不会太陡；如果要求过渡带较陡较窄，那么所需要的滤波器阶次 N 就会较大。于是可以想到，如果在阻带内有有限大小的传输零点，并使其靠近通带，这样就会使过渡带的衰减特性变陡。Cauer 滤波器就具有这样的特性，其平方幅度函数为

$$|H_{\mathrm{a}}(\mathrm{j}\Omega)|^2=\frac{1}{1+\varepsilon^2 J_N^2(\Omega)}\tag{5.47}$$

这里 $J_N(\Omega)$为雅可比椭圆函数，N 为滤波器阶次。此滤波器幅度特性主要由雅可比椭圆函数决定，故又叫椭圆函数滤波器或者椭圆滤波器。这种滤波器的系统函数的分子、分母

都是 s 的多项式，其一般形式为

N 为偶数时：
$$H_a(s)=\frac{k\prod_{i=1}^{N/2}(s^2+a_i^2)}{s^N+b_{N-1}s^{N-1}+\cdots+b_1s+b_0}$$

N 为奇数时：
$$H_a(s)=\frac{k(s-a_0)\prod_{i=1}^{(N-1)/2}(s^2+a_i^2)}{s^N+b_{N-1}s^{N-1}+\cdots+b_1s+b_0} \tag{5.48}$$

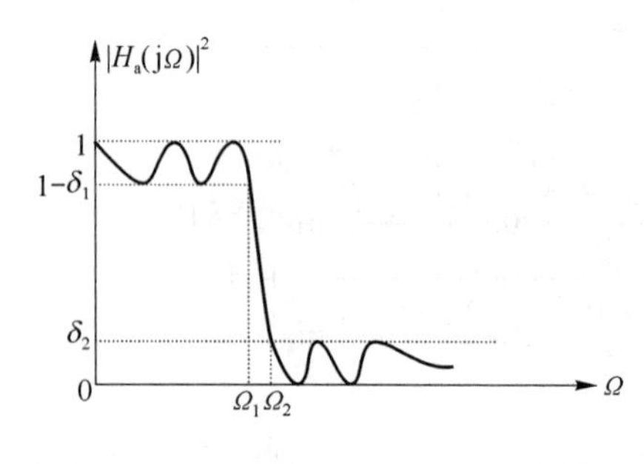

图 5.7　Cauer 低通滤波器的平方幅度响应

由于分子也是 s 的多项式，因此 $H_a(s)$ 在 s 平面的有限远处具有零点。

Cauer 滤波器在通带和阻带都有等波纹幅度特性，如图 5.7 所示。

这种滤波器的特性分析以及系统函数的导出都是比较复杂的，在此不作进一步的讨论。

5.3.4　3 种滤波器的比较

B 型滤波器和 C 型滤波器都是全极点滤波器，而 Cauer 滤波器不是。这 3 种滤波器无论在滤波特性、设计方法以及稳定性方面都是不同的。总的来说，C 型滤波器在各个方面都介于 B 型滤波器和 Cauer 滤波器之间。

1. 关于滤波器的幅度频率特性

Butterworth 滤波器在整个频带内都是单调下降的；Chebyshev 滤波器在通带内等波纹振动，在过渡带和阻带单调下降；Cauer 滤波器除了过渡带外，在通带和阻带都等波纹振动。

2. 关于过渡带的陡度

Cauer 滤波器最陡，Butterworth 滤波器最差。因此，对于相同要求的过渡带特性，所需的滤波器阶次 N，Cauer 为最低，Butterworth 为最高。

3. 关于设计的复杂性

B 型滤波器最简单，Cauer 滤波器最复杂。

4. 关于滤波器频率特性对于参数变化的灵敏度

首先要解释一下这个灵敏度概念。从上面的讨论可知，是按照对滤波器的幅频特性(平方幅度特性)的要求来设计出系统函数 $H_a(s)$ 的，而 $H_a(s)$ 是由电子电路来实现的，$H_a(s)$ 的各个系数是由电子元件的数值来产生的。电子元件的精度是有限的，因此所产生的各个系数与所设计的 $H_a(s)$ 的系数之间就会有误差，于是所实现的滤波器的频率特

性就会与所设计的 $H_a(s)$ 的频率特性之间产生误差，继而与所要求的频率特性之间产生误差。在系数的误差范围相同的情况下，所引起的频率特性的变化越小，就意味着滤波器对于参数变化的灵敏度越小，或者说滤波器对于参数变化的灵敏度特性越好。关于灵敏度特性，Butterworth 滤波器最好，Chebyshev 滤波器次之，Cauer 滤波器最差。

因此，在运用时到底选择哪种滤波器要根据实际情况决定。

5.3.5　滤波器图表法设计

模拟滤波器的理论和设计方法都已经相当成熟，并且有许多现成的图表可以利用，使设计工作非常方便。下面介绍两种与滤波特性的逼近有关的图表设计方法。

1. 用列线图求滤波器的阶次 N

在滤波器设计中，幅频响应特性常用衰减 α(dB)来表示。

$$\alpha(\mathrm{dB}) = 10\lg \frac{1}{|H_a(\mathrm{j}\Omega)|^2}\ (\mathrm{dB}) \tag{5.49}$$

假设所要设计的低通滤波器的指标如图5.8所示，$\alpha_{\max}$ 表示通带所允许的最大衰减，$\alpha_{\min}$ 表示阻带所要求的最小衰减，所设计的滤波器的衰减特性曲线不应落入图中阴影部分。

在滤波器的设计中，阶次 N 是主要参数之一，已经有现成的列线图，可以用来很方便地求得所要设计的滤波器的阶次 N。列线图如图5.9所示。虽然不同类型的滤波器有各自的列线图，如B型响应列线图、C型响应列线图等，但它们的构造和使用都相同。选定滤波器类型后，在相应的列线图的 $\alpha_{\max}$、$\alpha_{\min}$ 直线上根据指标要求的 $\alpha_{\max}$ 和 $\alpha_{\min}$ 分别找到相应的 a 点和 b 点，连接 a、b 点再延长交直线 XY 于 c 点；再根据通带边界频率 Ω_1 和阻带边界频率 Ω_2 求得 d，即 $d=\Omega_2/\Omega_1$，在 YO 线上找到相应的 d 点；过 c、d 点分别作垂直于 XY、YO 的直线相交于 e 点，若 e 点位于相应于 N 与 $N-1$ 的曲线之间，则 N 就是所要求的滤波器的最小阶次。

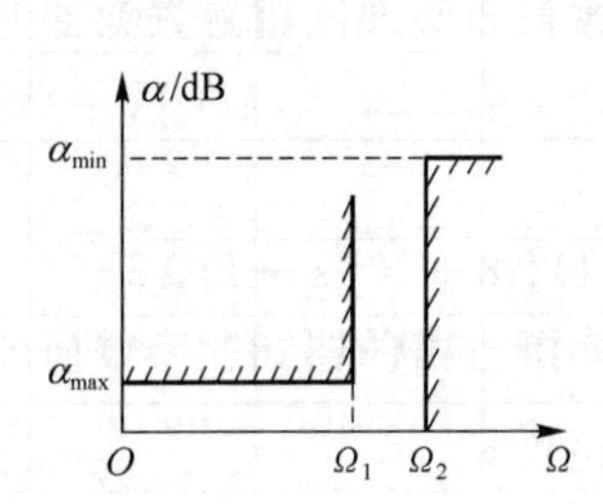

图5.8　用衰减 α 来表示的低通滤波器指标

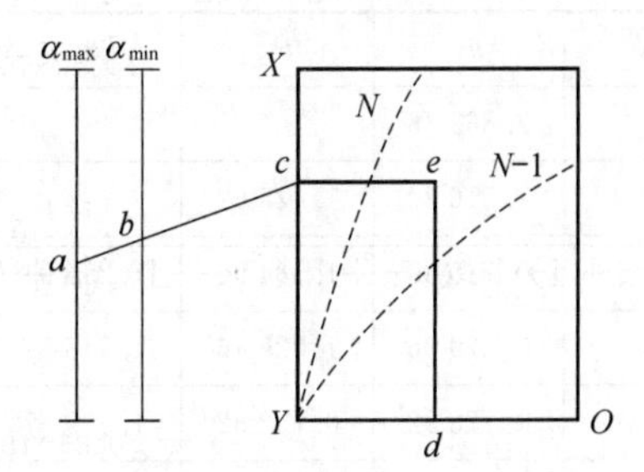

图5.9　用列线图求滤波器的阶次 N

2. 查表求得滤波器的系统函数 $H_a(s)$

求得所要求的滤波器的阶次 N 后，只需查表就可以得到它的系统函数。对于B型滤

波器，系统函数 $H_a(s)$的分母多项式为

$$Q(s)=s^N+b_{N-1}s^{N-1}+\cdots+b_1s+b_0 \tag{5.50}$$

而表中则列出了不同阶次 N 的 $Q(s)$的各系数 $b_0,b_1,\cdots,b_{N-1}$。如表 5.1 就给出了 $N=1\sim8$时的 B 型低通滤波器的 $Q(s)$的系数。注意，这些系数是以 3 dB 带宽 Ω_c 为基准频率时的值，即此时 $\Omega_c=1$，因此 $H_a(s)$的分子为 1。

表 5.1　$N=1\sim8$ 时的 B 型低通滤波器的 $Q(s)$的系数

N	b_0	b_1	b_2	b_3	b_4	b_5	b_6	b_7
1	1.000 0							
2	1.000 0	1.414 21						
3	1.000 0	2.000 00	2.000 00					
4	1.000 0	2.613 13	3.414 21	2.613 13				
5	1.000 0	3.236 07	5.236 07	5.236 07	3.236 07			
6	1.000 0	3.863 70	7.464 10	9.141 62	7.464 10	3.863 70		
7	1.000 0	4.493 96	10.097 8	14.591 79	14.591 79	10.097 83	4.493 96	
8	1.000 0	5.125 83	13.137 07	35.688 36	25.688 36	21.846 15	13.137 07	5.125 83

对于 C 型滤波器，根据不同的 RW_{dB}（或 ε）有多个不同的表格。先根据通带的波动要求确定 RW_{dB}，然后找到相应的表，再根据所求得的 N 就可查到 $H_a(s)$的分母多项式$Q(s)$的各系数。比如，表 5.2 就给出了 0.5 dB滤波器（$\varepsilon=0.349\ 31$）的情况，从表中可以查到 $N=1\sim8$ 时的分母多项式 $Q(s)$的各系数，$Q(s)$的表达式仍如(5.50)式所示。注意，对于 C 型滤波器的情形，是以通带边界频率 Ω_1 为基准频率的，即 $\Omega_1=1$，而 $H_a(s)$的分子则为 $\varepsilon^{-1}2^{1-N}$。

表 5.2　0.5 dB 滤波器（$\varepsilon=0.349\ 31$）当 $N=1\sim8$ 时的 $Q(s)$的系数

N	b_0	b_1	b_2	b_3	b_4	b_5	b_6	b_7
1	2.862 78							
2	1.516 20	1.425 62						
3	0.715 69	1.534 90	1.252 91					
4	0.379 06	1.025 46	1.716 87	1.197 39				
5	0.178 92	0.752 52	1.309 57	1.937 37	1.172 49			
6	0.094 76	0.432 37	1.171 86	1.589 76	2.171 84	1.159 18		
7	0.044 73	0.282 07	0.755 65	1.647 90	1.869 14	2.412 65	1.151 22	
8	0.023 69	0.152 54	0.573 56	1.148 59	2.184 02	2.149 22	2.666 75	1.146 08

5.4　冲激响应不变法

本节和 5.5 节所讨论的问题是，在已知模拟滤波器的系统函数 $H_a(s)$ 的情况下，如何求相应的数字滤波器的系统函数 $H(z)$。s 是模拟复频率，$H_a(s)$ 也是模拟滤波器的冲激响应 $h_a(t)$ 的拉氏变换。

5.4.1　冲激响应不变法的变换方法

模拟滤波器的系统函数通常可以表示为

$$H_a(s) = \frac{\sum_{i=0}^{M} a_i s^i}{\sum_{k=0}^{N} b_k s^k} = A \frac{\prod_{i=1}^{M}(s - s_i)}{\prod_{k=1}^{N}(s - s_k)} \tag{5.51}$$

而且一般都满足 $M<N$，因此，可以将(5.51)式化为部分分式之和的形式，即

$$H_a(s) = \sum_{k=1}^{N} \frac{A_k}{s - s_k} \tag{5.52}$$

对(5.52)式两边进行拉氏反变换，可得

$$h_a(t) = \mathscr{L}^{-1}[H_a(s)] = \sum_{k=1}^{N} A_k e^{s_k t} u(t) \tag{5.53}$$

其中 $u(t)$ 为单位阶跃函数。对 $h_a(t)$ 以周期为 T_s 进行抽样，有

$$h_a(nT_s) = \sum_{k=1}^{N} A_k e^{s_k n T_s} u(nT_s)$$

令数字滤波器的单位抽样响应(即冲激响应)

$$h(n) = T_s h_a(nT_s) = T_s \sum_{k=1}^{N} A_k e^{s_k n T_s} u(nT_s) \tag{5.54}$$

对(5.54)式进行 z 变换，便得到数字滤波器的系统函数

$$\begin{aligned} H(z) &= \sum_{n=-\infty}^{\infty} h(n) z^{-n} = \sum_{n=-\infty}^{\infty} T_s \sum_{k=1}^{N} A_k e^{s_k n T_s} u(nT_s) z^{-n} \\ &= T_s \sum_{k=1}^{N} A_k \sum_{n=0}^{\infty} (e^{s_k T_s} z^{-1})^n \\ &= T_s \sum_{k=1}^{N} \frac{A_k}{1 - e^{s_k T_s} z^{-1}} \end{aligned} \tag{5.55}$$

(5.55)式中的幂级数收敛应该满足条件 $|e^{s_k T_s} z^{-1}|<1$，即 $|z|>|e^{s_k T_s}|$。

由(5.55)式看出，$H(z)$ 也是部分分式之和的形式，而且各系数分别与(5.52)式中

$H_a(s)$的各部分分式的系数相同，各极点 $e^{s_k T_s}$ 分别与 $H_a(s)$的各极点 s_k 对应。因此，只要将模拟滤波器的系统函数 $H_a(s)$分解为(5.52)式所示的部分分式之和的形式，立即就可以写出相应的数字滤波器的系统函数 $H(z)$。

例 5.3 用冲激响应不变法将模拟系统函数 $H_a(s)=\dfrac{3}{(s+1)(s+3)}$转变为数字系统函数 $H(z)$，令抽样周期 $T_s=0.5$。

解

$$H_a(s)=\frac{3}{(s+1)(s+3)}=\frac{1.5}{s+1}-\frac{1.5}{s+3}$$

故有

$$\begin{aligned}H(z)&=0.5\left(\frac{1.5}{1-e^{-0.5}z^{-1}}-\frac{1.5}{1-e^{-3\times0.5}z^{-1}}\right)\\&=0.75\left(\frac{z}{z-e^{-0.5}}-\frac{z}{z-e^{-1.5}}\right)\\&=\frac{0.2876z^{-1}}{1-0.8297z^{-1}+0.1353z^{-2}}\end{aligned}$$ ■

这一变换方法的关键是对模拟滤波器的冲激响应 $h_a(t)$抽样而得到相应的数字滤波器的冲激响应，即有 $h(n)=T_s h_a(nT_s)$，此关系称为冲激响应不变准则，由此准则出发所得到的变换方法就叫做冲激响应不变法。冲激响应不变法所得到的数字滤波器保持了模拟滤波器的时域瞬态特性，这是这种变换方法的一大优点。

5.4.2 模拟滤波器与数字滤波器的频率响应之间的关系

从时域来看，冲激响应不变法所得到的数字滤波器与原来的模拟滤波器的冲激响应之间满足关系 $h(n)=T_s h_a(nT_s)$，那么从频域来看，它们的频率响应之间满足什么关系呢？

在分析抽样过程时曾经讲到，若对模拟信号 $x_a(t)$以 T_s 为周期进行抽样而得到抽样信号 $\hat{x}_a(t)$，即 $x_a(nT_s)$，则抽样信号的频谱 $\hat{X}_a(\Omega)$是原模拟信号的频谱 $X_a(\Omega)$的周期延拓，即

$$\hat{X}_a(\Omega)=\frac{1}{T_s}\sum_{n=-\infty}^{\infty}X_a(\Omega-n\Omega_s)\tag{5.56}$$

其中 $\Omega_s=2\pi/T_s$。$\hat{X}_a(\Omega)$是抽样信号 $x_a(nT_s)$的频谱，也即离散信号 $x(n)=x_a(nT_s)$的傅里叶变换，即有

$$\hat{X}_a(\Omega)=X(e^{j\omega})=X(e^{j\Omega T_s})\tag{5.57}$$

其中 $\omega=\Omega T_s$，ω 和 Ω 分别为数字角频率和模拟角频率。也就是说，离散信号的频谱既可表示为数字频率的函数也可表示为模拟频率的函数。又知，对于离散信号的傅里叶

变换，有

$$X(e^{j\omega}) = \sum_{n=-\infty}^{\infty} x(n) e^{-jn\omega} \text{ 或 } X(e^{j\Omega T_s}) = \sum_{n=-\infty}^{\infty} x(n) e^{-jn\Omega T_s} \tag{5.58}$$

由(5.56)式、(5.57)式、(5.58)式有

$$\sum_{n=-\infty}^{\infty} x(n) e^{-jn\Omega T_s} = \frac{1}{T_s} \sum_{n=-\infty}^{\infty} X_a(\Omega - n\Omega_s)$$

或

$$\sum_{n=-\infty}^{\infty} T_s x(n) e^{-jn\Omega T_s} = \sum_{n=-\infty}^{\infty} X_a(\Omega - n\Omega_s) \tag{5.59}$$

(5.59)式左边表示离散信号 $T_s x(n)$的频谱，而 $T_s x(n)$是对模拟信号 $T_s x_a(t)$的抽样。

模拟滤波器的冲激响应 $h_a(t)$当然也是一个模拟信号，其频谱 $H_a(\Omega)$（即前面的 $H_a(j\Omega)$）就是模拟滤波器的频率响应。如果对 $T_s h_a(t)$抽样，则由(5.59)式可知，有

$$\sum_{n=-\infty}^{\infty} T_s h_a(nT_s) e^{-jn\Omega T_s} = \sum_{n=-\infty}^{\infty} H_a(\Omega - n\Omega_s) \tag{5.60}$$

令 $h(n) = T_s h_a(nT_s)$，并以 $H(e^{j\Omega T_s})$表示 $h(n)$的频谱，$H(e^{j\Omega T_s})$也就是以 $h(n)$为冲激响应的数字滤波器的频率响应，于是由(5.60)式可得

$$H(e^{j\Omega T_s}) = \sum_{n=-\infty}^{\infty} h(n) e^{-jn\Omega T_s} = \sum_{n=-\infty}^{\infty} H_a(\Omega - n\Omega_s) \tag{5.61}$$

因此，用冲激响应不变法所得到的数字滤波器的频率响应 $H(e^{j\Omega T_s}) = H(e^{j\omega})$是原来的模拟滤波器的频率响应 $H_a(\Omega)$的周期延拓，如图5.10所示。

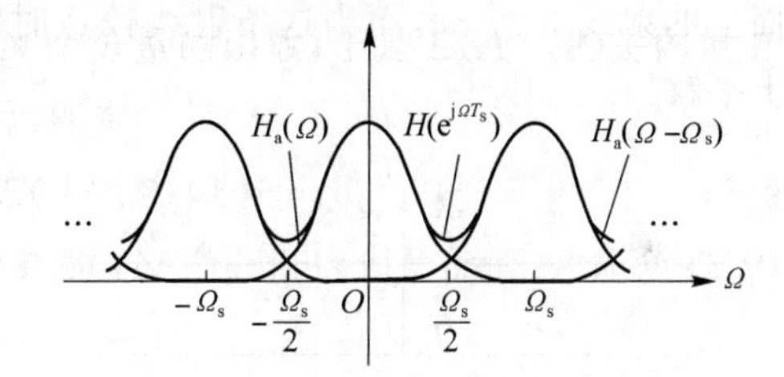

图 5.10　模拟滤波器频率响应的周期延拓

由图5.10可以看出，如果 $H_a(\Omega)$被限制在一个周期以内，即在 $-\Omega_s/2$ 与 $\Omega_s/2$ 之间，则 $H(e^{j\Omega T_s})$在此区间内与 $H_a(\Omega)$完全一致。相反，如果 $H_a(\Omega)$不被足够地限带，则 $H(e^{j\Omega T_s})$将产生混叠失真。因此，当采用冲激响应不变法时，理想的模拟滤波器的频域特性应该满足条件：当$|\Omega| > \frac{\Omega_s}{2} = \frac{\pi}{T_s}$时，$H_a(\Omega) = 0$。而实际的滤波器的频率响应都不会是如此理想的，因此，采用冲激响应不变法得到的数字滤波器的频率响应都会有程度不同的混叠失真，而且，这种方法不能用于高通滤波器和带阻滤波器等需要保留高频成分的变换，这是冲激响应不变法的一大缺点。

5.4.3　z 平面与 s 平面的映射关系

上面已经推出，如果 s_k 是模拟滤波器的系统函数 $H_a(s)$的一个极点，则 $z_k = e^{s_k T_s}$就是

由冲激响应不变法所得到的数字滤波器的系统函数 $H(z)$的一个极点,反之亦然,即 s 平面的极点 s_k 与 z 平面的极点 $z_k=e^{s_kT_s}$互相映射。将极点的映射关系推广,可以得到冲激响应不变法模拟 s 平面与数字 z 平面的映射关系,即

$$z=e^{sT_s} \tag{5.62}$$

令 $z=re^{j\omega}$,$s=\sigma+j\Omega$,代入(5.62)式,得 $re^{j\omega}=e^{\sigma T_s}e^{j\Omega T_s}$,故有

$$r=e^{\sigma T_s} \tag{5.63}$$

$$\omega=\Omega T_s \tag{5.64}$$

(5.63)式表示了 z 平面的模 r 与 s 平面的实部 σ 之间的关系,显然有:当$\sigma=0$,$r=1$;当 $\sigma>0$,$r>1$;当 $\sigma<0$,$r<1$。也就是说,s 平面的虚轴映射到 z 平面的单位圆,s 平面的左、右平面则分别映射到 z 平面的单位圆内和单位圆外。另外,ω 是数字角频率,也是数字复变量 z 的辐角;Ω 是模拟角频率,也是模拟复变量 s 的虚部。因此,(5.64)式既表示了已知的数字角频率与模拟角频率之间的关系,也表示了 z 平面的辐角 ω 与 s 平面的虚部 Ω 之间的关系。由(5.64)式还可以知道,s 平面上 Ω 由 $-\pi/T_s$ 到 π/T_s 这一条状区域映射到 z 平面上 ω 由 $-\pi$ 到 π 的区域,即整个 z 平面;而当 s 平面上 Ω 由 $-\pi/T_s$ 和 π/T_s 分别向下和向上扩展时,每一宽度为 $2\pi/T_s$ 的条状区域都重复地映射到整个 z 平面。上述映射关系如图 5.11 所示。图 5.11 中的粗线还表明 s 平面上的水平线$\Omega=-\pi/T_s$映射到 z 平面上的射线 $\omega=-\pi$,而当这条射线按逆时针方向旋转时,对应的 s 平面上的水平线就向上平移。

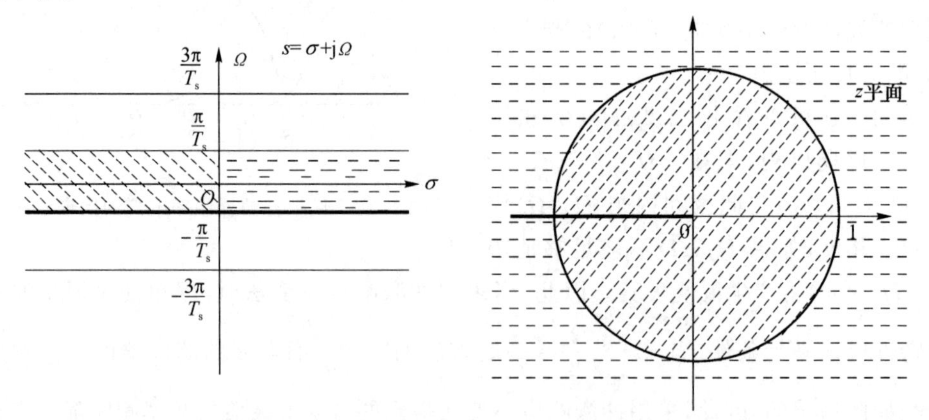

图 5.11　模拟复频率 s 与数字复频率 z 之间的映射关系

上面所阐述的不仅是模拟域 s 平面与数字域 z 平面之间的映射关系,而且也是模拟滤波器的频率与用冲激响应不变法所得到的数字滤波器的频率之间的关系。

已知当模拟滤波器系统函数 $H_a(s)$的极点都在 s 平面的左半平面时,此系统是稳定的,而此时采用冲激响应不变法得到的数字系统函数 $H(z)$的极点正好都在 z 平面的单位圆内,故得到的数字滤波器也是稳定的。

例 5.4 用冲激响应不变法设计一个三阶 Butterworth 数字低通滤波器，抽样频率 $f_s=1.2\ \text{kHz}$，截止频率 $f_c=400\ \text{Hz}$。

解

此数字滤波器的截止频率

$$\Omega_c = 2\pi f_c = 2\pi \times 400 = 800\pi\ \text{rad/s}$$

这也是模拟滤波器的截止频率，于是可以写出模拟滤波器的系统函数

$$H_a(s) = \frac{\Omega_c^3}{(s-s_0)(s-s_1)(s-s_2)} \tag{$*1$}$$

其中

$$s_0 = \Omega_c e^{j2\pi/3} = \left(-\frac{1}{2} + j\frac{\sqrt{3}}{2}\right)\Omega_c$$

$$s_1 = \Omega_c e^{j\pi} = -\Omega_c$$

$$s_2 = \Omega_c e^{j4\pi/3} = \left(-\frac{1}{2} - j\frac{\sqrt{3}}{2}\right)\Omega_c$$

现在进行部分分式分解，令

$$\frac{1}{(s-s_0)(s-s_1)(s-s_2)} = \frac{A}{s-s_0} + \frac{B}{s-s_1} + \frac{C}{s-s_2} \tag{$*2$}$$

将($*2$)式两边同乘以 $s-s_0$，然后再令 $s=s_0$，就得到

$$A = \frac{1}{(s_0-s_1)(s_0-s_2)} = \frac{1}{\left(\frac{1}{2} + j\frac{\sqrt{3}}{2}\right) j\sqrt{3}\,\Omega_c^2}$$

$$= \frac{1}{\left(j\frac{\sqrt{3}}{2} - \frac{3}{2}\right)\Omega_c^2} = \frac{-3/2 - j\sqrt{3}/2}{3\Omega_c^2}$$

将($*2$)式两边同乘以 $s-s_1$，然后再令 $s=s_1$，就得到

$$B = \frac{1}{(s_1-s_0)(s_1-s_2)} = \frac{1}{\left(-\frac{1}{2} - j\frac{\sqrt{3}}{2}\right)\left(-\frac{1}{2} + j\frac{\sqrt{3}}{2}\right)\Omega_c^2} = \frac{1}{\Omega_c^2}$$

将($*2$)式两边同乘以 $s-s_2$，然后再令 $s=s_2$，就得到

$$C = \frac{1}{(s_2-s_0)(s_2-s_1)} = \frac{1}{-j\sqrt{3}\left(\frac{1}{2} - j\frac{\sqrt{3}}{2}\right)\Omega_c^2}$$

$$= \frac{1}{\left(-j\frac{\sqrt{3}}{2} - \frac{3}{2}\right)\Omega_c^2} = \frac{-3/2 + j\sqrt{3}/2}{3\Omega_c^2}$$

根据(* 2)式和(* 1)式,再将 A、B、C 代入,便得到

$$H_a(s)=\frac{-\Omega_c(1+j/\sqrt{3})/2}{s-s_0}+\frac{\Omega_c}{s-s_1}+\frac{-\Omega_c(1-j/\sqrt{3})/2}{s-s_2}$$

而

$$H(z)=T_s\left(\frac{-\Omega_c(1+j/\sqrt{3})/2}{1-e^{s_0T_s}z^{-1}}+\frac{\Omega_c}{1-e^{s_1T_s}z^{-1}}+\frac{-\Omega_c(1-j/\sqrt{3})/2}{1-e^{s_2T_s}z^{-1}}\right)$$

$$=\frac{-\pi(1+j/\sqrt{3})/3}{1-e^{s_0T_s}z^{-1}}+\frac{2\pi/3}{1-e^{s_1T_s}z^{-1}}+\frac{-\pi(1-j/\sqrt{3})/3}{1-e^{s_2T_s}z^{-1}}$$

上式中 $T_s=\frac{1}{f_s}=\frac{1}{1\,200}$ s。 ■

5.5 双线性变换法

5.5.1 双线性变换关系的导出

模拟滤波器的系统函数通常可以表示为

$$H_a(s)=\frac{\sum_{i=0}^{M}a_is^i}{\sum_{i=0}^{N}b_is^i}$$

为了方便说明,令 $M=N$,并将上式中分子、分母同除以 s^N,则有

$$H_a(s)=\frac{\sum_{i=0}^{N}a_is^{i-N}}{\sum_{i=0}^{N}b_is^{i-N}}$$

令 $j=N-i$,则有

$$H_a(s)=\frac{\sum_{j=N}^{0}a_{N-j}s^{-j}}{\sum_{j=N}^{0}b_{N-j}s^{-j}}=\frac{\sum_{j=0}^{N}c_js^{-j}}{\sum_{j=0}^{N}d'_js^{-j}}=A\frac{\sum_{j=0}^{N}c_js^{-j}}{1-\sum_{j=1}^{N}d_js^{-j}}$$

由此式,可以得到模拟滤波器的信号流图如图 5.12 所示(在后面 7.1 节中将详细说明如何画出信号流图)。可以看出,一般模拟滤波器的基本单元是积分器 $1/s$,因此,可以设法用某种数字网络来代替此基本单元,这样就能够将模拟滤波器转变成相应的数字滤波器。

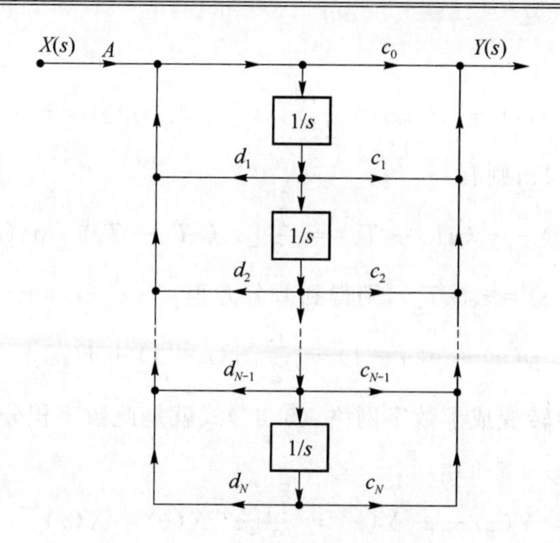

图 5.12　模拟滤波器的信号流图

例 5.5　将 $H_a(s)=\dfrac{s^2+2s-3}{2s^3+3s^2+4s+6}$改写为 s^{-1}的有理分式。

解

$$H_a(s)=\frac{1}{2}\cdot\frac{s^{-1}+2s^{-2}-3s^{-3}}{1+1.5s^{-1}+2s^{-2}+3s^{-3}}$$

显然有:$A=1/2$;$c_0=0,c_1=1,c_2=2,c_3=-3$;$d_1=-1.5,d_2=-2,d_3=-3$。■

设模拟滤波器基本单元的系统函数为

$$H_I(s)=\frac{1}{s}$$

则其冲激响应为　　$h_I(t)=\mathscr{L}^{-1}[H_I(s)]=\begin{cases}1 & t\geqslant 0^+\\ 0 & t\leqslant 0^-\end{cases}$

设有一信号 $x_a(t)(t\geqslant 0)$输入到该积分器系统,则其输出,也即对 $x_a(t)$的响应为

$$y_a(t)=x_a(t)*h_I(t)=\int_0^t x_a(\tau)h_I(t-\tau)\mathrm{d}\tau$$

设 $0<t_1<t_2$,有

$$y_a(t_1)=\int_0^{t_1}x_a(\tau)h_I(t_1-\tau)\mathrm{d}\tau \tag{5.65}$$

$$y_a(t_2)=\int_0^{t_2}x_a(\tau)h_I(t_2-\tau)\mathrm{d}\tau \tag{5.66}$$

由于(5.65)式中 $t_1-\tau\geqslant 0$,故 $h_I(t_1-\tau)=1$;同理,(5.66)式中 $h_I(t_2-\tau)=1$。因此有

$$\begin{aligned}y_a(t_2)-y_a(t_1)&=\int_0^{t_2}x_a(\tau)\mathrm{d}\tau-\int_0^{t_1}x_a(\tau)\mathrm{d}\tau\\&=\int_{t_1}^{t_2}x_a(\tau)\mathrm{d}\tau\end{aligned}$$

当 t_1 趋于 t_2 时，有

$$y_a(t_2) - y_a(t_1) \approx \frac{1}{2}[x_a(t_1) + x_a(t_2)](t_2 - t_1)$$

令 $t_1 = nT_s - T_s$，$t_2 = nT_s$，则有

$$y_a(nT_s) - y_a(nT_s - T_s) = \frac{T_s}{2}[x_a(nT_s - T_s) + x_a(nT_s)]$$

令 $y(n) = y_a(nT_s)$，$x(n) = x_a(nT_s)$，则得到差分方程：

$$y(n) - y(n-1) = \frac{T_s}{2}[x(n-1) + x(n)] \tag{5.67}$$

这样，就将模拟积分器转变成了数字网络，(5.67)式就是此数字积分器的差分方程。对它进行 z 变换，得

$$Y(z) - z^{-1}Y(z) = \frac{T_s}{2}[z^{-1}X(z) + X(z)]$$

于是可得到此数字积分器的系统函数：

$$H_1(z) = \frac{Y(z)}{X(z)} = \frac{T_s}{2} \cdot \frac{1 + z^{-1}}{1 - z^{-1}} \tag{5.68}$$

用此数字基本单元来代替模拟滤波器的基本单元 $1/s$，就可以得到与该模拟滤波器性能相近的数字滤波器。

现在来看看在这种变换下模拟滤波器的复频率 s 与数字滤波器的复频率 z 之间的关系。由上面的推导有

$$H_1(s) = H_1(z)$$

故有

$$\frac{1}{s} = \frac{T_s}{2} \cdot \frac{1 + z^{-1}}{1 - z^{-1}}$$

即

$$s = \frac{2}{T_s} \cdot \frac{1 - z^{-1}}{1 + z^{-1}} = \frac{2}{T_s} \cdot \frac{z - 1}{z + 1} \tag{5.69}$$

于是有

$$z = \frac{2/T_s + s}{2/T_s - s} \tag{5.70}$$

由于(5.69)式和(5.70)式中分子、分母都是复变量的一次多项式，因此这种变换关系叫做双线性变换。对于一个给定的模拟滤波器系统函数 $H_a(s)$，只要将(5.69)式代入，就可以得到相应的数字滤波器的系统函数 $H(z)$，即

$$H(z) = H_a(s)\Big|_{s = \frac{2}{T_s} \cdot \frac{1 - z^{-1}}{1 + z^{-1}}} \tag{5.71}$$

5.5.2　s 平面与 z 平面的映射关系

用 $s=\sigma+\mathrm{j}\Omega, z=r\mathrm{e}^{\mathrm{j}\omega}$ 代入(5.70)式,可以得到

$$r=\left[\frac{(2/T_s+\sigma)^2+\Omega^2}{(2/T_s-\sigma)^2+\Omega^2}\right]^{1/2} \tag{5.72}$$

$$\omega=\arctan\frac{\Omega}{2/T_s+\sigma}+\arctan\frac{\Omega}{2/T_s-\sigma} \tag{5.73}$$

这两个公式的推导过程请看附录 A4。

由(5.72)式可以得到 s 平面与 z 平面的映射关系:

s 平面	z 平面
$\sigma>0$,即右半平面	$r>1$,即单位圆外
$\sigma=0$,即虚轴	$r=1$,即单位圆
$\sigma<0$,即左半平面	$r<1$,即单位圆内

此映射关系如图 5.13 所示。仍然是 s 平面的左半平面映射到 z 平面的单位圆内,因此,用双线性变换法,稳定的模拟滤波器导出的数字滤波器也必定是稳定的。但是,与冲激响应不变法不同的是,在双线性变换下,模拟滤波器的复频率 s 与相应的数字滤波器的复频率 z 之间的映射是一一对应的关系。

5.5.3　频率预畸变

下面讨论 s 平面的虚轴与 z 平面的单位圆的映射关系,也即模拟滤波器的角频率 Ω 与相应的数字滤波器的角频率 ω 之间的关系。在(5.73)式中,令 $\sigma=0$,便可得到

$$\omega=2\arctan\frac{T_s\Omega}{2}\quad\text{或}\quad\Omega=\frac{2}{T_s}\tan\frac{\omega}{2} \tag{5.74}$$

Ω 与 ω 的关系如图 5.14 所示,这是非线性关系。可以看出,当 Ω 由 $-\infty$ 到 ∞ 变化时,ω 则由 $-\pi$ 到 π 变化,也就是说,s 平面上的整个虚轴都映射到了 z 平面单位圆的一周之上,且 Ω 与 ω 是一一对应的,因此,采用双线性变换法,不存在频域混叠失真的问题。

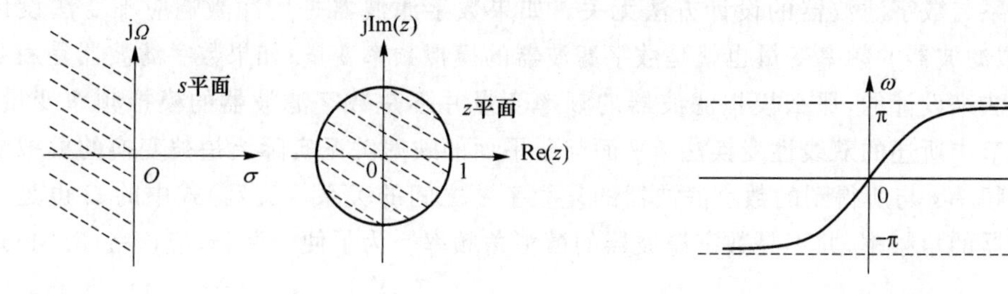

图 5.13　双线性变换法 s 平面与 z 平面之间的映射关系

图 5.14　ω 与 Ω 之间的非线性关系

由双线性变换所引起的模拟滤波器频率 Ω 与数字频率 ω 之间的非线性关系，使得所得到的数字滤波器的相位频率特性产生失真；但对于幅度频率特性，仍然可以使所得到的数字滤波器达到设计要求。实际上，如果通带和阻带的衰减大小都按照与数字滤波器相同的指标来设计模拟滤波器，则用双线性变换法转换成的数字滤波器在通带和阻带的衰减大小当然也就能达到指标要求，而且波形的起伏也与模拟滤波器相似，只是通带截止频率、过渡带边缘频率以及起伏的峰点、谷点处的频率等按(5.74)式的关系变化。而关键频率的变化，可以通过频率预畸变来校正，即首先根据所要求的数字滤波器的各关键频率，按照(5.74)式转变成相应的模拟频率，再根据这些频率指标来设计模拟滤波器，则最后转换成的数字滤波器的各关键频率就会正好被映射到所要求的位置上。关于频率预畸变请参看例 5.6。

5.5.4 双线性变换法的特点

模拟滤波器经过双线性变换后，不存在频率特性的混叠失真，因而对模拟滤波器的频率响应函数 $H_a(\Omega)$ 没有限带要求，而且能够直接用于设计低通、高通、带通、带阻等各种类型的数字滤波器。不过，与冲激响应不变法中模拟频率与数字频率之间的线性关系 $\omega=\Omega T_s$ 不同的是，双线性变换法中模拟滤波器的频率与所转换成的数字滤波器的频率之间是非线性关系，如(5.74)式所示。但是，如果事先进行频率预畸变，这种非线性关系不会使所设计的数字滤波器的幅频特性受到影响；再有，变换方法较容易，不需要将模拟系统函数进行部分分式分解。因此，双线性变换法是用得很普遍、很有效的一种方法；只是，由于频率的非线性关系会产生相频特性失真，所以若对数字滤波器的相位特性要求较严，则不宜采用这种变换方法。

最后必须强调说明一下用双线性变换法来设计数字滤波器时各种频率之间的关系。在考虑一个数字滤波器的频域特性时，所采用的频率变量可以是数字频率 ω，也可以是模拟频率。模拟角频率 $\Omega=2\pi f$，f 是以赫兹(Hz)为单位的真正具有物理意义的频率变量。Ω 与 ω 的关系为 $\omega=\Omega T_s$，T_s 为抽样周期。数字滤波器的频率响应 $H(e^{j\omega})=H(e^{j\Omega T_s})$，$H(e^{j\omega})$是 ω 的周期函数，以 2π 为周期；$H(e^{j\Omega T_s})$是 Ω 的周期函数，周期为 $\Omega_s=2\pi/T_s$。上述这些关系与数字滤波器的设计方法无关。如果数字滤波器是用冲激响应不变法设计的，则模拟滤波器的频率变量也就是数字滤波器的模拟频率变量；如果数字滤波器是用双线性变换法来设计的，那么模拟滤波器的频率变量并不是数字滤波器的模拟频率变量。在 5.5.2 节中所述的双线性变换法 s 平面与 z 平面的映射关系实际上是被变换的模拟滤波器的复频率 s 与所得到的数字滤波器的复频率 z 之间的关系，(5.74)式中的 Ω 也是此模拟滤波器的角频率，并不是数字滤波器的模拟角频率。为了便于区分，应该将(5.74)式中的模拟滤波器角频率用 Ω' 来表示，即为 $\omega=2\arctan\dfrac{T_s\Omega'}{2}$；而数字滤波器的数字角频率

ω 与其本身的模拟角频率 Ω 之间仍然是上面所述的那种线性关系，即有 $\omega=\Omega T_s$。

上述的基本概念不仅在理论上是很重要的，而且在实际应用中也非常重要，读者可以通过将下面的例 5.6 与前面的例 5.4 进行比较来加深理解。

例 5.6　用双线性变换法设计一个三阶 Butterworth 数字低通滤波器，抽样频率 $f_s=1.2\,\text{kHz}$，截止频率为 $f_c=400\,\text{Hz}$。

解

此数字滤波器的截止频率

$$\omega_c=\Omega_c T_s=2\pi f_c/f_s=2\pi\times 400/1\,200=2\pi/3$$

用双线性变换法，则相应的模拟滤波器的截止频率为

$$\Omega'_c=\frac{2}{T_s}\tan\frac{\omega_c}{2}=2f_s\tan\frac{\pi}{3}=2\sqrt{3}f_s$$

该模拟滤波器的系统函数为

$$H_a(s)=\frac{\Omega'^3_c}{(s-s_0)(s-s_1)(s-s_2)}$$

这里 $s_0=\Omega'_c e^{j2\pi/3}$，$s_1=\Omega'_c e^{j\pi}$，$s_2=\Omega'_c e^{j4\pi/3}$。于是可以得到

$$H_a(s)=\frac{\Omega'^3_c}{s^3+2\Omega'_c s^2+2\Omega'^2_c s+\Omega'^3_c}$$

将双线性变换公式代入就得到所要求的数字滤波器的系统函数：

$$H(z)=H_a(s)\Big|_{s=2f_s\frac{1-z^{-1}}{1+z^{-1}}}$$

$$=\frac{\Omega'^3_c(1+z^{-1})^3}{(2f_s)^3(1-z^{-1})^3+2\Omega'_c(2f_s)^2(1-z^{-1})^2(1+z^{-1})+2\Omega'^2_c\cdot 2f_s(1-z^{-1})(1+z^{-1})^2+\Omega'^3_c(1+z^{-1})^3}$$

将 $\Omega'_c=2\sqrt{3}f_s$ 代入，得到

$$H(z)=\frac{3\sqrt{3}(1+z^{-1})^3}{(1-z^{-1})^3+2\sqrt{3}(1-z^{-1})^2(1+z^{-1})+6(1-z^{-1})(1+z^{-1})^2+3\sqrt{3}(1+z^{-1})^3}$$ ■

5.6　数字滤波器的变换

由 5.3 节已经知道，无论哪种逼近方式，都是针对低通滤波特性而言的，因此由模拟到数字变换所得到的自然是数字低通滤波器。但是在实际应用中，不仅需要不同截止频率的低通数字滤波器，也需要各种高通、带通、带阻等类型的数字滤波器，这些滤波器都可以由低通原型滤波器导出。

一个任意的数字域选频滤波器的设计过程如图 5.15 所示。按图中路线(1)，在设计出模拟低通原型滤波器后是先变换得到相应的模拟滤波器(关于模拟滤波器的变换，本书

此次改版已删去),再变换成所要求的数字滤波器,这样的话,如果采用冲激响应不变法来进行模/数变换,则不能用来设计高通和带阻滤波器。按图中路线(2),则是先进行模/数变换得到数字低通原型滤波器,再在数字域进行频率变换来得到所要求的数字滤波器,这样就不会受到上述限制。也就是说,路线(1)是有限制的,因此,一般大多采用路线(2)。图 5.15路线 2 中,模拟频率到数字频率的变换在前面已经讨论了,而数字频率到数字频率的变换还没有讨论,本节就是要讨论如何将原型数字低通滤波器转变成所要求的各类数字滤波器,也就是讨论数字域的频率变换问题。

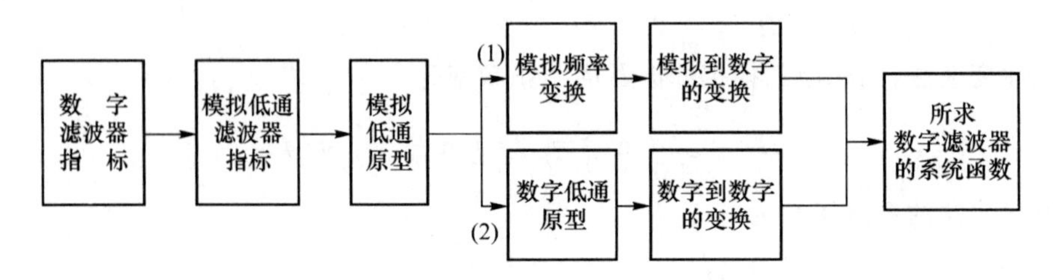

图 5.15　数字滤波器的设计过程框图

数字滤波器的频率响应函数 $H(e^{j\omega})$是以 2π 为周期的,而幅频响应$|H(e^{j\omega})|$当 $h(n)$为实序列时为偶函数,因此,对于一个数字滤波器的频率特性,只需要考虑在 $0\sim\pi$ 区间的情况。图 5.16 表示了不同通带的 4 类数字滤波器的理想幅频特性。

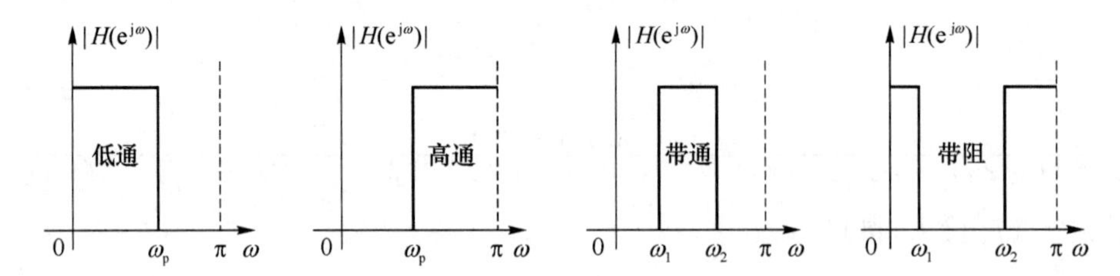

图 5.16　不同通带的 4 类数字滤波器的理想幅频响应

设原型数字低通滤波器的系统函数为 $H_l(z)$,所要求的数字滤波器的系统函数为 $H_d(Z)$。为了由 $H_l(z)$得到 $H_d(Z)$,定义一个从 z 平面到 Z 平面的变换为

$$z^{-1}=G(Z^{-1}) \tag{5.75}$$

于是得到

$$H_d(Z)=H_l(z)\big|_{z=G^{-1}(Z^{-1})} \tag{5.76}$$

(5.75)式的变换必须满足下面的要求。

(1) 由于数字滤波器的系统函数都是复变量的有理函数,所以要求变换式 $G(Z^{-1})$也必须是 Z^{-1}(或者 Z)的有理函数,这样,由有理系统函数 $H_l(z)$变换而得到的 $H_d(Z)$才会也是有理系统函数。

(2) 低通原型数字滤波器 $H_l(z)$当然应该是因果的、稳定的。为了保证变换后得到

的系统函数 $H_d(Z)$也是因果的、稳定的，要求变换式将 z 平面单位圆的内部映射到 Z 平面单位圆的内部。

(3) 为了考虑原型低通滤波器的数字角频率与变换得到的滤波器的数字角频率之间的关系，要求 z 平面的单位圆与 Z 平面的单位圆之间相互映射。设 θ 和 ω 分别是 z 平面和 Z 平面的辐角，即数字角频率，于是 z 平面的单位圆表示为 $z=e^{j\theta}$，而 Z 平面的单位圆表示为 $Z=e^{j\omega}$，变换 $z^{-1}=G(Z^{-1})$应该满足

$$e^{-j\theta}=G(e^{-j\omega})=\left|G(e^{-j\omega})\right|e^{j\arg[G(e^{-j\omega})]} \tag{5.77}$$

于是有

$$\left|G(e^{-j\omega})\right|=1,\arg[G(e^{-j\omega})]=-\theta \tag{5.78}$$

已有证明，满足上述全部要求的函数 $G(Z^{-1})$的一般形式为

$$G(Z^{-1})=e^{j\lambda\pi}\prod_{k=1}^{N}\frac{Z^{-1}-\alpha_k}{1-\alpha_k Z^{-1}} \tag{5.79}$$

这里 N 为整数。为了使系统稳定，应该要求极点 α_k 满足 $|\alpha_k|<1$。对于参数 λ、N 和 α_k 进行不同的选择，可得到不同的变换，于是就得到不同类型和不同特性的数字滤波器。将低通原型滤波器变换成另一个低通滤波器是最简单的变换，此时 $N=1$，有

$$z^{-1}=G(Z^{-1})=e^{j\lambda\pi}\frac{Z^{-1}-\alpha}{1-\alpha Z^{-1}} \tag{5.80}$$

这种情况下，只有两个参数 λ 和 α 需要确定，于是只需要根据两个平面上的两对典型点之间的映射关系来确定。一般情况下，应该以滤波器通带的边界频率作为典型映射点。如图 5.17 所示，z 平面上 A 点，即 $z=1$ 映射为 Z 平面上 A'点，即 $Z=1$，代入(5.80)式，得

$$1^{-1}=e^{j\lambda\pi}\frac{1^{-1}-\alpha}{1-\alpha 1^{-1}}\quad 即 \quad 1=e^{j\lambda\pi}\frac{1-\alpha}{1-\alpha}=e^{j\lambda\pi}$$

因此有 $\lambda=0$，故(5.80)式变为

$$z^{-1}=\frac{Z^{-1}-\alpha}{1-\alpha Z^{-1}} \tag{5.81}$$

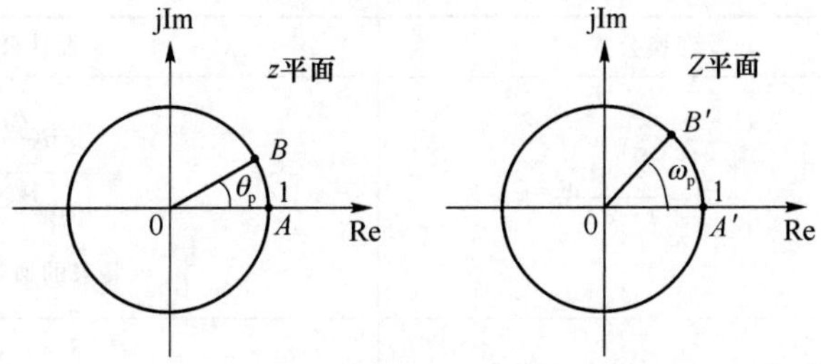

图 5.17　低通(z 平面)变换到另一低通(Z 平面)的映射关系

z 平面上 B 点，$z=e^{j\theta_p}$，对应原型低通滤波器的通带边界频率 θ_p，映射为 Z 平面上 B'点，$Z=e^{j\omega_p}$，对应变换后的低通滤波器的通带边界频率 ω_p。将映射关系代入(5.81)式，得

$$e^{-j\theta_p}=\frac{e^{-j\omega_p}-\alpha}{1-\alpha e^{-j\omega_p}}$$

故有

$$\begin{aligned}\alpha&=\frac{e^{-j\omega_p}-e^{-j\theta_p}}{1-e^{-j(\omega_p+\theta_p)}}=\frac{(\cos\omega_p-\cos\theta_p)+j(\sin\theta_p-\sin\omega_p)}{1-\cos(\theta_p+\omega_p)+j\sin(\theta_p+\omega_p)}\\&=\frac{-2\sin\frac{\omega_p+\theta_p}{2}\sin\frac{\omega_p-\theta_p}{2}+j2\cos\frac{\theta_p+\omega_p}{2}\sin\frac{\theta_p-\omega_p}{2}}{2\sin^2\frac{\theta_p+\omega_p}{2}+j2\sin\frac{\theta_p+\omega_p}{2}\cos\frac{\theta_p+\omega_p}{2}}\\&=\frac{2\sin\frac{\theta_p-\omega_p}{2}\left(\sin\frac{\theta_p+\omega_p}{2}+j\cos\frac{\theta_p+\omega_p}{2}\right)}{2\sin\frac{\theta_p+\omega_p}{2}\left(\sin\frac{\theta_p+\omega_p}{2}+j\cos\frac{\theta_p+\omega_p}{2}\right)}=\frac{\sin\frac{\theta_p-\omega_p}{2}}{\sin\frac{\theta_p+\omega_p}{2}}\end{aligned}$$

即有

$$\alpha=\frac{\sin\frac{\theta_p-\omega_p}{2}}{\sin\frac{\theta_p+\omega_p}{2}} \tag{5.82}$$

因此，若已知原型数字低通滤波器的通带边界频率为 θ_p，系统函数为 $H_1(z)$，要导出通带边界频率为 ω_p 的数字低通滤波器，则可由 θ_p 和 ω_p 通过(5.82)式求得 α，再将 α 代入(5.81)式，并将所得的 z^{-1} 代入 $H_1(z)$，就得到导出滤波器的系统函数 $H_d(Z)$，即

$$H_d(Z)=H_1(z)\Big|_{z^{-1}=\frac{Z^{-1}-\alpha}{1-\alpha Z^{-1}}} \tag{5.83}$$

类似地，可以推出由通带边界频率为 θ_p 的原型低通数字滤波器到数字高通、带通、带阻滤波器的变换公式和设计公式，见表 5.3。

表 5.3　数字滤波器的变换公式和设计公式

滤波器类型	变换公式	设计公式
低通	$z^{-1}=\frac{Z^{-1}-\alpha}{1-\alpha Z^{-1}}$	$\alpha=\frac{\sin(\frac{\theta_p-\omega_p}{2})}{\sin(\frac{\theta_p+\omega_p}{2})}$ ω_p＝要求的通带边界频率
高通	$z^{-1}=-\frac{Z^{-1}+\alpha}{1+\alpha Z^{-1}}$	$\alpha=-\frac{\cos(\frac{\theta_p+\omega_p}{2})}{\cos(\frac{\theta_p-\omega_p}{2})}$ ω_p＝要求的通带边界频率

续 表

滤波器类型	变换公式	设计公式
带通	$z^{-1}=-\dfrac{Z^{-2}-\dfrac{2\alpha k}{k+1}Z^{-1}+\dfrac{k-1}{k+1}}{\dfrac{k-1}{k+1}Z^{-2}-\dfrac{2\alpha k}{k+1}Z^{-1}+1}$	$\alpha=\dfrac{\cos(\dfrac{\omega_2+\omega_1}{2})}{\cos(\dfrac{\omega_2-\omega_1}{2})}$ $k=\mathrm{ctan}(\dfrac{\omega_2-\omega_1}{2})\tan\dfrac{\theta_p}{2}$ ω_2,ω_1＝要求的通带上下边界频率
带阻	$z^{-1}=\dfrac{Z^{-2}-\dfrac{2\alpha k}{k+1}Z^{-1}+\dfrac{1-k}{k+1}}{\dfrac{1-k}{k+1}Z^{-2}-\dfrac{2\alpha k}{k+1}Z^{-1}+1}$	$\alpha=\dfrac{\cos(\dfrac{\omega_2-\omega_1}{2})}{\cos(\dfrac{\omega_2+\omega_1}{2})}$ $k=\tan(\dfrac{\omega_2-\omega_1}{2})\tan\dfrac{\theta_p}{2}$ ω_2,ω_1＝要求的阻带上下边界频率

例 5.7　用双线性变换法设计一个三阶 Butterworth 数字高通滤波器，抽样频率 $f_s=6\ \mathrm{kHz}$，截止频率 $f_c=1.5\ \mathrm{kHz}$。

解

实际上，对于原型低通模拟滤波器和数字滤波器的截止频率，可以任意设定它们中的一个，另一个则按照双线性变换的频率关系式来确定。当然，应该按照使计算尽量简单的原则来设定其中的一个截止频率。因此，这样的问题可以有两种解法。

解法 1　先设定原型低通模拟滤波器的截止频率，当然，最简单的情况就是设 $\Omega_c'=1$。按照要求 $N=3$，用 Butterworth 逼近，因此可以得到模拟低通的系统函数：

$$H_a(s)=\frac{\Omega'^3_c}{s^3+2\Omega'_c s^2+2\Omega'^2_c s+\Omega'^3_c}=\frac{1}{s^3+2s^2+2s+1}$$

用双线性变换式就得到原型低通数字滤波器的系统函数：

$$H_1(z)=H_a(s)\Big|_{s=\frac{2}{T_s}\frac{1-z^{-1}}{1+z^{-1}}=2f_s\frac{1-z^{-1}}{1+z^{-1}}}$$

$$=\frac{(1+z^{-1})^3}{8f_s^3(1-z^{-1})^3+8f_s^2(1-z^{-1})^2(1+z^{-1})+4f_s(1-z^{-1})(1+z^{-1})^2+(1+z^{-1})^3}$$

而这个低通数字滤波器的截止频率

$$\theta_p=2\arctan\frac{T_s\Omega'_c}{2}=2\arctan\frac{1}{2f_s}$$

故有

$$\tan\frac{\theta_p}{2}=\frac{1}{2f_s}$$

题中所要求的数字高通滤波器的截止频率

$$\omega_p=\Omega_c T_s=2\pi f_c/f_s=2\pi\times 1\,500/6\,000=\pi/2$$

下面应该进行数字低通到数字高通的频率变换。

$$\alpha=-\frac{\cos\frac{\theta_p+\omega_p}{2}}{\cos\frac{\theta_p-\omega_p}{2}}=-\frac{\cos\frac{\theta_p}{2}\cos\frac{\omega_p}{2}-\sin\frac{\theta_p}{2}\sin\frac{\omega_p}{2}}{\cos\frac{\theta_p}{2}\cos\frac{\omega_p}{2}+\sin\frac{\theta_p}{2}\sin\frac{\omega_p}{2}}$$

$$=\frac{\frac{\sqrt{2}}{2}\sin\frac{\theta_p}{2}-\frac{\sqrt{2}}{2}\cos\frac{\theta_p}{2}}{\frac{\sqrt{2}}{2}\sin\frac{\theta_p}{2}+\frac{\sqrt{2}}{2}\cos\frac{\theta_p}{2}}=\frac{\tan\frac{\theta_p}{2}-1}{\tan\frac{\theta_p}{2}+1}=\frac{1-2f_s}{1+2f_s}$$

所要求的数字高通滤波器：

$$H_d(Z)=H_l(z)\Big|_{z^{-1}=-\frac{Z^{-1}+\alpha}{1+\alpha Z^{-1}}}$$

$$=(1+\alpha Z^{-1}-Z^{-1}-\alpha)^3\cdot[8f_s^3(1+\alpha Z^{-1}+Z^{-1}+\alpha)^3+8f_s^2(1+\alpha Z^{-1}+Z^{-1}+\alpha)^2(1+\alpha Z^{-1}-Z^{-1}-\alpha)+4f_s(1+\alpha Z^{-1}+Z^{-1}+\alpha)(1+\alpha Z^{-1}-Z^{-1}-\alpha)^2+(1+\alpha Z^{-1}-Z^{-1}-\alpha)^3]^{-1}$$

$$=(1-\alpha)^3(1-Z^{-1})^3\cdot[8f_s^3(1+\alpha)^3(1+Z^{-1})^3+8f_s^2(1+\alpha)^2(1+Z^{-1})^2(1-\alpha)(1-Z^{-1})+4f_s(1+\alpha)(1+Z^{-1})(1-\alpha)^2(1-Z^{-1})^2+(1-\alpha)^3(1-Z^{-1})^3]^{-1}$$

而

$$1-\alpha=1-\frac{1-2f_s}{1+2f_s}=\frac{4f_s}{1+2f_s},\qquad 1+\alpha=1+\frac{1-2f_s}{1+2f_s}=\frac{2}{1+2f_s}$$

将 $1-\alpha$ 和 $1+\alpha$ 代入 $H_d(Z)$，最后得到

$$H_d(Z)=\frac{(1-Z^{-1})^3}{(1+Z^{-1})^3+2(1+Z^{-1})^2(1-Z^{-1})+2(1+Z^{-1})(1-Z^{-1})^2+(1-Z^{-1})^3}$$

解法 2 这个方法是适当选择数字低通的截止频率 θ_p，以使得数字低通到数字高通的变换简单。由相应的变换公式

$$z^{-1}=-\frac{Z^{-1}+\alpha}{1+\alpha Z^{-1}}$$

可知，如果 $\alpha=0$，便有 $z^{-1}=-Z^{-1}$，变换就会很容易。而又由相应的设计公式

$$\alpha=-\frac{\cos\frac{\theta_p+\omega_p}{2}}{\cos\frac{\theta_p-\omega_p}{2}}$$

可知，如果 $\frac{\theta_p+\omega_p}{2}=\frac{\pi}{2}$，则 α 的分子将为 0，故 α 为 0。在解法 1 中已经求得，数字高通的截止频率 $\omega_p=\pi/2$，因此只需要设定数字低通的截止频率 $\theta_p=\pi/2$。

现在由数字低通的截止频率求得模拟低通的截止频率：

$$\Omega'_c = \frac{2}{T_s}\tan\frac{\theta_p}{2} = 2f_s\tan\frac{\pi}{4} = 2f_s$$

三阶 B 型滤波器的系统函数

$$H_a(s) = \frac{\Omega'^3_c}{s^3 + 2\Omega'_c s^2 + 2\Omega'^2_c s + \Omega'^3_c} = \frac{8f_s^3}{s^3 + 4f_s s^2 + 8f_s^2 s + 8f_s^3}$$

数字低通滤波器的系统函数

$$H_l(z) = H_a(s)\Big|_{s=\frac{2}{T_s}\frac{1-z^{-1}}{1+z^{-1}}=2f_s\frac{1-z^{-1}}{1+z^{-1}}}$$

$$= \frac{(1+z^{-1})^3}{(1-z^{-1})^3 + 2(1-z^{-1})^2(1+z^{-1}) + 2(1-z^{-1})(1+z^{-1})^2 + (1+z^{-1})^3}$$

最后得到数字高通滤波器的系统函数

$$H_d(Z) = H_l(z)\Big|_{z^{-1}=-Z^{-1}}$$

$$= \frac{(1-Z^{-1})^3}{(1+Z^{-1})^3 + 2(1+Z^{-1})^2(1-Z^{-1}) + 2(1+Z^{-1})(1-Z^{-1})^2 + (1-Z^{-1})^3}$$ ■

*5.7　*IIR* 数字滤波器的优化设计

前面已经讨论了利用模拟滤波特性的逼近来设计数字滤波器的系统函数的方法，这种方法的优点是可以借用模拟滤波器设计相当成熟的理论、公式和图表，因而比较简单方便，也能够得到数字滤波器较好的频率特性。但是，由于模拟系统函数到数字系统函数的变换所引起的混叠效应或者非线性畸变，总会使所得到的数字滤波器频率响应 $H(e^{j\omega})$ 与预期的频率响应 $H_d(e^{j\omega})$ 之间存在一定的差别。如果要直接逼近数字滤波器所要求的频响 $H_d(e^{j\omega})$，就需要运用最优化设计理论，并且要进行大量的复杂的运算。这些运算只能够依靠计算机的快速运算能力和迭代处理方法来完成，因此，优化设计也叫做计算机辅助设计(CAD)。从理论上来说，用这种方法可以直接设计任意幅频响应的数字滤波器，并且能够对所要求的指标进行最优的逼近。由于这种设计方法涉及最优化理论并且需要许多复杂的计算，因此在本书中只作简要的介绍。

IIR 数字滤波器的优化设计主要涉及两个问题，其一是所用的误差判别准则，其二是采用的最优化算法，下面分别介绍。

5.7.1　误差判别准则

设计目的是要使所得到的数字滤波器的频响 $H(e^{j\omega})$ 尽可能逼近所要求的频响 H_d

$(e^{j\omega})$，即要求它们之间的误差为最小。为了表示它们之间的差别，即表示 $H(e^{j\omega})$ 对 $H_d(e^{j\omega})$ 的逼近程度，就需要确定一种误差判别准则。可以有各种不同的误差判别准则，这里只介绍较简单却用得较多的一种，即最小均方误差判别准则，也叫最小二乘方准则。

IIR 数字滤波器的系统函数可以写成级联形式(见 7.2 节)：

$$H(z) = A\prod_{k=1}^{N}\frac{1+a_k z^{-1}+b_k z^{-2}}{1+c_k z^{-1}+d_k z^{-2}} = AG(z) \tag{5.84}$$

其中

$$G(z) = \prod_{k=1}^{N}\frac{1+a_k z^{-1}+b_k z^{-2}}{1+c_k z^{-1}+d_k z^{-2}} \tag{5.85}$$

令该滤波器所要求的频响为 $H_d(e^{j\omega})$，只考虑其幅频特性。在一离散的频率集 $\{\omega_i, i=1,2,\cdots,M\}$(不必是均匀间隔)上，滤波器的实际幅频响应 $|H(e^{j\omega})|$ 与所要求的幅频响应 $|H_d(e^{j\omega})|$ 之间的均方误差定义为

$$E(\boldsymbol{D}) = \sum_{i=1}^{M}\left[\,|H(e^{j\omega_i})| - |H_d(e^{j\omega_i})|\,\right]^2 \tag{5.86}$$

这里 $\boldsymbol{D}$ 为 $4N+1$ 维向量，

$$\boldsymbol{D} = (A, a_1, b_1, c_1, d_1, \cdots, a_N, b_N, c_N, d_N) \tag{5.87}$$

由于 $|H_d(e^{j\omega_i})|$ 在这 M 个频率 ω_i 处的值是给定的，而 $H(e^{j\omega_i})$ 是 $4N+1$ 元函数，自变量是 $\boldsymbol{D}$ 的分量，因此(5.86)式右边也是 $4N+1$ 元函数，即均方误差 E 是 $\boldsymbol{D}$ 的函数，故记为 $E(\boldsymbol{D})$。设计的目的就是要找到最优的 $\boldsymbol{D}$，用 $\boldsymbol{D}^*$ 来表示，以使均方误差为最小，即，使 $E(\boldsymbol{D}^*) \leqslant E(\boldsymbol{D})$，这就是最小均方误差准则。此准则的追求目标是使总的逼近误差能量最小，而在个别频率点上可能有较大的误差，特别是在滤波器的过渡带附近。此准则的优点是有较成熟的数学解法。

从理论上来说，求误差函数 $E(\boldsymbol{D})$ 的最小值，可令它的各一阶偏导数为 0，于是得到 $4N+1$ 个方程，如(5.88)式所示，解这些方程组成的方程组，可以求出 $4N+1$ 个未知数，它们就是最优向量 $\boldsymbol{D}^*$ 的各个分量。

$$\begin{cases} \dfrac{\partial E(\boldsymbol{D})}{\partial |A|} = 0 \\ \dfrac{\partial E(\boldsymbol{D})}{\partial a_k} = 0 \\ \dfrac{\partial E(\boldsymbol{D})}{\partial b_k} = 0 \\ \dfrac{\partial E(\boldsymbol{D})}{\partial c_k} = 0 \\ \dfrac{\partial E(\boldsymbol{D})}{\partial d_k} = 0 \end{cases} \qquad k = 1,2,\cdots,N \tag{5.88}$$

对于参数 A，运算较容易。由(5.84)式，可得

$$H(e^{j\omega_i}) = AG(e^{j\omega_i})$$

代入(5.86)式，有

$$E(\boldsymbol{D}) = \sum_{i=1}^{M}[\,|A|\,|G(e^{j\omega_i})| - |H_d(e^{j\omega_i})|\,]^2 \tag{5.89}$$

故有

$$\frac{\partial E(\boldsymbol{D})}{\partial |A|} = \sum_{i=1}^{M} 2[\,|A|\,|G(e^{j\omega_i})| - |H_d(e^{j\omega_i})|\,]\,|G(e^{j\omega_i})| = 0$$

于是得到

$$|A^*| = \frac{\sum_{i=1}^{M} |H_d(e^{j\omega_i})|\,|G(e^{j\omega_i})|}{\sum_{i=1}^{M} |G(e^{j\omega_i})|^2} \tag{5.90}$$

其中

$$G(e^{j\omega_i}) = \prod_{k=1}^{N} \frac{1 + a_k e^{-j\omega_i} + b_k e^{-j2\omega_i}}{1 + c_k e^{-j\omega_i} + d_k e^{-j2\omega_i}} \tag{5.91}$$

而 A^* 即为 A 的最优值。将对应于(5.90)式的 $|A^*|$ 的表达式代入 $E(\boldsymbol{D})$ 的表达式，并将此时的 $E(\boldsymbol{D})$ 写为 $E(A^*, \boldsymbol{P})$，其中，$\boldsymbol{P} = (a_1, b_1, c_1, d_1, \cdots, a_N, b_N, c_N, d_N)$ 为 $4N$ 维向量。由(5.90)式和(5.91)式可知，A^* 也是 $\boldsymbol{P}$ 的 $4N$ 个分量的函数，于是 $E(A^*, \boldsymbol{P})$ 是向量 $\boldsymbol{P}$ 的函数，是 $4N$ 元函数，因此可将其表示为 $Q(\boldsymbol{P})$，即有

$$Q(\boldsymbol{P}) = E(A^*, \boldsymbol{P}) \tag{5.92}$$

此时误差函数 $Q(\boldsymbol{P})$ 已极小化，但还需要向量 $\boldsymbol{P}$ 的 $4N$ 个分量达到最优值，才能使 $Q(\boldsymbol{P})$ 进而使 $E(\boldsymbol{D})$ 达到最小值。

要使 $Q(\boldsymbol{P})$ 达到最小值，就应使其梯度 $\mathrm{Grad}[Q(\boldsymbol{P})] = 0$，即要找到使这个梯度的 $4N$ 个分量 $\frac{\partial Q(\boldsymbol{P})}{\partial p_n} = 0$ 的 $4N$ 个 p_n 值，这里 $p_n (n = 1, 2, \cdots, 4N)$ 表示向量 $\boldsymbol{P}$ 的第 n 个分量。

下面讨论如何求梯度分量 $\frac{\partial Q(\boldsymbol{P})}{\partial p_n}$ 的表达式。

$$\frac{\partial Q(\boldsymbol{P})}{\partial p_n} = \frac{\partial E(A^*, \boldsymbol{P})}{\partial p_n} + \frac{\partial E(A^*, \boldsymbol{P})}{\partial A^*} \cdot \frac{\partial A^*}{\partial p_n} \quad (n = 1, 2, \cdots, 4N) \tag{5.93}$$

这里

$$E(A^*, \boldsymbol{P}) = \sum_{i=1}^{M}[\,|A^*|\,|G(e^{j\omega_i}, \boldsymbol{P})| - |H_d(e^{j\omega_i})|\,]^2 \tag{5.94}$$

(5.94)式中的 $G(e^{j\omega_i}, \boldsymbol{P})$ 就是(5.91)式中的 $G(e^{j\omega_i})$，这样写是为了强调这个量不仅与 $e^{j\omega_i}$ 有关，而且是向量 $\boldsymbol{P}$ 的函数。由于 A^* 使 $E(A^*, \boldsymbol{P})$ 取极小值，故 $\frac{\partial E(A^*, \boldsymbol{P})}{\partial A^*} = 0$，因此(5.93)

式中的第二项为0，故有

$$\frac{\partial Q(\boldsymbol{P})}{\partial p_n}=\frac{\partial E(A^*,\boldsymbol{P})}{\partial p_n}$$
$$=\sum_{i=1}^{M}2[|A^*||G(e^{j\omega_i},\boldsymbol{P})|-|H_d(e^{j\omega_i})|]|A^*|\frac{\partial|G(e^{j\omega_i},\boldsymbol{P})|}{\partial p_n} \tag{5.95}$$

下面求复数的模的偏导数的表达式。令复数

$$G(e^{j\omega_i},\boldsymbol{P})=\alpha+j\beta$$

则

$$G^*(e^{j\omega_i},\boldsymbol{P})=\alpha-j\beta$$

由于

$$|G(e^{j\omega_i},\boldsymbol{P})|=[G(e^{j\omega_i},\boldsymbol{P})\cdot G^*(e^{j\omega_i},\boldsymbol{P})]^{1/2}$$

故有

$$\frac{\partial|G(e^{j\omega_i},\boldsymbol{P})|}{\partial p_n}=\frac{\partial[(\alpha+j\beta)(\alpha-j\beta)]^{1/2}}{\partial p_n}$$
$$=\frac{1}{2}[(\alpha+j\beta)(\alpha-j\beta)]^{-\frac{1}{2}}\left[(\alpha+j\beta)\frac{\partial(\alpha-j\beta)}{\partial p_n}+(\alpha-j\beta)\frac{\partial(\alpha+j\beta)}{\partial p_n}\right]$$
$$=[(\alpha+j\beta)(\alpha-j\beta)]^{-\frac{1}{2}}\left[\alpha\frac{\partial\alpha}{\partial p_n}+\beta\frac{\partial\beta}{\partial p_n}\right]$$
$$=\frac{1}{|G(e^{j\omega_i},\boldsymbol{P})|}\left[\alpha\frac{\partial\alpha}{\partial p_n}+\beta\frac{\partial\beta}{\partial p_n}\right] \tag{5.96}$$

又因

$$\mathrm{Re}\left[(\alpha-j\beta)(\frac{\partial\alpha}{\partial p_n}+j\frac{\partial\beta}{\partial p_n})\right]=\alpha\frac{\partial\alpha}{\partial p_n}+\beta\frac{\partial\beta}{\partial p_n}$$

故

$$\alpha\frac{\partial\alpha}{\partial p_n}+\beta\frac{\partial\beta}{\partial p_n}=\mathrm{Re}\left[(\alpha-j\beta)\frac{\partial(\alpha+j\beta)}{\partial p_n}\right]$$
$$=\mathrm{Re}\left[G^*(e^{j\omega_i},\boldsymbol{P})\frac{\partial G(e^{j\omega_i},\boldsymbol{P})}{\partial p_n}\right] \tag{5.97}$$

将(5.97)式代入(5.96)式，再将(5.96)式代入(5.95)式，得

$$\frac{\partial Q(\boldsymbol{P})}{\partial p_n}=2|A^*|\sum_{i=1}^{M}[|A^*||G(e^{j\omega_i},\boldsymbol{P})|-|H_d(e^{j\omega_i})|]\cdot$$
$$\frac{1}{|G(e^{j\omega_i},\boldsymbol{P})|}\mathrm{Re}\left[G^*(e^{j\omega_i},\boldsymbol{P})\frac{\partial G(e^{j\omega_i},\boldsymbol{P})}{\partial p_n}\right]$$
$$(n=1,2,\cdots,4N) \tag{5.98}$$

到此，已经得到了这$4N$个梯度分量的表示式。从理论上来说，令这些表示式等于0，就得到含有$4N$个未知数p_n的$4N$个方程，解这个方程组，求得$p_n(n=1,2,\cdots,4N)$，也

就求得了使 $Q(\boldsymbol{P})$ 达到最小值的向量 $\boldsymbol{P}$。但是实际上,解这个方程组是很困难的,因此一般都不直接去解,而是采用最优化算法来求得 $\boldsymbol{P}$。

5.7.2 最优化算法

采用一定的误差判别准则,其目的是要得到滤波器所要求的特性与设计所得到的特性之间的误差函数,而最终的目的是要找到误差函数自变量的一组数据,即一组最优(最佳)参数,它们使得误差函数为最小。而这组参数即为滤波器系统函数的各系数或零极点,这样就得到了所要求的数字滤波器的系统函数。寻找一组最佳参数使误差函数为最小的过程即为最优化过程,其方法即为最优化算法。

最优化算法是专门的一门课程,在此不可能详细阐述,只能说说大概的思路。令 $Q(\boldsymbol{X})$ 表示误差函数,也就是优化的目标函数,$\boldsymbol{X}$ 是它的自变量向量,设

$$\boldsymbol{X}=(x_1,x_2,\cdots,x_M)$$

$x_l(l=1,2,\cdots,M)$ 也就是需要求其最优值的一组参数。首先设定 $\boldsymbol{X}$ 的初值 $\boldsymbol{X}_{(0)}$,然后在 M 维空间按一定方向寻找 $\boldsymbol{X}$ 的下一个值 $\boldsymbol{X}_{(1)}$,使 $Q(\boldsymbol{X})$ 的值以尽快的速度下降。每找到一个 $\boldsymbol{X}_{(k)}$,都需要计算 $Q(\boldsymbol{X}_{(k)})$ 和梯度

$$\mathrm{Grad}[Q(\boldsymbol{X}_{(k)})]=\left[\frac{\partial Q}{\partial x_1},\frac{\partial Q}{\partial x_2},\cdots,\frac{\partial Q}{\partial x_M}\right]\Bigg|_{\boldsymbol{X}=\boldsymbol{X}_{(k)}}$$

当 $Q(\boldsymbol{X})$ 下降到一定程度,以至于使

$$|Q(\boldsymbol{X}_{(k)})-Q(\boldsymbol{X}_{(k-1)})|<\varepsilon$$

而且

$$|\mathrm{Grad}[Q(\boldsymbol{X}_{(k)})]|<\varepsilon$$

则认为此时的 $\boldsymbol{X}_{(k)}$ 即为所寻找的最佳参数,这里 ε 是所要求的误差指标,是事先给定的一个小的正数。

在上述的优化过程中,如何选择初始点 $\boldsymbol{X}_{(0)}$,在 M 维空间中,从每一次的 $\boldsymbol{X}_{(k)}$ 出发,沿着哪一个方向、步长为多少来确定下一点 $\boldsymbol{X}_{(k+1)}$ 等许多问题都是比较复杂的,需要运用最优化理论来解决,并且整个过程必须借助于计算机进行多次迭代运算才能完成。

最后还应说明一点。上述算法仅使得滤波器的幅度函数被优化,在计算过程中,未对系统函数的零极点位置加以任何限制,因此计算的结果,即所得到的系统函数的各系数可能使得有的极点不在单位圆内,从而导致滤波器不稳定。在这种情况下,必须对单位圆外的极点重新定位。若极点 $z=p_i$ 有 $|p_i|>1$,则用极点 $z=1/p_i^*$ 来代替它,这样相当于将所得的系统函数乘上因子:

$$\frac{z-p_i}{z-1/p_i^*}$$

这是一个一阶网络函数,可以证明其幅频特性等于常量 $|p_i|$,即与 ω 无关,因此这样修正

后，由于$|1/p_i^*|<1$，极点移入单位圆内，但是并不影响幅频特性的形状。极点重新定位后，要继续进行优化处理，使误差函数达到所要求的指标。

5.8 *Matlab* 方法

本章着重讨论了利用模拟滤波器的理论和方法来设计 IIR 数字滤波器。模拟滤波器从功能上可以分为低通、高通、带通和带阻滤波器，从类型上可以分为巴特沃斯、切比雪夫和椭圆滤波器等。Matlab 信号处理工具箱中提供了常用的设计 IIR 滤波器的函数，可以方便地调用这些函数来完成数字滤波器的设计。

5.8.1 利用 Matlab 实现模拟滤波器的设计

1. 巴特沃斯滤波器的 Matlab 实现

在巴特沃斯模拟滤波器设计中常用的 Matlab 函数如下。

(1) [N,Wn]=buttord(Wp,Ws,Rp,Rs,'s')

根据巴特沃斯低通滤波器的设计指标，利用 Matlab 中的函数 buttord 可以获得巴特沃斯滤波器的参数 N 和 W_n，它们分别是在给定通带边界频率 W_p、阻带边界频率 W_s、通带最大衰减 R_p 和阻带最小衰减 R_s 的条件下，所需要的 Butterworth 滤波器的最小阶数和对应的 3 dB 带宽。这里 W_p 和 W_s 的单位是 rad/s。

函数 buttord(Wp,Ws,Rp,Rs,'s')也可以用于高通、带通、带阻滤波器的设计。对于高通滤波器，要求 $W_p>W_s$；对于带通和带阻滤波器，$\boldsymbol{W}_p$ 和 $\boldsymbol{W}_s$ 都是二维向量，分别对应于过渡带的边界频率。每个向量的第一个元素对应低端的边界频率，第二个元素对应高端的边界频率。注意这里计算结果中的 N 是所设计滤波器阶数的一半，$\boldsymbol{W}_n$ 也是一个二维向量。

(2) [z,p,k]=buttap(N)

利用 Matlab 中的函数 buttap 可以求得 N 阶巴特沃斯原型低通滤波器的零点、极点和增益。其中极点 $\boldsymbol{p}$ 是长度为 N 的列向量，分布在单位圆内的左半平面；而零点 $\boldsymbol{z}$ 是空矩阵。

(3) [B,A]=butter(N,Wn,'s')

在 N 和 W_n 已经确定的情况下，利用 Matlab 中的函数 butter 可以获得巴特沃斯原型低通滤波器系统函数的分子多项式(B)和分母多项式(A)的系数。

例 5.8 利用 Matlab 设计一个满足下列指标的模拟巴特沃斯低通滤波器。

通带边界频率：$f_p=1$ Hz，通带最大衰减：$R_p=3$ dB。

阻带边界频率：$f_s=4$ Hz，阻带最小衰减：$R_s=30$ dB。

解

```
%巴特沃斯模拟低通滤波器设计
>>Wp=2*pi*1;Ws=2*pi*4;          %滤波器指标
>>Rp=3;     %通带最大衰减(dB)
>>Rs=30;    %阻带最小衰减(dB)
%设计滤波器
>>[N,Wn]=buttord(Wp,Ws,Rp,Rs,'s')
  N=       3
  Wn=      7.9490
>>[z,p,k]=buttap(N)
  z=       []
  p=        -0.5000+0.8660i
            -0.5000-0.8660i
            -1.0000
  k=       1.0000
>>[B,A]=butter(N,Wn,'s')
  B=      0          0          0          502.2695
  A=      1.0000     15.8980    126.3731   502.2695
```

因此,要满足所要求的指标需要 3 阶的巴特沃斯低通滤波器,其系统函数为

$$H(s)=\frac{502.2695}{(s^3+s^2+15.8980s^2+126.3731s+502.2695)}$$

```
>>freq1=linspace(0,Wp,5);     %频率从 0~Wp 均分为 5 个点
>>freq2=linspace(Wp,Ws,15);
>>freq3=linspace(Ws,10*pi*2,25);
>>h1=20*log10(abs(freqs(B,A,freq1)));     %增益(dB)
>>h2=20*log10(abs(freqs(B,A,freq2)));
>>h3=20*log10(abs(freqs(B,A,freq3)));
>>plot([freq1 freq2 freq3]/(2*pi),[h1,h2,h3]);
>>grid;
>>xlabel('Frequency in Hz');
>>ylabel('Gain in DB');
```

满足指标的 3 阶巴特沃斯低通滤波器的增益响应如图 5.18 所示。

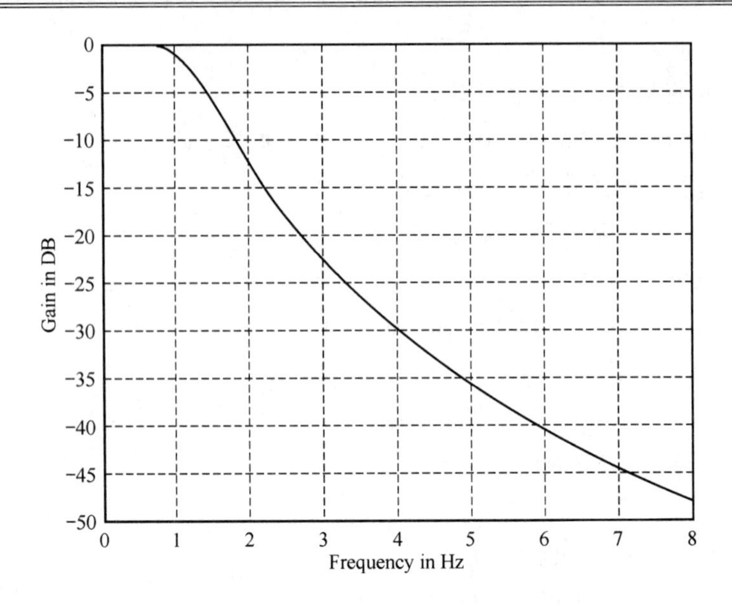

图 5.18　3 阶巴特沃斯低通滤波器的增益响应

2. 切比雪夫滤波器的 Matlab 实现

在切比雪夫模拟滤波器设计中常用的 Matlab 函数如下。

(1) [N,Wn]=cheb1ord(Wp,Ws,Rp,Rs,'s')

根据切比雪夫模拟低通滤波器的设计指标，利用 Matlab 中的函数 cheb1ord 可以获得切比雪夫Ⅰ型滤波器的参数 N 和 W_n，它们分别是在给定通带边界频率 W_p、阻带边界频率 W_s、通带最大衰减 R_p 和阻带最小衰减 R_s 的条件下，所需要的 Chebyshev Ⅰ型滤波器的最小阶数和通带边界频率。

函数 cheb1ord(Wp,Ws,Rp,Rs,'s')也可以用于高通、带通、带阻滤波器的设计。对于高通滤波器，要求 $W_p>W_s$；对于带通和带阻滤波器，$\boldsymbol{W}_p$ 和 $\boldsymbol{W}_s$ 都是二维向量，分别对应于过渡带的边界频率。每一个向量的第一个元素对应低端的边界频率，第二个元素对应高端的边界频率。注意，这里计算结果中的 N 是所设计滤波器阶数的一半，$\boldsymbol{W}_n$ 也是一个二维向量。

(2) [N,Wn]=cheb2ord(Wp,Ws,Rp,Rs,'s')

Matlab 中的函数 cheb2ord 可以获得切比雪夫Ⅱ型滤波器的参数 N 和 W_n，它们分别是在给定通带边界频率 W_p、阻带边界频率 W_s、通带最大衰减 R_p 和阻带最小衰减 R_s 的条件下，所需要的 ChebyshevⅡ型滤波器的最小阶数和阻带边界频率。

函数 cheb2ord(Wp,Ws,Rp,Rs,'s')也可以用于高通、带通、带阻滤波器的设计，其用法与 cheb1ord(Wp,Ws,Rp,Rs,'s')函数相同。

(3) [z,p,k]=cheb1ap(N,Rp)

Matlab 函数 cheb1ap(n,Rp)可以求出 N 阶低通 Chebyshev Ⅰ型滤波器的零点、极

点和增益，其中通带内的波动为 R_p dB。极点 $\boldsymbol{p}$ 是长度为 N 的矢量，而零点 $\boldsymbol{z}$ 是空矩阵。其系统函数为

$$H(p)=\frac{z(p)}{p(p)}=\frac{k}{(p-p_1)(p-p_2)\cdots(p-p_n)}$$

(4) [z,p,k]=cheb2ap(N,Rp)

Matlab 函数 cheb2ap(N,Rp)可以求出 N 阶低通 ChebyshevⅡ型滤波器的零点、极点和增益，其中通带内的波动为 R_p dB。极点 $\boldsymbol{p}$ 是长度为 N 的矢量，而零点 $\boldsymbol{z}$ 是空矩阵。

(5) [B,A]=cheby1(N,Rp,Wn,'s')

Matlab 函数 cheby1 利用参数 N、R_p 和 W_n 确定 ChebyshevⅠ型滤波器系统函数的分子多项数式(B)和分母多项式(A)的系数。

(6) [B,A]=cheby2(N,Rp,Wn,'s')

Matlab 函数 cheby2 利用参数 N,R_p 和 W_n 确定 ChebyshevⅡ型滤波器系统函数的分子多项式(B)和分母多项式(A)的系数。

例 5.9　利用 Matlab 实现例 5.2 中的切比雪夫Ⅰ型滤波器，即求 $\varepsilon=0.04$、$N=4$ 的 C 型低通滤波器的系统函数。

解

```
%切比雪夫Ⅰ型模拟滤波器设计
%滤波器指标
>>e=0.04;
>>N=4;
>>Rp=10*log10(1+e*e);      %通带最大衰减(dB)
>>[z,p,k]=cheb1ap(N,Rp)
z=          []
p=          -0.4369+1.4022i
            -1.0548+0.5808i
            -1.0548-0.5808i
            -0.4369-1.4022i
k=          3.1250
```

根据运行结果，可以得到该 C 型滤波器的系统函数为

$$H_a(s)=\frac{3.125}{(s+0.437-\mathrm{j}1.4)(s+1.055-\mathrm{j}0.581)(s+1.055+\mathrm{j}0.581)(s+0.437+\mathrm{j}1.4)}$$

$$=\frac{3.125}{s^4+2.984s^3+5.446s^2+5.807s+3.121}$$ ■

3. Cauer 椭圆滤波器的 Matlab 实现

在 Cauer 椭圆模拟滤波器设计中常用的 Matlab 函数如下。

(1) [N,Wn]=ellipord(Wp,Ws,Rp,Rs,'s')

根据椭圆模拟低通滤波器的设计指标，利用 Matlab 中的函数 ellipord 可以获得椭圆滤波器的参数 N 和 W_n，它们分别是在给定通带边界频率 W_p、阻带边界频率 W_s、通带最大衰减 R_p 和阻带最小衰减 R_s 的条件下，所需要的椭圆滤波器的最小阶数和通带边界频率。

函数 ellipord(Wp,Ws,Rp,Rs,'s')也可以用于高通、带通、带阻滤波器的设计。对于高通滤波器，要求 $W_p > W_s$；对于带通和带阻滤波器，$\boldsymbol{W}_p$ 和 $\boldsymbol{W}_s$ 都是二维向量，分别对应于过渡带的边界频率。每一个向量的第一个元素对应低端的边界频率，第二个元素对应高端的边界频率。注意，这里计算结果中的 N 是所设计滤波器阶数的一半，$\boldsymbol{W}_n$ 也是一个二维向量。

(2) [z,p,k]=ellip(N,Rp,Rs,Wn,'s')

Matlab 函数 ellip(N,Rp,Rs,Wn,'s')可以求出 N 阶低通椭圆模拟滤波器的零点、极点和增益，通带和阻带内的波动分别为 R_p dB、R_s dB。极点 $\boldsymbol{p}$、零点 $\boldsymbol{z}$ 是长度为 N 的矢量。

(3) [B,A]=ellip(N,Rp,Rs,Wn,'s')

Matlab 函数 ellip 利用参数 N、R_p、R_s 和 W_n 确定椭圆滤波器系统函数的分子多项式(B)和分母多项式(A)的系数。

例 5.10 设计满足下列指标的模拟低通椭圆滤波器。

通带边界频率：$f_p = 1$ kHz，通带最大衰减：$R_p = 2$ dB。

阻带边界频率：$f_s = 3$ kHz，阻带最小衰减：$R_s = 50$ dB。

解

```
%椭圆模拟滤波器的设计
%模拟滤波器参数
>>Wp=2*pi*1000;
>>Ws=2*pi*3000;
>>Rp=2;
>>Rs=50;
>>[N,Wn]=ellipord(Wp,Ws,Rp,Rs,'s')
  N=          4
  Wn=         6.2832e+003
>>[z,p,k]=ellip(N,Rp,Rs,Wn,'s')
  z=          1.0e+004*
              -0.0000+2.6531i
              -0.0000-2.6531i
               0.0000+1.1761i
               0.0000-1.1761i
  p=          1.0e+003*
              -1.6797+2.7525i
              -1.6797-2.7525i
```

```
              -0.5521+6.0809i
              -0.5521-6.0809i
    k=          0.0032
>>[B,A]=ellip(N,Rp,Rs,Wn,'s')
    B=          1.0e+014 *
      0.0000   -0.0000  0.0000   -0.0000   3.0792
    A=          1.0e+014 *
      0.0000    0.0000  0.0000    0.0014   3.8765
```

这是 4 阶椭圆低通滤波器。

```
>>freq1=linspace(0,Wp,5);      %频率从 0～Wp 均分为 5 个点
>>freq2=linspace(Wp,Ws,15);
>>freq3=linspace(Ws,10*pi*2,25);
>>h1=20*log10(abs(freqs(B,A,freq1)));     %增益(单位为分贝)
>>h2=20*log10(abs(freqs(B,A,freq2)));
>>h3=20*log10(abs(freqs(B,A,freq3)));
>>plot([freq1 freq2 freq3]/(2*pi),[h1,h2,h3]);
>>grid;
>>xlabel('Frequency in Hz');
>>ylabel('Gain in DB');
```

4 阶椭圆低通滤波器的增益响应如图 5.19 所示。

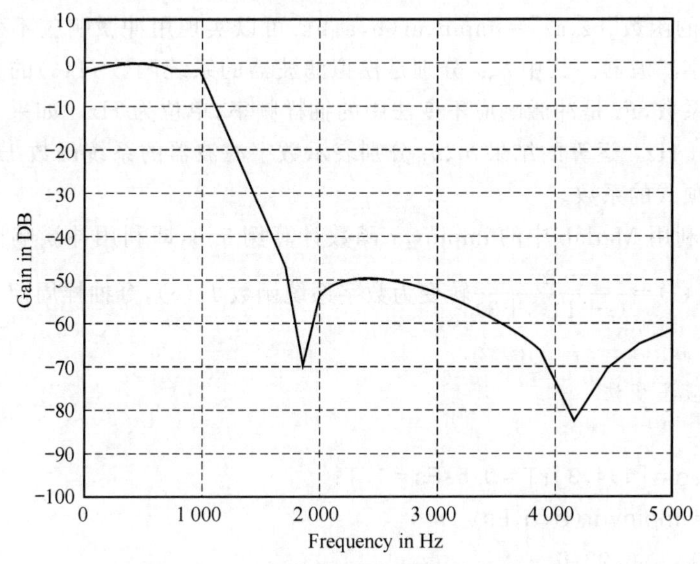

图 5.19　4 阶椭圆低通滤波器的增益响应

■

4. 用 Matlab 实现模拟域的频率变换

用 Matlab 提供的函数可以实现模拟低通到模拟低通、模拟高通、模拟带通和模拟带阻滤波器的频率变换。

(1) [B,A]=lp2lp(b,a,Wo)实现模拟低通到模拟低通的变换，其中 b 和 a 表示变换前模拟低通原型滤波器系统函数分子和分母多项式的系数，B 和 A 则表示变换后模拟低通滤波器系统函数分子和分母多项式的系数。W_o 是要求的低通滤波器的截止频率。

(2) [B,A]=lp2hp(b,a,Wo)实现模拟低通到模拟高通的变换，其中 b 和 a 表示变换前模拟低通原型滤波器系统函数分子和分母多项式的系数，B 和 A 则表示变换后模拟高通滤波器系统函数分子和分母多项式的系数。W_o 是要求的模拟高通滤波器的截止频率。

(3) [B,A]=lp2bp(b,a,Wo,Bw)实现模拟低通到模拟带通的变换，其中 b 和 a 表示变换前模拟低通原型滤波器系统函数分子和分母多项式的系数，B 和 A 则表示变换后模拟带通滤波器系统函数分子和分母多项式的系数。W_o 是要求的带通滤波器的中心频率，B_w 是其带宽。

(4) [B,A]=lp2bs(b,a,Wo,Bw)实现模拟低通到模拟带阻的变换，其中 b 和 a 表示变换前模拟低通原型滤波器系统函数分子和分母多项式的系数，B 和 A 则表示变换后模拟带阻滤波器系统函数分子和分母多项式的系数。W_o 是要求的带阻滤波器的中心频率，B_w 是其带宽。

5.8.2 冲激响应不变法的 Matlab 实现

Matlab 中的函数[bz,az]=impinvar(b,a,Fs)可以实现用冲激响应不变法将模拟滤波器转换为数字滤波器。其中 b、a 分别是模拟滤波器的系统函数 $H(s)$ 的分子多项式和分母多项式的系数，F_s 是冲激响应不变法中的抽样频率，单位为 Hz。如果 F_s 没有说明，则其缺省值为 1 Hz。运算的结果 b_z、a_z 分别表示数字滤波器的系统函数 $H(z)$ 中分子多项式和分母多项式的系数。

例 5.11 利用 Matlab 中的 impinvar 函数计算例 5.3，即利用冲激响应不变法将模拟系统函数 $H_a(s)=\dfrac{3}{(s+1)(s+3)}$ 转变为数字系统函数 $H(z)$，令抽样周期 $T_s=0.5$。

解

```
%冲激响应不变法
%
b=[0,3];a=[1,4,3];T=0.5;Fs=1/T;
[bz,az]=impinvar(b,a,Fs)
bz=      0      0.2876
az=      1.0000   -0.8297   0.1353
```

因此，数字滤波器为

$$H(z)=\frac{0.2876z^{-1}}{1-0.8297z^{-1}+0.1353z^{-2}}$$

■

5.8.3　双线性变换法的 Matlab 实现

函数 bilinear 可以实现用双线性变换法将模拟滤波器转换为数字滤波器。这个函数的具体用法如下。

(1) [zd,pd,kd]=bilinear(z,p,k,Fs)

其中 z、p 和 k 分别表示模拟滤波器系统函数的零点、极点和增益，F_s 是抽样频率。z_d、p_d 和 k_d 是对应的数字滤波器系统函数的零点、极点和增益。

(2) [numd,dend]=bilinear(num,den,Fs)

其中 num、den 和 F_s 分别表示模拟滤波器系统函数分子、分母多项式的系数，F_s 是抽样频率。numd 和 dend 是对应的数字滤波器系统函数分子、分母多项式的系数。

例5.12　利用双线性变换法设计一个低通切比雪夫Ⅰ型数字滤波器，其技术指标为：

$W_p=0.2\pi$，　$R_p=1$ dB

$W_s=0.4\pi$，　$R_s=15$ dB，　$T=1$ s

解

```
%数字滤波器参数
>>Wp=0.2*pi;            %通带边界数字频率(弧度)
>>Ws=0.4*pi;            %阻带边界数字频率(弧度)
>>Rp=1;                 %通带最大衰减 in dB
>>Rs=15;                %阻带最小衰减 in dB
>>T=1;
>>Fs=1/T;               %抽样频率
>>omegap=(2/T)*tan(Wp/2);       %通带边界频率预畸变
>>omegas=(2/T)*tan(Ws/2);       %阻带边界频率预畸变
>>[N,Wn]=cheb1ord(omegap,omegas,Rp,Rs,'s')   %切比雪夫Ⅰ型模拟滤波器
   N=          3
   Wn=         0.6498
>>[B,A]=cheby1(N,Rp,Wn,'s');
>>[b,a]=bilinear(B,A,Fs);       %双线性变换
   b=          0.0115    0.0344   0.0344    0.0115
   a=          1.0000   -2.1378   1.7693   -0.5398
>>[h,w]=freqz(b,a,256);
```

```
>>h1=20*log10(abs(h));      %增益(dB)
>>plot(w/pi,h1);
>>grid;
>>xlabel('Digital Frequency in pi units');
>>ylabel('Gain in DB');
>>axis([0  1  -50  10]);
```

从运行结果可以得出,所要求的低通切比雪夫Ⅰ型数字滤波器的阶数为3阶,系统函数为:

$$H(z)=\frac{0.011\,5+0.034\,4z^{-1}+0.034\,4z^{-2}+0.011\,5z^{-3}}{1-2.137\,8z^{-1}+1.769\,3z^{-2}-0.539\,8z^{-3}}$$

其低通数字滤波器的增益响应如图5.20所示。

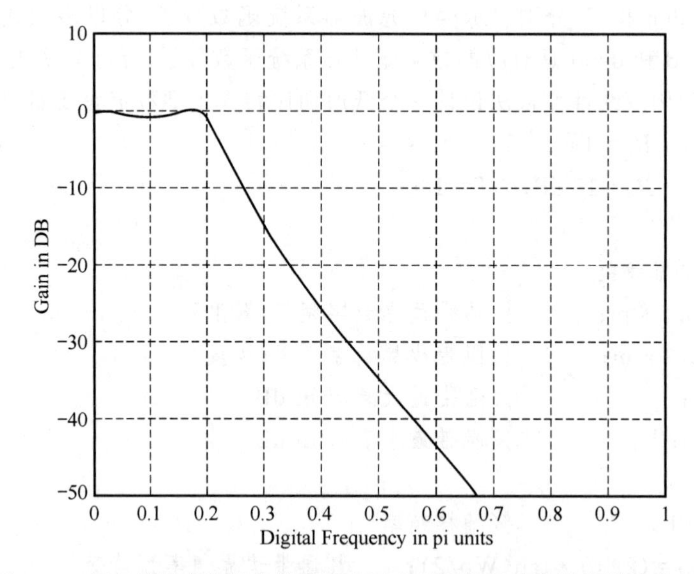

图5.20 用双线性变换法设计的切比雪夫低通数字滤波器的增益响应 ■

5.8.4 用Matlab实现数字滤波器的设计

在Matlab中提供了一些直接设计数字滤波器的函数。

1. 巴特沃斯型数字滤波器

(1) [N,Wn]=buttord(Wp,Ws,Rp,Rs)

其中参数 W_p 和 W_s 分别是数字低通滤波器的通带和阻带边界数字频率,它们应该是以π为基准频率的归一化值(即标称值),R_p 和 R_s 分别为通带和阻带的衰减(dB)。返回的参数 N 和 W_n 分别为滤波器的阶数和截止频率(即3 dB带宽)。

(2) [b,a]=butter(N,Wn)

其中参数 N 和 W_n 是滤波器的阶数和3 dB带宽。若 W_n 是标量,则此式用来设计低通数字滤波器,其中 b 和 a 分别是数字滤波器系统函数分子和分母多项式的系数。如果 $\boldsymbol{W}_n=(W_1,W_2)$,即是一个 1×2 的向量,则此式用来设计一个 $2N$ 阶的带通滤波器,其3 dB带宽为 $W_1\sim W_2$。

(3) [b,a]=butter(n,Wn,'ftype')

butter函数不仅可以用于设计数字低通、带通滤波器,也可以用于设计数字高通和带阻滤波器。具体的滤波器类型由ftype指定。如果ftype为high,则用来设计高通滤波器;如果ftype为stop,则用来设计数字带阻滤波器,同理,这时 $\boldsymbol{W}_n=(W_1,W_2)$,也即设计了一个 $2N$ 阶的带阻滤波器,其3 dB阻带宽度为 $W_1\sim W_2$。

2. 切比雪夫型数字滤波器

切比雪夫型数字滤波器设计中涉及的Matlab函数主要有:

[N,Wn]=cheb1ord(Wp,Ws,Rp,Rs)

[N,Wn]=cheb2ord(Wp,Ws,Rp,Rs)

[b,a]=cheby1(N,Rp,Wn)

[b,a]=cheby1(N,Rp,Wn,'ftype')

[b,a]=cheby2(N,Rs,Wn)

[b,a]=cheby2(N,Rs,Wn,'ftype')

它们的调用方式与巴特沃斯型滤波器对应的函数类似,这里不再一一说明。

3. 椭圆型数字滤波器

椭圆型数字滤波器设计中涉及的Matlab函数主要有:

[N,Wn]=ellipord(Wp,Ws,Rp,Rs)

[b,a]=ellip(n,Rp,Rs,Wn)

[b,a]=ellip(n,Rp,Rs,Wn,'ftype')

注意对于不同类型的滤波器,参数 W_p 和 W_s 有一些限制:

(a) 对于低通滤波器,$W_p<W_s$;

(b) 对于高通滤波器,$W_p>W_s$;

(c) 对于带通滤波器,$\boldsymbol{W}_p$ 和 $\boldsymbol{W}_s$ 都是具有两个元素的矢量,$\boldsymbol{W}_p=(W_{p1},W_{p2})$ 和 $\boldsymbol{W}_s=(W_{s1},W_{s2})$,并且 $W_{s1}<W_{p1}<W_{p2}<W_{s2}$;

(d) 对于带阻滤波器,$\boldsymbol{W}_p$ 和 $\boldsymbol{W}_s$ 都是具有两个元素的矢量,$\boldsymbol{W}_p=(W_{p1},W_{p2})$ 和 $\boldsymbol{W}_s=(W_{s1},W_{s2})$,并且 $W_{p1}<W_{s1}<W_{s2}<W_{p2}$。

下面举例说明如何利用Matlab函数来设计数字滤波器。

例5.13　设计满足下列指标的巴特沃斯型、切比雪夫Ⅰ型和椭圆型数字低通滤波器,技术指标为:

$W_p=0.2\pi, R_p=1$ dB

$W_s=0.5\pi, R_s=20$ dB

解

```
%数字滤波器指标
Wp=0.2;
Ws=0.5;
Rp=1;
Rs=20;

%设计巴特沃斯型数字低通滤波器
disp('巴特沃斯型');
[N,Wn]=buttord(Wp,Ws,Rp,Rs)
[B1,A1]=butter(N,Wn);
%设计切比雪夫Ⅰ型数字低通滤波器
disp('切比雪夫Ⅰ型');
[N,Wn]=cheb1ord(Wp,Ws,Rp,Rs)
[B2,A2]=cheby1(N,Rp,Wn);

%设计椭圆型数字低通滤波器
disp('椭圆型');
[N,Wn]=ellipord(Wp,Ws,Rp,Rs)
[B3,A3]=ellip(N,Rp,Rs,Wn);

%显示各种滤波器的分子、分母多项式系数
disp('巴特沃斯型分子多项式');
fprintf('%.4e\n',B1);
disp('巴特沃斯型分母多项式');
fprintf('%.4e\n',A1);
disp('切比雪夫型分子多项式');
fprintf('%.4e\n',B2);
disp('切比雪夫型分母多项式');
fprintf('%.4e\n',A2);
disp('椭圆型分子多项式');
fprintf('%.4e\n',B3);
disp('椭圆型分母多项式');
```

```
fprintf('%.4e\n',A3);
w=linspace(0,0.8*pi,50);

%增益(分贝)
h1=20*log10(abs(freqz(B1,A1,w)));
h2=20*log10(abs(freqz(B2,A2,w)));
h3=20*log10(abs(freqz(B3,A3,w)));

%画图比较
plot(w/pi,h1,'-.',w/pi,h2,'*',w/pi,h3,'-');
legend('BW 型','Cheb 型','Cauer 型');
xlabel('Normalized frequency');
ylabel('Gain in dB');
axis([0 0.8 -50 1]);
grid;
set(gca,'YTickMode','manual','YTick',[-50,10,0]);
```

运行结果如下：

巴特沃斯型：　　N＝3，　　Wn＝0.2771

切比雪夫Ⅰ型：　N＝3，　　Wn＝0.2000

椭圆型：　　　　N＝2，　　Wn＝0.2000

其数字低通滤波器的增益响应如图 5.21 所示。

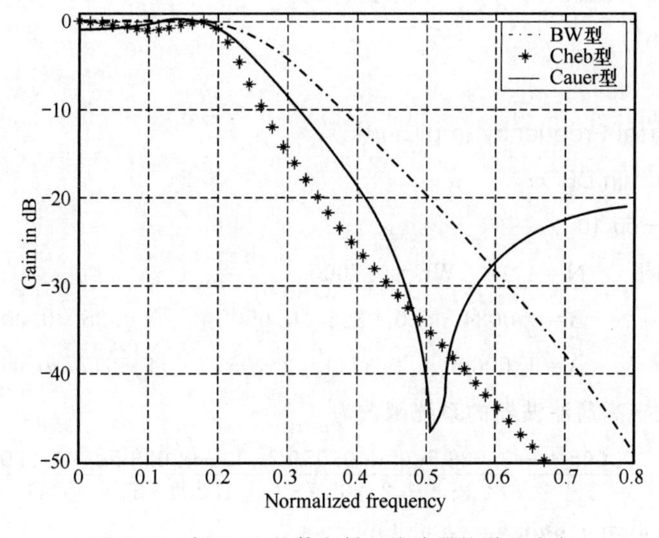

图 5.21　例 5.13 的数字低通滤波器的增益响应

巴特沃斯型分子多项式：	4.081 0e−002，	1.224 3e−001，	1.224 3e−001，	4.081 0e−002
巴特沃斯型分母多项式：	1.000 0e+000，	−1.297 8e+000，	7.874 7e−001，	−1.632 2e−001
切比雪夫Ⅰ型分子多项式：	1.147 5e−002，	3.442 4e−002，	3.442 4e−002，	1.147 5e−002
切比雪夫Ⅰ型分母多项式：	1.000 0e+000，	−2.137 8e+000，	1.769 3e+000，	−5.397 6e−001
椭圆型分子多项式：	1.431 8e−001，	1.165 8e−002，	1.431 8e−001	
椭圆型分母多项式：	1.000 0e+000，	−1.206 2e+000，	5.405 7e−001	■

例5.14 用 Matlab 设计一个切比雪夫Ⅰ型高通数字滤波器，要求通带边界频率为 700 Hz，阻带边界频率为 500 Hz，通带波纹为 1 dB，阻带最小衰减为 32 dB，抽样频率f_s=2 000 Hz。

解

```
%切比雪夫Ⅰ型高通数字滤波器设计
Fs=2000;              %抽样频率
Wp=2*pi*700/Fs;       %通带边界数字频率
Ws=2*pi*500/Fs;       %阻带边界数字频率
Rp=1;                 %通带波纹(dB)
Rs=32;                %最小阻带衰减(dB)
[N,Wn]=cheb1ord(Wp/pi,Ws/pi,Rp,Rs);
[B,A]=cheby1(N,Rp,Wn,'high');
[h,w]=freqz(B,A,256);
h1=20*log10(abs(h));      %增益(dB)
plot(w/pi,h1);
grid;
xlabel('Difital Frequency in pi units');
ylabel('Gain in DB');
axis([0 1 -50 10]);
```

运行结果如下： N=4， Wn=0.7000

B=0.0084 −0.0335 0.0502 −0.0335 0.0084

A=1.0000 2.3741 2.7057 1.5917 0.4103

于是得到数字高通滤波器的系统函数为

$$H(z)=\frac{0.008\,4-0.033\,5z^{-1}+0.050\,2z^{-2}-0.033\,5z^{-3}+0.008\,4z^{-4}}{1+2.374\,1z^{-1}+2.705\,7z^{-2}+1.591\,7z^{-3}+0.410\,3z^{-4}}$$

其增益响应如图 5.22 所示。

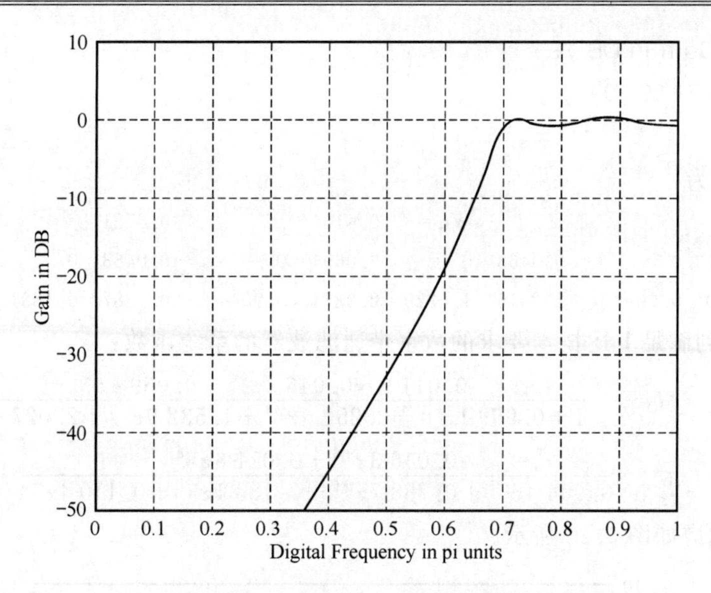

图 5.22　例 5.14 的数字高通滤波器的增益响应　■

例 5.15　用 Matlab 设计一个巴特沃斯型带通数字滤波器，要求通带边界频率为 450 Hz和 650 Hz，阻带边界频率为 200 Hz 和 750 Hz，通带波纹为 1 dB，最小阻带衰减为 20 dB，抽样频率 f_s = 2 000 Hz。

解

```
%巴特沃斯型带通滤波器设计
Fs=2 000;                                  %抽样频率
Ws=[2*200*pi/Fs  2*750*pi/Fs];             %阻带边界数字频率
Wp=[2*450*pi/Fs  2*650*pi/Fs];             %通带边界数字频率
Rp=1;                                      %通带波纹(dB)
Rs=20;                                     %最小阻带衰减(dB)
%巴特沃斯型滤波器参数计算
[N,Wn]=buttord(Wp/pi,Ws/pi,Rp,Rs);
%巴特沃斯型带通数字滤波器设计
[B,A]=butter(N,Wn)
%画图
[h,w]=freqz(B,A,256);
h=20*log10(abs(h));
plot(w/pi,h);
xlabel('Digital Frequency in pi units');
```

```
ylabel('Gain in DB');
axis([0 1 -50 10]);
grid;
```

运行结果为：

```
N=4                       Wn=   0.4184          0.6781
B=0.0116  0      -0.0463  0     0.0694  0      -0.0463  0       0.0116
A=1.0000  0.9691  2.2516  1.5329 2.0274 0.9044  0.7887  0.1831  0.1104
```

因此，得到满足上述技术要求的数字带通滤波器的系统函数：

$$H(z)=\frac{0.0116-0.0463z^{-2}+0.0694z^{-4}-0.0463z^{-6}+0.0116z^{-8}}{1+0.9691z^{-1}+2.2516z^{-2}+1.5329z^{-3}+2.0274z^{-4}+0.9044z^{-5}+0.7887z^{-6}+0.1831z^{-7}+0.1104z^{-8}}$$

其增益响应如图 5.23 所示。

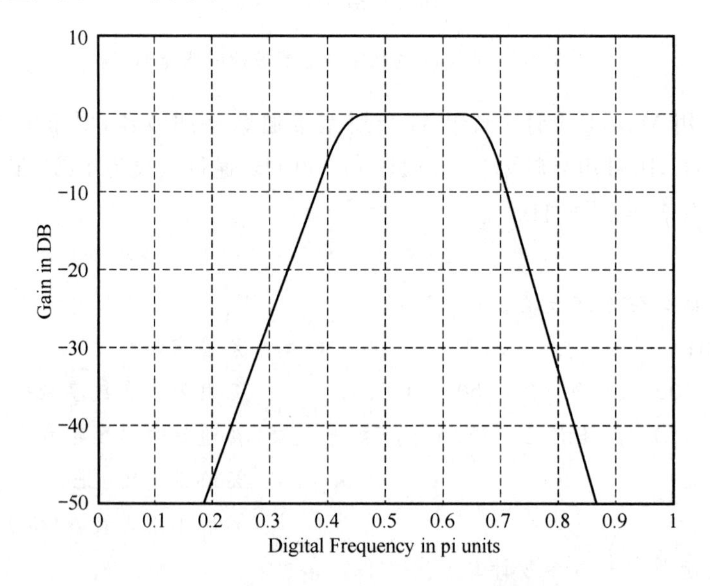

图 5.23　例 5.15 的巴特沃斯型数字带通滤波器的增益响应

需要注意的是，这里得到的滤波器阶数 $N=4$ 是实际滤波器阶数的一半，即实际上这是一个 8 阶的带通滤波器。■

习　　题

5.1　模拟低通滤波器的指标如题 5.1 图所示。

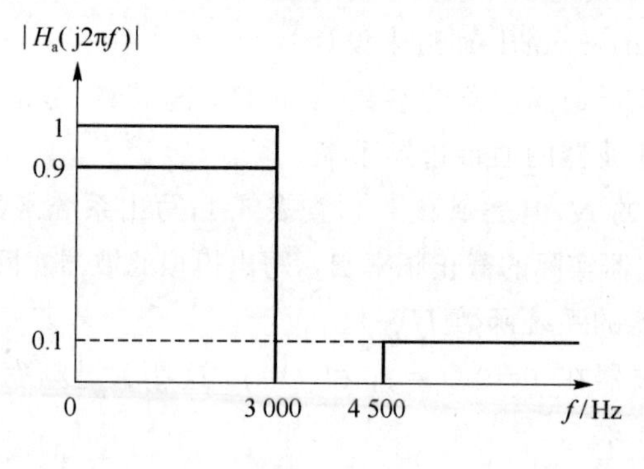

题 5.1 图

(a) 计算 B 型滤波器的参数 Ω_c 和 N。

(b) 计算 C 型滤波器的参数 ε 和 N。

5.2　求 $N=3$ 时 0.5 dB 模拟低通 C 型滤波器的系统函数。

5.3　一个数字低通滤波器的截止频率为 $\omega_c=0.2\pi$，令抽样频率 $f_s=1$ kHz。

(a) 如果用冲激响应不变法来设计，问相应的模拟低通滤波器的截止频率 f_c 为多少？

(b) 如果用双线性变换法来设计，问相应的模拟低通滤波器的截止频率 f_c 为多少？

5.4　试分别用冲激响应不变法和双线性变换法将下列模拟滤波器系统函数 $H_a(s)$ 变为数字系统函数 $H(z)$。

(a) $H_a(s)=\dfrac{3}{(s+1)(s+3)}, T_s=0.5$ s

(b) $H_a(s)=\dfrac{1}{s^2+s+1}, T_s=2$ s

(c) $H_a(s)=\dfrac{3s+2}{2s^2+3s+1}, T_s=0.1$ s

5.5　用冲激响应不变法将以下 $H_a(s)$ 转换为 $H(z)$，抽样周期为 T。

(a) $H_a(s)=\dfrac{s+a}{(s+a)^2+b^2}$

(b) $H_a(s)=\dfrac{A}{(s-s_0)^2}$

5.6　设抽样频率 $f_s=2\pi$ kHz，用冲激响应不变法设计一个 3 阶 Butterworth 数字低通滤波器，其 3 dB 带宽 $f_c=1$ kHz。

5.7　用双线性变换法设计一个 3 阶 Butterworth 数字低通滤波器，3 dB 带宽（截止频率）$f_c=400$ Hz，抽样频率 $f_s=1.2$ kHz。

5.8　一个数字低通滤波器的通带边界频率为 $f_1=2\,500$ Hz，通带幅度的最小值为 0.9；阻带边界频率为 $f_2=3\,524$ Hz，阻带幅度的最大值为 0.1；抽样频率为 10 kHz。采用双线性变换法、Butterworth 逼近来设计。

(a) 求相应的模拟低通滤波器的参数 N 和 Ω_c，这里 Ω_c 是标称化截止频率，基准频率是该模拟滤波器的通带边界频率。

(b) 用(a)题求出的 N，但是令 $\Omega_c=1$，查表 5.1，写出系统函数 $H_a(s)$。

(c) 求出模拟滤波器实际的截止频率 Ω_{c1}，写出模拟滤波器实际的系统函数 $H_{a1}(s)$。

(d) 求数字滤波器的系统函数 $H(z)$。

(e) 求出数字滤波器在 $f=0$、$f=f_1$ 和 $f=f_2$ 这些关键频率处的幅频响应，检验是否满足设计要求。

5.9 一个数字低通滤波器的通带边界频率为 $f_1=2\,500$ Hz，通带幅度的最小值为 0.9；阻带边界频率为 $f_2=3\,524$ Hz，阻带幅度的最大值为 0.1；抽样频率为 10 kHz。采用双线性变换法、Chebyshev 逼近来设计。求相应的模拟低通滤波器的参数 ε 和 N。

5.10 用双线性变换法设计一个 3 阶 Butterworth 数字高通滤波器，抽样频率 $f_s=8$ kHz，截止频率 $f_c=2$ kHz。

5.11 用双线性变换法设计一个 3 阶 Butterworth 数字带通滤波器，抽样频率 $f_s=720$ Hz，上下边带截止频率分别为 $f_1=60$ Hz，$f_2=300$ Hz。

*5.12 一个数字高通滤波器的通带边界频率为 $f_1=3\,524$ Hz，通带幅度的最小值为 0.9；阻带边界频率为 $f_2=2\,500$ Hz，阻带幅度的最大值为 0.1；抽样频率为 10 kHz。采用双线性变换法、Butterworth 逼近来设计。求这个数字高通滤波器的系统函数 $H(z)$。

5.13 假设某时域连续滤波器 $H_a(s)$ 是一个低通滤波器，又知 $H(z)=H_a\left(\frac{z+1}{z-1}\right)$，于是数字滤波器 $H(z)$ 的通带中心位于

(1) $\omega=0$(低通)

(2) $\omega=\pi$(高通)

(3) 除 0 和 π 以外某一频率(带通)

请从中选择正确答案。

第 6 章　FIR 数字滤波器的原理及设计

6.1　*FIR* 数字滤波器的差分方程、冲激响应、系统函数及其零极点

FIR 数字滤波器是非递归型的线性时不变因果系统，这样的系统的差分方程可以表示为

$$y(n) = \sum_{i=0}^{N-1} a_i x(n-i) \tag{6.1}$$

现在来看看该系统的单位抽样响应即冲激响应。令输入信号 $x(n)=\delta(n)$，代入(6.1)式，有

$$\begin{aligned} y(n) &= \sum_{i=0}^{N-1} a_i \delta(n-i) \\ &= a_0\delta(n) + a_1\delta(n-1) + \cdots + a_{N-1}\delta[n-(N-1)] \end{aligned} \tag{6.2}$$

这时的 $y(n)$即为冲激响应 $h(n)$。由(6.2)式很容易得到

$$h(0) = a_0, h(1) = a_1, \cdots, h(N-1) = a_{N-1}$$

又由(6.2)式可知，当 $n<0$ 以及 $n>N-1$ 时，$h(n)=0$，即这个系统的冲激响应 $h(n)$是有限长度的，这样的滤波器就叫做有限冲激响应(FIR)滤波器。

将 $a_i=h(i)(i=0,1,\cdots,N-1)$代入(6.1)式，得到

$$y(n) = \sum_{i=0}^{N-1} h(i) x(n-i) \tag{6.3}$$

将(6.3)式的两边进行 z 变换后，可以得到 FIR 滤波器的系统函数：

$$H(z) = \frac{Y(z)}{X(z)} = \sum_{i=0}^{N-1} h(i) z^{-i} = \sum_{n=0}^{N-1} h(n) z^{-n} \tag{6.4}$$

又由(6.4)式，有

$$H(z) = \frac{h(0)z^{N-1} + h(1)z^{N-2} + \cdots + h(N-2)z + h(N-1)}{z^{N-1}}$$

因此，FIR 滤波器的系统函数 $H(z)$的极点都位于 $z=0$ 处，为 $N-1$ 阶极点；而 $N-1$ 个零点由冲激响应 $h(n)$决定，一般来说，可以位于有限 z 平面的任何位置。

由于 FIR 数字滤波器的极点都集中在单位圆内的原点 $z=0$ 处，与系数 $h(n)$ 无关，因此 FIR 滤波器总是稳定的，这是 FIR 数字系统的一大优点。

6.2 线性相位 FIR 滤波器

FIR 数字滤波器的频率响应为

$$H(e^{j\omega}) = \sum_{n=0}^{N-1} h(n)e^{-jn\omega} = |H(e^{j\omega})| e^{j\theta(\omega)} \tag{6.5}$$

所谓线性相位滤波器，即此滤波器的相位特性，或者说其频率响应 $H(e^{j\omega})$ 的辐角 $\theta(\omega)$ 是频率 ω 的线性函数。线性相位 FIR 滤波器是 FIR 滤波器中最重要的也是用得最广泛的一种滤波器。本章中所涉及的 FIR 数字滤波器都是线性相位的，并且冲激响应 $h(n)$ 均为实序列。

6.2.1 恒延时滤波

线性相位的概念是与恒延时的概念紧密相关的，因此首先来定义恒延时。

正如(6.5)式所示，$\theta(\omega)=\arg[H(e^{j\omega})]$ 即为数字滤波器的相位函数，现在定义：

数字滤波器的相延时为

$$\tau_p(\omega) = -\frac{\theta(\omega)}{\omega} \tag{6.6}$$

数字滤波器的群延时为

$$\tau_g(\omega) = -\frac{d\theta(\omega)}{d\omega} \tag{6.7}$$

所谓恒延时滤波就是要求 $\tau_p(\omega)$ 或 $\tau_g(\omega)$ 是不随 ω 变化的常量。下面就从恒延时滤波这一要求出发，来推导线性相位 FIR 滤波器应该满足的条件。

6.2.2 线性相位 FIR 滤波器满足的条件

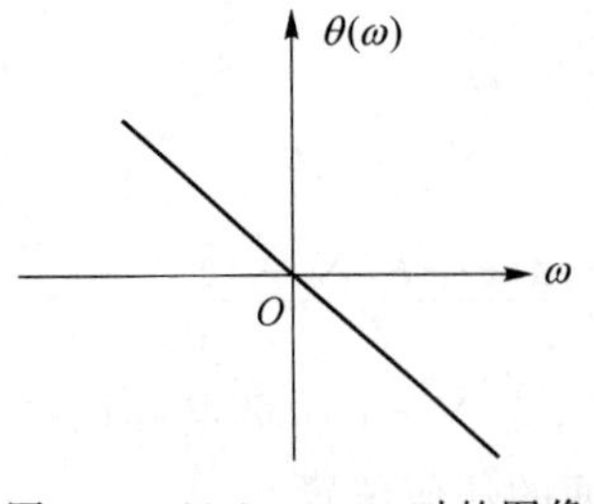

图 6.1 $\theta(\omega)=-\tau\omega$ 时的图像

1. 要求恒相延时与恒群延时同时成立

由(6.6)式和(6.7)式可知，要使 $\tau_p(\omega)$ 与 $\tau_g(\omega)$ 都是不随 ω 变化的常量，$\theta(\omega)$ 的图像必定是一条过原点的直线，如图 6.1 所示，即有

$$\theta(\omega) = -\tau\omega \quad (\tau \text{ 为一常数}) \tag{6.8}$$

因为

$$H(e^{j\omega}) = \sum_{n=0}^{N-1} h(n) e^{-j\omega n}$$
$$= \sum_{n=0}^{N-1} h(n)[\cos(n\omega) - j\sin(n\omega)]$$

故有

$$\theta(\omega) = \arg[H(e^{j\omega})] = \arctan\left[-\frac{\sum_{n=0}^{N-1} h(n)\sin(n\omega)}{\sum_{n=0}^{N-1} h(n)\cos(n\omega)}\right] \tag{6.9}$$

由(6.8)式和(6.9)式有

$$\tan(\tau\omega) = \frac{\sum_{n=0}^{N-1} h(n)\sin(n\omega)}{\sum_{n=0}^{N-1} h(n)\cos(n\omega)}$$

由于 $\tan(\tau\omega)=\dfrac{\sin(\tau\omega)}{\cos(\tau\omega)}$,故可得

$$\sum_{n=0}^{N-1} h(n)\sin(\tau\omega)\cos(n\omega) = \sum_{n=0}^{N-1} h(n)\cos(\tau\omega)\sin(n\omega)$$

即有

$$\sum_{n=0}^{N-1} h(n)\sin(\tau\omega - n\omega) = 0 \tag{6.10}$$

可以证明,当满足

$$\tau = \frac{N-1}{2} \tag{6.11}$$

以及

$$h(n) = h[(N-1)-n] \qquad 0 \leqslant n \leqslant N-1 \tag{6.12}$$

时,(6.10)式成立。这就是说,如果(6.11)式和(6.12)式满足,便有 $\theta(\omega)=-\tau\omega$,是 ω 的线性函数,而且有

$$\tau_p(\omega) = \tau_g(\omega) = \tau = \frac{N-1}{2}$$

相延时和群延时都是与 ω 无关的常数,即恒相延时与恒群延时同时成立。

(6.12)式说明冲激响应 $h(n)$关于中心点偶对称,图 6.2 分别表示了 N 为偶数和奇数时 $h(n)$偶对称的情况,可以看出,无论 N 为偶数还是奇数,对称中心都位于$\dfrac{N-1}{2}$,只是当 N 为偶数时$\dfrac{N-1}{2}$不是整数。

2. 只要求恒群延时成立

若只要求群延时 $\tau_g(\omega)$为一常数,则相位特性是一条可以不经过原点的直线,即

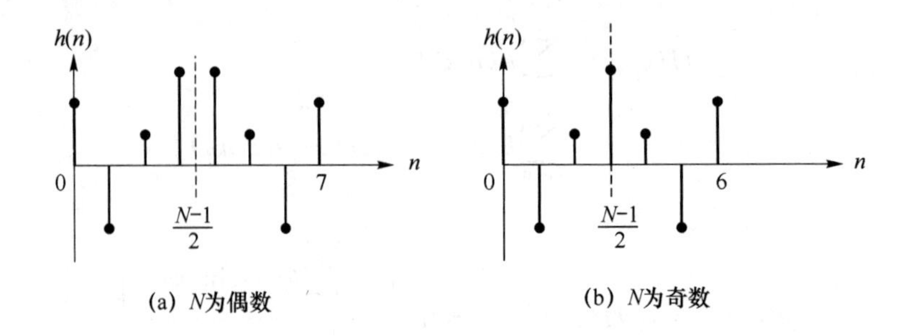

图 6.2　$h(n)$为偶对称的情形

$$\theta(\omega) = \theta_0 - \tau\omega \tag{6.13}$$

并且有 $\theta_0=\pm\pi/2$(这在下面会给予解释),即有

$$\theta(\omega) = \pm\frac{\pi}{2} - \tau\omega \tag{6.14}$$

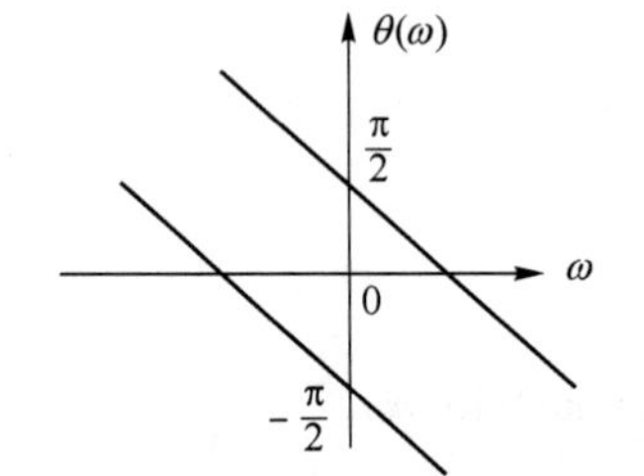

图 6.3　$\theta(\omega)=\pm\dfrac{\pi}{2}-\tau\omega$ 时的图像

如图 6.3 所示。由(6.9)式和(6.14)式可得

$$\tan\left(\pm\frac{\pi}{2}-\tau\omega\right)=-\frac{\sum_{n=0}^{N-1}h(n)\sin(n\omega)}{\sum_{n=0}^{N-1}h(n)\cos(n\omega)}$$

又因

$$\tan\left(\pm\frac{\pi}{2}-\tau\omega\right)=\mathrm{ctan}(\tau\omega)=\frac{\cos(\tau\omega)}{\sin(\tau\omega)}$$

故有

$$\sum_{n=0}^{N-1}h(n)\cos(n\omega)\cos(\tau\omega) = -\sum_{n=0}^{N-1}h(n)\sin(n\omega)\sin(\tau\omega)$$

即

$$\sum_{n=0}^{N-1}h(n)\cos(\tau\omega-\omega n) = 0 \tag{6.15}$$

可以证明,当满足

$$\tau=\frac{N-1}{2} \tag{6.16}$$

以及

$$h(n)=-h[(N-1)-n] \qquad 0\leqslant n\leqslant N-1 \tag{6.17}$$

时,(6.15)式成立。这就是说,如果(6.16)式和(6.17)式满足,便有 $\theta(\omega)=\pm\dfrac{\pi}{2}-\tau\omega$,是 ω 的线性函数,而且有 $\tau_g(\omega)=\tau$,为一常数,即恒群延时成立。

(6.17)式说明冲激响应 $h(n)$关于中心点奇对称,由图 6.4 所示的奇对称的情况可以看出,无论 N 为偶数还是奇数,对称中心都位于$\dfrac{N-1}{2}$。当 N 为奇数时有

$$h\left(\frac{N-1}{2}\right)=0$$

实际上，由(6.17)式，当 $n=\dfrac{N-1}{2}$ 时，有

$$h\left(\frac{N-1}{2}\right)=-h\left[(N-1)-\frac{N-1}{2}\right]=-h\left(\frac{h-1}{2}\right)$$

要满足此式，只有 $h\left(\dfrac{N-1}{2}\right)=0$。

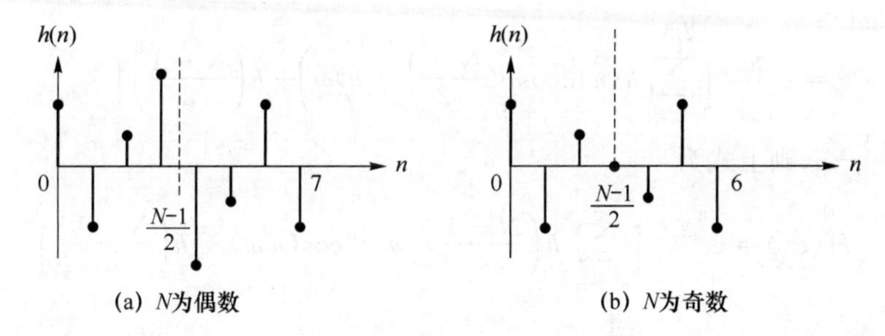

(a) N为偶数　　(b) N为奇数

图 6.4　$h(n)$为奇对称的情形

总的来说，当 FIR 滤波器的冲激响应 $h(n)$ 偶对称或者奇对称时，此滤波器的相位特性是线性的，而且群延时是恒定的，为 $\tau=\dfrac{N-1}{2}$。

6.2.3　线性相位 FIR 滤波器的特性

上面推导了线性相位 FIR 滤波器的必要条件，即冲激响应 $h(n)$ 为偶对称或者奇对称，由这样的对称条件，可以导出线性相位 FIR 数字滤波器的一些特性。

1. 网络结构

根据 $h(n)$ 的对称性可以简化 FIR 滤波器的网络结构，详见 7.3 节。

2. 频率响应

一般的 FIR 滤波器的频率响应为

$$H(e^{j\omega}) = \sum_{n=0}^{N-1} h(n)e^{-j\omega n} \tag{6.18}$$

但是，如果 FIR 滤波器是线性相位的，那么 $h(n)$ 具有对称性，由此可以导出线性相位 FIR 数字滤波器频率响应的特有形式。由于有奇对称、偶对称以及 N 为奇数、偶数等区别，故可分 4 种情况来进行讨论。

(1) 偶对称，N 为奇数

此时有 $h(n)=h(N-1-n)$。对(6.18)式分段求和，得到

$$H(e^{j\omega})=\sum_{n=0}^{\frac{N-1}{2}-1}h(n)e^{-j\omega n}+\sum_{n=0}^{\frac{N-1}{2}-1}h(N-1-n)e^{-j\omega(N-1-n)}+h\left(\frac{N-1}{2}\right)e^{-j\omega\frac{N-1}{2}}$$

$$=\sum_{n=0}^{\frac{N-1}{2}-1}h(n)[e^{-j\omega n}+e^{-j\omega(N-1)}e^{j\omega n}]+h\left(\frac{N-1}{2}\right)e^{-j\omega\frac{N-1}{2}}$$

$$=e^{-j\omega\frac{N-1}{2}}\left[\sum_{n=0}^{\frac{N-1}{2}-1}h(n)\left(e^{j\omega\frac{N-1}{2}}e^{-j\omega n}+e^{-j\omega\frac{N-1}{2}}e^{j\omega n}\right)+h\left(\frac{N-1}{2}\right)\right]$$

$$=e^{-j\frac{N-1}{2}\omega}\left[\sum_{n=0}^{\frac{N-1}{2}-1}h(n)2\cos\left(\left(\frac{N-1}{2}-n\right)\omega\right)+h\left(\frac{N-1}{2}\right)\right]$$

令 $n'=\dfrac{N-1}{2}-n$,则上式为

$$H(e^{j\omega})=e^{-j\frac{N-1}{2}\omega}\left[\sum_{n'=\frac{N-1}{2}}^{1}h\left(\frac{N-1}{2}-n'\right)2\cos(n'\omega)+h\left(\frac{N-1}{2}\right)\right]$$

$$=e^{-j\frac{N-1}{2}\omega}\sum_{n=0}^{\frac{N-1}{2}}a(n)\cos(\omega n) \tag{6.19}$$

(6.19)式中最后的式子又将 n' 换成了 n,并且有

$$a(n)=\begin{cases}h\left(\dfrac{N-1}{2}\right) & n=0\\ 2h\left(\dfrac{N-1}{2}-n\right) & n=1,2,\cdots,\dfrac{N-1}{2}\end{cases} \tag{6.20}$$

(6.19)式中求和号部分为实数,故 $H(e^{j\omega})$ 的相位为 $-\dfrac{N-1}{2}\omega$。

(2) 偶对称,N 为偶数

此时有 $h(n)=h(N-1-n)$。对(6.18)式分段求和,得到

$$H(e^{j\omega})=\sum_{n=0}^{\frac{N}{2}-1}h(n)e^{-j\omega n}+\sum_{n=0}^{\frac{N}{2}-1}h(N-1-n)e^{-j\omega(N-1-n)}$$

$$=\sum_{n=0}^{\frac{N}{2}-1}h(n)[e^{-j\omega n}+e^{-j\omega(N-1)}e^{j\omega n}]$$

$$=e^{-j\frac{N-1}{2}\omega}\sum_{n=0}^{\frac{N}{2}-1}h(n)\left(e^{j\omega\frac{N-1}{2}}e^{-j\omega n}+e^{-j\omega\frac{N-1}{2}}e^{j\omega n}\right)$$

$$=e^{-j\frac{N-1}{2}\omega}\sum_{n=0}^{\frac{N}{2}-1}h(n)2\cos\left[\left(\frac{N-1}{2}-n\right)\omega\right]$$

$$= e^{-j\frac{N-1}{2}\omega}\sum_{n'=N/2}^{1}2h\left(\frac{N}{2}-n'\right)\cos\left[\left(n'-\frac{1}{2}\right)\omega\right] \qquad \left(n'=\frac{N}{2}-n\right)$$

$$= e^{-j\frac{N-1}{2}\omega}\sum_{n=1}^{N/2}2h\left(\frac{N}{2}-n\right)\cos\left[\left(n-\frac{1}{2}\right)\omega\right] \qquad (\text{再将 } n' \text{ 换成 } n)$$

于是得到

$$H(e^{j\omega}) = e^{-j\frac{N-1}{2}\omega}\sum_{n=1}^{\frac{N}{2}}b(n)\cos\left[(n-\frac{1}{2})\omega\right] \tag{6.21}$$

其中

$$b(n)=2h\left(\frac{N}{2}-n\right) \tag{6.22}$$

(3) 奇对称，N 为奇数

此时有 $h(n)=-h(N-1-n)$。对(6.18)式分段求和，得到

$$H(e^{j\omega})=\sum_{n=0}^{\frac{N-1}{2}-1}h(n)e^{-j\omega n}+\sum_{n=0}^{\frac{N-1}{2}-1}h(N-1-n)e^{-j\omega(N-1-n)} \qquad \left[h\left(\frac{N-1}{2}\right)=0\right]$$

$$=\sum_{n=0}^{\frac{N-1}{2}-1}h(n)\left[e^{-j\omega n}-e^{-j\omega(N-1)}e^{j\omega n}\right]$$

$$= e^{-j\frac{N-1}{2}\omega}\sum_{n=0}^{\frac{N-1}{2}-1}h(n)\left(e^{j\omega\frac{N-1}{2}}e^{-j\omega n}-e^{-j\omega\frac{N-1}{2}}e^{j\omega n}\right)$$

$$= e^{-j\frac{N-1}{2}\omega}\sum_{n=0}^{\frac{N-1}{2}-1}h(n)2j\sin\left[\left(\frac{N-1}{2}-n\right)\omega\right]$$

$$= e^{-j\frac{N-1}{2}\omega}j\sum_{n'=\frac{N-1}{2}}^{1}2h\left(\frac{N-1}{2}-n'\right)\sin(n'\omega) \qquad \left(n'=\frac{N-1}{2}-n\right)$$

$$= e^{j\left(\frac{\pi}{2}-\frac{N-1}{2}\omega\right)}\sum_{n=1}^{\frac{N-1}{2}}2h\left(\frac{N-1}{2}-n\right)\sin(n\omega) \qquad (\text{再将 } n' \text{ 换成 } n)$$

于是得到

$$H(e^{j\omega}) = e^{j\left(\frac{\pi}{2}-\frac{N-1}{2}\omega\right)}\sum_{n=1}^{\frac{N-1}{2}}c(n)\sin(n\omega) \tag{6.23}$$

其中

$$c(n)=2h\left(\frac{N-1}{2}-n\right) \tag{6.24}$$

(4) 奇对称，N 为偶数

此时有 $h(n)=-h(N-1-n)$。对(6.18)式分段求和，得到

$$
\begin{aligned}
H(e^{j\omega}) &= \sum_{n=0}^{\frac{N}{2}-1} h(n)e^{-j\omega n} + \sum_{n=0}^{\frac{N}{2}-1} h(N-1-n)e^{-j\omega(N-1-n)} \\
&= \sum_{n=0}^{\frac{N}{2}-1} h(n)[e^{-j\omega n} - e^{-j\omega(N-1)}e^{j\omega n}] \\
&= e^{-j\frac{N-1}{2}\omega} \sum_{n=0}^{\frac{N}{2}-1} h(n)(e^{j\omega\frac{N-1}{2}}e^{-j\omega n} - e^{-j\omega\frac{N-1}{2}}e^{j\omega n}) \\
&= e^{-j\frac{N-1}{2}\omega} \sum_{n=0}^{\frac{N}{2}-1} h(n)2j\sin\left[\left(\frac{N-1}{2}-n\right)\omega\right] \\
&= e^{-j\frac{N-1}{2}\omega} j\sum_{n'=N/2}^{1} 2h\left(\frac{N}{2}-n'\right)\sin\left[\left(n'-\frac{1}{2}\right)\omega\right] \qquad \left(n'=\frac{N}{2}-n\right) \\
&= e^{j(\frac{\pi}{2}-\frac{N-1}{2}\omega)} \sum_{n=1}^{N/2} 2h\left(\frac{N}{2}-n\right)\sin\left[\left(n-\frac{1}{2}\right)\omega\right] \qquad (\text{再将 } n' \text{ 换成 } n)
\end{aligned}
$$

于是得到

$$
H(e^{j\omega}) = e^{j(\frac{\pi}{2}-\frac{N-1}{2}\omega)} \sum_{n=1}^{N/2} d(n)\sin\left[\left(n-\frac{1}{2}\right)\omega\right] \tag{6.25}
$$

其中

$$
d(n)=2h\left(\frac{N}{2}-n\right) \tag{6.26}
$$

线性相位 FIR 数字滤波器的频率特性虽然可以分上述 4 种情况来表示，但它们有一个统一的形式，即

$$
H(e^{j\omega}) = e^{j\theta(\omega)}H(\omega) \tag{6.27}
$$

其中，$H(\omega)$是 ω 的实函数，确切地说，$H(\omega)$是三角函数的线性组合，因此 $H(e^{j\omega})$的相位由 $\theta(\omega)$决定，而 $\theta(\omega)$是 ω 的线性函数。当 $h(n)$偶对称时，$\theta(\omega)=-\frac{N-1}{2}\omega$；当 $h(n)$奇对称时，$\theta(\omega)=\frac{\pi}{2}-\frac{N-1}{2}\omega$。

在前面谈到，如果只要求恒群延时成立，那么应该有 $\theta(\omega)=\theta_0-\tau\omega$，而且 θ_0 只能够取 $\pm\pi/2$，现在可以解释这是为什么了。在这种情况下，推导出 $h(n)$应当满足奇对称条件，而从上面关于频率响应讨论的第(3)、(4)种情况看到，只要 $h(n)$是奇对称的，所推导出的频率响应的表达式(6.27)中，必然有 $\theta(\omega)=\frac{\pi}{2}-\frac{N-1}{2}\omega$；另外，(6.27)式中的$H(\omega)$可能为负数，也就是与模值可能相差

$$
-1=e^{-j\pi}
$$

因为

$$
(\pi/2)-\pi=-\pi/2
$$

所以 θ_0 也可能为 $-\pi/2$，即 θ_0 只能取 $\pm\pi/2$。

另外，幅度函数 $H(\omega)$ 是三角函数的线性组合，在 4 种情况下有不同的形式，由于在一些特殊频率处，不同的三角函数具有不同的值，因此，并不是每一种形式都能够用于低通、高通、带通、带阻等各种类型的滤波器。例如，在第 4 种情况下

$$H(\omega)=\sum_{n=1}^{N/2}d(n)\sin\left[\left(n-\frac{1}{2}\right)\omega\right]$$

由于是正弦函数的线性组合，显然当 $\omega=0$ 时有 $H(\omega)=0$，也就是说，$\omega=0$ 不可以在相应的滤波器的通带，因此，这种形式不能够用于低通滤波器和带阻滤波器。

3. 零点分布

FIR 数字滤波器的系统函数 $H(z)$ 在 $z=0$ 有 $N-1$ 阶极点，在有限 z 平面上有 $N-1$ 个零点。下面将会看到，如果 FIR 滤波器是线性相位的，则此 $N-1$ 个零点在 z 平面上的分布是有一定的规律的。

对一线性相位 FIR 滤波器有

$$h(n)=\pm h(N-1-n)\qquad (0\leqslant n\leqslant N-1)$$

因此，对于它的系统函数有

$$H(z)=\sum_{n=0}^{N-1}h(n)z^{-n}=\pm\sum_{n=0}^{N-1}h(N-1-n)z^{-n}$$

令 $m=N-1-n$，则

$$\begin{aligned}H(z)&=\pm\sum_{m=0}^{N-1}h(m)z^{-(N-1-m)}\\&=\pm z^{-(N-1)}\sum_{m=0}^{N-1}h(m)z^{m}=\pm z^{-(N-1)}H(z^{-1})\end{aligned}$$

也即

$$H(z^{-1})=\pm z^{N-1}H(z)\tag{6.28}$$

设 $z=z_i$ 是 $H(z)$ 的零点，故有 $H(z_i)=0$。由(6.28)式可知

$$H(z_i^{-1})=\pm z_i^{N-1}H(z_i)=0$$

这就是说，z_i^{-1} 也是 $H(z)$ 的零点。此外，由于 $h(n)$ 为实序列，故 $H(z)$ 的零点成共轭对，即 z_i^* 也是 $H(z)$ 的零点，由此又得出 $(z_i^*)^{-1}$ 也是零点。因此，线性相位 FIR 数字滤波器在 z 平面上的零点分布有以下几种情况。

一般情况，若 $z_i=r_i\mathrm{e}^{\mathrm{j}\omega_i}$ 为零点，则 $z_i^{-1}=r_i^{-1}\mathrm{e}^{-\mathrm{j}\omega_i}$、$z_i^*=r_i\mathrm{e}^{-\mathrm{j}\omega_i}$、$(z_i^*)^{-1}=r_i^{-1}\mathrm{e}^{\mathrm{j}\omega_i}$ 都是零点，它们构成互为倒数、互为复共轭对的 4 点组，如图 6.5 所示。

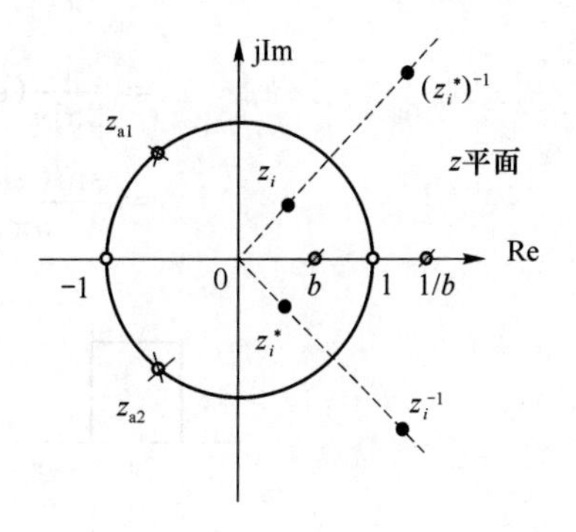

图 6.5　线性相位 FIR 滤波器的零点分布

以下是几种特殊情况。

若 $z_i = e^{j\omega_i}$，即单位圆上的点为零点，则此时 $z_i^{-1} = z_i^* = e^{-j\omega_i}$，故零点为单位圆上的复共轭对，如图 6.5 中的 z_{a1} 与 z_{a2}。

若 $z_i = b \neq 0$，即零点是不为 0 的实数，此时 $z_i^* = z_i$，$z_i^{-1} = 1/b$，即零点为实轴上的倒数对，如图 6.5 所示。

若零点 $z_i = 1$ 或 $z_i = -1$，此时 $z_i^* = z_i^{-1} = z_i$，故零点为单点。

至此，已经讨论了各种形式的线性相位 FIR 数字滤波器的各种特性，在应用时，应该根据实际需要选用合适的形式，并且在设计时满足其对称性条件。

6.3 窗口法

从本节开始，将要讨论设计 FIR 数字滤波器的一些主要方法。由第 5 章已经知道，设计 IIR 数字滤波器的一种主要方法是借助于模拟滤波器的系统函数，而模拟滤波特性的几种逼近方法所得到的系统函数 $H_a(s)$ 都是分母为 s 的多项式的有理分式，无论用冲激响应不变法还是双线性变换法，将这样的有理分式转换成的数字滤波器系统函数 $H(z)$ 都是递归型的，故所对应的冲激响应 $h(n)$ 就是无限长的。因此，借助于模拟滤波器的设计方法不能够用来设计 FIR 数字滤波器。FIR 数字滤波器的设计一般都是直接逼近所要求的频率响应。本节所讨论的窗口法是设计 FIR 滤波器重要的基本方法。

6.3.1 基本原理

一个理想的低通数字滤波器的频率响应如图 6.6 所示，显然，它是以 2π 为周期的。用傅里叶反变换可以求得此滤波器的冲激响应：

$$
\begin{aligned}
h_d(n) &= \frac{1}{2\pi}\int_{-\pi}^{\pi} H_d(e^{j\omega})e^{jn\omega}\,d\omega = \frac{1}{2\pi}\int_{-\omega_c}^{\omega_c} e^{jn\omega}\,d\omega \\
&= \frac{1}{2\pi jn}(e^{jn\omega_c} - e^{-jn\omega_c}) \\
&= \frac{\sin(n\omega_c)}{n\pi} \qquad (-\infty < n < \infty)
\end{aligned}
\tag{6.29}
$$

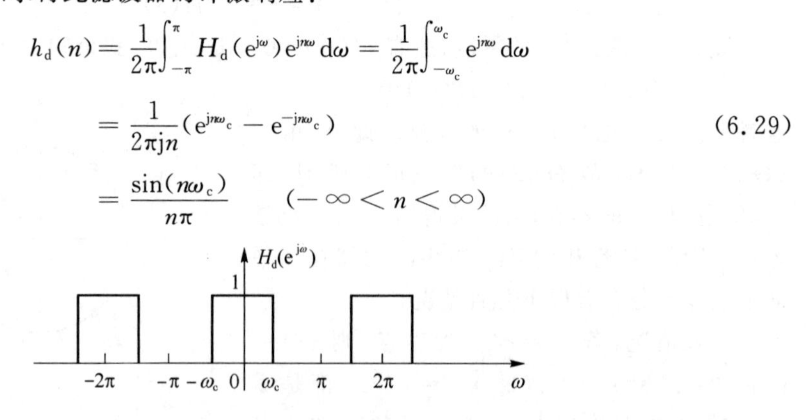

图 6.6　理想低通数字滤波器的频率响应

此冲激响应实际上是一个以 0 为对称中心的离散 sinc 函数,它是无限长的,但所求的是有限冲激响应滤波器。由于 sinc 函数波动的趋势是向两边逐渐减小的,因此,由无限长的 $h_d(n)$得到 FIR 滤波器的有限长的冲激响应 $h(n)$,最直接的方法就是将 $h_d(n)$截断,即令

$$h(n)=\begin{cases}h_d(n) & |n|\leqslant \dfrac{N-1}{2}\\ 0 & \text{其他}\end{cases} \tag{6.30}$$

这里,已经假设了 $h(n)$的长度 N 为奇数。(6.30)式相当于将 $h_d(n)$与一矩形窗函数 $w_R(n)$相乘,即

$$h(n)=h_d(n)w_R(n) \tag{6.31}$$

其中

$$w_R(n)=\begin{cases}1 & |n|\leqslant \dfrac{N-1}{2}\\ 0 & \text{其他}\end{cases} \tag{6.32}$$

至此,虽然方便地得到了 FIR 滤波器的冲激响应 $h(n)$,但它所对应的频响 $H(e^{j\omega})$肯定与理想的频响 $H_d(e^{j\omega})$有差异,下面进行具体的分析。

6.3.2 对频率响应的影响

频响 $H(e^{j\omega})$是冲激响应 $h(n)$的傅里叶变换,而由(6.31)式可知,$h(n)$是两个序列的乘积,故 $H(e^{j\omega})$是这两个序列的傅里叶变换的卷积,即

$$H(e^{j\omega})=\frac{1}{2\pi}[H_d(e^{j\omega})*W_R(e^{j\omega})] \tag{6.33}$$

其中 $H_d(e^{j\omega})$是 $h_d(n)$的傅里叶变换,也即理想的频响,而 $W_R(e^{j\omega})$是矩形窗 $w_R(n)$的频谱。

$$\begin{aligned}W_R(e^{j\omega})&=\sum_{n=-\infty}^{\infty}w_R(n)e^{-jn\omega}=\sum_{n=-\frac{N-1}{2}}^{\frac{N-1}{2}}e^{-jn\omega}\\&=\frac{e^{-j\left(-\frac{N-1}{2}\right)\omega}-e^{-j\frac{N-1}{2}\omega}e^{-j\omega}}{1-e^{-j\omega}}\\&=\frac{e^{-j\frac{\omega}{2}}\left(e^{j\frac{N}{2}\omega}-e^{-j\frac{N}{2}\omega}\right)}{e^{-j\frac{\omega}{2}}\left(e^{j\frac{\omega}{2}}-e^{-j\frac{\omega}{2}}\right)}=\frac{\sin\dfrac{N\omega}{2}}{\sin\dfrac{\omega}{2}}\end{aligned} \tag{6.34}$$

显然,$W_R(e^{j\omega})$是 ω 的偶函数,其图像如图 6.7 所示。

于是由(6.33)式有

$$H(e^{j\omega})=\frac{1}{2\pi}\int_{-\pi}^{\pi}H_d(e^{j\theta})W_R[e^{j(\omega-\theta)}]d\theta$$

$$= \frac{1}{2\pi}\int_{-\omega_c}^{\omega_c} W_R[e^{j(\omega-\theta)}]d\theta \tag{6.35}$$

式中积分等于θ由$-\omega_c$到ω_c区间曲线$W_R[e^{j(\omega-\theta)}]$下的面积,如图6.8中阴影所示。当主瓣的中心$\omega$变化时,此曲线左右移动,此面积也就发生变化。

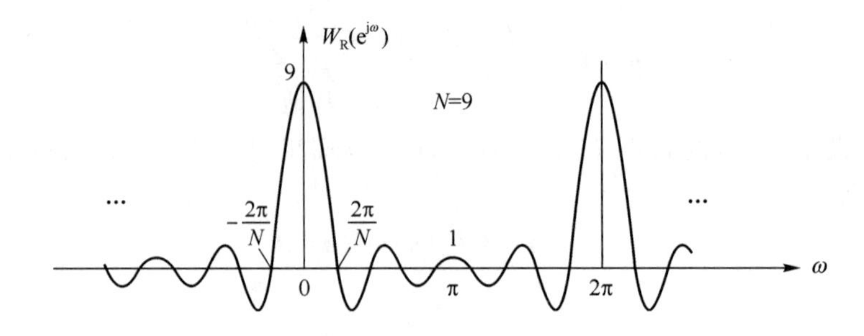

图6.7　矩形窗的频谱

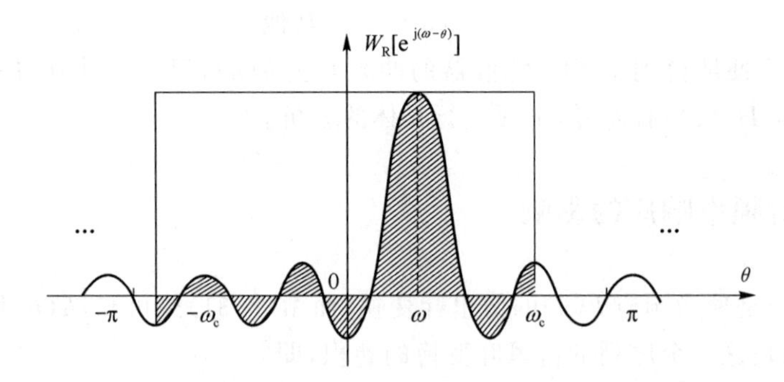

图6.8　由$-\omega_c$到ω_c区间曲线$W_R[e^{j(\omega-\theta)}]$下的面积

当$\omega=0$时

$$H(e^{j0}) = \frac{1}{2\pi}\int_{-\omega_c}^{\omega_c} W_R(e^{-j\theta})d\theta = \frac{1}{2\pi}\int_{-\omega_c}^{\omega_c} W_R(e^{j\theta})d\theta$$

当ω逐渐增大时,随着图中不同正负、不同大小的旁瓣移出和移入积分区间,使得$H(e^{j\omega})$的大小产生波动。

当$\omega=\omega_c-\frac{2\pi}{N}$时,整个主瓣仍在积分区间内,而面积最大且为负值的旁瓣有一个已完全移出积分区间,故此时$H(e^{j\omega})$取最大值,为$1.0895H(e^{j0})$,此处称为上臂峰,或正肩峰。ω继续增大,主瓣开始移出积分区间,因此$H(e^{j\omega})$迅速下降,进入过渡带。

当$\omega=\omega_c$时,主瓣的中心移到了ω_c处,此时积分区间内曲线下的面积近似等于$\omega=0$时的面积的一半,因此$H(e^{j\omega_c})\approx\frac{1}{2}H(e^{j0})$。

当 $\omega=\omega_c+\frac{2\pi}{N}$时，此时主瓣全部移出积分区间，而面积最大的一个负值旁瓣却还全部在区间内，因此使得 $H(e^{j\omega})$取最小值，为$-0.0895\,H(e^{j0})$，此处称为下臂峰，或负肩峰。

ω 继续增大到 π，$H(e^{j\omega})$随着积分区间内旁瓣的移动而在阻带内波动。

图 6.9 表示了 $H(e^{j\omega})$在 ω 由 0 到 π 范围内变化的情况，0 到 $-\pi$ 的图形与此对称，而 $H(e^{j\omega})$以 2π 为周期。另外，图中已经假定 $H(e^{j0})=1$。在 $\omega=\omega_c-\frac{2\pi}{N}$与 $\omega=\omega_c+\frac{2\pi}{N}$之间为过渡带。

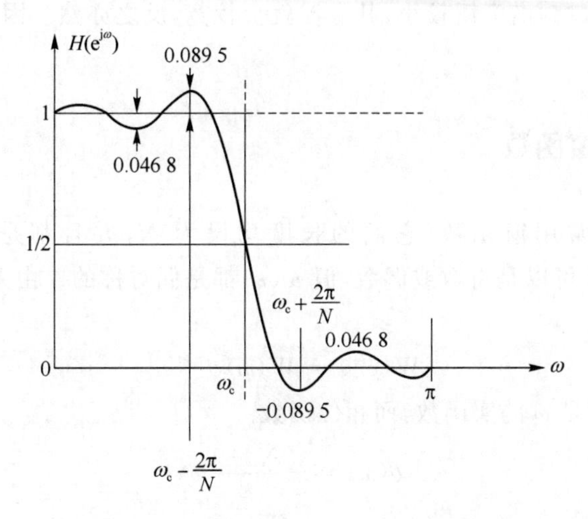

图 6.9　加矩形窗后的频响与理想频响的比较

因此，加了矩形窗后所得到的 FIR 滤波器的频响 $H(e^{j\omega})$与理想的频响 $H_d(e^{j\omega})$之间产生了差异，表现在 $H(e^{j\omega})$出现了过渡带、肩峰以及通带和阻带内的波动。当然希望肩峰和波动尽可能小，过渡带尽可能窄，这样才能更接近理想特性。下面先来分析一下所出现的这些特征与哪些因素有关。

(1) 过渡带

由上面的分析可知，正、负肩峰之间的过渡带的宽度等于窗函数频谱的主瓣宽度。对于矩形窗频谱 $W_R(e^{j\omega})$，此宽度为 $4\pi/N$。因此，过渡带宽度与所选窗函数有关；而对于一定的窗函数，增加窗口长度 N 可以使过渡带变陡。

(2) 肩峰及波动

这是由窗函数频谱的旁瓣引起的。旁瓣越多，波动就越快；旁瓣相对值越大，波动就越厉害，肩峰也越强。不同窗函数的频谱旁瓣情况不同，因此，肩峰及波动与所选窗函数有关。而长度 N 的增加能够减小旁瓣的宽度，从而使频响的波动加快，并且使窗函数频谱的主瓣和旁瓣的高度同时增加，但是不能够改变主瓣与旁瓣的相对比例，因而也就不能够改变 $H(e^{j\omega})$肩峰和波动的相对大小。也就是说，增大 N，只能使通带、阻带内振荡加快,振荡幅度却不减小。

因此,加窗法设计 FIR 滤波器,$h(n)$之长度也即窗口长度 N 可以影响过渡带的宽度;而所选窗函数不仅可以影响过渡带的宽度,还能影响肩峰和波动的大小。因此,窗函数的选择是很重要的,选择窗函数应使其频谱:

- 主瓣宽度尽量小,以使滤波器的过渡带尽量陡;
- 旁瓣相对于主瓣越小越好,这样可使滤波器频响的肩峰和波动减小。

然而,实际的情况是,对于窗函数的这两个要求总不能兼得,它们是互相制约的。一般来说,若选择的窗口频谱旁瓣较小,其主瓣就会较宽,反之亦然。因此,常常要根据需要进行折中的选择。

6.3.3 常用窗函数

这里介绍几种常用窗函数,它们的长度均设为 N,并且都是因果窗,即定义在 $0\leqslant n\leqslant N-1$区间,$N$ 可以是奇数或偶数,但 $w(n)$都是偶对称的。由上节可以知道,$w(n)$的频谱可表示为

$$W(\mathrm{e}^{\mathrm{j}\omega}) = W(\omega)\mathrm{e}^{\mathrm{j}\theta(\omega)} \tag{6.36}$$

其中幅度函数 $W(\omega)$是 ω 的实函数,而相位函数

$$\theta(\omega) = -\frac{N-1}{2}\omega \tag{6.37}$$

因此,对每种窗,只需考察其 $w(n)$和 $W(\omega)$的表示式。

1. 矩形窗

上面(6.32)式已给出矩形窗函数 $w_{\mathrm{R}}(n)$的定义,但是那是以 $n=0$ 为对称中心的非因果窗。下面是实际使用的因果矩形窗:

$$\omega(n) = \begin{cases} 1 & 0\leqslant n\leqslant N-1 \\ 0 & \text{其他} \end{cases} \tag{6.38}$$

这个矩形窗的对称中心在$(N-1)/2$。实际上,只需要将 $w_{\mathrm{R}}(n)$向右移位$(N-1)/2$,就得到了 $w(n)$,即有

$$w(n) = w_{\mathrm{R}}\left(n-\frac{N-1}{2}\right) \tag{6.39}$$

对上式两边进行 z 变换,得到

$$W(z)=z^{-\frac{N-1}{2}}W_{\mathrm{R}}(z)$$

将 $z=\mathrm{e}^{\mathrm{j}\omega}$代入,就得到这两个窗函数的频谱之间的关系

$$W(\mathrm{e}^{\mathrm{j}\omega}) = \mathrm{e}^{-\mathrm{j}\frac{N-1}{2}\omega}W_{\mathrm{R}}(\mathrm{e}^{\mathrm{j}\omega}) \tag{6.40}$$

将(6.40)式与(6.36)式比较,就知道对于因果矩形窗来说,有

$$\theta(\omega) = -\frac{N-1}{2}\omega \tag{6.41}$$

$$W(\omega) = W_R(e^{j\omega}) = \frac{\sin\frac{N\omega}{2}}{\sin\frac{\omega}{2}} \tag{6.42}$$

总结上面的讨论，可以知道，以$\frac{N-1}{2}$为对称中心的偶对称序列，其频谱的相位函数如(6.41)式所示，可以写成 $\theta(\omega)=-\tau\omega$，其中 $\tau=\frac{N-1}{2}$，这也就是其恒定的延时。而如果序列以 $n=0$ 为对称中心，则其延时 $\tau=0$，同时相位函数 $\theta(\omega)=0$，于是，其频谱就是 ω 的实函数，正如 $W_R(e^{j\omega})$所示，而且这个频谱正是这个序列移位到以$\frac{N-1}{2}$为对称中心后的序列的频谱的幅度函数，正如(6.42)式所示。

因此，对称中心也即延时为 0 的非因果矩形窗的频谱是

$$W_R(e^{j\omega}) = e^{j\theta(\omega)}W_R(\omega) = W_R(\omega) = \frac{\sin\frac{N\omega}{2}}{\sin\frac{\omega}{2}} \tag{6.43}$$

而对称中心也即延时为 $\tau=\frac{N-1}{2}$的因果矩形窗的频谱是

$$W(e^{j\omega}) = e^{j\theta(\omega)}W(\omega) = e^{-j\frac{N-1}{2}\omega}\frac{\sin\frac{N\omega}{2}}{\sin\frac{\omega}{2}} \tag{6.44}$$

2. 升余弦窗——汉宁(Hanning)窗

$$w(n) = \begin{cases}\frac{1}{2}\left[1-\cos\left(\frac{2n\pi}{N-1}\right)\right] & 0 \leqslant n \leqslant N-1 \\ 0 & \text{其他}\end{cases} \tag{6.45}$$

$$W(\omega) = 0.5W_R(\omega) + 0.25\left[W_R\left(\omega-\frac{2\pi}{N-1}\right)+W_R\left(\omega+\frac{2\pi}{N-1}\right)\right]$$

当 $N \gg 1$ 时，$\frac{2\pi}{N-1}\approx\frac{2\pi}{N}$，所以有

$$W(\omega) = 0.5W_R(\omega) + 0.25\left[W_R\left(\omega-\frac{2\pi}{N}\right)+W_R\left(\omega+\frac{2\pi}{N}\right)\right] \tag{6.46}$$

这个频谱特性示于图 6.10 中，从图中可以看到，由于 3 部分频谱的相加，使总的频谱 $W(\omega)$的旁瓣大大抵消，从而使能量有效地集中在主瓣内，但其代价是使主瓣与矩形窗相比加宽了一倍。

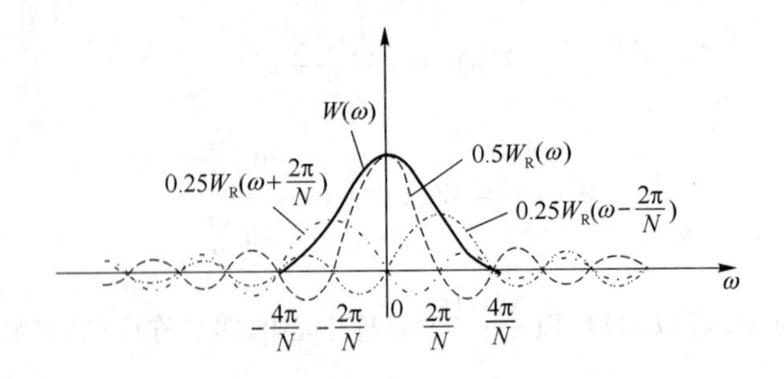

图 6.10 升余弦窗的频谱

3. 改进的升余弦窗——哈明(Hamming)窗

对升余弦窗作一点调整,可以得到旁瓣最小的效果,这样得到的窗函数为

$$w(n)=\begin{cases}0.54-0.46\cos\left(\dfrac{2n\pi}{N-1}\right) & 0\leqslant n\leqslant N-1\\ 0 & \text{其他}\end{cases} \tag{6.47}$$

$$W(\omega)=0.54W_{\mathrm{R}}(\omega)+0.23\left[W_{\mathrm{R}}\left(\omega-\frac{2\pi}{N-1}\right)+W_{\mathrm{R}}\left(\omega+\frac{2\pi}{N-1}\right)\right] \tag{6.48}$$

结果是,99.96%的能量集中在主瓣内,而主瓣宽度仍与汉宁窗相同。

显然,汉宁窗和哈明窗可以统一表示为

$$w(n)=\begin{cases}\alpha-(1-\alpha)\cos\left(\dfrac{2n\pi}{N-1}\right) & 0\leqslant n\leqslant N-1\\ 0 & \text{其他}\end{cases} \tag{6.49}$$

对于汉宁窗,$\alpha=0.5$;对于哈明窗,$\alpha=0.54$。

4. 二阶升余弦窗——布莱克曼(Blackman)窗

如果还要进一步抑制旁瓣,可以对升余弦窗再加一个二次谐波的余弦分量,这样得到的窗函数为

$$w(n)=\begin{cases}0.42-0.5\cos\left(\dfrac{2n\pi}{N-1}\right)+0.08\cos\left(\dfrac{4n\pi}{N-1}\right) & 0\leqslant n\leqslant N-1\\ 0 & \text{其他}\end{cases} \tag{6.50}$$

而

$$\begin{aligned}W(\omega)=&0.42W_{\mathrm{R}}(\omega)+0.25\left[W_{\mathrm{R}}\left(\omega-\frac{2\pi}{N-1}\right)+W_{\mathrm{R}}\left(\omega+\frac{2\pi}{N-1}\right)\right]+\\&0.04\left[W_{\mathrm{R}}\left(\omega-\frac{4\pi}{N-1}\right)+W_{\mathrm{R}}\left(\omega+\frac{4\pi}{N-1}\right)\right]\end{aligned} \tag{6.51}$$

这样可以得到更低的旁瓣,但主瓣宽度却进一步加宽到矩形窗的3倍。

以上几种窗函数的时域图像,除矩形窗之外,都是在对称中心$\dfrac{N-1}{2}$处有最大值,并且

向两边逐渐减小，而在 $n=0$ 和 $n=N-1$ 处取最小值。

5. 凯塞(Kaiser)窗

以上几种窗函数的旁瓣抑制都是以主瓣加宽为代价的，而凯塞窗本身就可以反映出这种主瓣宽度与旁瓣衰减之间的相互制约关系，它可以通过一个参数的调整进行两者的比重的选择。

凯塞窗是利用零阶贝塞尔函数 $I_0(x)$ 构成的，有

$$w(n)=\frac{I_0\left(\beta\sqrt{1-\left(1-\frac{2n}{N-1}\right)^2}\right)}{I_0(\beta)} \qquad 0\leqslant n\leqslant N-1 \tag{6.52}$$

其中 β 就是用来调整窗的形状的参数。零阶贝塞尔函数的曲线如图6.11所示，开始 $I_0(x)$ 随 x 的增大而缓慢增长，随着 x 的进一步增大，曲线将越来越快地急剧上升。

令

$$x=\beta\sqrt{1-\left(1-\frac{2n}{N-1}\right)^2}$$

则

$$w(n)=\frac{I_0(x)}{I_0(\beta)}$$

当 $n=\frac{N-1}{2}$，$x=\beta$，$w(n)=I_0(\beta)/I_0(\beta)=1$，取得最大值；当 $n=0$ 和 $n=N-1$，$x=0$，$I_0(x)=1$，$w(n)=1/I_0(\beta)$，取得最小值。$w(n)$ 从对称中心 $\frac{N-1}{2}$ 向两边逐渐减小，β 越大，减小越快。凯塞窗函数曲线示于图6.12。

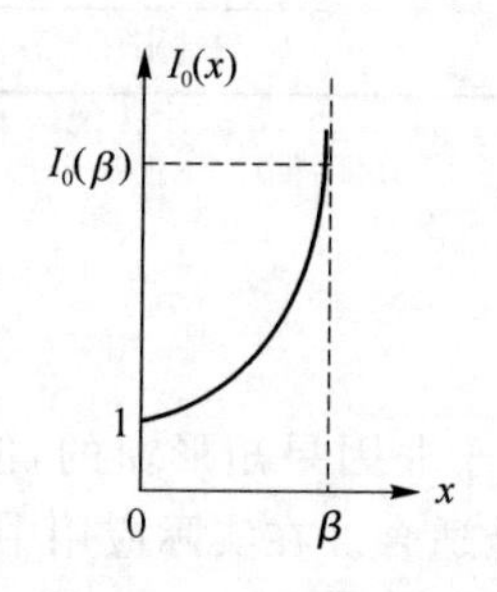

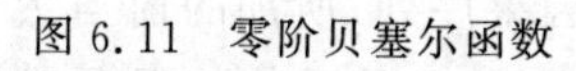
图6.11 零阶贝塞尔函数

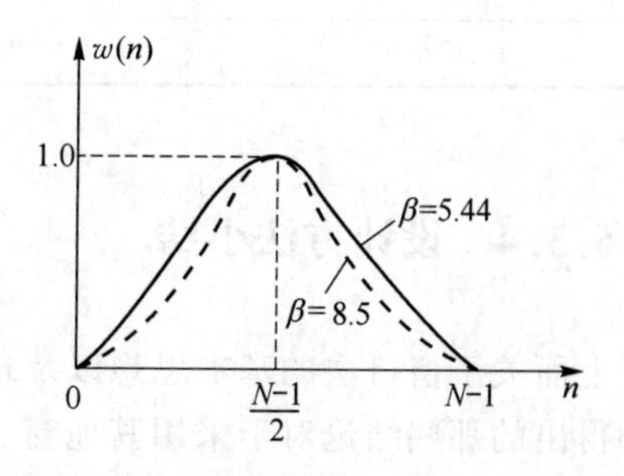

图6.12 Kaiser窗函数随参数 β 而变化

参数 β 之值越大，其频谱的旁瓣越小，但主瓣宽度也相应增加，因而改变 β 值就可以在主瓣宽度与旁瓣衰减之间进行选择。在图6.12中，$\beta=5.44$ 的曲线接近于哈明窗的情况，而 $\beta=8.5$ 的曲线则接近于布莱克曼窗的情况，若 $\beta=0$，就是矩形窗。

以上所讨论的5种窗函数的主要性能归纳于表6.1中，可以看出，从上到下，旁瓣衰减越来越厉害，而主瓣却越来越宽。不过，哈明窗与汉宁窗的主瓣宽度相同，但是旁瓣衰

减特性却好于汉宁窗。在实际应用中,经常采用哈明窗。表 6.2 则表示凯塞窗在不同 β 值下的性能。

表 6.1　各种窗函数的主要性能

窗函数	旁瓣峰值衰减/dB	主瓣宽度($\Delta\omega$)(滤波器过渡带宽度)	滤波器阻带的最小衰减/dB
矩形窗	13	$4\pi/N$	21
汉宁窗	31	$8\pi/N$	44
哈明窗	41	$8\pi/N$	53
布莱克曼窗	57	$12\pi/N$	74
凯塞窗(β=7.865)	57	$10\pi/N$	80

表 6.2　凯塞窗在不同 β 值下的性能

β	频谱主瓣宽度($\Delta\omega$)(滤波器过渡带宽度)	滤波器阻带的最小衰减/dB
2.120	$3.00\pi/N$	30
3.384	$4.46\pi/N$	40
4.538	$5.86\pi/N$	50
5.658	$7.24\pi/N$	60
6.764	$8.64\pi/N$	70
7.865	$10.0\pi/N$	80
8.960	$11.4\pi/N$	90
10.056	$12.8\pi/N$	100

6.3.4　设计方法小结

上面关于窗口法的基本思想以及理论分析虽然是关于非因果矩形窗的,但其基本原则和得出的那些结论对于采用其他窗、采用因果窗也完全适合。在实际应用中,所要求的滤波器都应该是因果的,也即要求其冲激响应 $h(n)$ 为因果序列;所加的窗当然也是因果窗,并且窗口长度 N 既可以是奇数,也可以是偶数。下面就来看看如何得到线性相位因果 FIR 滤波器的 $h(n)$。

线性相位 FIR 滤波器的冲激响应 $h(n)$ 是偶对称或者奇对称的,其频率响应 $H(e^{j\omega})$ 是 $h(n)$ 的傅里叶变换,并且可以表示为

$$H(e^{j\omega}) = H(\omega)e^{j\theta(\omega)} \tag{6.53}$$

其中幅度函数 $H(\omega)$ 是 ω 的实函数,而相位函数 $\theta(\omega)$ 是 ω 的线性函数,如果 $h(n)$ 偶对称,

则 $\theta(\omega)=-\tau\omega$。$\tau$ 表示了滤波器的恒定延时，它是由 $h(n)$ 的对称中心决定的，若对称中心为 $n=0$，则 $\tau=0$，同时 $\theta(\omega)=0$，于是 $H(e^{j\omega})=H(\omega)$ 为实函数；若对称中心为 $\frac{N-1}{2}$，则 $\tau=\frac{N-1}{2}$，$\theta(\omega)=-\frac{N-1}{2}\omega$。另外，如果幅度 $H(\omega)$ 是理想的矩形函数，则所对应的 $h(n)$ 应该是无限长的。将这个无限长的序列加窗截断后，相应的频响幅度不再是矩形函数，而会出现波动、肩峰和过渡带。总的说来，不管 $h(n)$ 是有限长还是无限长，$\theta(\omega)$ 只与 $h(n)$ 的对称中心有关。而 $h(n)$ 是否是无限长的，只对应着 $H(\omega)$ 是否是理想的矩形函数。

于是，可以得到用窗口法设计线性相位因果 FIR 数字滤波器的步骤。

(1) 对给定的理想的频率响应(如图 6.6 所示)进行傅里叶反变换，即在 $-\pi$ 到 π 的一个周期内，在给定的通带上对实矩形函数积分。之后得到的是一个以 $n=0$ 为对称中心的无限长序列，用 $h_d(n)$ 来表示。

(2) 如果所要求的滤波器冲激响应的长度为 N(可以是奇数或者偶数)，则将 $h_d(n)$ 向右移位 $\frac{N-1}{2}$，于是得到一个以 $\frac{N-1}{2}$ 为对称中心的无限长序列，用 $h'(n)$ 来表示，即有 $h'(n)=h_d\left(n-\frac{N-1}{2}\right)$。此时频率响应 $H'(e^{j\omega})$ 不再是实函数，这是因为 $\theta'(\omega)=-\frac{N-1}{2}\omega\neq 0$；而幅度 $H'(\omega)$ 仍然是理想的矩形函数。$h_d(n)$ 移位的情况如图 6.13 所示。

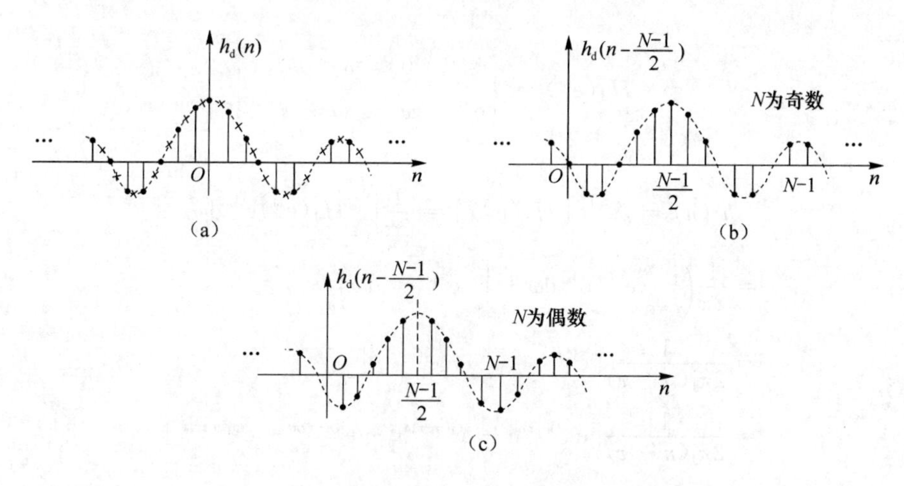

图 6.13　非因果理想滤波器冲激响应的移位

(3) 用所选定的窗函数和所要求的长度 N，对 $h'(n)$ 加窗，即有

$$h(n)=h'(n)w(n)$$

由于 $h'(n)$ 和 $w(n)$ 的对称中心都在 $\frac{N-1}{2}$，于是就得到了长度为 N、对称中心在 $\frac{N-1}{2}$ 的序列 $h(n)$，这就是所要求的线性相位 FIR 滤波器的冲激响应。这时的相位函数 $\theta(\omega)$ 与第 2

步的$\theta'(\omega)$相同，但是幅度函数$H(\omega)$却不再是矩形函数，而是出现了波动、肩峰和过渡带。

有时，理想滤波器的频率响应是这样给出的：

$$H_d(e^{j\omega}) = \begin{cases} e^{-j\omega\alpha} & \text{(在通带)} \\ 0 & \text{(在阻带)} \end{cases} \tag{6.54}$$

对这一$H_d(e^{j\omega})$直接进行傅里叶反变换，就得到了以α为对称中心的无限长序列$h'(n)$。以低通滤波器为例，有

$$\begin{aligned} h'(n) &= \frac{1}{2\pi}\int_{-\pi}^{\pi} H_d(e^{j\omega})e^{jn\omega}\,d\omega \\ &= \frac{1}{2\pi}\int_{-\omega_c}^{\omega_c} e^{-j\omega\alpha}e^{jn\omega}\,d\omega \\ &= \frac{\sin[\omega_c(n-\alpha)]}{\pi(n-\alpha)} \end{aligned} \tag{6.55}$$

此结果正是(6.29)式的$h_d(n)$的移位，即$h'(n)=h_d(n-\alpha)$，也即对称中心由$n=0$移到了$n=\alpha$。这里的α就是上面的延时τ，它完全由最后要得到的$h(n)$之长度N决定，即$\alpha=\tau=\frac{N-1}{2}$。这样的做法相当于将上面的第1步和第2步合成为一步。

例 6.1 用矩形窗设计一个线性相位因果FIR滤波器，它在$0\sim\pi$区间的理想频率响应为

$$H_d(e^{j\omega}) = \begin{cases} 0 & 0 \leqslant \omega < \omega_c \\ e^{-j\tau\omega} & \omega_c \leqslant \omega \leqslant \pi \end{cases}$$

解

$$\begin{aligned} h'(n) &= \mathscr{F}^{-1}\,[H_d(e^{j\omega})] = \frac{1}{2\pi}\int_{-\pi}^{\pi} H_d(e^{j\omega})e^{jn\omega}\,d\omega \\ &= \frac{1}{2\pi}\left(\int_{-\pi}^{-\omega_c} e^{-j\tau\omega}e^{jn\omega}\,d\omega + \int_{\omega_c}^{\pi} e^{-j\tau\omega}e^{jn\omega}\,d\omega\right) \\ &= \frac{1}{2\pi j(n-\tau)}\left[e^{j(n-\tau)\omega}\Big|_{-\pi}^{-\omega_c} + e^{j(n-\tau)\omega}\Big|_{\omega_c}^{\pi}\right] \\ &= \frac{1}{2\pi j(n-\tau)}\left[e^{-j(n-\tau)\omega_c} - e^{j(n-\tau)\omega_c} + e^{j(n-\tau)\pi} - e^{-j(n-\tau)\pi}\right] \\ &= \frac{1}{\pi(n-\tau)}\{-\sin[(n-\tau)\omega_c] + \sin[(n-\tau)\pi]\} \\ &= \frac{\sin[(n-\tau)\pi] - \sin[(n-\tau)\omega_c]}{(n-\tau)\pi} \qquad -\infty < n < \infty \end{aligned}$$

设所求的FIR滤波器的冲激响应$h(n)$长度为N，则$\tau=\frac{N-1}{2}$。对$h'(n)$加长度为N的因果矩形窗，就得到要求的$h(n)$：

$$h(n)=\begin{cases}h'(n) & 0\leqslant n\leqslant N-1\\ 0 & \text{其他}\end{cases}$$

$h'(n)$还可以按照下面的方法求出：

$$h_{\mathrm{d}}(n)=\mathscr{F}^{-1}\left[H_{\mathrm{d}}(\omega)\right]=\frac{1}{2\pi}\int_{-\pi}^{\pi}H_{\mathrm{d}}(\omega)\mathrm{e}^{\mathrm{j}n\omega}\mathrm{d}\omega$$

$$=\frac{1}{2\pi}\left(\int_{-\pi}^{-\omega_{\mathrm{c}}}\mathrm{e}^{\mathrm{j}n\omega}\mathrm{d}\omega+\int_{\omega_{\mathrm{c}}}^{\pi}\mathrm{e}^{\mathrm{j}n\omega}\mathrm{d}\omega\right)=\frac{1}{2\pi\mathrm{j}n}\left(\mathrm{e}^{\mathrm{j}n\omega}\Big|_{-\pi}^{-\omega_{\mathrm{c}}}+\mathrm{e}^{\mathrm{j}n\omega}\Big|_{\omega_{\mathrm{c}}}^{\pi}\right)$$

$$=\frac{1}{2\pi\mathrm{j}n}\left(\mathrm{e}^{-\mathrm{j}n\omega_{\mathrm{c}}}-\mathrm{e}^{\mathrm{j}n\omega_{\mathrm{c}}}+\mathrm{e}^{\mathrm{j}n\pi}-\mathrm{e}^{-\mathrm{j}n\pi}\right)$$

$$=\frac{1}{\pi n}\left[-\sin(n\omega_{\mathrm{c}})+\sin(n\pi)\right]$$

$$=\frac{\sin(n\pi)-\sin(n\omega_{\mathrm{c}})}{n\pi}\quad -\infty<n<\infty$$

将 $h_{\mathrm{d}}(n)$向右移位 $\tau=\dfrac{N-1}{2}$,就得到

$$h'(n)=h_{\mathrm{d}}(n-\tau)$$

与上面得到的结果相同。但是这里要特别注意,$h_{\mathrm{d}}(n)$最后的表达式中出现了 $\sin(n\pi)$,由于 n 是整数,故有 $\sin(n\pi)=0$。但是在这里一定不要用 0 来代替 $\sin(n\pi)$,因为$\sin(n\pi)$移位后成了 $\sin[(n-\tau)\pi]$,而 $\tau=\dfrac{N-1}{2}$,当 N 为偶数时,τ 就不是整数,故$h'(n)$中的 $\sin[(n-\tau)\pi]$就不为 0。因此,要保留 $h_{\mathrm{d}}(n)$中的 $\sin(n\pi)$,这样,移位后才能得到正确的 $h'(n)$。 ■

例 6.2 一个带通 FIR 数字滤波器的衰减指标如图 6.14 所示,用窗口法设计这个线性相位因果滤波器。

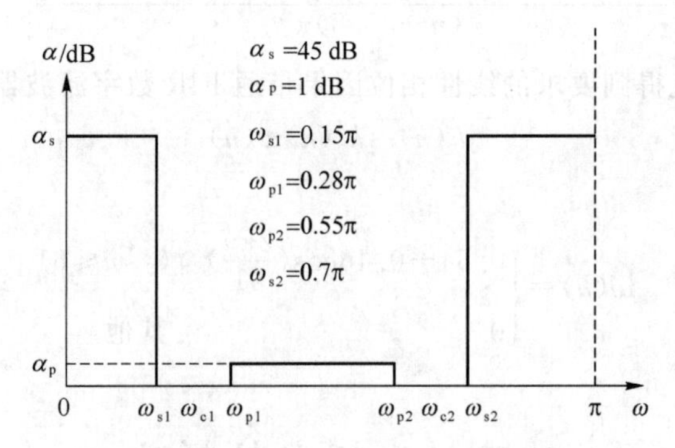

图 6.14 一个带通滤波器的衰减指标

解

要求阻带最小衰减为 45 dB,查表 6.1,可知应该选哈明窗。

过渡带宽度

$$\Delta\omega_1=\omega_{\mathrm{p1}}-\omega_{\mathrm{s1}}=0.13\pi,\Delta\omega_2=\omega_{\mathrm{s2}}-\omega_{\mathrm{p2}}=0.15\pi$$

应选较窄的，故 $\Delta\omega=0.13\pi$。由表 6.1 可知，对于哈明窗，$\Delta\omega=8\pi/N$，于是得到

$$N=\frac{8\pi}{\Delta\omega}=\frac{8}{0.13}=61.54$$

于是取 $N=62$。

求截止频率：

$$\omega_{c1}=\omega_{s1}+\frac{\omega_{p1}-\omega_{s1}}{2}=0.15\pi+\frac{0.28\pi-0.15\pi}{2}=0.215\pi$$

$$\omega_{c2}=\omega_{p2}+\frac{\omega_{s2}-\omega_{p2}}{2}=0.55\pi+\frac{0.7\pi-0.55\pi}{2}=0.625\pi$$

先用傅里叶反变换求得以 0 为对称中心的无限长序列：

$$\begin{aligned}h_d(n)&=\frac{1}{2\pi}\left(\int_{-\omega_{c2}}^{-\omega_{c1}}e^{jn\omega}d\omega+\int_{\omega_{c1}}^{\omega_{c2}}e^{jn\omega}d\omega\right)\\&=\frac{1}{2\pi jn}\left(e^{jn\omega}\Big|_{-0.625\pi}^{-0.215\pi}+e^{jn\omega}\Big|_{0.215\pi}^{0.625\pi}\right)\\&=\frac{1}{2\pi jn}\left(e^{-j0.215n\pi}-e^{-j0.625n\pi}+e^{j0.625n\pi}-e^{j0.215n\pi}\right)\\&=\frac{1}{n\pi}[\sin(0.625n\pi)-\sin(0.215n\pi)]\quad -\infty<n<\infty\end{aligned}$$

将 $h_d(n)$ 移位，得

$$\begin{aligned}h'(n)&=h_d\left(n-\frac{N-1}{2}\right)\\&=\frac{\sin[0.625(n-30.5)\pi]-\sin[0.215(n-30.5)\pi]}{(n-30.5)\pi}\qquad -\infty<n<\infty\end{aligned}$$

对 $h'(n)$ 加哈明窗，就得到要求的线性相位因果带通 FIR 数字滤波器的冲激响应：

$$h(n)=h'(n)w(n)$$

其中

$$w(n)=\begin{cases}0.54-0.46\cos\left(\dfrac{2\pi n}{61}\right) & 0\leqslant n\leqslant 61\\0 & \text{其他}\end{cases}$$ ■

*6.4 频率抽样法

上面所讲的窗口法是从时域逼近来设计线性相位 FIR 数字滤波器的，即以有限长冲激响应去近似理想的无限长冲激响应。而本节要从频域逼近来设计，讨论以有限个频响抽样，去近似理想的频率响应的方法，这就是频率抽样法。

在 3.3 节讨论了用有限长序列 $x(n)$的 DFT 即 $X(k)$通过一个内插关系式得到$x(n)$的 z 变换 $X(z)$的方法，现在令 FIR 滤波器的冲激响应(当然是有限长序列)$h(n)=x(n)$，于是就得到了相应的关系式

$$H(z)=\frac{1-z^{-N}}{N}\sum_{k=0}^{N-1}\frac{H(k)}{1-W_N^{-k}z^{-1}} \tag{6.56}$$

这里 $H(z)$即为滤波器的系统函数，而 $H(k)$是频率响应的抽样，即

$$H(k)=H(z)\big|_{z=W_N^{-k}}=H(\mathrm{e}^{\mathrm{j}\omega})\big|_{\omega=\frac{2\pi}{N}k}=H(\mathrm{e}^{\mathrm{j}\frac{2\pi}{N}k})$$

由(6.56)式可知，如果知道了频率响应的抽样值 $H(k)$，就可以得到系统函数$H(z)$，从而完成滤波器的设计。FIR 滤波器的这种设计方法就叫做频率抽样法。因此，可以对所要求的频响 $H_{\mathrm{d}}(\mathrm{e}^{\mathrm{j}\omega})$抽样，以此来确定 $H(k)$的值，即令

$$H(k)=H_{\mathrm{d}}(\mathrm{e}^{\mathrm{j}\frac{2\pi}{N}k})\qquad(k=0,1,2,\cdots,N-1) \tag{6.57}$$

于是，以这些 $H(k)$通过(6.56)式所得到的系统函数 $H(z)$就能逼近所要求的系统函数 $H_{\mathrm{d}}(z)$，至少在这些抽样频率上，两者具有相同的频响，即

$$H(\mathrm{e}^{\mathrm{j}\frac{2\pi}{N}k})=H_{\mathrm{d}}(\mathrm{e}^{\mathrm{j}\frac{2\pi}{N}k})\qquad(k=0,1,2,\cdots,N-1)$$

此外，所设计的 FIR 滤波器应该是线性相位的，因此必须使抽样频响的幅度和相位符合 6.2.3 节中所讨论的线性相位 FIR 滤波器频率特性的 4 种情况中的一种。例如，如果按照冲激响应 $h(n)$偶对称、长度 N 为奇数的要求来设计滤波器，则其频率响应有

$$H(\mathrm{e}^{\mathrm{j}\omega})=H(\omega)\mathrm{e}^{-\mathrm{j}\frac{N-1}{2}\omega} \tag{6.58}$$

其中

$$H(\omega)=\sum_{n=0}^{\frac{N-1}{2}}a(n)\cos(n\omega)$$

可以看出，$H(\omega)$是 ω 的偶函数，而且以 2π 为周期，因此有

$$H(\omega)=H(-\omega)=H(2\pi-\omega) \tag{6.59}$$

令

$$H(k)=H_k\mathrm{e}^{\mathrm{j}\theta_k}$$

又因

$$H(k)=H(\mathrm{e}^{\mathrm{j}\omega})\big|_{\omega=\frac{2\pi}{N}k}=H(\omega)\mathrm{e}^{-\mathrm{j}\frac{N-1}{2}\omega}\big|_{\omega=\frac{2\pi}{N}k}$$

因此有

$$\begin{cases}H_k=H\left(\dfrac{2\pi}{N}k\right)\\[2ex]\theta_k=-\dfrac{N-1}{2}\cdot\dfrac{2\pi}{N}k=k\pi\left(\dfrac{1}{N}-1\right)\end{cases} \tag{6.60}$$

在抽样点上有 $\omega=2\pi k/N$，故由(6.59)式，在抽样频率处应该满足

$$H\left(\frac{2\pi}{N}k\right)=H\left(2\pi-\frac{2\pi}{N}k\right) \tag{6.61}$$

而由 $\omega=2\pi k/N$ 可知，当 $k=N$ 时，$\omega=2\pi$，即频率 2π 对应离散值 N，于是(6.61)式又可以写为

$$H_k = H_{N-k}$$

综上所述，抽样频响 $H(k)=H_k e^{j\theta_k}$ 除了满足设计指标之外，还应当满足

$$\begin{cases} H_k = H_{N-k} \\ \theta_k = k\pi\left(\dfrac{1}{N}-1\right) \end{cases} \tag{6.62}$$

当 $h(n)$ 是其他 3 种情况时，可以类似地推得 θ_k 和 H_k 应当满足的关系。

频率抽样设计法是比较简单的，但所得的系统频率响应 $H(e^{j\omega})$，除了在每个抽样点 $H(e^{j2\pi k/N})$ 上严格与所要求的特性一致之外，各抽样点之间的频响，则是由各抽样点的内插函数延伸叠加而形成的。因此，抽样点之间所要求的特性越平缓，内插值就越接近期望值，逼近也就越好；相反，抽样点之间要求的特性变化越剧烈、不连续性越大(如通带和阻带的交接处)，则内插值和期望值之间的误差就越大。为了使得频响较好地逼近所要求的特性，对于用频率抽样法得到的系统函数，往往还要进行优化处理。

*6.5　*FIR* 数字滤波器的优化设计

前面已经介绍了设计 FIR 数字滤波器的窗函数法和频率抽样法。相对来说，这两种方法是比较简单的，但都未能解决对于给定的 N 值，如何设计一个最佳 FIR 滤波器的问题。本节介绍 FIR 滤波器的计算机辅助设计方法，这是一种频域设计的最优化方法，也叫做等波纹切比雪夫逼近法。

6.5.1　切比雪夫等波纹逼近

在讨论 IIR 滤波器的优化设计时，曾讲到为了衡量所设计的数字滤波器的频响逼近理想频响的程度，需要有一定的误差判别准则，并且已经介绍了最小均方误差准则。这一设计准则的优点在于有比较容易的数学解法，但是这种方法所追求的目标在于使误差总的能量最小，因此有可能在 $H_d(e^{j\omega})$ 的不连续处产生较大的误差。

较好的逼近准则是令最大绝对误差最小，这种准则的一种典型的表示是

$$\min\{\max_{\omega\in A}\left|W(e^{j\omega})[H_d(e^{j\omega})-H(e^{j\omega})]\right|\} \tag{6.63}$$

其中，$W(e^{j\omega})$ 是已知的加权函数，A 代表所有感兴趣的频带的离散并集，这就是所谓加权

切比雪夫逼近问题。满足这种逼近准则时,设计出的滤波器的特性与所要求的特性的最大误差达到最小,因此这种准则又叫做最小最大误差准则。在这种准则下,设计出的滤波器特性在通、阻带内都呈等波纹波动,因此,这种极小化极大绝对误差逼近又称为等波纹逼近,如图 6.15 所示。图中,峰值和谷值处代表绝对误差最大处,逼近的结果绝对误差被限制在一定的范围内,即通带为 δ_1,阻带为 δ_2,而且 δ_1 和 δ_2 都达到了它们的最小值。

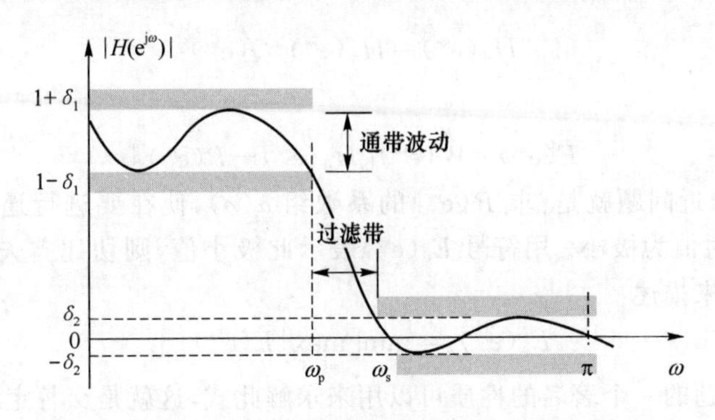

图 6.15　低通滤波特性的等波纹逼近

确定滤波器等波纹逼近的最佳设计参数有 5 个:通带边界频率 ω_p、阻带边界频率 ω_s、通带容许偏差 δ_1、阻带容许偏差 δ_2 以及 $h(n)$之长度 N。在最佳设计时,往往先固定部分参数,而用迭代法对其余参数进行调节。

6.5.2　加权切比雪夫逼近

1. 加权切比雪夫逼近误差及交替定理

前面已介绍了线性相位 FIR 数字滤波器的 4 种类型,其频率响应可以统一为(6.27)式的形式。这里,将(6.27)式写成另一种形式,即

$$H(e^{j\omega}) = e^{-j\frac{N-1}{2}\omega} e^{jL\frac{\pi}{2}} \hat{H}(e^{j\omega}) \tag{6.64}$$

这里的 $\hat{H}(e^{j\omega})$即(6.27)式中的 $H(\omega)$。当 $h(n)$偶对称时,$L=0$;当 $h(n)$奇对称时,$L=1$。

定义加权切比雪夫误差公式为

$$E(e^{j\omega}) = W(e^{j\omega})[H_d(e^{j\omega}) - \hat{H}(e^{j\omega})] \tag{6.65}$$

设 $\hat{H}(e^{j\omega})$可以分解为

$$\hat{H}(e^{j\omega}) = Q(e^{j\omega}) \cdot P(e^{j\omega}) \tag{6.66}$$

其中,$Q(e^{j\omega})$为 ω 的固定函数,$P(e^{j\omega})$为 r 个余弦函数的线性组合,即

$$P(e^{j\omega}) = \sum_{n=0}^{r-1} \alpha(n)\cos(n\omega) \tag{6.67}$$

于是(6.65)式可写成

$$E(e^{j\omega}) = W(e^{j\omega})Q(e^{j\omega})\left[\frac{H_d(e^{j\omega})}{Q(e^{j\omega})} - P(e^{j\omega})\right] \tag{6.68}$$

令

$$\hat{W}(e^{j\omega}) = W(e^{j\omega}) \cdot Q(e^{j\omega})$$

$$\hat{H}_d(e^{j\omega}) = H_d(e^{j\omega})/Q(e^{j\omega})$$

则(6.68)式为

$$E(e^{j\omega}) = \hat{W}(e^{j\omega})[\hat{H}_d(e^{j\omega}) - P(e^{j\omega})] \tag{6.69}$$

这样,切比雪夫逼近问题就是:求 $P(e^{j\omega})$ 的系数组 $\alpha(n)$,使在要进行逼近的频带范围内 $E(e^{j\omega})$ 的极大绝对值为极小。用符号 $E_o(e^{j\omega})$ 表示此极小值,则切比雪夫逼近问题可以用下面的数学形式来描述

$$E_o(e^{j\omega}) = \min[\max_{\omega\in A}|E(e^{j\omega})|] \tag{6.70}$$

切比雪夫逼近问题的一个著名的性质可以用来求解此式,这就是交替定理。

交替定理: 若 $P(e^{j\omega})$ 是 r 个余弦函数的线性组合,则对于区间 $[0,\pi]$ 上的一个子集 A 上的连续函数 $\hat{H}_d(e^{j\omega})$,$P(e^{j\omega})$ 是唯一的而且最好的加权切比雪夫逼近的充分必要条件是:加权误差函数 $E(e^{j\omega})$ 在 A 中至少呈现 $r+1$ 个极值频率,即在 A 中必须存在 $r+1$ 个 ω_i 点,满足 $\omega_1<\omega_2<\cdots<\omega_r<\omega_{r+1}$,并且有 $E(e^{j\omega_i}) = -E(e^{j\omega_{i+1}})$ $(i=1,2,\cdots,r)$,而且

$$|E(e^{j\omega})| = \max_{\omega\in A}[E(e^{j\omega})]$$

这就是说,若 $P(e^{j\omega})$ 如(6.67)式所示,则当某一系数组 $\alpha(n)$ 使得 $E(e^{j\omega})$ 在 A 中至少有 $r+1$ 个极值频率,并且在这 $r+1$ 个极值频率上,误差 $E(e^{j\omega})$ 正负交替出现而且绝对值相等,那么此时的 $P(e^{j\omega})$ 就能最好地逼近 $\hat{H}_d(e^{j\omega})$,而且所得到的最佳解 $\alpha(n)$ 是唯一的。

2. $\hat{H}(e^{j\omega})$ 的分解

从上面的讨论可知,$\hat{H}(e^{j\omega})$ 能否分解为 $Q(e^{j\omega})$ 与 $P(e^{j\omega})$ 的乘积是求解最佳逼近的关键。现在就来分别讨论线性相位 FIR 滤波器的 4 种类型的 $\hat{H}(e^{j\omega})$,即 $H(\omega)$。关于 $\hat{H}(e^{j\omega})$ 的表达式,可以利用前面所得出的结果。

(1) $h(n)$ 偶对称,N 为奇数

$$\hat{H}(e^{j\omega}) = \sum_{n=0}^{\frac{N-1}{2}} a(n)\cos(n\omega)$$

显然有

$$Q(e^{j\omega}) = 1 \tag{6.71}$$

$$P(e^{j\omega}) = \sum_{n=0}^{\frac{N-1}{2}} a(n)\cos(n\omega) \tag{6.72}$$

(2) $h(n)$偶对称,N 为偶数

下面的推导要利用三角公式

$$\cos\alpha+\cos\beta=2\cos\frac{\alpha+\beta}{2}\cos\frac{\alpha-\beta}{2}$$

$$\begin{aligned}
\hat{H}(\mathrm{e}^{\mathrm{j}\omega})= & \sum_{n=1}^{\frac{N}{2}}b(n)\cos\left[\left(n-\frac{1}{2}\right)\omega\right] \\
= & b\left(\frac{N}{2}\right)\cos\left(\frac{N-1}{2}\omega\right)+b\left(\frac{N}{2}-1\right)\cos\left(\frac{N-3}{2}\omega\right)+\sum_{n=1}^{\frac{N}{2}-2}b(n)\cos\left[\left(n-\frac{1}{2}\right)\omega\right]+ \\
& b\left(\frac{N}{2}\right)\cos\left(\frac{N-3}{2}\omega\right)-b\left(\frac{N}{2}\right)\cos\left(\frac{N-3}{2}\omega\right) \\
= & 2b\left(\frac{N}{2}\right)\cos\left(\frac{N-2}{2}\omega\right)\cos\frac{\omega}{2}+\left[b\left(\frac{N}{2}-1\right)-b\left(\frac{N}{2}\right)\right]\cos\left(\frac{N-3}{2}\omega\right)+ \\
& b\left(\frac{N}{2}-2\right)\cos\left(\frac{N-5}{2}\omega\right)+\sum_{n=1}^{\frac{N}{2}-3}b(n)\cos\left[\left(n-\frac{1}{2}\right)\omega\right]+ \\
& \left[b\left(\frac{N}{2}-1\right)-b\left(\frac{N}{2}\right)\right]\cos\left(\frac{N-5}{2}\omega\right)-\left[b\left(\frac{N}{2}-1\right)-b\left(\frac{N}{2}\right)\right]\cos\left(\frac{N-5}{2}\omega\right) \\
= & 2b\left(\frac{N}{2}\right)\cos\left(\frac{N-2}{2}\omega\right)\cos\frac{\omega}{2}+\left[2b\left(\frac{N}{2}-1\right)-2b\left(\frac{N}{2}\right)\right]\cos\left(\frac{N-4}{2}\omega\right)\cos\frac{\omega}{2}+ \\
& \left\{b\left(\frac{N}{2}-2\right)-\left[b\left(\frac{N}{2}-1\right)-b\left(\frac{N}{2}\right)\right]\right\}\cos\left(\frac{N-5}{2}\omega\right)+ \\
& b\left(\frac{N}{2}-3\right)\cos\left(\frac{N-7}{2}\omega\right)+\sum_{n=1}^{\frac{N}{2}-4}b(n)\cos\left[\left(n-\frac{1}{2}\right)\omega\right]+ \\
& \left\{b\left(\frac{N}{2}-2\right)-\left[b\left(\frac{N}{2}-1\right)-b\left(\frac{N}{2}\right)\right]\right\}\cos\left(\frac{N-7}{2}\omega\right)- \\
& \left\{b\left(\frac{N}{2}-2\right)-\left[b\left(\frac{N}{2}-1\right)-b\left(\frac{N}{2}\right)\right]\right\}\cos\left(\frac{N-7}{2}\omega\right) \\
& \vdots \\
= & \hat{b}\left(\frac{N}{2}-1\right)\cos\frac{\omega}{2}\cos\left[\left(\frac{N}{2}-1\right)\omega\right]+\hat{b}\left(\frac{N}{2}-2\right)\cos\frac{\omega}{2}\cos\left[\left(\frac{N}{2}-2\right)\omega\right]+ \\
& \cdots+\hat{b}(1)\cos\frac{\omega}{2}\cos\omega+\hat{b}(0)\cos\frac{\omega}{2} \\
= & \cos\frac{\omega}{2}\sum_{n=0}^{\frac{N}{2}-1}\hat{b}(n)\cos(n\omega)
\end{aligned}$$

其中

$$\hat{b}\left(\frac{N}{2}-1\right)=2b\left(\frac{N}{2}\right)$$

$$\hat{b}(k-1)=2b(k)-\hat{b}(k) \qquad \left(k=\frac{N}{2}-1,\frac{N}{2}-2,\cdots,3,2\right) \tag{6.73}$$

$$\hat{b}(0)=b(1)-2\hat{b}(1)$$

因此这种情况下有

$$Q(\omega)=\cos\frac{\omega}{2} \tag{6.74}$$

$$P(\mathrm{e}^{\mathrm{j}\omega}) = \sum_{n=0}^{\frac{N}{2}-1}\hat{b}(n)\cos(n\omega) \tag{6.75}$$

(3) $h(n)$奇对称,N 为奇数

此时

$$\hat{H}(\mathrm{e}^{\mathrm{j}\omega}) = \sum_{n=1}^{\frac{N-1}{2}}c(n)\sin(n\omega)$$

利用三角公式

$$\sin\alpha-\sin\beta=2\sin\frac{\alpha-\beta}{2}\cos\frac{\alpha+\beta}{2}$$

可以与上面类似地推得

$$\hat{H}(\mathrm{e}^{\mathrm{j}\omega}) = \sin\omega\sum_{n=0}^{\frac{N-1}{2}-1}\hat{c}(n)\cos(n\omega)$$

其中

$$\begin{aligned}
&\hat{c}\left(\frac{N-1}{2}-1\right)=2c\left(\frac{N-2}{2}\right)\\
&\hat{c}\left(\frac{N-1}{2}-2\right)=2c\left(\frac{N-2}{2}-1\right)\\
&\hat{c}(k-1) = 2c(k)+\hat{c}(k+1) \quad \left(k=\frac{N-1}{2}-2,\frac{N-1}{2}-3,\cdots,3,2\right)\\
&\hat{c}(0) = c(1)+\frac{1}{2}\hat{c}(2)
\end{aligned} \tag{6.76}$$

因此这种情况下有

$$Q(\mathrm{e}^{\mathrm{j}\omega})=\sin\omega \tag{6.77}$$

$$P(\mathrm{e}^{\mathrm{j}\omega}) = \sum_{n=0}^{\frac{N-1}{2}-1}\hat{c}(n)\cos(n\omega) \tag{6.78}$$

(4) $h(n)$奇对称,N 为偶数

此时

$$\hat{H}(\mathrm{e}^{\mathrm{j}\omega}) = \sum_{n=1}^{\frac{N}{2}}d(n)\sin\left[\left(n-\frac{1}{2}\right)\omega\right]$$

利用三角公式

$$\sin\alpha-\sin\beta=2\sin\frac{\alpha-\beta}{2}\cos\frac{\alpha+\beta}{2}$$

可以类似地得到

$$\hat{H}(\mathrm{e}^{\mathrm{j}\omega}) = \sin\frac{\omega}{2}\sum_{n=0}^{\frac{N}{2}-1}\hat{d}(n)\cos(n\omega)$$

其中
$$\hat{d}\left(\frac{N}{2}-1\right)=2d\left(\frac{N}{2}\right)$$
$$\hat{d}(k-1)=2d(k)+\hat{d}(k)\qquad\left(k=\frac{N}{2}-1,\frac{N}{2}-2,\cdots,3,2\right)\tag{6.79}$$
$$\hat{d}(0)=d(1)+\frac{1}{2}\hat{d}(1)$$

因此这种情况下有
$$Q(\mathrm{e}^{\mathrm{j}\omega})=\sin\frac{\omega}{2}\tag{6.80}$$
$$P(\mathrm{e}^{\mathrm{j}\omega})=\sum_{n=0}^{\frac{N}{2}-1}\hat{d}(n)\cos(n\omega)\tag{6.81}$$

于是，对于上述 4 种情况，$\hat{H}(\mathrm{e}^{\mathrm{j}\omega})$都可以分解为 $Q(\mathrm{e}^{\mathrm{j}\omega})$与 $P(\mathrm{e}^{\mathrm{j}\omega})$的乘积，而且 $P(\mathrm{e}^{\mathrm{j}\omega})$均为余弦函数的线性组合。

3. 关于极值频率数目

交替定理中最佳逼近的充要条件要求误差函数 $E(\mathrm{e}^{\mathrm{j}\omega})$在 A 中至少有 $r+1$ 个极值频率，现在就来考察 $E(\mathrm{e}^{\mathrm{j}\omega})$的极值频率数目。

在多数情况下，当$\frac{\mathrm{d}\hat{H}(\mathrm{e}^{\mathrm{j}\omega})}{\mathrm{d}\omega}=0$ 时，有$\frac{\mathrm{d}W(\mathrm{e}^{\mathrm{j}\omega})}{\mathrm{d}\omega}=0$，$\frac{\mathrm{d}H_{\mathrm{d}}(\mathrm{e}^{\mathrm{j}\omega})}{\mathrm{d}\omega}=0$，故由(6.65)式可知，此时$\frac{\mathrm{d}E(\mathrm{e}^{\mathrm{j}\omega})}{\mathrm{d}\omega}=0$，因此 $\hat{H}(\mathrm{e}^{\mathrm{j}\omega})$的极值频率也就是 $E(\mathrm{e}^{\mathrm{j}\omega})$的极值频率。故要利用交替定理来求解最佳逼近问题，应该找出 $\hat{H}(\mathrm{e}^{\mathrm{j}\omega})$最多有多少个极值。

对于情况 1，有
$$\hat{H}(\mathrm{e}^{\mathrm{j}\omega})=\sum_{n=0}^{\frac{N-1}{2}}a(n)\cos(n\omega)$$

由三角公式
$$\cos(n\omega)=\sum_{m=0}^{n}a_{mn}\cos^{m}\omega$$
得到
$$\hat{H}(\mathrm{e}^{\mathrm{j}\omega})=\sum_{n=0}^{\frac{N-1}{2}}a(n)\left(\sum_{m=0}^{n}a_{mn}\cos^{m}\omega\right)=\sum_{k=0}^{\frac{N-1}{2}}\bar{a}(k)\cos^{k}\omega\tag{6.82}$$
其中系数 $\bar{a}(k)$是通过合并 $\cos^{k}\omega$ 的同幂次项而得到的。现在通过求导来考察极值点。
$$\frac{\mathrm{d}}{\mathrm{d}\omega}\hat{H}(\mathrm{e}^{\mathrm{j}\omega})=\sum_{k=0}^{\frac{N-1}{2}}k\bar{a}(k)\cos^{k-1}\omega(-\sin\omega)=\sin\omega\sum_{k=1}^{\frac{N-1}{2}}[-k\bar{a}(k)]\cos^{k-1}\omega$$
令 $m=k-1$，则有
$$\begin{aligned}\frac{\mathrm{d}}{\mathrm{d}\omega}\hat{H}(\mathrm{e}^{\mathrm{j}\omega})&=\sin\omega\sum_{m=0}^{\frac{N-3}{2}}[-(m+1)\bar{a}(m+1)]\cos^{m}\omega\\&=\sin\omega\sum_{m=0}^{\frac{N-3}{2}}f(m)\cos^{m}\omega\end{aligned}\tag{6.83}$$

其中 $$f(m)=-(m+1)\bar{a}(m+1)$$
令 $x=\cos\omega$,则 $\sin\omega=(1-x^2)^{1/2}$,因 $0\leqslant\omega\leqslant\pi$,故 $\sin\omega$ 不为负。于是可以将(6.83)式写为

$$G(x)=\frac{\mathrm{d}}{\mathrm{d}\omega}\hat{H}(\mathrm{e}^{\mathrm{j}\omega})=\sqrt{1-x^2}\sum_{m=0}^{\frac{N-3}{2}}f(m)x^m$$

显然,余弦函数 x 在 $-1\leqslant x\leqslant 1$ 范围内。因为 $x=\pm 1$ 是 $(1-x^2)^{1/2}$ 的零点,故也是 $G(x)$ 的零点;而当 $-1<x<1$ 时,由于多项式 $\sum_{m=0}^{\frac{N-3}{2}}f(m)x^m$ 有 $\frac{N-3}{2}$ 个根,故此时 $G(x)$ 至多有 $\frac{N-3}{2}$ 个零点。因此,在 $-1\leqslant x\leqslant 1$ 范围内,$G(x)$ 至多有 $\frac{N-3}{2}+2=\frac{N+1}{2}$ 个零点,也即在 $\pi\geqslant\omega\geqslant 0$ 范围内,$\frac{\mathrm{d}}{\mathrm{d}\omega}\hat{H}(\mathrm{e}^{\mathrm{j}\omega})$ 至多有 $\frac{N+1}{2}$ 个零点,或者说 $\hat{H}(\mathrm{e}^{\mathrm{j}\omega})$ 至多有 $\frac{N+1}{2}$ 个极值。设 N_{e} 为 $\hat{H}(\mathrm{e}^{\mathrm{j}\omega})$ 的极值数,因此对于情况 1,N_{e} 的约束条件为

$$N_{\mathrm{e}}\leqslant\frac{N+1}{2}$$

对于情况 2、3、4,利用 $\hat{H}(\mathrm{e}^{\mathrm{j}\omega})=Q(\mathrm{e}^{\mathrm{j}\omega})P(\mathrm{e}^{\mathrm{j}\omega})$,则可类似于情况 1,求出各种情况下的 N_{e} 的约束条件。

情况 2: $$N_{\mathrm{e}}\leqslant\frac{N}{2}$$

情况 3: $$N_{\mathrm{e}}\leqslant\frac{N-1}{2}$$

情况 4: $$N_{\mathrm{e}}\leqslant\frac{N}{2}$$

在不相连的频率上求解逼近问题时,误差函数 $E(\mathrm{e}^{\mathrm{j}\omega})$ 在每一频带的边界会有一个极值,而这些极值点一般并不是 $\hat{H}(\mathrm{e}^{\mathrm{j}\omega})$ 的极值点,在设计滤波器时,这些点也要作为附加极值点计入。例如,对于情况 1,若是二频带逼近问题,由于两个频带边界各有一个极值点(不包括频率 0 和 π),因此最多共有 $\frac{N+1}{2}+2=\frac{N+5}{2}$ 个极值点;而若是带通滤波器的逼近问题,因为在 0 到 π 之间分成了 3 个频带,故最多共有 $\frac{N+1}{2}+4=\frac{N+9}{2}$ 个极值点。

6.5.3 Remez 交换算法

Remez 交换算法是利用交替定理来求解最佳逼近的一种最优化算法。现在来讨论在 $h(n)$ 之长度 N、通带边界频率 ω_{p} 和阻带边界频率 ω_{s} 都固定的情况下此算法的求解过程。

1. 确定一组频率$\{\omega_k\}$

这组频率$\{\omega_k\}(k=0,1,\cdots,r)$中应包括$\omega_p$、$\omega_s$。

前面已经证明,在 4 种情况下都有

$$P(e^{j\omega})=\sum_{n=0}^{r-1}\alpha(n)\cos(n\omega)$$

只是在不同情况下 r 不同。于是按照交替定理,可以假设 $r+1$ 个初始极值频率点 ω_k,而且误差也按交替定理假设为$(-1)^k\delta$,即正负交替出现。再令(6.69)式中 $\omega=\omega_k$,并且$E(e^{j\omega_k})=(-1)^k\delta$,则有

$$\hat{W}(e^{j\omega_k})[\hat{H}_d(e^{j\omega_k})-P(e^{j\omega_k})]=(-1)^k\delta\quad(k=0,1,\cdots,r)\tag{6.84}$$

现在,应当找到满足(6.84)式的$\alpha(n)(n=0,1,\cdots,r-1)$以及 δ。

2. 求 δ 和 $P(e^{j\omega})$

求 δ 和 $P(e^{j\omega})$有两种方法。

(1) 求解线性方程组

(6.84)式对于每个 k 值都是一个方程,未知数为 δ 和$\alpha(n)$,因此是含有 $r+1$ 个未知数由 $r+1$ 个方程组成的线性方程组。由(6.84)式得到

$$\hat{H}_d(e^{j\omega_k})=\frac{(-1)^k\delta}{\hat{W}(e^{j\omega_k})}+P(e^{j\omega_k})$$

即

$$\sum_{n=0}^{r-1}\alpha(n)\cos(n\omega_k)+\frac{(-1)^k\delta}{\hat{W}(e^{j\omega_k})}=\hat{H}_d(e^{j\omega_k})\qquad(k=0,1,2,\cdots,r)$$

写成矩阵形式:

$$\begin{pmatrix}1 & \cos\omega_0 & \cos(2\omega_0) & \cdots & \cos[(r-1)\omega_0] & \dfrac{1}{\hat{W}(e^{j\omega_0})}\\ 1 & \cos\omega_1 & \cos(2\omega_1) & \cdots & \cos[(r-1)\omega_1] & \dfrac{-1}{\hat{W}(e^{j\omega_1})}\\ \vdots & \vdots & \vdots & & \vdots & \vdots\\ 1 & \cos\omega_{r-1} & \cos(2\omega_{r-1}) & \cdots & \cos[(r-1)\omega_{r-1}] & \dfrac{(-1)^{r-1}}{\hat{W}(e^{j\omega_{r-1}})}\\ 1 & \cos\omega_r & \cos(2\omega_r) & \cdots & \cos[(r-1)\omega_r] & \dfrac{(-1)^r}{\hat{W}(e^{j\omega_r})}\end{pmatrix}\begin{pmatrix}\alpha(0)\\ \alpha(1)\\ \vdots\\ \alpha(r-1)\\ \delta\end{pmatrix}=\begin{pmatrix}\hat{H}_d(e^{j\omega_0})\\ \hat{H}_d(e^{j\omega_1})\\ \vdots\\ \hat{H}_d(e^{j\omega_{r-1}})\\ \hat{H}_d(e^{j\omega_r})\end{pmatrix}$$

解此方程组,可求出 $r+1$ 个未知数:$\alpha(0),\alpha(1),\cdots,\alpha(r-1),\delta$,既然 $\alpha(n)$已求出,故$P(e^{j\omega})$也就求出了。

求解线性方程组一般来说较难且慢,故可采用下述方法。

(2) 用式子

$$\delta=\frac{u_0\hat{H}_d(e^{j\omega_0})+u_1\hat{H}_d(e^{j\omega_1})+\cdots+u_r\hat{H}_d(e^{j\omega_r})}{u_0/\hat{W}(e^{j\omega_0})-u_1/\hat{W}(e^{j\omega_1})+\cdots+(-1)^r u_r/\hat{W}(e^{j\omega_r})}$$

来求出 δ,其中

$$u_k=\prod_{\substack{i=0\\ i\neq k}}^{r}\frac{1}{x_k-x_i}\qquad(x_k=\cos\omega_k,x_i=\cos\omega_i)$$

δ 求出后,可求得

$$P(e^{j\omega_k})=\hat{H}_d(e^{j\omega_k})-(-1)^k\frac{\delta}{\hat{W}(e^{j\omega_k})}\quad(k=0,1,\cdots,r)$$

然后用拉格朗日插值公式,可求出

$$P(e^{j\omega})=\frac{\sum\limits_{k=0}^{r-1}\left[\frac{\beta_k}{x-x_k}\right]P(e^{j\omega_k})}{\sum\limits_{k=0}^{r-1}\left[\frac{\beta_k}{x-x_k}\right]}$$

其中

$$\beta_k=\prod_{\substack{i=0\\ i\neq k}}^{r-1}\frac{1}{x_k-x_i}\qquad(x_k=\cos\omega_k,x_i=\cos\omega_i)$$

3. 求 $E(e^{j\omega})$,并找出新的极值频率

求出 $P(e^{j\omega})$后,由

$$E(e^{j\omega})=\hat{W}(e^{j\omega})[\hat{H}_d(e^{j\omega})-P(e^{j\omega})]$$

可以求出误差函数 $E(e^{j\omega})$的曲线(先求出较密集的各频率点上的值然后描出曲线),如图 6.16所示。检查是否满足$|E(e^{j\omega})|\leqslant\delta(0\leqslant\omega\leqslant\pi)$,若不满足,应找出 $E(e^{j\omega})$的新的极值点,而原来确定的那些频率点一般不会在所描出的曲线的极值处,应当用新的极值频率来代替。如图 6.16 中,$\omega_k^{(1)}$ 为原来的频率点,$\omega_k^{(2)}$ 则为新的极值频率。然后再重新计算 δ 和 $P(e^{j\omega})$,再描出新的误差曲线,如此迭代下去。注意,每次迭代若 $E(e^{j\omega})$的极值多于$r+1$个,应只保留极值绝对值最大的$r+1$个;另外,这 $r+1$ 个新的频率点应包括通带边界频率 ω_p 和阻带边界频率 ω_s,不管它们是否在极值点上。经过若干次迭代后,如果对某一 δ',有$|E(e^{j\omega})|\leqslant\delta'$,如图 6.16 中实线所示的波形,这时的 δ'就是所求 δ 的最小值,而且极值频率点也正好在此时的 $E(e^{j\omega})$曲线的极值处,满足了交替定理的充要条件,故达到了最优逼近。

4. 求 $H(e^{j\omega})$和 $h(n)$

达到最优逼近后,要进一步求出此时的频率响应 $H(e^{j\omega})$和冲激响应 $h(n)$。由最优逼近的 $P(e^{j\omega})$,可以求得

$$\hat{H}(e^{j\omega})=Q(e^{j\omega})P(e^{j\omega})$$

而

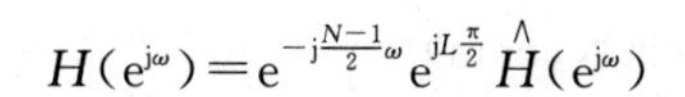

$$H(\mathrm{e}^{\mathrm{j}\omega})=\mathrm{e}^{-\mathrm{j}\frac{N-1}{2}\omega}\,\mathrm{e}^{\mathrm{j}L\frac{\pi}{2}}\,\hat{H}(\mathrm{e}^{\mathrm{j}\omega})$$

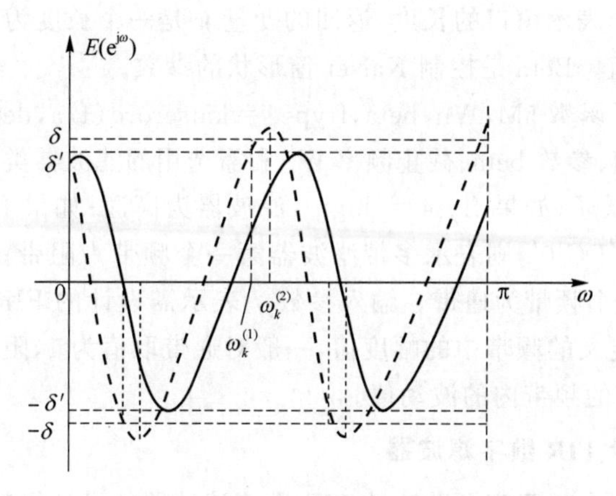

图 6.16　等波纹逼近的误差函数

对于 $h(n)$，若用的是解线性方程组的方法，则已求出 $\alpha(n)(n=0,1,\cdots,r-1)$，$\alpha(n)$ 即为 4 种情况下 $P(\mathrm{e}^{\mathrm{j}\omega})$ 表达式中的 $a(n)$、$\hat{b}(n)$、$\hat{c}(n)$ 或 $\hat{d}(n)$。对于情况 2、3、4，则应再求得 $b(n)$、$c(n)$ 或 $d(n)$，最后由 $a(n)$、$b(n)$、$c(n)$ 或 $d(n)$ 再求得 $h(n)$。若不是用解方程组的方法，则 $h(n)$ 应由 $H(\mathrm{e}^{\mathrm{j}\omega})$ 通过傅里叶反变换求得。

本节讨论的采用极小化极大误差准则的加权切比雪夫逼近问题，是一种有效的最优化逼近法，而且最佳解是唯一的。其不足之处是截止频率的选择会受到不必要的限制。另外，由于逼近误差在过渡区附近比在通带内和阻带内要大，故要获得等波纹逼近的误差，N 值会比较大。

6.6　*Matlab* 方法

6.6.1　用 Matlab 进行基于窗函数的 FIR 数字滤波器的设计

1. 常用的窗函数

Matlab 中提供了很多常用的窗函数，其中一些窗函数的调用形式如下。

矩形窗：w＝boxcar(N)

汉宁窗：w＝hanning(N)

哈明窗：w＝hamming(N)

布莱克曼窗：w＝blackman(N)

凯塞(Kaiser)窗：w＝kaiser(N,beta)

其中输入参数 N 表示窗口的长度，返回的变量 $\boldsymbol{w}$ 是一个长度为 N 的列向量，表示窗函数在这 N 点的取值。Beta 是控制 Kaiser 窗形状的参数。

Matlab 还提供了函数 [M,Wn,beta,ftype]＝kaiserord(f,a,dev)，以利用 Kaiser 窗来估计滤波器阶数 M、参数 beta、截止频率 W_n 和需选用的滤波器类型 ftype。如果 ftype 为空，表示滤波器为低通；如果 ftype＝'high'，滤波器为高通；如果 ftype＝'stop'，滤波器为带阻；如果 ftype＝'DC-0'，则表示多带滤波器第一个频带为阻带；如果 ftype＝'DC-1'，表示多带滤波器第一个频带为通带。输入参数 f 表示需设计的 FIR 滤波器的频带；a 表示 FIR 滤波器在 f 定义的频带中的幅度值，一般对通带取值为 1，阻带取值为 0；dev 表示 FIR 滤波器在 f 定义的频带内的波动值。

2. 窗函数法设计 FIR 数字滤波器

Matlab 提供了两个基于窗函数法的 FIR 数字滤波器的设计函数。

(1) b＝fir1(N,Wn)

fir1 函数用来设计 FIR 滤波器，其中 N 为滤波器的阶数，因此 $h(n)$ 的长度为 $N+1$。W_n 是截止频率，其取值在 0～1 之间，这是以抽样频率为基准频率的标称值，故 1 对应抽样频率；b 对应设计好的滤波器的系数 $h(n)$。若 W_n 是一标量，则可以用来设计低通滤波器；如果 $\boldsymbol{W}_n$ 是 1×2 的向量，则可以用来设计带通滤波器；如果 $\boldsymbol{W}_n$ 是 $1\times L$ 的向量，则可以用来设计 L 通带滤波器，注意这时的调用方式为

b＝fir1(N,Wn,'DC-1')或 b＝fir1(N,Wn,'DC-0')

前者保证第一个带为通带，后者保证第一个带为阻带。

fir1 函数还有以下多种调用形式：

b＝fir1(N,Wn,'ftype')

当 ftype 中的输入参数为'high'字串，即可用来设计高通滤波器；当 ftype 中的输入参数为'stop'字串，即可用来设计带阻滤波器，此时 $\boldsymbol{W}_n$ 是 1×2 的向量。

b＝fir1(N,Wn,window)

b＝fir1(N,Wn,'ftype',window)

参量'window'表示设计 FIR 滤波器所采用的窗函数类型，以列向量形式表示。向量 window 的长度必须为 $N+1$。若 window 缺省，则 fir1 默认使用哈明窗。

(2) b＝fir2(N,f,m)

该函数采用窗函数法设计具有任意频率响应的 FIR 数字滤波器。其中 $\boldsymbol{f}$ 是频率向量，其值在 0～1(标称值)之间，1 对应抽样频率，其第一个点必须是 0，最后一个点必须是 1，而且频率点必须是递增的。m 是对应于频率点 $\boldsymbol{f}$ 处的期望的幅频响应，$\boldsymbol{f}$ 和 m 的长度必须相等。如同 fir1 函数，b＝fir2(n,f,m,window)可以根据 window 的值来选取不同的窗函数，缺省时自动选用哈明窗。

fir1 和 fir2 函数可以用来设计低通、高通、带通、带阻和通用多带 FIR 滤波器。

例 6.3　利用矩形窗和哈明窗设计一个 FIR 低通滤波器，已知 $\omega_c=0.25\pi, N=10$。

解

```
>>N=10;
>>M=128;
>>b1=fir1(N,0.25,boxcar(N+1));          %用矩形窗作为冲激响应的窗函数
>>b2=fir1(N,0.25,hamming(N+1));         %用哈明窗作为冲激响应的窗函数
>>h1=freqz(b1,1,M);                     %矩形窗对应的频率响应
>>h2=freqz(b2,1,M);                     %哈明窗对应的频率响应
>>f=0:0.5/M:0.5-0.5/M;
>>plot(f,abs(h1),'-.',f,abs(h2));       %画出幅频响应
>>legend('矩形窗','哈明窗');
>>grid;
>>ylabel('magnitude response');
>>xlabel('w/(2*pi)');
>>axis([0 0.5 0 1.2]);
>>set(gca,'XTickMode','manual','XTick',[0,0.25,0.5])
>>set(gca,'YTickMode','manual','YTick',[0,0.5,1])
```

运行结果如图 6.17 所示。

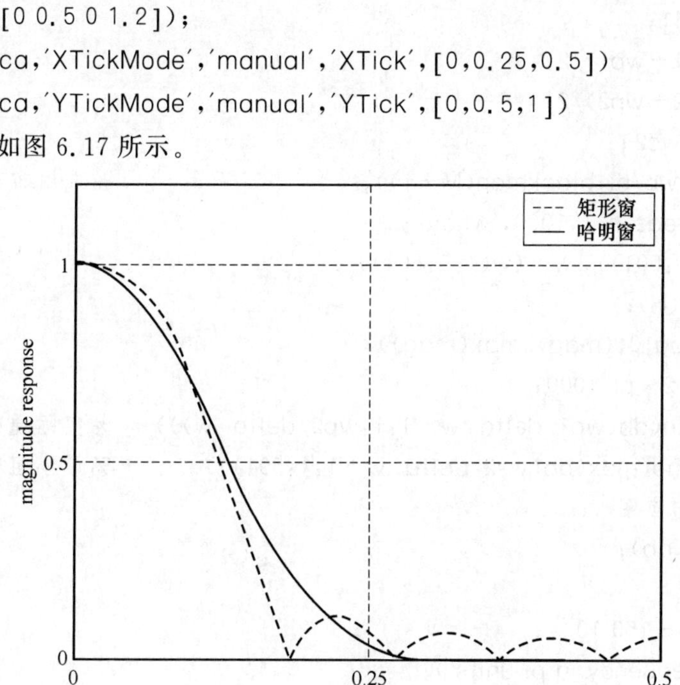

图 6.17　分别加矩形窗和哈明窗后的幅频响应曲线　■

例 6.4 利用窗函数法完成数字带通滤波器的设计，并画出所设计的滤波器的幅频响应图。滤波器的性能指标如下。

低端阻带边界频率：$\omega_{s1}=0.2\pi$，高端阻带边界频率：$\omega_{s2}=0.8\pi$；阻带最小衰减：$A_s=60$ dB。

低端通带边界频率：$\omega_{p1}=0.35\pi$，高端通带边界频率：$\omega_{p2}=0.65\pi$；通带最大衰减：$R_p=1$ dB。

解

因为 $A_s=60$ dB，所以应该选用 Blackman 窗。

```
%利用 Matlab 实现数字带通滤波器的设计
%数字滤波器参数
wp1 = 0.35 * pi;ws1 = 0.2 * pi;
wp2 = 0.65 * pi;ws2 = 0.8 * pi;
%过渡带宽
tr_width = min((wp1 - ws1),(ws2 - wp2));
%滤波器阶数
M = ceil(11 * pi/tr_width) + 1
n = [0:1:M];
wc1 = (ws1 + wp1)/2;
wc2 = (ws2 + wp2)/2;
wc = [wc1wc2];
h = fir1(M,wc/pi,blackman(M + 1));                    %选用布莱克曼窗
[H,w] = freqz(h,1,1000,'whole');
H = (H(1:1:501))';w = (w(1:1:501))';
mag = abs(H);
db = 20 * log10((mag)/max(mag));
delta_w = 2 * pi/1000;
Rp = -(min(db(wp1/delta_w + 1:1:wp2/delta_w)))    %实际通带波动
As = -round(max(db(ws2/delta_w + 1:1:501)))        %最小阻带衰减
%画幅频响应图
plot(w/pi,db);
grid;
axis([0 1 -150 10]);
xlabel('frequency in pi units');
ylabel('Magnitude Response in dB');
set(gca,'XTickMode','manual','XTick',[0,0.2,0.35,0.65,0.8,1])
set(gca,'YTickMode','manual','YTick',[-60,0])
```

程序运行结果如下：

```
M=          75       （滤波器阶数）
Rp=         0.0028   （实际通带波动）
As=         75       （最小阻带衰减）
```

从运行结果来看，75 阶 Blackman 窗的 FIR 数字滤波器的实际阻带衰减为 75 dB，通带波动为 0.002 8 dB，显然满足上面所提的技术要求，其幅频响应曲线如图 6.18 所示。

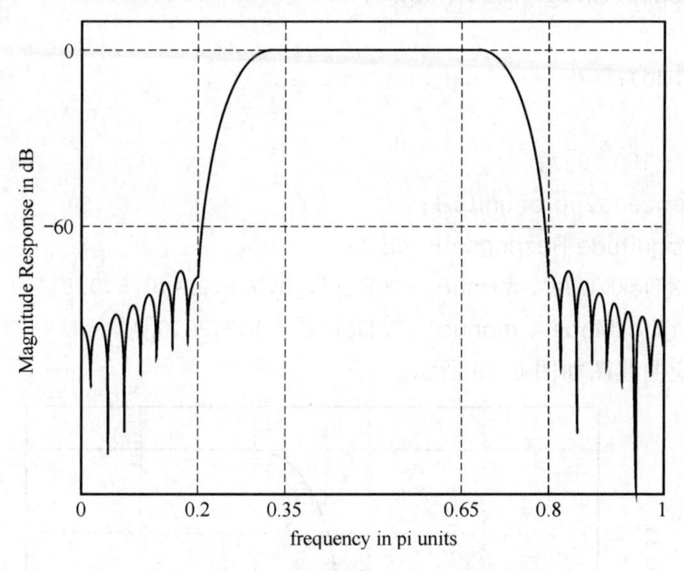

图 6.18　例 6.4 中带通滤波器的幅频响应曲线　■

例 6.5　利用 Kaiser 窗设计一个满足下列指标的数字高通滤波器，并画出幅频响应曲线图。通带边界频率 $\omega_p=0.6\pi$，阻带边界频率 $\omega_s=0.45\pi$，阻带波纹 $\delta=0.03$。

解

```
%采用 Kaiser 窗函数设计高通滤波器
%数字滤波器参数
wp=0.6*pi;
ws=0.45*pi;
%要求的频带
f=[ws/pi,wp/pi];
a=[0 1];
dev=[0.03 0.03];      %波动
%调用 Kaiser 窗函数
[N,Wn,beta,ftype]=kaiserord(f,a,dev);
kw=kaiser(N+1,beta);
```

```
%调用 fir1 函数，根据 kaiserord 输出选择 ftype 型滤波器
h=fir1(N,Wn,ftype,kw);
[H,w]=freqz(h,1,512,'whole');
mag=abs(H);
%增益(分贝)
db=20*log10((mag)/max(mag));
%画图
plot(w/pi,db);
grid;
axis([0 1 -100 10]);
xlabel('frequency in pi units');
ylabel('Magnitude Response in dB');
set(gca,'XTickMode','manual','XTick',[0,0.2,0.4,0.6,0.8,1])
set(gca,'YTickMode','manual','YTick',[-100,20,0])
```

其幅频响应曲线图如图 6.19 所示。

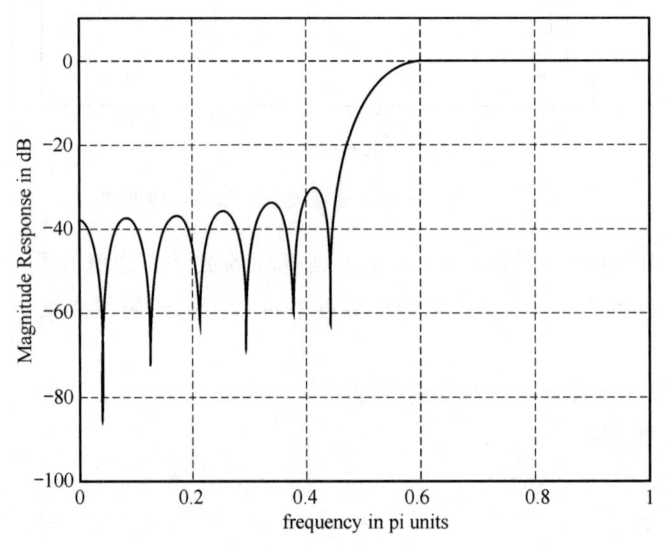

图 6.19　例 6.5 的高通滤波器的幅频响应曲线

6.6.2　用 Matlab 进行等波纹 FIR 滤波器的设计

Matlab 中提供的等波纹 FIR 滤波器设计的函数主要如下。

1. b=remez(N,f,a,w,'ftype')

它的几种调用形式如下。

(1) b=remez(N,f,a)

用来设计一个 N 阶($h(n)$的长度为 $N+1$)的 FIR 数字滤波器。$\boldsymbol{f}$ 是频率向量,其单位为 π,范围为 $0\leqslant f\leqslant 1$,这些频率是顺序递增的;数组 a 对应 $\boldsymbol{f}$ 中为各指定频率上理想的幅频响应,$\boldsymbol{f}$ 和 a 的长度必须相等,且为偶数;每个频率带中所用的权函数等于 1,这说明在每个频率带中的容限(δ_i)是相同的。数组 b 是返回滤波器的系数(即冲激响应)。

(2) b=remez(N,f,a,w)

数组 $\boldsymbol{w}$ 是每个频率带的加权向量,其他参数与(1)中类似。

(3) b=remez(N,f,a,'ftype')

当 ftype 是字符串'hilbert'或'differentiator'时,这个函数可以用来设计数字希尔伯特变换器或数字微分器。

2. [N,fo,ao,w]=remezord(f,a,dev)

该函数用来确定当用切比雪夫最佳一致逼近设计 FIR 滤波器时所需要的阶数、归一化边界频率、频带幅度以及加权系数。输入参量 f 是频率带边界频率,范围为 0 到 $f_s/2$(抽样频率的一半);a 是所期望的幅度值,f 的长度是 a 的长度的 2 倍减 2;参数 dev 是每个频率带允许的最大波动或误差。

需要注意的是,在某些情况下,remezord 可能高估或低估滤波器的阶数 N,因此,得到滤波器的系数 b 后,必须检查最小阻带衰减,并与给定的 A_s 比较,如果滤波器不能满足技术指标要求,则应提高滤波器的阶数,如 $N+1$、$N+2$ 等。

若设计者事先不能确定要设计的滤波器的阶数,可以调用 remezord 函数,根据得到的结果,再利用函数 b=remez(n,fo,ao,w)来设计等波纹逼近的 FIR 滤波器。

例 6.6　设计满足下列指标的等波纹线性相位 FIR 低通滤波器

$$\omega_p=0.3\pi,\delta_s=0.01,\omega_s=0.4\pi,\delta_p=0.0599$$

解

```
%等波纹线性相位 FIR 滤波器的设计
%滤波器参数
wp=0.3*pi;
ws=0.4*pi;
fp=wp/pi;
fs=ws/pi;
deltap=0.0599;
deltas=0.01;
f=[fp fs];
a=[1 0];
dev=[deltap deltas];
```

```
[M,fo,ao,w]=remezord(f,a,dev);
h=remez(M,fo,ao,w);
disp('FIR 滤波器阶数');
disp(M);
disp('FIR 滤波器阶数');
disp(h);
w=linspace(0,pi,1000);
mag=freqz(h,1,w);
hd=plot(w/pi,20*log10(abs(mag)));
grid;
```

FIR 低通滤波器的幅频响应曲线如图 6.20 所示。

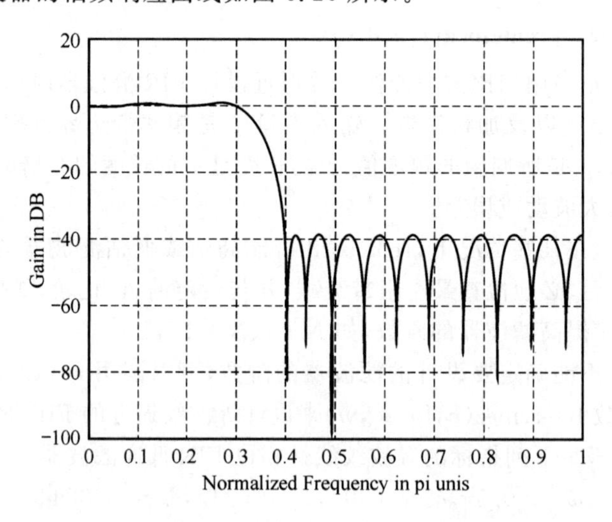

图 6.20　例 6.6 中等波纹线性相位 FIR 低通滤波器的幅频响应曲线

该程序生成的输出数据为：

FIR 滤波器阶数　28

Columns 1 through 14

0.0118　0.0098　−0.0024　−0.0213　−0.0287　−0.0114　0.0198　0.0331　0.0049
−0.0482　−0.0703　−0.0093　0.1306　0.2778

Columns 15 through 29

0.3408　0.2778　0.1306　−0.0093　−0.0703　−0.0482　0.0049　0.0331　0.0198
−0.0114　−0.0287　−0.0213　−0.0024　0.0098　0.0118

从上面的结果可以看到，与预料的一样，滤波器系数满足对称约束条件 $h(n)=h(N-n)$，$h(n)$的长度是 29(阶数 $N=28$)，它是一个线性相位 FIR 滤波器。■

例 6.7 设计满足例 6.4 中指标的等波纹线性相位 FIR 带通滤波器，即滤波器的性能指标如下。

低端阻带边界频率：$\omega_{s1}=0.2\pi$，高端阻带边界频率：$\omega_{s2}=0.8\pi$；阻带最小衰减：$A_s=60$ dB。

低端通带边界频率：$\omega_{p1}=0.35\pi$，高端通带边界频率：$\omega_{p2}=0.65\pi$；通带最大衰减：$R_p=1$ dB。

解

```
%等波纹线性相位 FIR 带通滤波器的设计
%滤波器参数
wp1 = 0.35 * pi;
ws1 = 0.2 * pi;
wp2 = 0.65 * pi;
ws2 = 0.8 * pi;
fp1 = wp1/pi;
fs1 = ws1/pi;
fp2 = wp2/pi;
fs2 = ws2/pi;
deltap = 1 - 10^( - 1/20);          %通带波纹
deltas = 10^( - 60/20);             %最小阻带衰减
f = [fs1 fp1 fp2 fs2];
a = [0 1 0];
dev = [deltas deltap deltas];
[M,fo,ao,w] = remezord(f,a,dev);
disp('FIR 滤波器阶数');
disp(M);
h = remez(M,fo,ao,w);
disp('FIR 滤波器系数');
disp(h);
w = linspace(0,pi,1000);
mag = freqz(h,1,w);
hd = plot(w/pi,20 * log10(abs(mag)));
grid;
xlabel('Normalized Frequency in pi unis');
ylabel('Gain in DB');
axis([0 1 -100 10]);
```

该程序生成的输出数据为：

FIR 滤波器阶数 23

FIR 滤波器系数

Columns 1 through 13

−0.0072 0.0128 0.0311 −0.0406 −0.0528 0.0445 0.0178
0.0316 0.1017 −0.1735 −0.2379 0.2731 0.2731

Columns 14 through 24

−0.2379 −0.1735 0.1017 0.0316 0.0178 0.0445 −0.0528
−0.0406 0.0311 0.0128 −0.0072

其幅频响应曲线如图 6.21(a)所示。

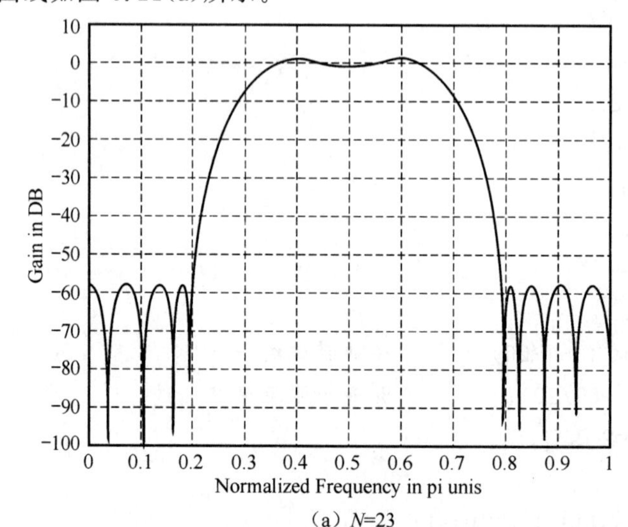

(a) N=23

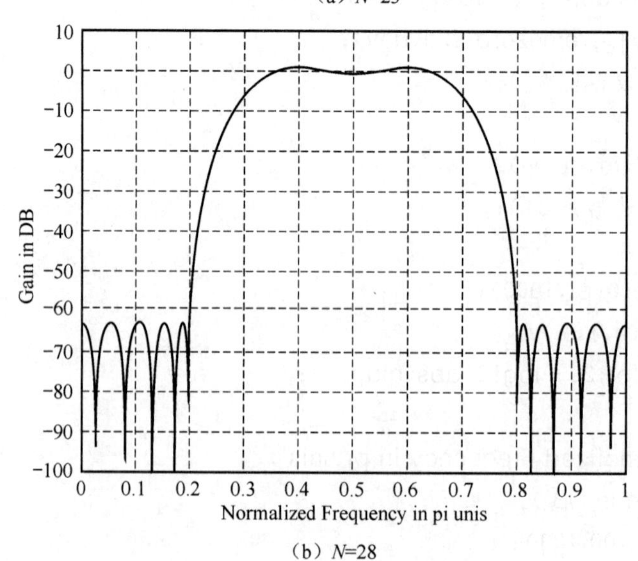

(b) N=28

图 6.21 等波纹线性相位 FIR 带通滤波器的幅频响应曲线 ■

从图 6.21(a)的幅频响应曲线可以看出，该滤波器阻带衰减没有满足指标。图(b)是将阶数增加 5 之后的幅频响应曲线，满足了指标要求。

习　题

6.1　令 $h(n)$为一 FIR 滤波器的单位抽样响应，使 $n<0$、$n>N-1$ 时 $h(n)=0$，又设$h(n)$为实序列。该滤波器的频率响应可表示为 $H(e^{j\omega})=H(\omega)e^{j\theta(\omega)}$，这里 $H(\omega)$是 ω 的实函数。又设 $H(k)$为 $h(n)$的 N 点 DFT。

(a) 若 $h(n)$满足 $h(n)=h(N-1-n)$，写出 $\theta(\omega)$，并且证明当 N 为偶数时，$H(N/2)=0$。

(b) 若 $h(n)$满足 $h(n)=-h(N-1-n)$，写出 $\theta(\omega)$，并且证明 $H(0)=0$。

6.2　如果一个线性相位带通滤波器的频响为 $H_B(e^{j\omega})=H_B(\omega)e^{j\phi(\omega)}$。

(a) 说明 $H_r(e^{j\omega})=[1-H_B(\omega)]e^{j\phi(\omega)}$ 是一个线性相位带阻滤波器的频响。

(b) 试用 $h_B(n)$表示 $h_r(n)$。

6.3　设 $h_1(n)$和 $h_2(n)$是两个长度相同($0\leqslant n\leqslant 7$)的序列，并且都是偶对称序列，两者之间还是循环移位的关系，即 $h_1(n)=h_2((3-n)_8)R_8(n)$。若以这两个序列分别作为两个线性相位 FIR 滤波器的单位抽样响应，试证明这两个滤波器的幅频响应的抽样值相同，也即 $\left|H_1(e^{j\omega})\right|_{\omega=\frac{2\pi}{N}k}=\left|H_2(e^{j\omega})\right|_{\omega=\frac{2\pi}{N}k}$，$k=0,1,\cdots,N-1$，$N=8$。

6.4　线性相位 FIR 滤波器的频率响应可以表示为 $H(e^{j\omega})=H(\omega)e^{j\theta(\omega)}$，其中$H(\omega)$是 ω 的实函数，而 $\theta(\omega)=[\pi-(N-1)\omega]/2$。已知 $h(0)=1$，$h(1)=2$，$h(2)=3$，$h(3)=4$。

(a) 如果冲激响应 $h(n)$之长度 $N=8$，请写出 $h(n)$的其余各点的值。问 $h(n)$的对称中心 $\tau=$？

(b) 如果冲激响应 $h(n)$之长度 $N=9$，请写出 $h(n)$的其余各点的值。问 $h(n)$的对称中心 $\tau=$？

6.5　设 $h_1(n)$是一个定义在区间 $0\leqslant n\leqslant 7$ 的偶对称序列，而 $h_2(n)=h_1((n-4)_8)R_8(n)$。令 $H_1(k)=\mathrm{DFT}[h_1(n)]$，$H_2(k)=\mathrm{DFT}[h_2(n)]$。

(a) 试用 $H_1(k)$来表示 $H_2(k)$。

(b) 这两个序列是否都能够作为线性相位 FIR 滤波器的冲激响应？如果 $h_1(n)$构成一个低通滤波器，那么 $h_2(n)$将构成什么类型的频选滤波器？

6.6　已知一个线性相位 FIR 系统有零点 $z=1$，$z=e^{j2\pi/3}$，$z=0.5e^{-j3\pi/4}$，$z=-1/4$。

(a) 还会有其他的零点吗？如果有，请写出。

(b) 这个系统的极点在 z 平面的什么地方？它是稳定系统吗？

(c) 这个系统的冲激响应 $h(n)$的长度最少是多少？

6.7 用窗口法设计一个线性相位因果 FIR 高通滤波器，已知阻带边界频率为 0.3π，通带边界频率为 0.5π，阻带允许的最小衰减为 20 dB。

6.8 用矩形窗设计一个线性相位高通滤波器。已知

$$H_d(e^{j\omega}) = \begin{cases} e^{-j(\omega-\pi)\alpha} & \pi-\omega_c \leqslant \omega \leqslant \pi \\ 0 & 0 \leqslant \omega < \pi-\omega_c \end{cases}$$

(a) 求 $h(n)$ 的表达式，确定 α 和 N 的关系。

(b) 若改用升余弦窗设计，求出 $h(n)$ 的表达式。

6.9 用矩形窗设计一个线性相位因果带通滤波器。已知

$$H_d(\omega) = \begin{cases} 1 & -\omega_c \leqslant \omega-\omega_0 \leqslant \omega_c \\ 0 & 0 \leqslant \omega < \omega_0-\omega_c, \omega_0+\omega_c < \omega \leqslant \pi \end{cases}$$

(a) 求 $h(n)$ 的表达式。

(b) 若用改进的升余弦窗设计，写出 $h(n)$ 的表达式。

6.10 用哈明窗设计一个线性相位正交变换网络。已知

$$H_d(e^{j\omega}) = \begin{cases} je^{-j\omega\alpha} & -\pi \leqslant \omega < 0 \\ -je^{-j\omega\alpha} & 0 \leqslant \omega \leqslant \pi \end{cases}$$

(a) 求 $h(n)$ 的表达式，写出 α 与 N 之间的关系式。

(b) N 为奇数或是偶数对于 $h(n)$ 的影响的主要差别是什么？那么应该选择 N 是偶数还是奇数？

(c) 若用 Kaiser 窗设计，写出 $h(n)$ 的表达式。

6.11 用矩形窗设计一个线性相位数字微分器：

$$H_d(e^{j\omega}) = j\omega e^{-j\omega\alpha} \qquad (|\omega| \leqslant \pi)$$

求出 $h(n)(0 \leqslant n \leqslant N-1)$ 的表达式，并确定 α 与 N 的关系。

6.12 一个线性相位 FIR 低通滤波器的幅频响应为

$$H_d(\omega) = \begin{cases} 1 & |\omega| \leqslant \omega_c \\ 0 & \omega_c < |\omega| \leqslant \pi \end{cases}$$

已知 $f_c=500$ Hz，设抽样率为 2 kHz，单位抽样响应长度为 30 ms，用矩形窗设计该数字滤波器。

(a) 求出 $h(n)$ 之长度 N，以及延时 τ。

(b) 求出 $h(n)(0 \leqslant n \leqslant N-1)$。

(c) 设其频率响应可以表示为 $H(e^{j\omega})=H(\omega)e^{j\theta(\omega)}$，这里 $H(\omega)$ 是 ω 的实函数。请写出 $H(\omega)$ 和 $\theta(\omega)$ 的表示式。

6.13 用频率抽样法设计一线性相位因果低通滤波器，$N=15$，幅频响应的抽样值为

$$H_k = \begin{cases} 1 & k=0 \\ 0.5 & k=1,14 \\ 0 & k=2,3,\cdots,13 \end{cases}$$

(a) 求相频响应的抽样值 $\varphi(k)$。

(b) 求 $h(n)$ 及 $H(e^{j\omega})$ 的表达式。

6.14　在 $h(n)$ 偶对称，长度 $N=8$ 的情况下，已知其频率响应的幅度可以表示为

$$\hat{H}(e^{j\omega}) = \sum_{n=1}^{4} b(n)\cos\left[\left(n-\frac{1}{2}\right)\omega\right]$$

证明该幅度还可以表示为

$$\hat{H}(e^{j\omega}) = \cos\frac{\omega}{2}\sum_{n=0}^{3}\hat{b}(n)\cos(n\omega)$$

并且写出 $\hat{b}(n)(n=0,1,2,3)$ 的表示式（注意：请详细写出推导过程）。

6.15　在 $h(n)$ 奇对称，长度 $N=9$ 的情况下，已知其频率响应的幅度可以表示为

$$\hat{H}(e^{j\omega}) = \sum_{n=1}^{4} c(n)\sin(n\omega)$$

证明该幅度还可以表示为

$$\hat{H}(e^{j\omega}) = \sin\omega\sum_{n=0}^{3}\hat{c}(n)\cos(n\omega)$$

并且写出 $\hat{c}(n)(n=0,1,2,3)$ 的表示式（注意：请详细写出推导过程）。

6.16　试证明在用等波纹逼近法设计线性相位 FIR 滤波器时，如果冲激响应 $h(n)$ 奇对称，并且其长度 N 为偶数，那么幅度函数 $\hat{H}(e^{j\omega})$ 的极值数 N_e 的约束条件为 $N_e \leqslant N/2$。

第7章　数字滤波器的结构

前面已经讨论了如何设计 IIR 和 FIR 这两大类数字滤波器的系统函数 $H(z)$，而在得到 $H(z)$之后，还应该将其实现，这样才能使所设计的滤波器真正投入使用。$H(z)$实际上是一个数学表达式，它所包含的运算是相乘、相加、延迟这3种。而一个数学表达式可以用不同的形式来表示，比如一个有理函数，它可以用分式来表出，也可以将其分子和分母都进行因式分解来表出，还可以用部分分式之和的形式来表出。不同的数学表示形式对应着不同的算法结构，这就是说，同一个系统函数 $H(z)$，可以用不同的算法结构来实现。不同的算法结构，使得滤波器具有不同的性能。与算法结构有关的滤波器性能主要指以下几个方面。

(1) 相乘、相加、延迟等运算的运算量，这关系到运算的复杂程度和运算速度。

(2) 所用的加法器、乘法器、延迟器的数目，这关系到系统的复杂度和系统成本，而延迟器的数目直接影响系统所需存储器的多少。

(3) 系统频率特性对于乘法器系数变化的灵敏度，这是数字滤波器非常重要的性能。设计滤波器的系统函数主要就是确定 $H(z)$中多项式的系数，以使得到的滤波器的频率特性满足设计要求，而这些系数在所实现的结构中就是乘法器系数。在设计$H(z)$时，只是考虑如何根据所要求的频率特性指标来确定系数，并没有考虑系数的精度问题，也就是说，没有限制系数的精度，是在无限精度的条件下进行设计的。但是，在实现 $H(z)$时，无论是用硬件方式还是软件方式，这些系数都要化为二进制数来参加运算，而二进制数的位数(即字长)是受到系统条件限制的，不可能是无限长的，因此，这些系数在实现时都是以有限的精度来进行运算的。于是，所实现的乘法器系数与设计出的系数之间就产生了误差。而乘法器系数决定了系统函数零极点的位置，零极点位置又决定了系统的频率特性，因此，虽然设计出的系数使系统的频率特性满足了要求，但是实现时产生的系数误差就使得实际的频率特性发生了变化。在相同的二进制字长的条件下，或者说在相同的系数误差范围的情况下，不同的滤波器结构所引起的频率特性的变化程度不同，这就是所谓的灵敏度特性。在相同的系数字长条件下，如果采用某种结构所引起的系统函数零极点的位置变化大，或者说系统频率特性变化大，就说这种结构的频率特性对于乘法器系数变化的灵敏度高，或者说这种结构的灵敏度特性差，反之则是灵敏度特性好。对于 IIR 滤波器，结构的灵敏度特性不仅影响系统的频率特性，还影响系统的稳定性。这是因为，虽然在设计 $H(z)$时，系数的确定已经考虑到要保证 $H(z)$的极点位于单位圆内，但是如果结构的灵敏度特性差,或者说这种结构的极点灵敏度高,那么滤波器实现时系数的误差会使得极点的位置变化较大,有可能从单位圆内移出,这就使得系统不稳定了。关于这些问题,在第8章中还要详细讨论。因此,同一个系统函数在用不同的算法结构来实现时,其灵敏度特性是不同的。

综上所述,算法结构的选择对于一个系统的实现非常重要。对于一个确定的数字系统,就有其确定的差分方程,也有其确定的单位抽样响应 $h(n)$ 以及确定的系统函数 $H(z)$;但是,对于同一个数字系统,却可以有不同的实现方法,或者说对于同一个系统函数 $H(z)$,可以画出不同的算法结构。固然,系统函数 $H(z)$ 决定了系统的特性,但是,用什么样的结构来实现 $H(z)$ 也是数字滤波器的一个很重要的问题。

信号流图是数字网络结构的一种非常方便、直观、有效的表示,因此,在讨论两大类数字滤波器的各种结构之前,有必要先介绍信号流图。

7.1　数字网络的信号流图

7.1.1　信号流图及其有关概念

信号流图是由连接节点的有向线段构成的网络,它是表示信号流通的几何图形。信号流图清楚地表示了系统的算法结构,通过信号流图,可以对系统进行有效的分析,还可以方便地求出系统函数。

下面结合图7.1来介绍信号流图的有关概念。

1. 节点

图7.1中的 $X_k(k=0,1,2,3,4)$ 均为节点,信号流图中每一节点都对应一个变量,或者说代表一个信号。节点又叫做节点变量。

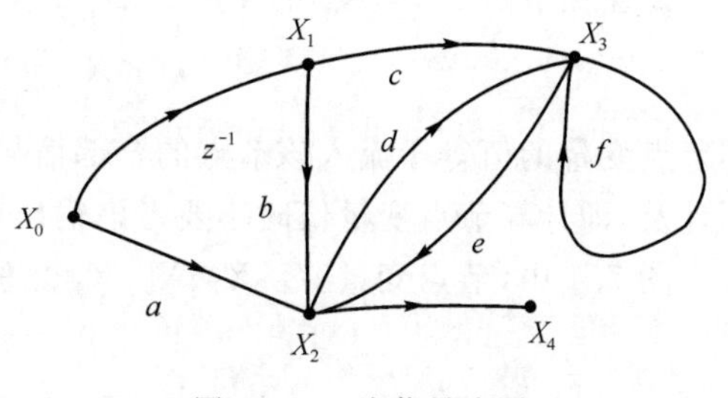

图7.1　一个信号流图

2. 支路与支路传输

支路是连接两个节点的有向线段,如图7.1中 X_0X_1 和 X_2X_3 等都称为支路。图中支路旁边标注的系数(或称加权)叫做支路传输,它们起着相乘的作用。支路传输分为两种:一种代表乘法器系数,如支路 X_1X_2 的传输为 b,表示节点变量 X_1 乘以常数 b 之后输入到节点 X_2;另一种实际上代表延迟,如支路 X_0X_1 的权值(传输)为 z^{-1},有 $X_1=z^{-1}X_0$,z^{-1} 表示在时域内的一个传输延迟,即 $x_1(n)=x_0(n-1)$。如果支路旁无标注,即隐含该支路传输为常数 1。

3. 源(节)点

对于一个节点,流入该节点的信号叫输入,流出该节点的信号叫输出。若一个节点只有输出支路与之相连接,则称之为源节点,或输入节点。图 7.1 中 X_0 即为源节点。

4. 汇点

若一个节点只有输入支路与之相连接,则称之为汇点,或输出节点。图 7.1 中 X_4 即为汇点。

5. 混合节点

若一个节点既有输入支路与之相连接,又有输出支路与之相连接,则称之为混合节点。图 7.1 中,X_1、X_2 和 X_3 都是混合节点。

6. 开路径

开路径也叫通路,即是从某一节点出发,沿支路方向连续经过一些支路而中止到另一节点上的路径。注意,每一节点只通过一次。图 7.1 中,$X_0 \to X_1 \to X_3$ 是一条通路,而 $X_1 \to X_2 \to X_4$ 也是一条通路。

7. 闭路径

闭路径也叫自环或者环路,即是从某一节点出发,沿着支路方向,连续经过一些支路又中止在出发节点的路径。注意,途中各节点只通过一次。图 7.1 中,$X_2 \to X_3 \to X_2$ 以及 $X_3 \to X_3$ 都是自环。

8. 节点变量的值

设连接节点 X_i 与 X_j 的支路 X_jX_i 的支路传输为 t_{ji},则节点变量 X_i 的值为

$$X_i = \sum_j X_j t_{ji} \tag{7.1}$$

即节点变量的值等于流入该节点的全部信号的叠加。要特别注意,从该节点流出的信号不计及,即计算节点变量值时不要考虑输出支路。

图 7.1 中,节点变量 X_1、X_2、X_3、X_4 之值分别为

$$X_1 = z^{-1} X_0 \tag{7.2}$$

$$X_2 = aX_0 + bX_1 + eX_3 \tag{7.3}$$

$$X_3 = cX_1 + dX_2 + fX_3 \tag{7.4}$$

$$X_4 = X_2 \tag{7.5}$$

而源节点 X_0 无值可言。

7.1.2 解代数方程组求节点变量之值

如果将流图中各节点变量的值都表示出来,就组成了一代数方程组。如对于图 7.1

的信号流图，上面的方程(7.2)～(7.5)就组成一线性方程组。在已知输入信号(源点)的情况下，解这个方程组，就可以求出各极点变量的值。

如果流图中除了源点之外有 M 个节点，那么可以得到含有 M 个未知数由 M 个方程组成的线性方程组。但是为了简化方程组的求解过程，应当尽量减少需要求解的节点个数。比如图 7.1 中就可以先不管节点 X_4，于是上面的方程(7.5)也可以省去，这样就只需要解含有 3 个未知数由 3 个方程组成的方程组了，而解出 X_2，自然就知道 X_4 了。

一般情况下，这样的线性方程组有且只有一组解，另外，往往也不需要解出每个节点变量，因此，采用克莱姆法则来求解比较方便。

例 7.1　用代数方程组求解法求图 7.1 的系统函数 $H=X_4/X_0$。

解

在这种情况下显然只需要解出节点变量 X_2。由上面已有的节点之值表示(7.2)式、(7.3)式和(7.4)式，可以得到方程组：

$$\begin{cases} X_1 = z^{-1}X_0 \\ -bX_1 + X_2 - eX_3 = aX_0 \\ cX_1 + dX_2 + (f-1)X_3 = 0 \end{cases}$$

将此方程组用矩阵形式表示出：

$$\begin{pmatrix} 1 & 0 & 0 \\ -b & 1 & -e \\ c & d & f-1 \end{pmatrix}\begin{pmatrix} X_1 \\ X_2 \\ X_3 \end{pmatrix} = \begin{pmatrix} z^{-1}X_0 \\ aX_0 \\ 0 \end{pmatrix}$$

根据克莱姆法则，可求得

$$X_2 = \Delta_2/\Delta$$

这里 Δ 为系数矩阵行列式：

$$\Delta = \begin{vmatrix} 1 & 0 & 0 \\ -b & 1 & -e \\ c & d & f-1 \end{vmatrix} = \begin{vmatrix} 1 & -e \\ d & f-1 \end{vmatrix} = f-1+de$$

而

$$\Delta_2 = \begin{vmatrix} 1 & z^{-1}X_0 & 0 \\ -b & aX_0 & -e \\ c & 0 & f-1 \end{vmatrix} = \begin{vmatrix} aX_0 & -e \\ 0 & f-1 \end{vmatrix} - z^{-1}X_0\begin{vmatrix} -b & -e \\ c & f-1 \end{vmatrix}$$

$$= aX_0(f-1) - z^{-1}X_0[-b(f-1)+ec]$$

于是可求得系统函数：

$$H = \frac{X_4}{X_0} = \frac{X_2}{X_0} = \frac{\Delta_2}{\Delta \cdot X_0} = \frac{a(f-1)+b(f-1)z^{-1}-ecz^{-1}}{f-1+de}$$

H 是输出节点 X_4 与输入节点 X_0 之间的系统函数。但是由于 $X_2=X_4$，所以 H 也是节点 X_2 与输入 X_0 之间的系统函数。可以看出，从 X_2 到 X_4 这条传输为 1 的支路是从 X_2 延伸出来的，实际上也是多余的，节点 X_4 也是多余的，它们都可以略去，而直接从 X_2 获取输出，并且直接求出节点 X_2 与源点 X_0 之间的系统函数。依此类推，可以根据信号流图求出从源点到其他任何一个节点的传输函数，也即系统函数。■

7.1.3 化简信号流图求系统函数

如果一个信号流图最终被化简为图 7.2 所示的最简形式，其中 X_0 为源点，Y 为汇点，那么支路传输 H 显然就是系统函数，因为 $Y=HX_0$，$H=Y/X_0$。信号流图化简的依据是节点变量的表示式和代数方程的恒等关系，主要有下面 3 种情况。

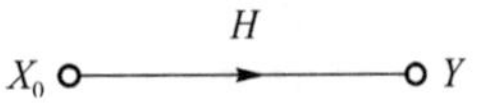

图 7.2 信号流图的最简形式

1. 合并支路

串联的支路通过支路传输相乘来合并，并联的支路通过支路传输相加来合并，如图 7.3 所示。

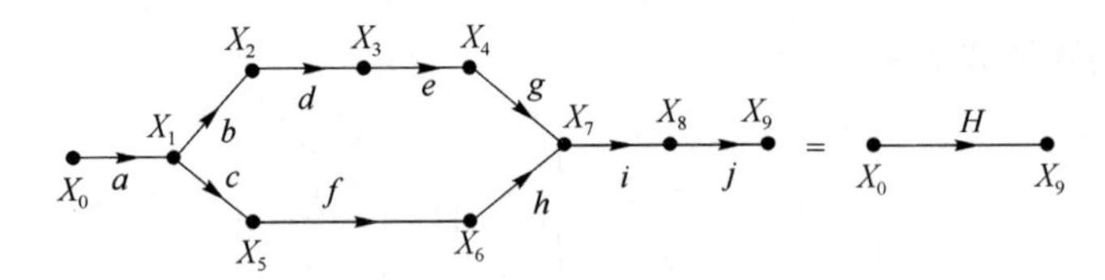

图 7.3 支路的合并

显然，图中 $H=a(bdeg+cfh)ij$。

2. 消除节点

如图 7.4 所示。实际上，由于 $X_2=bX_1=b(aX_0)=abX_0$ 以及 $X_3=cX_1=c(aX_0)=acX_0$，因此得到等号右边的流图，消去了节点 X_1。

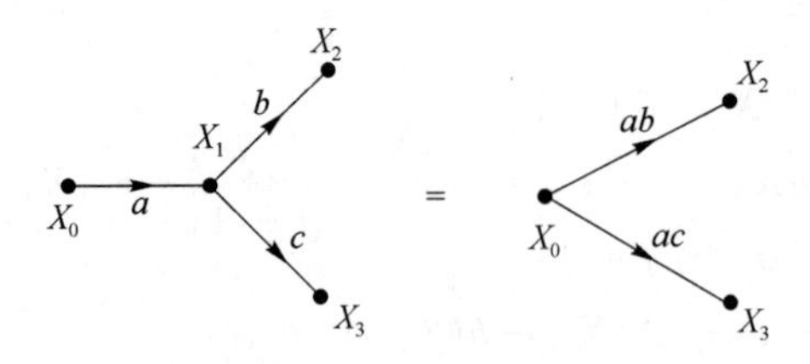

图 7.4 节点的消除

3. 消除自环

如图 7.5 所示。实际上，由此图左边的流图有 $X_2=bX_1=b(aX_0+cX_2)$，于是 $X_2=abX_0+bcX_2$，这就是中间的流图所示的情况；再将含 X_2 的项移到等式左边，就可得到

$$X_2=\frac{ab}{1-bc}X_0$$

这就是右边的流图所示的情况。此时消除了自环，流图化为最简。

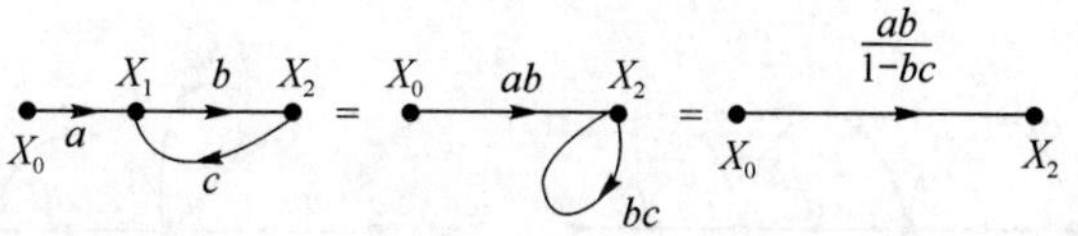

图 7.5 自环的消除

较复杂的流图的化简往往不只包含一种情况。

例 7.2 如图 7.6 所示，利用自环消除的规则首先消除了左边流图的自环和节点 X_2，然后经支路合并后得到了最简形式。

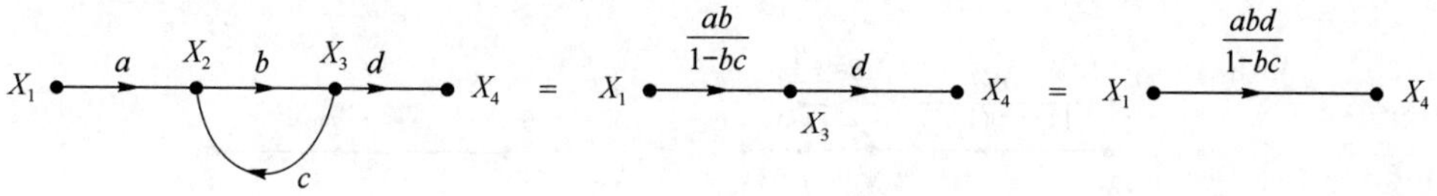

图 7.6 例 7.2 流图的化简(一)

此例的流图还可沿另一途径来进行简化，如图 7.7 所示，这一途径是首先消除节点 X_3。

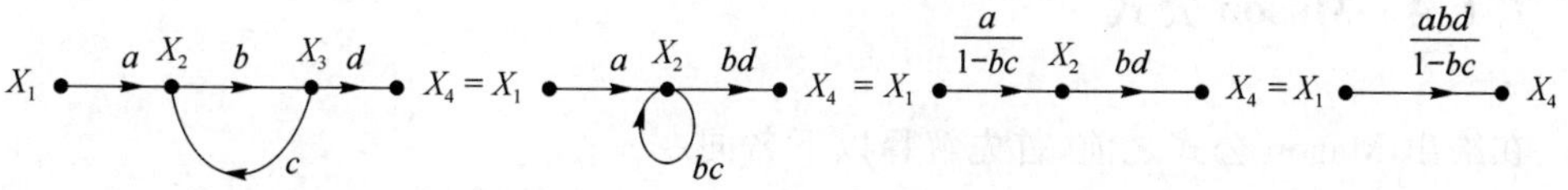

图 7.7 例 7.2 流图的化简(二) ■

例 7.3 信号流图如图 7.8(a)所示，中间的 3 个节点 X_2、X_3、X_4 以及 3 个自环按图中所示步骤逐一消除。应注意，在流图(c)中，已消除了节点 X_2 和第一个自环，但与前面那些化简不同的是，节点 X_3 后面有一条输入支路，这条输入支路的权值要受 X_3 上的自环消除的影响，因此，虽然输出支路的权值仍为 d，而这条输入支路的权值却由 e 变为 $e/(1-bc)$。事实上，在流图(b)中，有

$$X_3=abX_1+bcX_3+eX_4$$

由此式得

$$X_3=\frac{ab}{1-bc}X_1+\frac{e}{1-bc}X_4$$

即为流图(c)中的情形。后面的化简也类似处理。

最后得

$$X_5=DX_1=\frac{abdf}{1-bc-ed-gf(1-bc)}X_1$$

显然，$D=X_5/X_1$ 就是这个系统的系统函数。

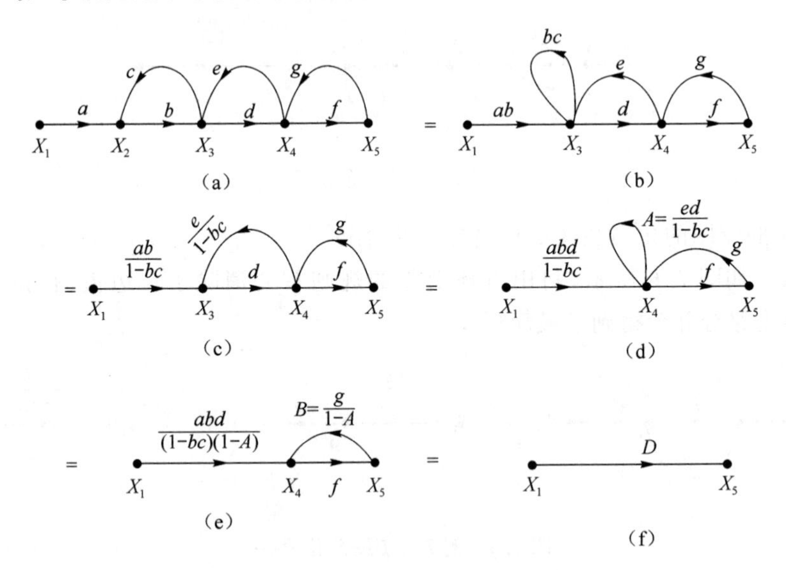

图 7.8　例 7.3 流图的化简

■

7.1.4　Mason 公式

在给出 Mason 公式之前，首先解释以下名词。

(1) 通路传输：通路边界间(即开始节点与终止节点之间)各支路传输之乘积。

(2) 环路传输：绕环路一周各支路传输之乘积。

(3) 不接触：两条通路间或两个环路间或一条通路与一个环路之间若无公共节点则称它们互不接触。

Mason 公式给出了一个信号流图中，从源点到其余任一节点的传输函数(即系统函数)的表达式

$$H=\frac{\sum g_i\Delta_i}{\Delta} \tag{7.6}$$

其中，Δ 为流图的行列式：

$\Delta = 1 -$（所有环路传输之和）+（每两个互不接触的环路传输乘积之和）−

（每 3 个互不接触的环路传输乘积之和）+ …

而 g_i 是从源点到这一节点的第 i 条通路的通路传输，Δ_i 则是此通路流图的余子式：

$\Delta_i = 1 -$（与此通路不接触的各环路传输之和）+

（与此通路不接触的每两个互不接触的环路传输乘积之和）−

（与此通路不接触的每 3 个互不接触的环路传输乘积之和）+ …

下面通过一个例子来说明如何运用 Mason 公式从信号流图求得系统函数。

例 7.4　由一电路网络所得到的信号流图如图 7.9 所示，试用 Mason 公式求其系统函数：$H = V_4/V_g$。

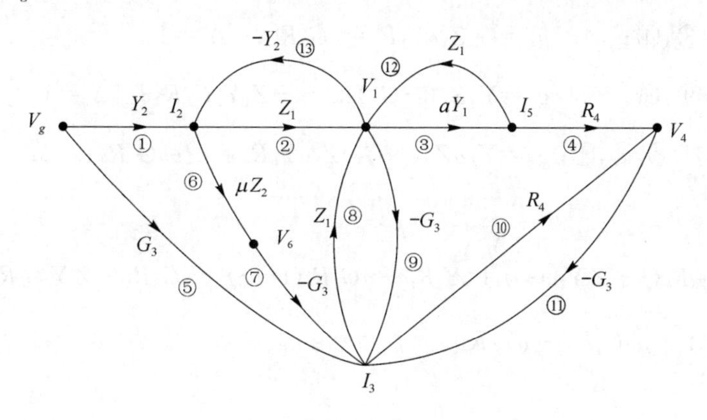

图 7.9　一个电路网络的信号流图

解

这实际上是一个模拟网络的信号流图，其节点变量为模拟电流和电压，支路传输为模拟元件的特性参数，就是说，节点变量和支路传输的物理意义与数字网络不同，在数字网络的流图中，节点变量代表离散信号，而支路传输代表乘法器系数或者延迟。但是，从流图的观点，只需要作为节点或者支路传输来对待就可以，并不需要考虑它们的具体物理意义，也就是说，模拟网络的信号流图可以与数字网络的信号流图同样地处理。

下面用(7.6)式求该流图的系统函数 H。为了方便说明，每条支路用其编号来代表，如①、②等。另外，求通路传输和环路传输时要利用模拟电路中阻抗与导纳以及电阻与电导之间的关系来将表达式化简，就是说，对于同一条支路，有

$$Z_j Y_j = 1, \quad R_j G_j = 1$$

为求得 Mason 公式中的分母 Δ，应找出流图中所有环路：

a. ②，⑬；b. ⑩，⑪；c. ③，⑫；d. ⑧，⑨；e. ⑥，⑦，⑧，⑬；f. ⑧，③，④，⑪。

其中，两两互不接触的环路只有 a 和 b 以及 b 和 c，3 个或 3 个以上互不接触的环路没有，

于是，可以写出：

$$\Delta = 1-(-Z_1Y_2-G_3R_4+\alpha-Z_1G_3+\mu Z_1G_3-\alpha G_3R_4)+(G_3R_4Z_1Y_2-\alpha G_3R_4)$$
$$=1-\alpha+G_3R_4+Z_1Y_2(1+G_3R_4)+(1-\mu)Z_1G_3$$

为求得 Mason 公式中的分子，需要找出由 V_g 到 V_4 的所有通路。与通路 1)不接触的环路是 a.②，⑬和 c.③，⑫，而这两个环路互相接触；与通路 3)不接触的环路只有 c.③，⑫；而其他通路都没有不接触的环路。各条通路的具体情况如下。

1) ⑤，⑩；　$g_1=G_3R_4$；　$\Delta_1=1-(-Z_1Y_2+\alpha Y_1Z_1)=1+Z_1Y_2-\alpha$

2) ①，②，③，④；　$g_2=Y_2Z_1\alpha Y_1R_4=\alpha Y_2R_4$；　$\Delta_2=1$

3) ①，⑥，⑦，⑩；　$g_3=-Y_2\mu Z_2G_3R_4=-\mu G_3R_4$；　$\Delta_3=1-\alpha Y_1Z_1=1-\alpha$

4) ⑤，⑧，③，④；　$g_4=G_3Z_1\alpha Y_1R_4=\alpha G_3R_4$；　$\Delta_4=1$

5) ①，②，⑨，⑩；　$g_5=Y_2Z_1(-G_3)R_4=-Z_1Y_2G_3R_4$；　$\Delta_5=1$

6) ①，⑥，⑦，⑧，③，④；　$g_6=Y_2\mu Z_2(-G_3)Z_1\alpha Y_1R_4=-\mu\alpha G_3R_4$；　$\Delta_6=1$

于是可以得到

$$\sum g_i\Delta_i=G_3R_4(1+Z_1Y_2-\alpha)+\alpha Y_2R_4-\mu G_3R_4(1-\alpha)+\alpha G_3R_4-Z_1Y_2G_3R_4+\mu\alpha G_3R_4$$
$$=(1-\mu)G_3R_4+\alpha Y_2R_4$$

故

$$H=\frac{V_4}{V_g}=\frac{\sum g_i\Delta_i}{\Delta}=\frac{(1-\mu)G_3R_4+\alpha Y_2R_4}{1-\alpha+G_3R_4+Z_1Y_2(1+G_3R_4)+(1-\mu)Z_1G_3}$$ ■

上述内容给出了由信号流图求系统函数的 3 种方法：代数方程求解法、流图化简法以及用 Mason 公式求解法。实际上，如果熟练地掌握了 Mason 公式，这种方法是最方便的，采用 Mason 公式可以快捷地从一个信号流图得到系统函数，也可以快捷地由已知的系统函数画出信号流图。在下面的讨论中读者会不止一次地体会到 Mason 公式的优越性。

7.1.5 信号流图的转置

将信号流图转置是对其形式的一种变换，这种变换包括 3 项操作：将输入变量(源点)和输出变量(汇点)交换位置；将各条支路反向；保持每条支路的支路传输不变。

当信号流图中只有一个源点和一个汇点时，转置后的流图与原流图有相同的系统函数。这可以看做是 Mason 公式的一个推论，在此不予证明，下面举例说明。

例 7.5　将图 7.10(a)的信号流图进行转置，并根据 Mason 公式说明转置前后的流图具有相同的系统函数。

解

在图 7.10 中，对流图(a)执行转置的 3 项操作就得到了流图(b)，再按习惯将源点(输入)画在左边，汇点(输出)画在右边，就得到流图(c)，图(b)和图(c)完全等价，只是画法不同而已。

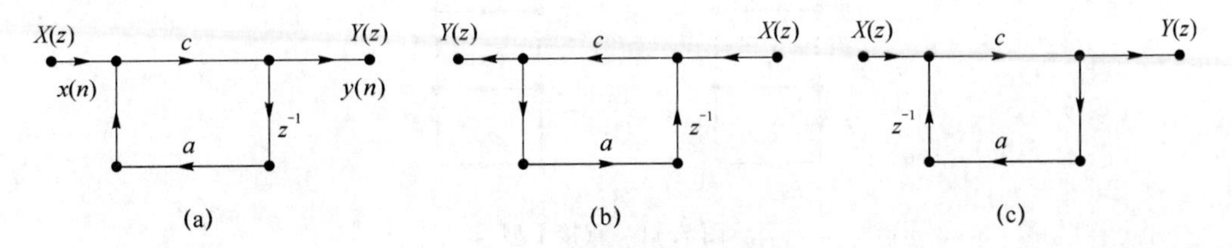

图 7.10　信号流图的转置

根据 Mason 公式，很容易得到这 3 个流图的系统函数。在这 3 个流图中，都只有一个环路，而且环路传输都是 acz^{-1}，于是系统函数的分母都是 $\Delta=1-acz^{-1}$；3 个流图中从源点到汇点都只有一条通路，通路传输都是 c，并且这条通路都是与环路接触的，因此，3 个系统函数的分子都为 c。于是，图 7.10 中的 3 个信号流图具有相同的系统函数，即为

$$H(z)=\frac{Y(z)}{X(z)}=\frac{c}{1-acz^{-1}}$$ ■

7.2　IIR 数字滤波器的结构

本节介绍 IIR 数字滤波器的几种常用结构以及各自的优缺点。

7.2.1　直接型

前面已经说明，一般情况下，IIR 数字滤波器是一类递归型的线性时不变因果系统，其差分方程可以表示为

$$y(n)=\sum_{i=0}^{M}a_i\,x(n-i)+\sum_{i=1}^{N}b_i\,y(n-i) \tag{7.7}$$

对(7.7)式两边进行 z 变换，可得

$$Y(z)=\sum_{i=0}^{M}a_iz^{-i}X(z)+\sum_{i=1}^{N}b_iz^{-i}Y(z) \tag{7.8}$$

由(7.7)式或(7.8)式可以得到图 7.11 所示的信号流图，这个流图清楚地表示了离散信号由输入到输出之间所经历的相加、相乘或者延迟等运算的流程，流图所表示的算法结

构是对 IIR 数字滤波器的差分方程(7.7)或者其 z 变换(7.8)式的直接实现,因此这种形式的 IIR 数字滤波器结构叫做直接型。

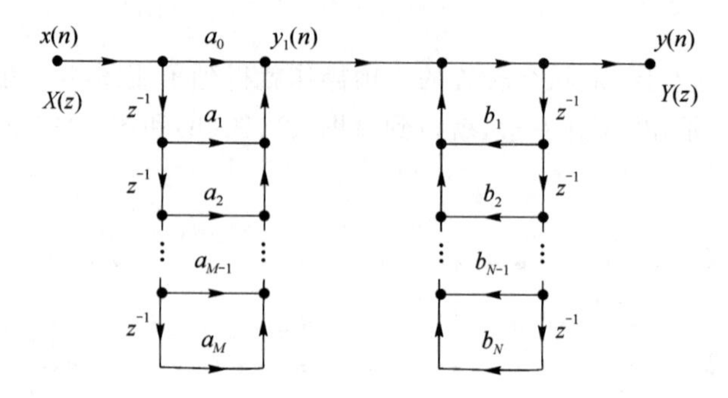

图 7.11　直接Ⅰ型

由(7.8)式可以得到 IIR 数字滤波器的系统函数:

$$H(z)=\frac{Y(z)}{X(z)}=\frac{\sum_{i=0}^{M}a_iz^{-i}}{1-\sum_{i=1}^{N}b_iz^{-i}} \tag{7.9}$$

显然,分子的系数 a_i 确定了 $H(z)$的零点,而分母的系数 b_i 确定了 $H(z)$的极点。

图 7.11 所示的直接Ⅰ型结构可以看成是两个独立网络的级联,也即第一个网络的输出 $y_1(n)$正是第二个网络的输入。第一个网络是

$$y_1(n)=\sum_{i=0}^{M}a_i\,x(n-i)$$

故可得到第一个网络的系统函数

$$H_1(z)=\frac{Y_1(z)}{X(z)}=\sum_{i=0}^{M}a_iz^{-i} \tag{7.10}$$

$H_1(z)$与 $H(z)$的分子多项式对应,也就是说,第一个网络实现了滤波器的零点。

第二个网络是

$$y(n)=y_1(n)+\sum_{i=1}^{N}b_i\,y(n-i)$$

故其系统函数是

$$H_2(z)=\frac{Y(z)}{Y_1(z)}=\frac{1}{1-\sum_{i=1}^{N}b_i\,z^{-i}} \tag{7.11}$$

$H_2(z)$的分母正是 $H(z)$的分母,因此第二个网络实现了滤波器的极点。

整个滤波器是这两个网络的级联:

$$H(z)=\frac{Y(z)}{X(z)}=\frac{Y_1(z)}{X(z)}\cdot\frac{Y(z)}{Y_1(z)}=H_1(z)\cdot H_2(z) \tag{7.12}$$

现在,将图 7.11 中的两个网络的级联次序交换,如图 7.12 所示。

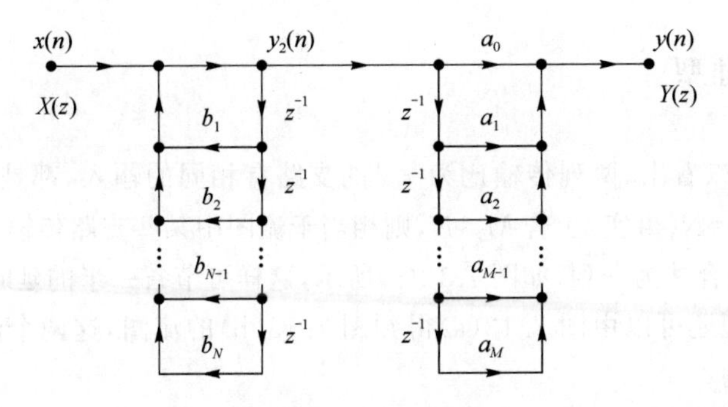

图 7.12　直接Ⅱ型

这时,前面的网络即反馈网络为

$$y_2(n) = x(n) + \sum_{i=1}^{N} b_i y_2(n-i)$$

对上式进行 z 变换后可以得到其系统函数:

$$\frac{Y_2(z)}{X(z)} = \frac{1}{1 - \sum_{i=1}^{N} b_i z^{-i}} \tag{7.13}$$

(7.13)式的结果与(7.11)式的 $H_2(z)$完全相同,即 $H_2(z)$虽然级联的位置变了,但是网络特性未变。

图 7.12 后面的网络为

$$y(n) = \sum_{i=0}^{M} a_i y_2(n-i)$$

经 z 变换后得到系统函数:

$$\frac{Y(z)}{Y_2(z)} = \sum_{i=0}^{M} a_i z^{-i} \tag{7.14}$$

(7.14)式的结果与(7.10)式的 $H_1(z)$完全相同,说明 $H_1(z)$虽然级联的位置变了,但是网络特性未变。

图 7.12 的系统函数为

$$H(z) = \frac{Y(z)}{X(z)} = \frac{Y_2(z)}{X(z)} \cdot \frac{Y(z)}{Y_2(z)} = H_2(z)H_1(z) = \frac{\sum_{i=0}^{M} a_i z^{-i}}{1 - \sum_{i=1}^{N} b_i z^{-i}} \tag{7.15}$$

(7.15)式与(7.9)式最后结果完全相同。

图 7.12 也是 IIR 数字滤波器的直接型结构,叫直接Ⅱ型。上面的讨论同时也说明了,级联网络总的输入输出关系即总的系统函数与各子网络级联的次序无关;级联网络总

的系统函数等于各级联子网络系统函数的乘积。

7.2.2 正准型

由图 7.12 可以看出，两列传输比为 z^{-1} 的支路有相同的输入，都是 $y_2(n)$；另外，为了说明方便，假设 $M=N$（事实上，若 $M\neq N$，则相当于流图中某些支路传输 a_i 或 b_i 为 0)，于是可以将这两列支路合并为一列，如图 7.13(a)所示，这样可节省一半的延时单元。

利用转置定理还可以由图 7.13(a)得到图 7.13(b)的流图，这两个流图所示的网络结构叫做正准型结构。

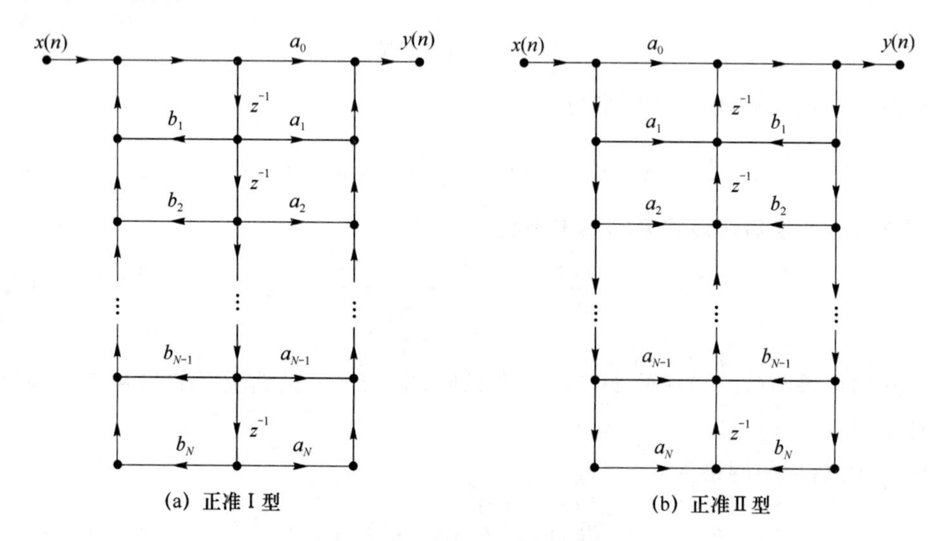

图 7.13 IIR 数字滤波器的正准型结构

如果运用 Mason 公式，很容易从图 7.11、图 7.12 以及图 7.13(a)、(b) 得到它们的系统函数，而且很容易证明这 4 个流图具有相同的系统函数，这就是 IIR 数字滤波器的系统函数(7.9)式（只不过在图 7.13 中假设了 $M=N$）。事实上，这 4 个流图中环路的情况完全相同，都有 N 个环路，环路传输都是 $b_iz^{-i}(i=1,2,\cdots,N)$，而且这些环路都相互接触，因此，它们的系统函数的分母都是

$$\Delta = 1-\sum_{i=1}^{N}b_iz^{-i}$$

这 4 个流图中，从输入 $x(n)$ 到输出 $y(n)$ 都有 $M+1$ 条通路，通路传输都是

$$g_i = a_iz^{-i} \qquad (i=0,1,2,\cdots,M)$$

而且每一条通路都与所有的环路相接触，故每条通路流图的余子式 Δ_i 都为 1，于是，系统函数的分子都为

$$\sum g_i = \sum_{i=0}^{M} a_i z^{-i}$$

这样，根据 Mason 公式，很快就可以知道，这 4 个流图的系统函数都如(7.9)式所示，即

$$H(z) = \frac{Y(z)}{X(z)} = \frac{\sum_{i=0}^{M} a_i z^{-i}}{1 - \sum_{i=1}^{N} b_i z^{-i}}$$

很明显，4 个流图中的前向通路与系统函数 $H(z)$的分子很好地对应，而流图中的反馈回路与 $H(z)$的分母很好地对应。因此，在这样的情况下，很容易根据信号流图写出其系统函数，也很容易根据系统函数画出相应结构的信号流图。

例 7.6　已知系统函数：$H(z)=\dfrac{3z^2+4.2z+0.8}{2z^2+0.6z-0.4}$，用正准型结构实现。

解

将 $H(z)$化成 IIR 数字滤波器系统函数的标准形式：

$$H(z)=\frac{1.5+2.1z^{-1}+0.4z^{-2}}{1+0.3z^{-1}-0.2z^{-2}}$$

于是可以画出信号流图如图 7.14 所示。这里应该特别注意的是，$H(z)$的分母的第一项应该化为 1，否则容易出错。■

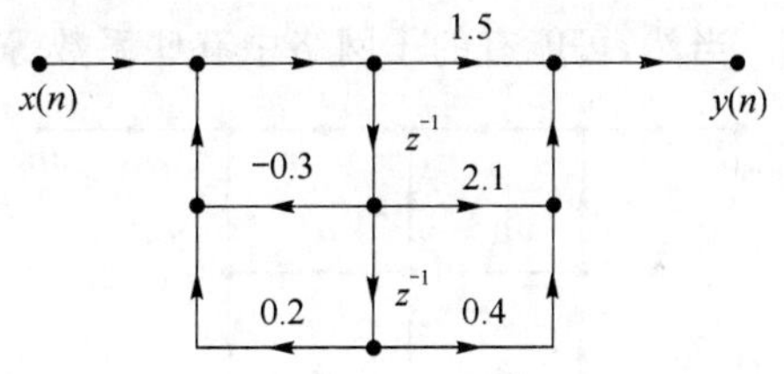

图 7.14　例 7.6 的信号流图

IIR 数字滤波器的直接型结构和正准型结构都是对系统差分方程的直接实现，它们的共同缺点是灵敏度特性差，系数误差会引起零极点位置的较大变化，这不但影响系统的频率特性，还可能影响系统的稳定性，尤其当滤波器阶次较高(即 N 较大)时影响更明显。而正准型比直接型优越的地方是节省一半的存储单元，因此，直接型结构一般不采用，而正准型结构当阶次高(N 大于 3 或者 4)时也不采用。

7.2.3　级联型

由于系统函数(7.9)式的分子、分母都是 z^{-1}的多项式，故可以进行因式分解，即有

$$H(z) = \frac{\sum_{i=0}^{M} a_i z^{-i}}{1 - \sum_{i=1}^{N} b_i z^{-i}} = A\frac{\prod_{i=1}^{M}(1-c_i z^{-1})}{\prod_{i=1}^{N}(1-d_i z^{-1})} \qquad (A = a_0)$$

因上式中的系数 a_i、b_i 都为实数，因此零点 c_i 与极点 d_i 只有两种可能，或是实根，或是共轭复根，而每一对共轭因式又可以合并为一个实系数的二次三项式，于是有

$$H(z) = A \frac{\prod_{i=1}^{M_1}(1-p_i z^{-1})\prod_{i=1}^{M_2}(1+\alpha_{1i}z^{-1}+\alpha_{2i}z^{-2})}{\prod_{i=1}^{N_1}(1-q_i z^{-1})\prod_{i=1}^{N_2}(1-\beta_{1i}z^{-1}-\beta_{2i}z^{-2})} \tag{7.16}$$

显然有

$$M_1+2M_2=M,\quad N_1+2N_2=N$$

单实根因式可以看做二阶因式的特例，即系数 α_{2i} 或者 β_{2i} 为 0，又设 $N \geqslant M$，则(7.17)式又可写成

$$H(z) = A\prod_{i=1}^{L}\frac{1+\alpha_{1i}z^{-1}+\alpha_{2i}z^{-2}}{1-\beta_{1i}z^{-1}-\beta_{2i}z^{-2}} = A\prod_{i=1}^{L}H_i(z) \tag{7.17}$$

如果(7.17)式中分母实际上都是一次式，即所有的 $\beta_{2i}=0$，那么(7.17)式为 $L=N$ 个分式相乘，如果式中分母实际上都是二次式，那么(7.17)式为 $L=N/2$ 个分式相乘，因此 L 是由 $N/2$ 到 N 范围内的一个整数。

显然，(7.17)式中

$$H_i(z) = \frac{1+\alpha_{1i}z^{-1}+\alpha_{2i}z^{-2}}{1-\beta_{1i}z^{-1}-\beta_{2i}z^{-2}} \tag{7.18}$$

子网络 $H_i(z)$ 的结构如图 7.15 所示，而整个系统就是由 L 个这样的二阶子网络级联而成的。当然，可能有的子网络中有些系数等于 0，此时图 7.15 所示的结构会得到简化。

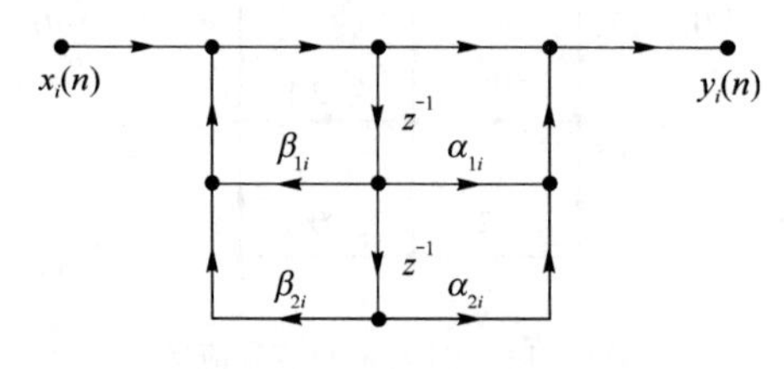

图 7.15　一个子网络的结构

由(7.17)式可以清楚地看到，α_{1i} 和 α_{2i} 确定第 i 对零点，β_{1i} 和 β_{2i} 确定第 i 对极点，即子网络的零点和极点也是整个系统的零点和极点，也就是说，级联型结构是将零点和极点分散到各个子网络中来实现的，这就使得这种结构的灵敏度特性优于直接型和正准型结构(在 8.4 节中将有理论分析)。并且，调整任何一个子网络的零点和极点都不影响其他的零点和极点，即零极点具有独立性，这就便于较准确地实现和调整系统的特性。

应该特别指出，子网络 $H_i(z)$ 的级联次序是可以互换的，而且零极点对的搭配也是可以任意选择的。零点对与极点对之间共有 $L!$ 种不同的搭配方式，而对于每一种搭配所得到的 L 个子网络，又有 $L!$ 种不同的级联次序。这些不同的方案总的系统函数都相同，但系统特性或者说零极点位置对于系数变化的灵敏度不同。这就提出了一个如何选择最佳的零极点搭配以及最好的级联次序的问题，这是一个最优化问题，不属于本教材讨论的范围。但是应该知道，级联型结构不仅零极点可以独立调整，而且可以选择最优的零极点搭配和子网络级联次序，以降低系统频率特性对于系数变化的灵敏度，提高系统的稳定性。

7.2.4　并联型

还可以将(7.9)式的 $H(z)$ 表示成如下的部分分式展开式：

$$H(z)=\frac{\sum_{i=0}^{M}a_iz^{-i}}{1-\sum_{i=1}^{N}b_iz^{-i}}$$

$$=\sum_{i=1}^{N_1}\frac{A_i}{1-p_iz^{-1}}+\sum_{i=1}^{N_2}\frac{B_i(1-e_iz^{-1})}{(1-d_iz^{-1})(1-d_i^*z^{-1})}+\sum_{i=0}^{M-N}C_iz^{-i} \quad (7.19)$$

其中，$N=N_1+2N_2$。若 $M<N$，则不包括 $\sum_{i=0}^{M-N}C_iz^{-i}$ 这部分；若 $M=N$，则这部分为 C_0。将式中每一对共轭的一次因式合并为实系数的二次三项式，并且假设 $M=N$，就得到

$$H(z)=\sum_{i=1}^{N_1}\frac{A_i}{1-p_iz^{-1}}+\sum_{i=1}^{N_2}\frac{\alpha_{0i}+\alpha_{1i}z^{-1}}{1-\beta_{1i}z^{-1}-\beta_{2i}z^{-2}}+C_0 \quad (7.20)$$

由(7.20)式可以得到 IIR 数字滤波器的并联型结构，如图 7.16 所示。

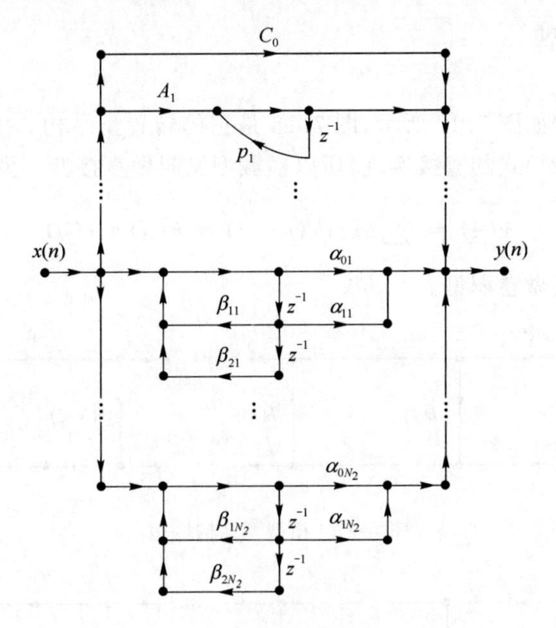

图 7.16　IIR 滤波器的并联型结构

可以看出，p_i 是实极点，β_{1i} 和 β_{2i} 确定一对共轭极点。由于并联支路的极点也是整个网络的极点，而并联支路的零点却不一定是整个网络的零点，因此并联型的网络结构可以独立地调整极点位置，但不能独立地控制零点。当然，与级联型一样，并联型结构的灵敏

度特性优于直接型和正准型。另外,并联型结构的运算误差比级联型结构小,这是因为,并联支路之间互不影响,输出端总的运算误差是各支路所产生的误差的简单叠加;而级联型结构中,前面的子网络的运算误差要经过后面的各级子网络,由于反馈回路的积累作用,在输出端往往产生比较大的运算误差。这个问题在 8.3 节中将有详细的讨论。

7.3 FIR 数字滤波器的结构

已经知道 FIR 数字滤波器的差分方程为

$$y(n) = \sum_{i=0}^{N-1} h(i)x(n-i) \tag{7.21}$$

并且其系统函数为

$$H(z) = \sum_{n=0}^{N-1} h(n)z^{-n} \tag{7.22}$$

下面讨论实现 FIR 数字滤波器的几种常用结构。

7.3.1 横截型

这种类型的结构如图 7.17 所示,图 7.18 是它的转置型结构。由于横截型结构实际上是对差分方程(7.21)式的直接实现,所以横截型又叫做直接型。另外,由于差分方程

$$y(n) = \sum_{i=0}^{N-1} h(i)x(n-i) = h(n) * x(n)$$

所以横截型还可以叫做卷积型。

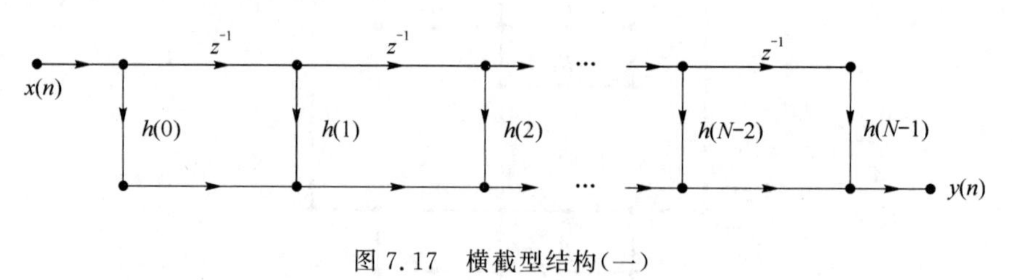

图 7.17 横截型结构(一)

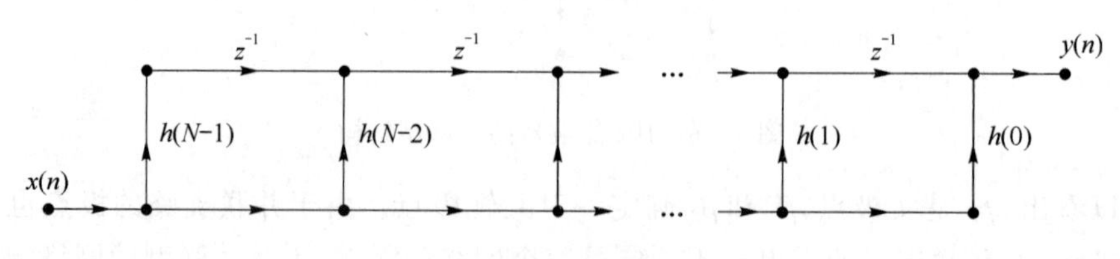

图 7.18 横截型结构(二)

运用 Mason 公式很容易将系统函数 $H(z)$ 与图 7.17 或者图 7.18 对应起来。显然，这两个流图中都没有环路，因此 $H(z)$ 的分母为 1；从输入到输出有 N 条通路，通路传输为 $h(n)z^{-n}(n=0,1,\cdots,N-1)$，因此分子就应该是这 N 个通路传输之和，正如(7.22)式所示。

如果 FIR 数字滤波器是线性相位的，那么其冲激响应 $h(n)$ 满足对称条件，这时，图 7.17 和图 7.18 都可以简化，下面具体讨论。

1. 偶对称情形

在偶对称情形下，有

$$h(n) = h[(N-1)-n] \qquad (0 \leqslant n \leqslant N-1)$$

当 N 为偶数时，有

$$\begin{aligned} H(z) &= \sum_{n=0}^{N-1} h(n) z^{-n} \\ &= \sum_{n=0}^{N/2-1} h(n) z^{-n} + \sum_{n=0}^{N/2-1} h(N-1-n) z^{-(N-1-n)} \qquad (7.23) \\ &= \sum_{n=0}^{N/2-1} h(n)[z^{-n} + z^{-(N-1-n)}] \end{aligned}$$

于是得到网络结构(信号流图)如图 7.19(a)所示，此结构与 FIR 数字滤波器一般的直接型结构相比，乘法器减少了一半。

当 N 为奇数时，有

$$\begin{aligned} H(z) &= \sum_{n=0}^{N-1} h(n) z^{-n} \\ &= \sum_{n=0}^{\frac{N-1}{2}-1} h(n) z^{-n} + \sum_{n=0}^{\frac{N-1}{2}-1} h(N-1-n) z^{-(N-1-n)} + h\left(\frac{N-1}{2}\right) z^{-\frac{N-1}{2}} \\ &= \sum_{n=0}^{\frac{N-1}{2}-1} h(n)[z^{-n} + z^{-(N-1-n)}] + h\left(\frac{N-1}{2}\right) z^{-\frac{N-1}{2}} \qquad (7.24) \end{aligned}$$

于是得到网络结构(信号流图)如图 7.19(b)所示，乘法器数目也减少了近一半。

2. 奇对称情形

在奇对称情形下，有

$$h(n) = -h[(N-1)-n] \qquad (0 \leqslant n \leqslant N-1)$$

当 N 为偶数时，可得

$$H(z) = \sum_{n=0}^{N/2-1} h(n)[z^{-n} - z^{-(N-1-n)}] \qquad (7.25)$$

只需在图 7.19(a)中，在由 $z^{-(N-1-n)}$ 来的信号旁写一个减号即可得到这种情况下的网络结构。

当 N 为奇数时,可得

$$H(z)=\sum_{n=0}^{\frac{N-1}{2}-1}h(n)[z^{-n}-z^{-(N-1-n)}] \tag{7.26}$$

此时的网络结构,除了在图 7.19(b)中,在由 $z^{-(N-1-n)}$ 来的信号旁写一减号以外,还应去掉乘法器系数为 $h[(N-1)/2]$的支路。

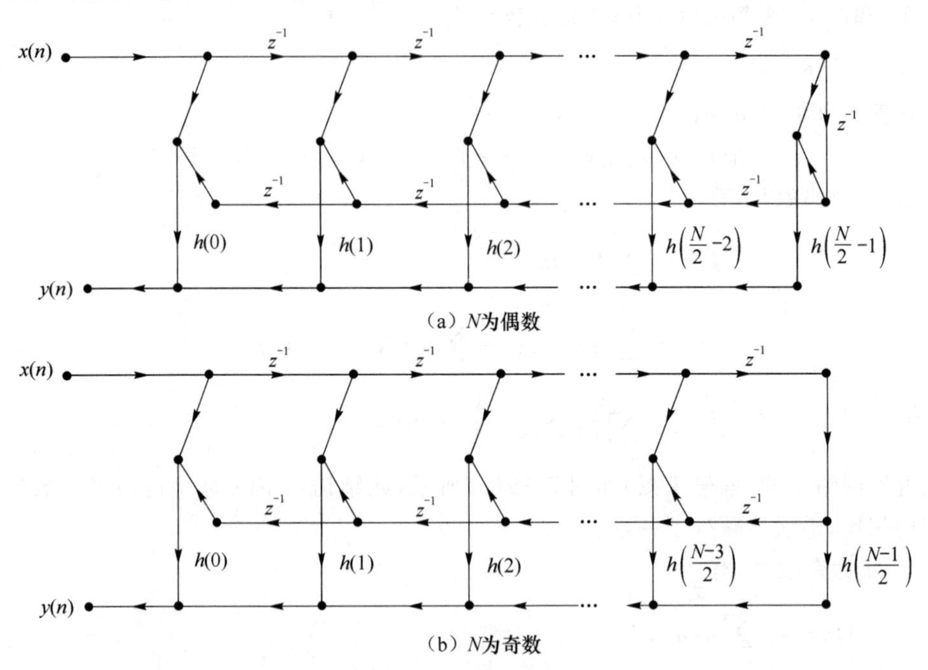

图 7.19 线性相位 FIR 滤波器的直接型结构

7.3.2 级联型

一般情况下,冲激响应 $h(n)$为实数,所以将(7.22)式中的多项式分解因式后,$H(z)$可以写成若干实系数的二次三项式的乘积,即

$$H(z)=\sum_{n=0}^{N-1}h(n)z^{-n}=\prod_{i=1}^{K}(\alpha_{0i}+\alpha_{1i}z^{-1}+\alpha_{2i}z^{-2}) \tag{7.27}$$

这些二阶因式中,可能有的二次项系数 $\alpha_{2i}=0$,也即相应的因式实际上是一阶的,因此(7.27)式中相乘的因式个数 K 是$(N-1)/2$ 到 $N-1$ 范围内的某一整数。由(7.27)式可以得到 FIR 数字滤波器的级联型结构,如图 7.20 所示。这种形式的结构中,每一个子网络控制一对零点,即零点可以独立调整,而且零点位置变化的灵敏度优于横截型结构。但是这种结构所需的乘法运算次数比横截型多。

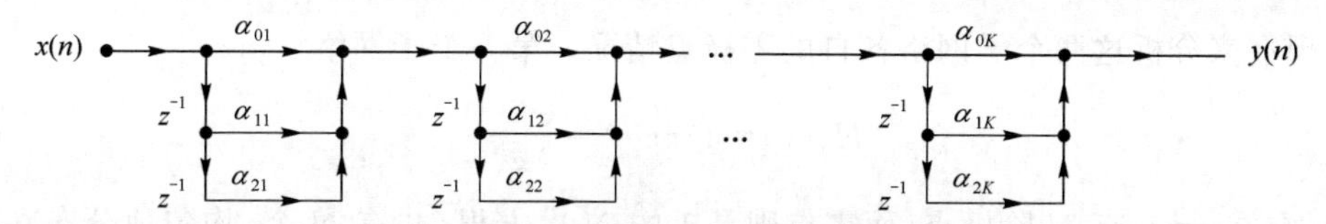

图 7.20　FIR 数字滤波器的级联型结构

7.3.3　频率抽样型

FIR 数字滤波器的差分方程是非递归型的，上面讲的几种结构也是非递归型的。但 FIR 数字滤波器也可以用递归算法来实现，这就是频率抽样型结构。事实上，在 6.4 节中讨论了用频率抽样法设计 FIR 数字滤波器，如果按照用这种方法设计出的系统函数的表达式(7.56)式来实现 FIR 数字滤波器，那么得到的就是频率抽样型结构。显然，这样的结构中会出现反馈回路，因此是递归型的，当然同时也出现了极点

$$z=W_N^{-k}=\mathrm{e}^{\mathrm{j}\frac{2\pi}{N}k}$$

但是在 6.1 节中已经明确说明，FIR 数字滤波器的极点都集中在 $z=0$，那么现在该如何解释呢?

现在，将(6.56)式重写在下面：

$$H(z)=\frac{1-z^{-N}}{N}\sum_{k=0}^{N-1}\frac{H(k)}{1-W_N^{-k}z^{-1}}=\frac{1}{N}H_{\mathrm{a}}(z)H_{\mathrm{b}}(z) \tag{7.28}$$

显然，这个结构主要是由两个子网络级联而成的，第一个子网络为

$$H_{\mathrm{a}}(z)=1-z^{-N} \tag{7.29}$$

而第二个子网络为

$$H_{\mathrm{b}}(z)=\sum_{k=0}^{N-1}\frac{H(k)}{1-W_N^{-k}z^{-1}} \tag{7.30}$$

这两个子网络的信号流图分别如图 7.21 和图 7.22 所示。

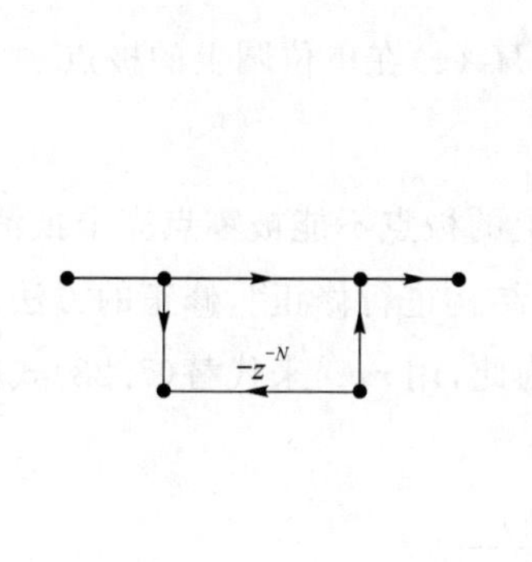

图 7.21　$H_{\mathrm{a}}(z)$的信号流图

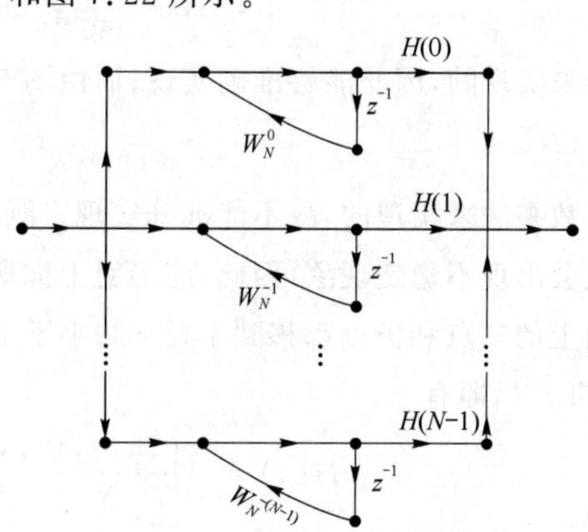

图 7.22　$H_{\mathrm{b}}(z)$的信号流图

现在来分析这两个子网络各自的零极点情况。第一个子网络

$$H_{\mathrm{a}}(z)=1-z^{-N}=\frac{z^{N}-1}{z^{N}}$$

显然，它在 $z=0$ 有 N 阶极点；而零点则是 1 的 N 次方根，共有 N 个，均匀地分布在单位圆上，为

$$z_k=\mathrm{e}^{\mathrm{j}\frac{2\pi}{N}k}\qquad(k=0,1,\cdots,N-1)$$

第二个子网络是 N 个一阶子网络的并联结构，每一并联分支都有一极点，为 W_N^{-k}，因此整个并联网络共有 N 个极点，即

$$z_k=W_N^{-k}=\mathrm{e}^{\mathrm{j}\frac{2\pi}{N}k}\qquad(k=0,1,\cdots,N-1)$$

另外

$$H_{\mathrm{b}}(z)=\sum_{k=0}^{N-1}\frac{H(k)}{1-W_N^{-k}z^{-1}}=\sum_{k=0}^{N-1}\frac{z\cdot H(k)}{z-W_N^{-k}}$$

若对此式通分求和，可知分子含有因子 z，还有 z 的 $N-1$ 次多项式，因此该并联网络在 $z=0$有一阶零点，在有限 z 平面上有 $N-1$ 个零点。

综合 $H_{\mathrm{a}}(z)$与 $H_{\mathrm{b}}(z)$的零极点情况，可以看到，$H_{\mathrm{a}}(z)$在单位圆上均匀分布的 N 个零点正是 $H_{\mathrm{b}}(z)$的 N 个极点，因此，当这两个网络前后级联时，它们正好相互抵消；另外，级联结构还使得 $H_{\mathrm{a}}(z)$在 $z=0$ 处的极点抵消了 $H_{\mathrm{b}}(z)$在 $z=0$ 处的一阶零点。因此，最终的结果是保留了 FIR 数字滤波器原有的零极点，即在 $z=0$ 处的 $N-1$ 阶极点和有限 z 平面上的 $N-1$ 个零点。

但是实际上，单位圆上的零点和极点并不能完全抵消。这是因为，由图 7.21 可知，$H_{\mathrm{a}}(z)$的 N 个零点

$$z_k=\mathrm{e}^{\mathrm{j}\frac{2\pi}{N}k}$$

是靠延时来实现的，因此能够准确实现；而由图 7.22 可知，$H_{\mathrm{b}}(z)$在单位圆上的极点

$$z_k=W_N^{-k}=\mathrm{e}^{\mathrm{j}\frac{2\pi}{N}k}$$

却是靠复数乘法来实现的，故不能准确实现。既然单位圆上的极点不能被零点完全抵消，滤波器就会出现不稳定现象，因此，应当对上面所述的网络结构进行修正。修正的方法是将单位圆上的零点和极点都移到半径 r 约小于 1 的圆上，为此，用 rz^{-1}来代替(7.28)式的 $H(z)$中的 z^{-1}，即有

$$\begin{aligned}H(z)&=\frac{(1-r^Nz^{-N})}{N}\sum_{k=0}^{N-1}\frac{H(k)}{1-rW_N^{-k}z^{-1}}\\&=\frac{1}{N}H_{\mathrm{e}}(z)\sum_{k=0}^{N-1}\frac{H(k)}{1-rW_N^{-k}z^{-1}}\end{aligned}\tag{7.31}$$

这里

$$H_e(z)=(1-r^N z^{-N}) \tag{7.32}$$

$H_e(z)$的零点移到了半径为 r 的圆上：

$$z_k=r\mathrm{e}^{\mathrm{j}\frac{2\pi}{N}k} \qquad (k=0,1,\cdots,N-1)$$

而并联网络的极点也移到了半径为 r 的圆上：

$$z_k=rW_N^{-k}=r\mathrm{e}^{\mathrm{j}\frac{2\pi}{N}k} \qquad (k=0,1,\cdots,N-1)$$

这样，即使极点不能完全被零点抵消，由于是在单位圆内，故也不会导致整个系统不稳定。应注意的是，对 $H(k)$未作修正，即它仍然是单位圆上的频谱抽样值。

下面还要对(7.31)式进行一些变化，使当 $h(n)$为实序列时，并联网络所含的运算都化为实数运算。为此要利用以下周期性：

$$W_N^{-(N-k)}=W_N^k,\ \widetilde{H}(-k)=\widetilde{H}(N-k)$$

还可以得到

$$\widetilde{H}^*(k)=\left[\sum_{n=0}^{N-1}h(n)W_N^{nk}\right]^*$$

$$=\sum_{n=0}^{N-1}h(n)W_N^{-nk}=\widetilde{H}(-k)=\widetilde{H}(N-k)$$

设 $0<k\leqslant N-1$，那么也有 $0<N-k\leqslant N-1$，此时有

$$H^*(k)=H(N-k)$$

现在将并联网络 $\sum\limits_{k=0}^{N-1}\dfrac{H(k)}{1-rW_N^{-k}z^{-1}}$ 中的第 k 及第 $N-k$ 子网络合并为一个二阶网络，即有

$$\begin{aligned}
&\frac{H(k)}{1-rW_N^{-k}z^{-1}}+\frac{H(N-k)}{1-rW_N^{-(N-k)}z^{-1}}\\
&=\frac{H(k)}{1-rW_N^{-k}z^{-1}}+\frac{H^*(k)}{1-rW_N^{k}z^{-1}}\\
&=\frac{|H(k)|\mathrm{e}^{\mathrm{j}\theta(k)}}{1-r\mathrm{e}^{\mathrm{j}2\pi k/N}z^{-1}}+\frac{|H(k)|\mathrm{e}^{-\mathrm{j}\theta(k)}}{1-r\mathrm{e}^{-\mathrm{j}2\pi k/N}z^{-1}}\\
&=\frac{(1-r\mathrm{e}^{-\mathrm{j}2\pi k/N}z^{-1})|H(k)|\mathrm{e}^{\mathrm{j}\theta(k)}+(1-r\mathrm{e}^{\mathrm{j}2\pi k/N}z^{-1})|H(k)|\mathrm{e}^{-\mathrm{j}\theta(k)}}{(1-r\mathrm{e}^{\mathrm{j}2\pi k/N}z^{-1})(1-r\mathrm{e}^{-\mathrm{j}2\pi k/N}z^{-1})} \qquad (7.33)\\
&=\frac{|H(k)|\{2\cos[\theta(k)]-2r\cos[\theta(k)-2\pi k/N]z^{-1}\}}{1-2r\cos(2\pi k/N)z^{-1}+r^2z^{-2}}\\
&=2|H(k)|H_k(z)
\end{aligned}$$

这里

$$H_k(z)=\frac{\cos[\theta(k)]-r\cos[\theta(k)-2\pi k/N]z^{-1}}{1-2r\cos(2\pi k/N)z^{-1}+r^2z^{-2}} \tag{7.34}$$

若 N 为偶数,则(7.33)式和(7.34)式中 $k=1,2,\cdots,N/2-1$,故 $N-k=N-1,N-2,\cdots,N/2+1$,因此共包括了 $N-2$ 个支路网络的情况,还剩下 $k=0$ 与 $k=N/2$ 这两个支路网络。

当 $k=0$ 时

$$H_0(z)=\frac{H(0)}{1-rW_N^0z^{-1}}=\frac{H(0)}{1-rz^{-1}} \tag{7.35}$$

当 $k=N/2$ 时

$$H_{N/2}(z)=\frac{H(N/2)}{1-rW_N^{-N/2}z^{-1}}=\frac{H(N/2)}{1+rz^{-1}} \tag{7.36}$$

若 N 为奇数,则(7.33)式和(7.34)式中 $k=1,2,\cdots,(N-1)/2$,故 $N-k=N-1,N-2,\cdots,(N+1)/2$,因此共包括了 $N-1$ 个支路网络的情况,还剩下 $k=0$ 的情况,而 $H_0(z)$如(7.35)式所示。

因此,由(7.31)式,有:

当 N 为偶数时

$$H(z)=\frac{1}{N}H_e(z)\left[\sum_{k=1}^{\frac{N}{2}-1}2\,|H(k)|\,H_k(z)+H_0(z)+H_{N/2}(z)\right] \tag{7.37}$$

当 N 为奇数时

$$H(z)=\frac{1}{N}H_e(z)\left[\sum_{k=1}^{\frac{N-1}{2}}2\,|H(k)|\,H_k(z)+H_0(z)\right] \tag{7.38}$$

其中,$H_e(z)$、$H_k(z)$、$H_0(z)$、$H_{N/2}(z)$的网络结构分别如图 7.23、图 7.24、图 7.25、图 7.26所示;而当 N 为偶数时,FIR 滤波器的整个频率抽样型的网络结构如图 7.27 所示。在这样的结构中,$H_e(z)$的 N 个零点也即并联网络的 N 个极点都移到了半径为 $r(r<1,r\approx1)$的圆上,而且所有的运算都是实数运算。关于最后一点,只需要补充说明 $H(0)$和 $H(N/2)$是实数,实际上

$$H(0)=H(k)\Big|_{k=0}=\sum_{n=0}^{N-1}h(n)W_N^{nk}\Big|_{k=0}=\sum_{n=0}^{N-1}h(n)$$

$$H\left(\frac{N}{2}\right)=H(k)\Big|_{k=\frac{N}{2}}=\sum_{n=0}^{N-1}h(n)W_N^{nk}\Big|_{k=\frac{N}{2}}=\sum_{n=0}^{N-1}(-1)^nh(n)$$

由于 $h(n)$为实序列,故 $H(0)$和 $H(N/2)$也都是实数。

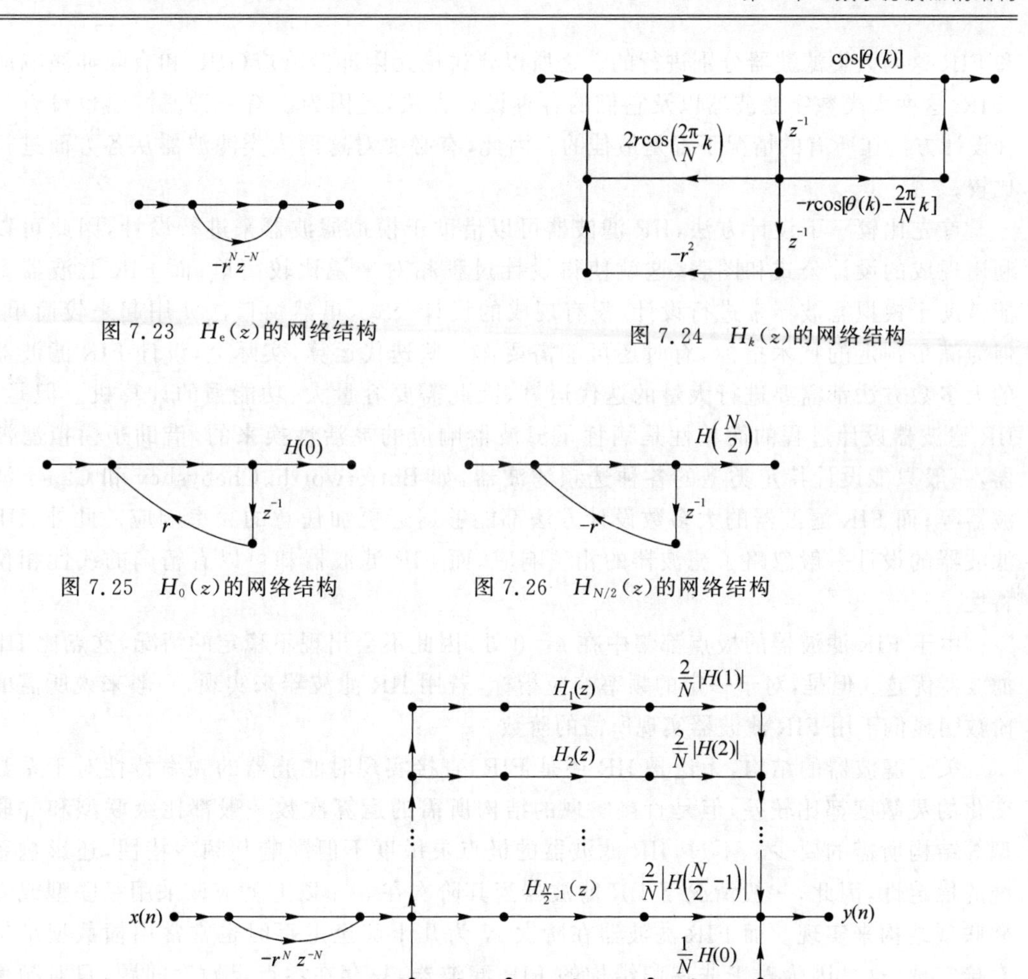

图 7.23　$H_e(z)$的网络结构

图 7.24　$H_k(z)$的网络结构

图 7.25　$H_0(z)$的网络结构

图 7.26　$H_{N/2}(z)$的网络结构

图 7.27　频率抽样型的网络结构(N 为偶数)

7.4　FIR 数字滤波器与 IIR 数字滤波器的比较

至此,已经讨论了数字滤波器的原理、设计方法和实现的结构,前面的讨论是对 IIR

和 FIR 这两大类滤波器分别进行的。之所以要讨论无限冲激响应(IIR)和有限冲激响应(FIR)这两大类数字滤波器以及它们的各种设计方法,是因为没有一种滤波器也没有一种设计方法在所有的情况下都是最佳的。因此,有必要对这两大类滤波器从各方面进行比较。

首先比较一下设计方法,IIR 滤波器可以借助于模拟滤波器来进行设计,因此可以利用现成的设计公式和图表,这就使得设计过程相对来说比较简单;而 FIR 滤波器不能借助于模拟滤波器来进行设计,没有现成的设计公式,虽然窗口法使用起来较简单,但为满足预定的技术指标,有时还可能需要作一些迭代运算,实际上,设计 FIR 滤波器的大多数方法都需要进行大量的迭代运算,因此需要容量大、功能强的计算机。但是,IIR 滤波器设计过程的简单性是牺牲了滤波器响应的灵活性换来的,借助于模拟滤波器,一般只能设计特定类型的各种选频滤波器,如 Butterworth、Chebyshev 和 Cauer 滤波器等;而 FIR 滤波器的大多数设计方法都能够逼近更加任意的频率响应。此外,IIR 滤波器的设计一般忽略了滤波器的相位响应,而 FIR 滤波器却可以有精确的线性相位特性。

由于 FIR 滤波器的极点都集中在 $z=0$ 处,因此不会出现不稳定的情况,这点比 IIR 滤波器优越。但是,对于一定的频率响应指标,若用 IIR 滤波器来实现,一般来说所需的阶数明显低于用 FIR 滤波器实现所需的阶数。

关于滤波器的结构,无论是 IIR 还是 FIR,直接实现时滤波器的频率特性对于系数变化的灵敏度都比较差,但是直接实现的结构所需的运算次数一般都比级联型和并联型等结构所需的要少。不过,IIR 滤波器的极点灵敏度不但影响其频率特性,还影响系统的稳定性,因此,一般情况下 IIR 滤波器当其阶次在 3、4 以上就应该采用级联型或者并联型结构来实现。而 FIR 滤波器在阶次 N 为几十甚至上百时也常常用横截型结构直接实现,这是因为对于非递归结构的 FIR 滤波器,只存在零点灵敏度问题,只对频率特性产生一定的影响,但是不存在极点灵敏度问题,不会影响稳定性;并且本来 FIR 滤波器的阶次就比较高,即运算次数较多,如果再分解为级联型来实现,所需的运算次数会更多。

7.5 用 *Matlab* 实现数字滤波器的结构

7.5.1 IIR 数字滤波器的结构实现

1. 直接型

在 Matlab 中可以直接调用函数和 filter(b,a,x)来实现直接型结构,其 b 和 a 分别表示系统函数分子和分母多项式的系数。

2. 级联型

Matlab 中提供了很多函数来实现系统函数及其零极点表示与级联的二阶子系统之间的相互转换。下面分别介绍。

(1) sos＝zp2sos(z,p,k)

zp2sos 函数可以用来从已给定的系统函数 $H(z)$直接求出二阶因式,它产生以零极点形式确定的等效系统函数 $H(z)$的各个二阶因式的系数矩阵 ***sos***,***sos*** 是一个 $L\times 6$ 的矩阵。

$$\boldsymbol{sos}=\begin{pmatrix} b_{01} & b_{11} & b_{21} & a_{01} & a_{11} & a_{21} \\ b_{02} & b_{12} & b_{22} & a_{02} & a_{12} & a_{22} \\ \vdots & \vdots & \vdots & \vdots & \vdots & \vdots \\ b_{0L} & b_{1L} & b_{2L} & a_{0L} & a_{1L} & a_{2L} \end{pmatrix}$$

该矩阵的第 j 行包含了第 j 个二阶因式的分子和分母多项式的系数 b_{ij} 和 a_{ij},i＝0、1、2,L 表示级联的二阶子系统的数目。因此整个系统函数为

$$H(z)=\prod_{j=1}^{L}\frac{b_{0j}+b_{1j}z^{-1}+b_{2j}z^{-2}}{a_{0j}+a_{1j}z^{-1}+a_{2j}z^{-2}}$$

(2) [sos,g]＝tf2sos(b,a)

该函数用来实现将

$$H(z)=\frac{B(z)}{A(z)}=\frac{b_0+b_1z^{-1}+\cdots+b_Nz^{-N}}{a_1+a_2z^{-1}+\cdots+a_Mz^{-M}} \tag{7.39}$$

分解成一系列二阶子系统 $H_j(z)$级联的形式,其中 $H_j(z)$的表达式为

$$H_j(z)=\frac{b_{0j}+b_{1j}z^{-1}+b_{2j}z^{-2}}{1+a_{1j}z^{-1}+a_{2j}z^{-2}}$$

(3) [z,p,k]＝tf2zp(b,a)

函数[z,p,k]＝tf2zp(b,a)完成将系统函数转换为零极点的形式。注意函数 tf2zp(b,a)要求分母 a 的长度要大于等于分子 b 的长度。即可以将形如(7.39)式的系统函数变为如下的零极点形式:

$$H(z)=k\frac{(z-z_1)(z-z_2)\cdots(z-z_N)}{(z-p_1)(z-p_2)\cdots(z-p_M)}$$

例 7.7　已知离散系统函数为 $H(z)=\dfrac{2+3z^{-1}}{1+0.4z^{-1}+z^{-2}}$,将其转换成零极点形式。

解

```
b=[2  3];
a=[1  0.4  1];
[b,a]=eqtflength(b,a);      %让 b 和 a 长度相等
```

```
[z,p,k]=tf2zp(b,a)          %得到零极点增益形式
z=      0                   -1.5000
p=      -0.2000+0.9798i     -0.2000-0.9798i
k=      2
```

从运行结果可以写出零极点增益形式的系统函数为

$$H(z)=2\frac{z(z+1.5)}{(z+0.2-0.979\,8i)(z+0.2+0.979\,8i)}$$ ■

(4) [b,a]=sos2tf(sos)

函数 sos2tf(sos)的功能和 tf2sos 相反,它用来由二阶子系统构成直接形式的系统函数。

例 7.8 将二阶子系统构成的系统函数 $H(z)=\frac{1+z^{-1}+z^{-2}}{1-z^{-2}}\cdot\frac{-2+3z^{-1}+z^{-2}}{1+10z^{-1}+z^{-2}}$变成直接形式。

解

```
sos=[1  1  1  1  0  -1; -2  3  1  1  10  1];
[b,a]=sos2tf(sos)
b=      -2     1     2     4     1
a=       1    10     0   -10    -1
```

从运行结果可以写出直接形式的系统函数为

$$H(z)=\frac{-2+z^{-1}+2z^{-2}+4z^{-3}+z^{-4}}{1+10z^{-1}-10z^{-3}-z^{-4}}$$ ■

3. 并联型

IIR 滤波器的并联型结构,是将系统函数表示为有限个实系数的一阶或二阶有理分式之和的形式。利用 2.9 节介绍的函数 residuez 就可以实现 IIR 滤波器的并联型结构。

residuez 函数的调用有以下两种方式。

- [R,P,C]=residuez(b,a)

这可以求得 $X(z)$的留数、极点和直接项。输入数据 $\boldsymbol{b}$、$\boldsymbol{a}$ 分别是分子多项式和分母多项式的系数向量(这些多项式都按 z 的降幂排列),输出数据 $\boldsymbol{R}$ 包含着留数,$\boldsymbol{P}$ 包含着极点,$\boldsymbol{C}$ 包含着直接项。

- [b,a]=residuez(R,P,C)

如果已知向量 $\boldsymbol{R}$、$\boldsymbol{P}$ 和 $\boldsymbol{C}$,利用该函数就可以实现将部分分式变成多项式的系数行向量 $\boldsymbol{b}$ 和 $\boldsymbol{a}$。注意,如果系统有共轭复数极点,则利用[b1,a1]=residuez(R1,p1,0)语句可以获得其所对应的实系数二阶分式的分子、分母多项式的系数。其中 $\boldsymbol{R}_1$ 为共轭复数留数所构成的向量,$\boldsymbol{p}_1$ 为共轭复数极点所构成的向量,$\boldsymbol{b}_1$、$\boldsymbol{a}_1$ 分别为有理分式分子和分母多项式的系数向量。

例 7.9　一个滤波器的差分方程如下：

$$6y(n)+y(n-1)+2y(n-2)-y(n-3)=18x(n)+10x(n-1)+4x(n-2)$$

求它的并联型结构。

解

由差分方程可以得到该滤波器的系统函数

$$H(z)=\frac{18+10z^{-1}+4z^{-2}}{6+z^{-1}+2z^{-2}-z^{-3}}$$

```
%IIR 滤波器并联结构
a=[6,1,2,-1];
b=[18,10,4];
[r p c]=residuez(b,a)          %求留数、极点和直接项
R1=[r(1)   r(2)];              %共轭复数留数构成的向量
P1=[p(1)   p(2)];              %共轭复数极点构成的向量
[b1 a1]=residuez(R1,P1,0)      %b1、a1 分别为有理分式分子和分母多项式的系数向量
```

程序运行的结果为：

```
r=      0.5000-0.5669i       0.5000+0.5669i        2.0000
p=     -0.2500+0.6614i      -0.2500-0.6614i        0.3333
k=      []
b1=     1.0000      1.0000      0
a1=     1.0000      0.5000      0.5000
```

由 $\boldsymbol{b}_1$、$\boldsymbol{a}_1$、$\boldsymbol{r}(3)$和 $\boldsymbol{p}(3)$可以写出并联形式的系统函数为

$$H(z)=\frac{1+z^{-1}}{1+\frac{1}{2}z^{-1}+\frac{1}{2}z^{-2}}+\frac{2}{1-\frac{1}{3}z^{-1}}$$

■

7.5.2　FIR 数字滤波器的结构实现

1. 直接型

FIR 直接型结构由行向量 $\boldsymbol{b}$ 来描述，$\boldsymbol{b}$ 即$\{b_n\}$系数。该结构也由函数 filter 来实现，只需要将矢量 $\boldsymbol{a}$ 的位置设为 1，即调用方式为 filter(b,1,x)。

线性相位 FIR 数字滤波器的结构在本质上还是直接型，只是减少了乘法的运算量，因此在 Matlab 实现上可以与直接型结构相同。

2. 级联型

FIR 滤波器的级联型结构可以继续使用前面在 IIR 级联型中描述的 Matlab 函数

[z,p,k]=tf2zp(b,a)和 sos=zp2sos(z,p,k),只需要把分母矢量 $\boldsymbol{a}$ 置为 1。但这里应该注意,因为函数 tf2zp(b,a)要求分母 $\boldsymbol{a}$ 的长度要大于等于分子 $\boldsymbol{b}$ 的长度,且第一个系数不能为 0,因此,如果分子 $\boldsymbol{b}$ 的长度为 N 的话,则分母 $\boldsymbol{a}$ 需要在 1 后面补上 $N-1$ 个零,即 $\boldsymbol{a}=(1,0,0,\cdots,0)$。类似地,用函数 sos2tf 可以从级联型得到直接型的表达式。

FIR 滤波器系统函数级联的各个二阶节的系数矩阵 $\boldsymbol{sos}$ 为

$$\boldsymbol{sos}=\begin{pmatrix} b_{01} & b_{11} & b_{21} & 1 & 0 & 0 \\ b_{02} & b_{12} & b_{22} & 1 & 0 & 0 \\ \vdots & \vdots & \vdots & \vdots & \vdots & \vdots \\ b_{0L} & b_{1L} & b_{2L} & 1 & 0 & 0 \end{pmatrix}$$

例 7.10 已知 FIR 滤波器的冲激响应为

$$h(n)=\delta(n)+0.3\delta(n-1)+0.72\delta(n-2)+0.11\delta(n-3)+0.12\delta(n-4)$$

试用其级联型结构实现。

解

由题目可以写出该滤波器的系统函数为

$$H(z)=1+0.3z^{-1}+0.72z^{-2}+0.11z^{-3}+0.12z^{-4}$$

```
%FIR 滤波器级联结构
b=[1,0.3,0.72,0.11,0.12];
a=[1,0,0,0,0];          %注意将 a 补零至 b 的长度
[z,p,k]=tf2zp(b,a);     %系统函数变换到零点、极点、增益
sos=zp2sos(z,p,k)       %零点、极点、增益变换到各个二阶节
```

程序运行结果为

```
z=    -0.0500+0.6305i  -0.0500-0.6305i  -0.1000+0.5385i  -0.1000-0.5385i
p=     0                0                0                0
k=     1
sos=   1.0000      0.1000      0.4000      1.0000      0     0
       1.0000      0.2000      0.3000      1.0000      0     0
```

所以级联型结构为

$$H(z)=(1+0.1z^{-1}+0.4z^{-2})(1+0.2z^{-1}+0.3z^{-2})$$ ■

3. 频率抽样型结构

在 7.3.3 节中最后所得到的 FIR 滤波器的频率抽样型结构为:

当 N 为偶数时

$$H(z)=\frac{1}{N}H_{\mathrm{e}}(z)\Big[\sum_{k=1}^{\frac{N}{2}-1}2\,|H(k)|\,H_k(z)+H_0(z)+H_{N/2}(z)\Big]$$

当 N 为奇数时

$$H(z)=\frac{1}{N}H_{e}(z)\left[\sum_{k=1}^{\frac{N-1}{2}}2\left|H(k)\right|H_{k}(z)+H_{0}(z)\right]$$

在 Matlab 中，用函数[C,B,A]=fir_freq_structure(h)来实现 FIR 滤波器的频率抽样型结构。但是，这个函数没有考虑零极点位置的调整，也就是说，并没有将级联网络的前面的子网络的零点及后面的并联网络的极点从单位圆上移到单位圆内。因此，在这里

$$H_{e}(z)=1-z^{-N}$$

$$H_{0}(z)=\frac{H(0)}{1-W_{N}^{0}z^{-1}}=\frac{H(0)}{1-z^{-1}}$$

$$H_{N/2}(z)=\frac{H(N/2)}{1-W_{N}^{-N/2}z^{-1}}=\frac{H(N/2)}{1+z^{-1}}$$

$$H_{k}(z)=\frac{\cos[\theta(k)]-\cos[\theta(k)-2\pi k/N]z^{-1}}{1-2\cos(2\pi k/N)z^{-1}+z^{-2}}$$

```
%FIR 频率抽样结构实现
function[C,B,A] = fir_freq_structure(h)
%h 是 FIR 滤波器的单位抽样响应向量
%C 是频率抽样结构所包含的并联部分增益的行向量
%B 是按照行排列的分子系数向量
%A 是按照行排列的分母系数向量
Len = length(h);                       %得到单位抽样响应向量的长度
H = fft(h,Len)                         %求出单位抽样响应的 DFT
Mag_H = abs(H);                        %得到 H(k)的幅度
Phase_H = angle(H)′;                   %得到 H(k)的辐角
%判断 Len 的奇偶
if(mod(Len,2) = 0)
    L = Len/2 - 1;                     %如果 Len 为偶数，则 L = Len/2 - 1
```

%如果 Len 为偶数，则包含 $\left(\frac{H(0)}{1-z^{-1}}+\frac{H(N/2)}{1+z^{-1}}\right)$ 项，所以 A1、C1 赋值如下

```
    A1 = [1, - 1,0;1,1,0];
    C1 = [real(H(1)),real(H(L + 2))];
else
    L = (Len - 1)/2;                   %如果 Len 为奇数，则 L = (Len - 1)/2
```

%如果 Len 为奇数，则仅包含 $\frac{H(0)}{1-z^{-1}}$ 项，所以 A1、C1 赋值如下

```
    A1=[1,-1,0];                       %奇数,不包含H(N/2)项
    C1=[real(H(1))];                   %奇数,不包含H(N/2)项
end
k=[1:L]';
B=zeros(L,2);                          %初始化B,B为长度为2的行向量
A=ones(L,3);                           %初始化A,A为长度为3的行向量
A(1:L,2)=-2*cos(2*pi*k/Len)            %A=-2cos(2 k/Len)
A=[A;A1];
B(1:L,1)=cos(Phase_H(2:L+1));  %B[1]=cos[ (k)]
B(1:L,2)=-cos(Phase_H(2:L+1)-(2*pi*k/Len));%B[2]=-cos[ (k)-2 k/Len]
C=[2*Mag_H(2:L+1),C1]';               %C=2|H(k)|
```

例 7.11 已知FIR滤波器的的冲激响应为$h(n)=\delta(n)-\delta(n-1)+\delta(n-4)$,设抽样点数$N=5$,求出其频率抽样结构。

解

由题目可知 $h(n)=\{1,-1,0,0,1\}$

```
>>h=[1,-1,0,0,1];
>>[C,B,A]=fir_freq_structure(h);
```

程序运行结果为:

```
C=  4.2979                    3.0867                  1.0000
B=  0.4653  -0.9856           0.6479   0.0765
A=  1.0000  -0.6180  1.0000   1.0000   1.6180  1.0000  1.0000  -1.0000  0
```

因为$N=5$,所以根据程序运行结果可以得到

$$H(z)=\frac{1-z^{-5}}{5}\left(4.297\,9\frac{0.465\,3-0.985\,6z^{-1}}{1-0.618z^{-1}+z^{-2}}+3.086\,7\frac{0.647\,9-0.076\,5z^{-1}}{1-1.618z^{-1}+z^{-2}}+\frac{1}{1-z^{-1}}\right)$$

■

习　　题

7.1 分别用代数方程组求解法和Mason公式来求题7.1图所示流图的系统函数,并且写出差分方程。

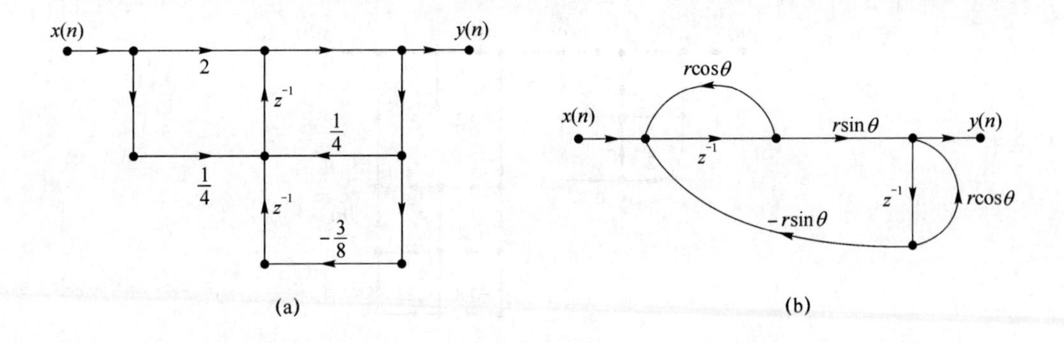

题 7.1 图

7.2　一个系统的信号流图如题 7.2 图所示，X 为源点，Y 为汇点，设系统函数为 H。分别用代数方程组求解法和 Mason 公式求其系统函数 $H=Y/X$，并且写出差分方程。

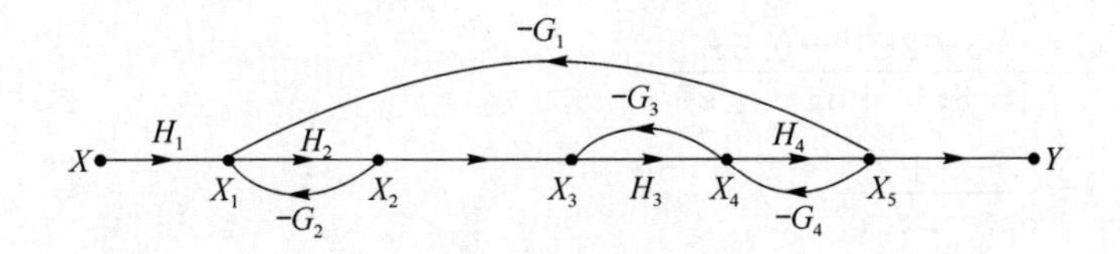

题 7.2 图

7.3　题 7.3 图中有 4 个网络，分别画出它们的转置网络，并且用 Mason 公式说明为什么转置网络与原网络有相同的系统函数。

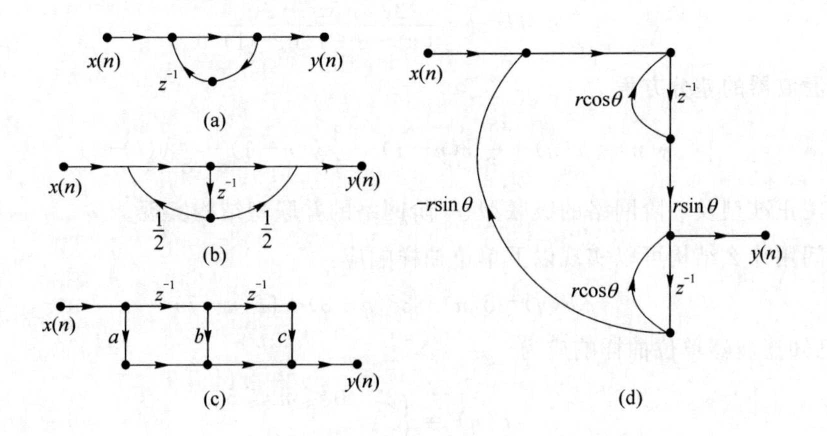

题 7.3 图

7.4　用最方便的方法求出题 7.4 图的系统函数 $H(z)=Y(z)/X(z)$。

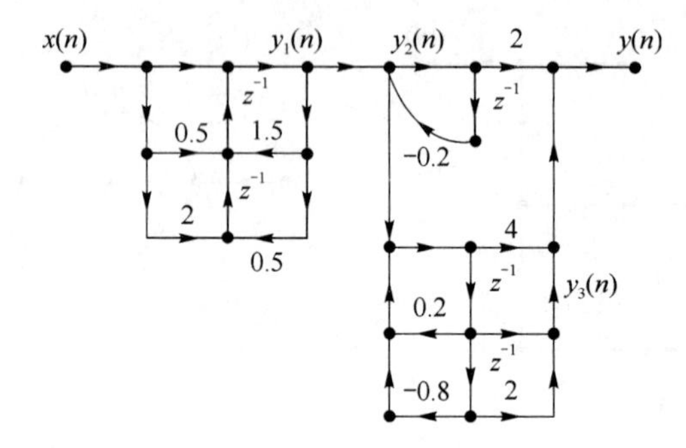

题 7.4 图

7.5　用直接型以及正准型结构实现以下系统函数：

(a) $H(z)=0.8\dfrac{3z^3+2z^2+2z+6}{z^3+4z^2+3z+2}$

(b) $H(z)=\dfrac{-5+2z^{-1}-0.5z^{-2}}{1+3z^{-1}+3z^{-2}+z^{-3}}$

(c) $H(z)=\dfrac{-z+2}{8z^2-2z-3}$

7.6　用级联型结构实现系统函数，画出所有的各种级联型结构。

$$H(z)=\frac{5(1-z^{-1})(1-2z^{-1}+2z^{-2})}{(1-0.5z^{-1})(1+2z^{-1}+5z^{-2})}$$

7.7　用级联型及并联型结构实现系统函数：

$$H(z)=\frac{2z^3+3z^2-2z}{(z^2-z+1)(z-1)}$$

7.8　设滤波器的差分方程为

$$y(n)=x(n)+\frac{1}{3}x(n-1)+\frac{3}{4}y(n-1)-\frac{1}{8}y(n-2)$$

试用正准型及一阶网络的级联型、一阶网络的并联型结构实现。

7.9　试问用什么结构可以实现以下单位抽样响应：

$$h(n)=\delta(n)-3\delta(n-3)+5\delta(n-7)$$

7.10　已知滤波器单位抽样响应为

$$h(n)=\begin{cases}2^n & 0\leqslant n\leqslant 5\\ 0 & \text{其他}\end{cases}$$

画出横截型结构。

7.11　用卷积型和级联型网络实现系统函数：

$$H(z)=(1-1.4z^{-1}+3z^{-2})(1+2z^{-1})$$

7.12　长度 $N=6$ 的 FIR 数字滤波器的 $h(n)$ 是偶对称的，已知 $h(0)=1.5$，$h(1)=2$，$h(2)=3$。试用尽量简单的结构来直接实现。

7.13　长度 $N=7$ 的 FIR 数字滤波器的 $h(n)$ 是奇对称的，已知 $h(0)=3$，$h(1)=-2$，$h(2)=4$。试用尽量简单的结构来直接实现。

7.14　用频率抽样型结构实现系统函数：

$$H(z)=\frac{5-2z^{-3}-3z^{-6}}{1-z^{-1}}$$

抽样点数 $N=6$，修正半径 $r=0.9$。

7.15　FIR 数字滤波器的 $N=5$，$h(n)=\delta(n)-\delta(n-1)+\delta(n-4)$，用频率抽样型结构实现，修正半径 $r=0.9$。

第 8 章　数字信号处理中的有限字长效应

8.1　概　　述

在这部分之前,讨论的实际上是抽样数据信号的处理,或者说是“离散时间信号处理”。因为前面的内容都只是涉及信号在时间上是离散的这一特征,并没有涉及数值上离散的特征。至于真正的数字信号在数值上也离散的特征所产生的影响,正是在这一章要讨论的由于量化编码所产生的有限字长效应问题。这就是说,对于真正的数字信号的处理,只需要在前面所讨论的离散时间信号处理的原理和方法的基础上,加入字长效应的影响。

8.1.1　数字系统与有限字长效应

一个线性、时不变、因果系统的差分方程为

$$y(n) = \sum_{i=0}^{M} a_i x(n-i) + \sum_{i=1}^{N} b_i y(n-i)$$

到目前为止,在讨论问题时,对于系统的输入序列 $x(n)$、输出序列 $y(n)$、方程中的系数 a_i、b_i 等,实际上是认为它们的数值是可以连续变化的,也就是认为它们有无限精度。但是当具体实现一离散系统时,无论用软件方式还是硬件方式,实际处理的数都是二进制数,因而都要对数据进行量化处理,即用有限字长来表示。若将一个离散系统的数据认为是无限精度的,这样的系统就叫做抽样数据系统;若离散系统的数据是有限字长的,则此系统就是数字系统。

对于一个数字系统,由于本应为无限精度的数据变为有限字长来进行处理,因此肯定会对系统的特性产生一定影响,这就是有限字长效应问题。这个问题本来是数字信号处理中的一个重要问题,但随着计算机和微处理器技术的飞速发展,运算速度和运算精度都在不断提高,使得有限字长效应的重要性已逐渐降低。但是,在数字信号处理的一些实际应用中,这个问题还是存在的,因此,有必要了解它的影响以及降低影响的一些方法。

8.1.2　关于数的表示

进行数字信号处理时，数的表示有定点制和浮点制两种。浮点制运算比定点制运算的动态范围大，处理精度高，但实现较复杂，而且运算速度较慢，因而常用于计算机上的软件实现，进行非实时处理。在实时处理中定点制运算得到广泛应用，因为它运算速度较快，而且硬件实现较经济，但是由于定点运算的动态范围和处理精度受限制较大，因而有限字长效应问题比较突出。本章主要讨论定点制算法的有限字长效应。

8.1.3　量化误差

在定点制中可表示的数的位数由寄存器的长度决定，如寄存器长 $L+1$ 位，则除了一位符号位外，可表示的最小数为 2^{-L}，即寄存器最低位上的 1，这个值称为量化间距。若要处理的数有 $M+1$ 位（含符号位），且 $M>L$，则这个数要存储于寄存器中就必须被量化。有两种量化方法：截尾和舍入。截尾就是将寄存器容纳不下的低位数截断；舍入则是在数据的 $L+1$ 位上加 1，然后截断为 L 位。

当数 x 被量化时，就引入误差 e，有

$$e = Q[x] - x \tag{8.1}$$

其中，$Q[x]$为 x 的量化值，即经截尾或者舍入后的值。

量化误差 e 的范围取决于数的表示形式及量化方法。图 8.1 的(a)和(b)分别表示截尾处理时定点制补码表示的数与原码、反码表示的数的量化误差范围；图 8.2 则表示定点制舍入处理时的量化误差范围，舍入处理时对于原码、反码、补码都相同。

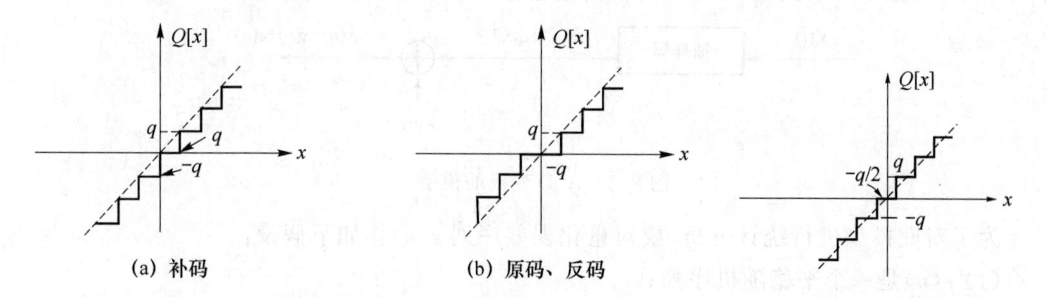

图 8.1　定点制截尾处理的量化特性　　　　图 8.2　定点制舍入处理的量化特性

如果系统的存储器的长度（也即所处理的二进制数的位数）为 $L+1$ 位，那么$q=2^{-L}$，q 叫做量化间距。

由图 8.1 可知，定点制截尾处理的量化误差 e_t 的范围为：

补码 $-q < e_t \leqslant 0$

原码、反码 $-q < e_t \leqslant 0$ （当 $x>0$ 时）

$0 \leqslant e_t < q$ （当 $x<0$ 时）

由图 8.2 可知定点制舍入处理的量化误差 e_r 的范围为

$$-q/2 < e_r \leqslant q/2$$

8.2 A/D 变换的字长效应

所谓 A/D 变换即由模拟到数字的变换，一般可分为两步，即抽样与量化编码。设 $x_a(t)$ 为一限带模拟信号，经抽样后变为抽样数据信号 $x(n)=x_a(nT_s)$，此时每个抽样值的精度是无限的，在经过量化编码之后，才成为有限精度的数字信号。现在不考虑如何进行编码的问题，只讨论其量化效应问题。

8.2.1 量化效应的统计分析

A/D 变换的结果一般都用定点制补码来表示。量化方法无论采取截尾还是舍入，其误差都可以表示为

$$e = Q[x] - x$$

因此，量化后的抽样值可以表示为

$$\underline{x}(n) = Q[x(n)] = x(n) + e(n) \tag{8.2}$$

式中，$x(n)$ 为量化前的精确抽样值，$e(n)$ 为量化误差，量化误差的范围在截尾和舍入情况下有所不同，如 8.1 节所述。A/D 变换的模型如图 8.3 所示。

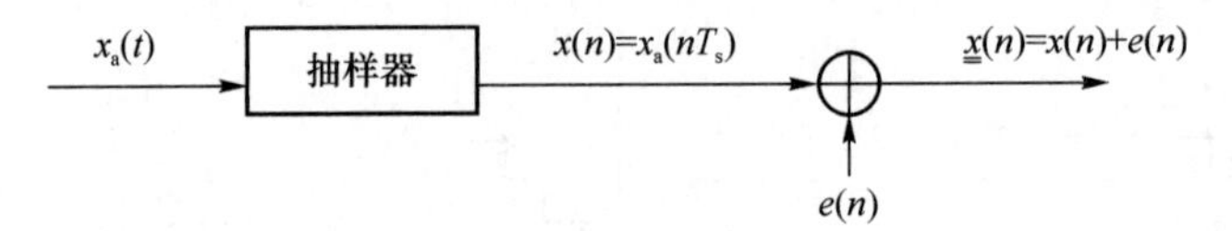

图 8.3 A/D 变换的模型

为了对此模型进行统计分析，要对量化误差序列 $e(n)$ 作如下假设：

(1) $e(n)$ 是一个平稳随机序列；

(2) $e(n)$ 与信号 $x(n)$ 不相关；

(3) $e(n)$ 本身样值间不相关，即为白噪声过程；

(4) $e(n)$ 具有等概率密度分布（在一定的量化间距上）。

也就是说，将 $e(n)$ 作为噪声序列，叫做量化噪声，它是白噪声，量化后的信号可以等效为无限精度信号与一噪声相叠加。量化噪声（量化误差）的概率密度函数如图 8.4 所

示，故可算出量化噪声的均值和方差。

舍入时：$m_e=0, \sigma_e^2=q^2/12$

补码截尾时：$m_e=-q/2, \sigma_e^2=q^2/12$

其中 $q=2^{-L}$。

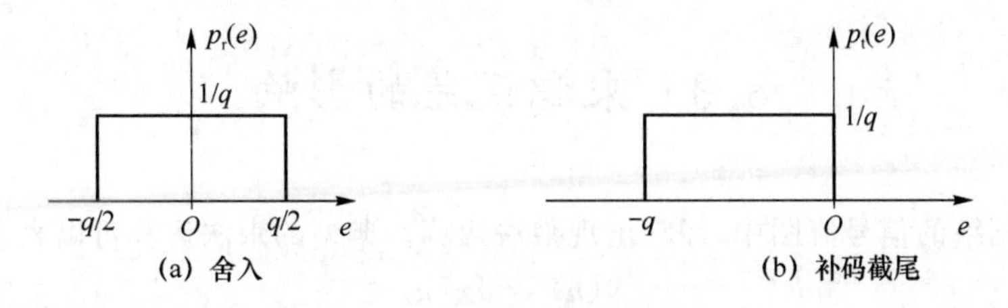

图 8.4　量化噪声的概率密度函数

而信号功率与噪声功率之比即信噪比为

$$\frac{\sigma_x^2}{\sigma_e^2}=\frac{\sigma_x^2}{2^{-2L}/12}=12\times 2^{2L}\sigma_x^2 \tag{8.3}$$

用对数表示：

$$\mathrm{SNR}=10\lg\left(\frac{\sigma_x^2}{\sigma_e^2}\right)=6.02L+10.79+10\lg(\sigma_x^2) \tag{8.4}$$

因此，寄存器长度每增加一位（L 加上 1），信噪比约提高 6 dB。

以上所假设的统计模型对于实际遇到的大多数信号都适合，但若输入信号 $x_a(t)$ 为规则信号，如直流或周期性方波等，上述假设就不成立了。

8.2.2　线性时不变系统对量化噪声的响应

当已量化的信号通过一 LTI 系统 $H(z)$ 时，由于实际的输入信号如(8.2)式所示，即为

$$\underline{\underline{x}}(n)=Q[x(n)]=x(n)+e(n)$$

故输出信号为

$$\underline{\underline{y}}(n)=y(n)+f(n) \tag{8.5}$$

其中，$y(n)$ 是此线性系统对无限精度信号 $x(n)$ 的响应，$f(n)$ 是系统对量化噪声（误差信号）$e(n)$ 的响应，故 $f(n)$ 为输出噪声。由于 $x(n)$ 与 $e(n)$ 相互独立不相关，故计算输出噪声功率不必考虑 $x(n)$。根据离散随机信号处理的理论，可以得出输出噪声的功率为

$$\sigma_f^2=\frac{\sigma_e^2}{2\pi \mathrm{j}}\oint_C z^{-1}H(z)H(z^{-1})\mathrm{d}z \tag{8.6}$$

这个积分可以用留数定理来计算，其中积分围线 C 是在 $H(z)$ 与 $H(z^{-1})$ 的公共收敛域内的一条围绕原点的闭合曲线。如果 $H(z)$ 是稳定系统，则其极点都在单位圆内，于是

$H(z^{-1})$的极点都在单位圆外,此时选单位圆为围线 C 最合适了。于是,将 $z=e^{j\omega}$ 代入(8.6)式,得到

$$\sigma_f^2 = \frac{\sigma_e^2}{\pi}\int_0^{\pi} |H(e^{j\omega})|^2 d\omega \tag{8.7}$$

8.3 乘积误差的影响

在数字网络的信号流图中,经常出现乘法运算。典型的乘法运算可以表示为

$$y(n) = ax(n)$$

这里 $x(n)$为数据值,a 为乘法器系数。若系统的存储器是 $K=L+1$ 位的,则在相乘之前,a 和 $x(n)$的字长都是 K 位,于是乘积 $y(n)$的字长应为 $2K$ 位。但常常需要将此乘积仍然存于 K 位字长的存储器中,因而就必须对此乘积作舍入或截尾处理,这就会产生量化误差。本节讨论在定点实现的相乘运算中乘积的舍入量化误差问题。

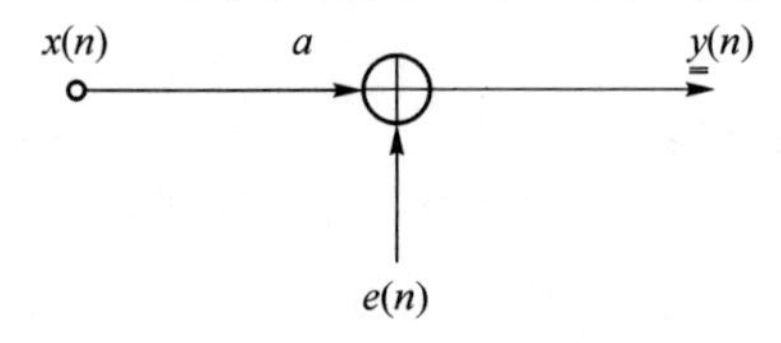

图 8.5 相乘运算的统计模型

相乘运算的统计模型如图 8.5 所示,相乘后的实际结果为

$$\underline{y}(n) = Q[y(n)] = y(n) + e(n) = ax(n) + e(n) \tag{8.8}$$

$e(n)$是舍入量化误差,对 $e(n)$的统计特性的假设及其成立条件基本上与上节相同。若寄存器长为 $L+1$ 位,则根据 8.1 节所给的结果,舍入误差范围为

$$-\frac{1}{2}\times 2^{-L} < e(n) \leqslant \frac{1}{2}\times 2^{-L} \tag{8.9}$$

$e(n)$在此范围内均匀分布,则其均值为 0,方差为

$$\sigma_e^2 = \frac{q^2}{12} = \frac{1}{12}\times 2^{-2L} = \frac{1}{3}\times 2^{-2(L+1)} \tag{8.10}$$

8.3.1 IIR 滤波器中乘积误差的影响

首先来分析一阶 IIR 滤波器:

$$y(n) = ay(n-1) + x(n) \qquad (|a|<1) \tag{8.11}$$

其中含有乘积项 $ay(n-1)$。可以将与系数 a 相乘后乘积的舍入误差所产生的影响等效为存在噪声源 $e(n)$,于是可以得到统计模型如图 8.6 所示。

滤波器实际的输出为

$$\underline{y}(n) = y(n) + f(n) \tag{8.12}$$

其中，$y(n)$是在无量化误差的情况下当系统输入为 $x(n)$时所产生的输出，$f(n)$则是噪声源 $e(n)$通过此系统后使输出产生的误差。根据 8.2.2 节，可以求出输出噪声 $f(n)$的方差(功率)为

$$\sigma_f^2 = \sigma_e^2 \frac{1}{2\pi j}\oint_C z^{-1}H(z)H(z^{-1})\mathrm{d}z = \sigma_e^2 I \tag{8.13}$$

这里 σ_e^2 如式(8.10)所示。$H(z)$为 $e(n)$与其输出 $f(n)$之间的传递函数，如图 8.7 所示，有

$$H(z) = \frac{1}{1-az^{-1}} = \frac{z}{z-a}$$

这也就是由(8.11)式的差分方程经 z 变换后所得到的系统函数，即 $x(n)$与 $y(n)$之间的传递函数。

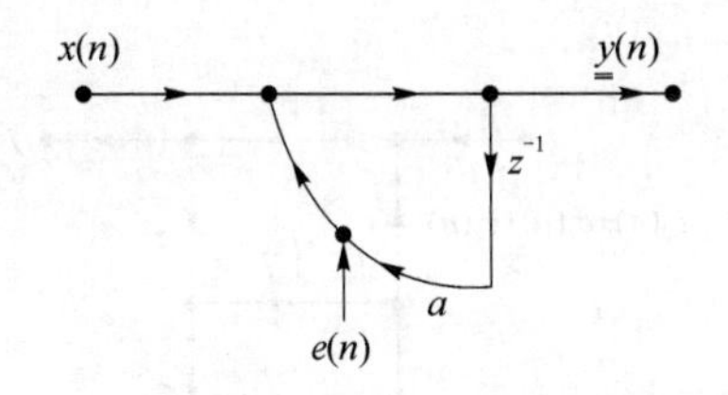

图 8.6　一阶 IIR 滤波器的统计模型

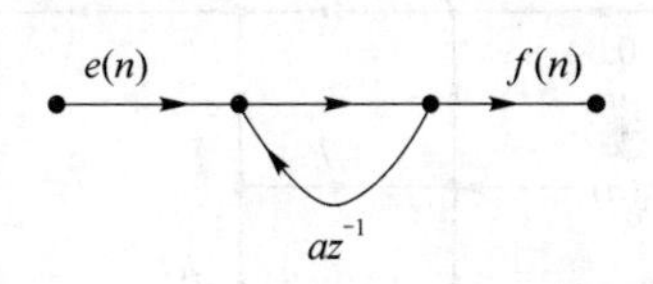

图 8.7　量化噪声通过一阶 IIR 系统

(8.13)式中的

$$I = \frac{1}{2\pi j}\oint_C z^{-1}H(z)H(z^{-1})\mathrm{d}z \tag{8.14}$$

可用留数定理计算，被积函数为

$$z^{-1}H(z)H(z^{-1}) = z^{-1}\frac{z}{z-a}\frac{z^{-1}}{z^{-1}-a} = \frac{1}{(z-a)(1-az)}$$

选单位圆为积分围线 C，故被积函数在 C 内只有一个极点，即 $z=a$，于是有

$$I = \mathrm{Res}[z^{-1}H(z)H(z^{-1}), z=a] = \left.\frac{1}{1-az}\right|_{z=a} = \frac{1}{1-a^2}$$

代入(8.13)式，可得

$$\sigma_f^2 = \frac{2^{-2(L+1)}}{3(1-a^2)}$$

通过此例可以了解到如何分析 IIR 滤波器中乘积的舍入误差所产生的影响。下面要讨论 IIR 滤波器在各种不同情况下乘积项的有限字长效应。

1. 乘积项的有限字长效应与 IIR 滤波器结构的关系

本节通过不同的例子来说明。

(1) 直接型(正准型)结构

例 8.1　已知一个 LTI 系统如下，用直接型结构实现，求乘积的舍入误差所产生的输

出噪声。

$$H(z) = \frac{0.04}{(1-0.9z^{-1})(1-0.8z^{-1})}$$

$$= \frac{0.04}{1-1.7z^{-1}+0.72z^{-2}} = \frac{0.04}{A(z)} \tag{8.15}$$

解

信号流图如图 8.8(a)所示，图中实线表示 $H(z)$的直接型(正准型)网络结构，$e_0(n)$、$e_1(n)$、$e_2(n)$分别表示与系数 0.04、1.7、−0.72 相乘后的舍入噪声，它们都经过相同的传输网络 $H_0(z)=1/A(z)$，$A(z)$为(8.15)式中的分母多项式，这个等效的噪声网络 $H_0(z)$如图 8.8(b)所示。因此输出噪声 $f(n)$的功率为

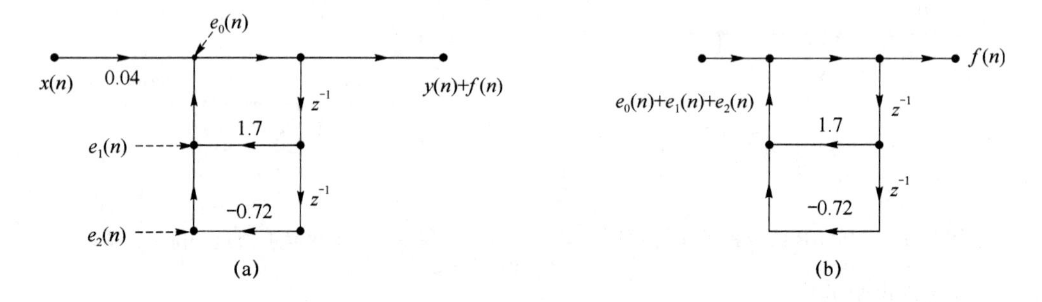

图 8.8　直接型结构的相乘误差

$$\sigma_f^2 = 3\sigma_e^2 \frac{1}{2\pi j}\oint_C \frac{z^{-1}}{A(z)A(z^{-1})}dz = 3\sigma_e^2 I \tag{8.16}$$

其中 σ_e^2 为一个舍入噪声的方差，仍如(8.10)式所示。(8.16)式积分的被积函数为

$$B(z)=\frac{z^{-1}}{A(z)A(z^{-1})}$$

$$=\frac{z^{-1}}{(1-0.9z^{-1})(1-0.8z^{-1})(1-0.9z)(1-0.8z)} \tag{8.17}$$

围线 C 选单位圆，$B(z)$在 C 内有两个极点：$z=0.9$，$z=0.8$，故

$$I=\text{Res}[B(z),z=0.9]+\text{Res}[B(z),z=0.8]$$

$$=\left.\frac{1}{(1-0.8z^{-1})(1-0.9z)(1-0.8z)}\right|_{z=0.9}+\left.\frac{1}{(1-0.9z^{-1})(1-0.9z)(1-0.8z)}\right|_{z=0.8}$$

$$\approx 170-80=90 \tag{8.18}$$

因此

$$\sigma_f^2 \approx \frac{1}{4}q^2\times 90=22.5q^2 \tag{8.19}$$

■

(2) 级联型结构

例 8.2　$H(z)$仍如(8.15)式所示,但是用级联型结构实现,求输出噪声功率。

解

将 $H(z)$表示为

$$H(z) = \frac{0.04}{(1-0.9z^{-1})} \cdot \frac{1}{(1-0.8z^{-1})} = \frac{0.04}{A_1(z)} \cdot \frac{1}{A_2(z)} \tag{8.20}$$

即由两个子网络级联而成,其流图如图 8.9 所示。

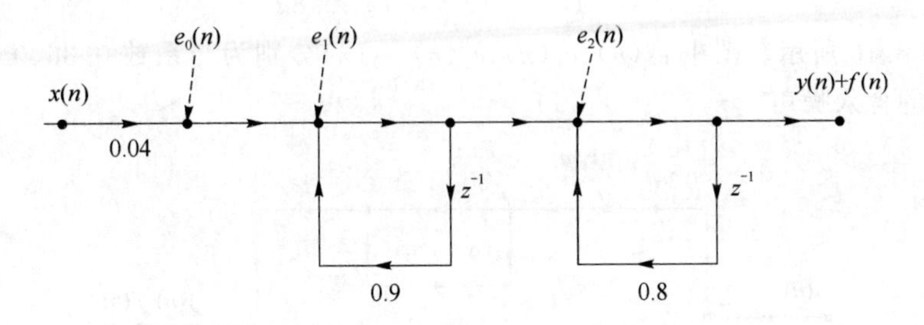

图 8.9　级联型结构的相乘误差

图中 $e_0(n)$、$e_1(n)$、$e_2(n)$分别表示与系数 0.04、0.9、0.8 相乘后的舍入噪声。由图可知,$e_0(n)$和 $e_1(n)$通过网络

$$H_1(z)=\frac{1}{A_1(z)A_2(z)}$$

而 $e_2(n)$只通过网络

$$H_2(z)=\frac{1}{A_2(z)}$$

故输出噪声 $f(n)$之功率为

$$\begin{aligned}\sigma_f^2 &= 2\sigma_e^2 \frac{1}{2\pi j}\oint_C \frac{z^{-1}}{A_1(z)A_2(z)A_1(z^{-1})A_2(z^{-1})}dz + \sigma_e^2 \frac{1}{2\pi j}\oint_C \frac{z^{-1}}{A_2(z)A_2(z^{-1})}dz \\ &= 2\sigma_e^2 I_1 + \sigma_e^2 I_2\end{aligned} \tag{8.21}$$

I_1 的被积函数与(8.17)式的 $B(z)$相同,故 I_1 也应等于(8.18)式的 I,即 $I_1=90$。而 I_2 的被积函数

$$B_2(z) = \frac{z^{-1}}{A_2(z)A_2(z^{-1})} = \frac{z^{-1}}{(1-0.8z^{-1})(1-0.8z)} \tag{8.22}$$

在单位圆 C 内的极点为 $z=0.8$,故有

$$I_2 = \text{Res}[B_2(z), z=0.8] = \left.\frac{1}{1-0.8z}\right|_{z=0.8} \approx 2.78$$

因此

$$\sigma_f^2=\frac{1}{6}q^2\times 90+\frac{1}{12}q^2\times 2.78\approx 15.2q^2 \tag{8.23}$$

■

(3) 并联型结构

例 8.3 将(8.15)式的 $H(z)$ 用并联型结构实现,求输出噪声功率。

解

将 $H(z)$ 分解为部分分式之和:

$$H(z)=\frac{0.04}{(1-0.9z^{-1})(1-0.8z^{-1})}$$
$$=\frac{0.36}{1-0.9z^{-1}}+\frac{-0.32}{1-0.8z^{-1}} \tag{8.24}$$

其流图如图 8.10 所示。图中 $e_0(n)$、$e_1(n)$、$e_2(n)$、$e_3(n)$ 分别为与系数 0.36、0.9、−0.32、0.8 相乘后的舍入噪声。

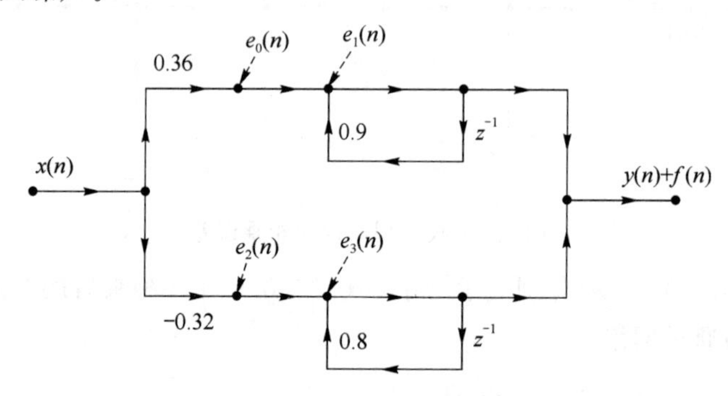

图 8.10 并联型结构的相乘误差

由图可知,$e_0(n)$ 和 $e_1(n)$ 只通过网络 $\frac{1}{1-0.9z^{-1}}$,$e_2(n)$ 和 $e_3(n)$ 只通过网络 $\frac{1}{1-0.8z^{-1}}$,故输出噪声功率为

$$\sigma_f^2=2\sigma_e^2\frac{1}{2\pi j}\oint_C\frac{z^{-1}}{(1-0.9z^{-1})(1-0.9z)}dz+2\sigma_e^2\frac{1}{2\pi j}\oint_C\frac{z^{-1}}{(1-0.8z^{-1})(1-0.8z)}dz$$
$$=2\sigma_e^2\left[\frac{1}{1-0.9z}\bigg|_{z=0.9}+\frac{1}{1-0.8z}\bigg|_{z=0.8}\right]\approx\frac{1}{6}q^2\times 8.04=1.34q^2 \tag{8.25}$$

■

比较这 3 种结构的输出噪声功率,可以看出,由于乘积舍入误差的存在而使输出所产生的误差,直接型(正准型)最大,级联型次之,并联型最小。这是因为直接型结构中所有舍入误差都要经过全部网络的反馈环节,因而使这些误差在反馈过程中积累起来,致使输出误差很大;在级联型结构中,每个舍入误差只通过其后面的反馈环节,而不通过它前面的反馈环节,因而总的输出误差要比直接型小;在并联型结构中,每个并联子网络的舍入误差仅仅通过本支路的反馈环节,与其他并联子网络无关,因此积累作用最小,总的输出误差最小。上述结论对于 IIR 滤波器具有普遍意义,就是说,从乘积项的有限字长效应来看,直接型最差,并且阶次越高影响越大;并联型结构最好,具有最小的运算误差。

2. 级联次序对输出误差的影响

在级联型结构中,各子网络级联的次序不同,由乘积的舍入误差所引起的输出噪声功率大小也不同,现在通过一个例子来说明。

例 8.4　比较 $H_1(z)$和 $H_2(z)$两个子网络按照不同的次序级联时,由于乘积的误差所产生的输出噪声。假设

$$H_1(z)=\frac{0.4z^{-1}}{1-0.8z^{-1}} \quad H_2(z)=\frac{z^{-1}}{1-0.9z^{-1}} \tag{8.26}$$

解

令 $H_a(z)=H_1(z)\cdot H_2(z)$,其流图如图 8.11 所示,其中 $e_1(n)$、$e_2(n)$、$e_3(n)$分别表示与系数 0.8、0.4、0.9 相乘后的舍入噪声,$e_1(n)$通过网络 $H_1(z)\cdot H_2(z)$,$e_2(n)$和$e_3(n)$只通过网络 $H_2(z)$。

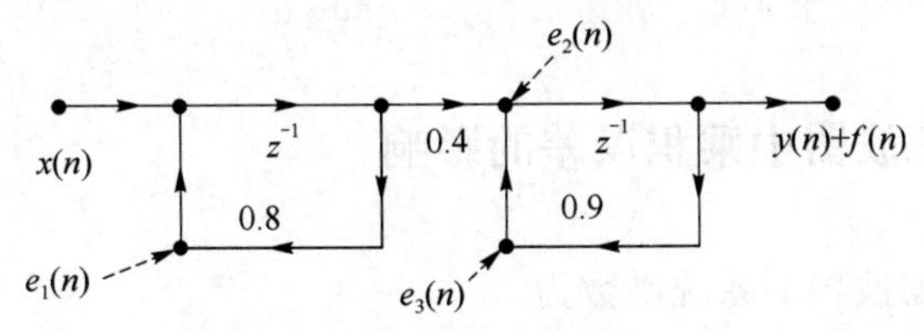

图 8.11　$H_a(z)$的流图及相乘误差

这种情况下输出噪声功率为

$$\begin{aligned}\sigma_a^2 &= \sigma_e^2\frac{1}{2\pi j}\oint_C z^{-1}H_1(z)H_2(z)H_1(z^{-1})H_2(z^{-1})dz+2\sigma_e^2\frac{1}{2\pi j}\oint_C z^{-1}H_2(z)H_2(z^{-1})dz\\
&=\sigma_e^2\left\{\mathrm{Res}\left[z^{-1}\frac{0.4}{z-0.8}\cdot\frac{1}{z-0.9}\cdot\frac{0.4z}{1-0.8z}\cdot\frac{z}{1-0.9z},z=0.8\right]+\right.\\
&\quad\left.\mathrm{Res}\left[z^{-1}\frac{0.4}{z-0.8}\cdot\frac{1}{z-0.9}\cdot\frac{0.4z}{1-0.8z}\cdot\frac{z}{1-0.9z},z=0.9\right]\right\}+\\
&\quad 2\sigma_e^2\mathrm{Res}\left[\frac{1}{(z-0.9)(1-0.9z)},z=0.9\right]\\
&\approx\sigma_e^2(-12.7+27)+2\sigma_e^2\times 5.26=24.82\sigma_e^2
\end{aligned} \tag{8.27}$$

令 $H_b(z)=H_2(z)\cdot H_1(z)$,其流图如图 8.12 所示,其中 $e_1(n)$、$e_2(n)$、$e_3(n)$分别表示与系数 0.9、0.8、0.4 相乘后的舍入噪声,$e_1(n)$通过网络 $H_2(z)\cdot H_1(z)$,$e_2(n)$通过网络 $H_1(z)$,$e_3(n)$直接输出。

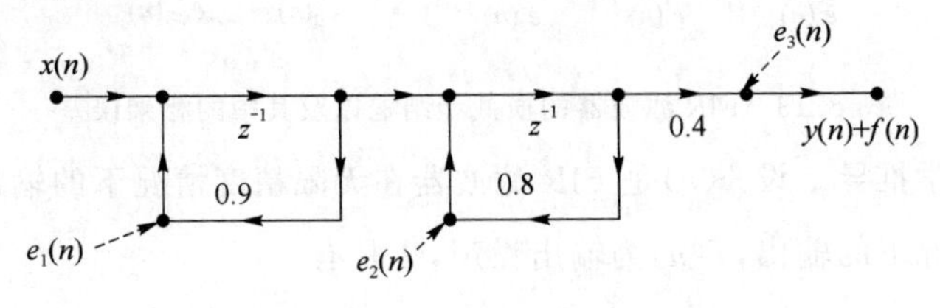

图 8.12　$H_b(z)$的流图及相乘误差

此时输出噪声功率为

$$\sigma_b^2=\sigma_e^2\frac{1}{2\pi j}\oint_C z^{-1}H_2(z)H_1(z)H_2(z^{-1})H_1(z^{-1})dz+$$

$$\sigma_e^2\frac{1}{2\pi j}\oint_C z^{-1}H_1(z)H_1(z^{-1})dz+\sigma_e^2 \tag{8.28}$$

$$\approx\sigma_e^2\left\{-12.7+27+\mathrm{Res}\left[\frac{0.4^2}{(z-0.8)(1-0.8z)},z=0.8\right]+1\right\}$$

$$\approx\sigma_e^2(14.3+0.44+1)=15.74\sigma_e^2$$

由此看出，σ_a^2 明显大于 σ_b^2。因此，在用级联型结构实现 IIR 滤波器时，要选择较好的级联次序，使由乘积的舍入误差所引起的输出误差最小。■

从上面的各个例子，也学习了如何分析和计算 IIR 滤波器在不同的结构下的乘积项有限字长效应。

8.3.2 FIR 滤波器中乘积误差的影响

一个 N 阶 FIR 滤波器的系统函数为

$$H(z)=\sum_{n=0}^{N-1}h(n)z^{-n}$$

其差分方程为

$$y(n)=\sum_{i=0}^{N-1}h(i)x(n-i)$$

FIR 滤波器的横截型结构是对其差分方程和系统函数的直接实现，如图 8.13 所示，图中的 $e_i(n)(i=0,1,\cdots,N-1)$是每次相乘后所产生的舍入噪声。从图中清楚地看到，所有这些噪声都直接加在输出端，因而总的输出噪声就是这些噪声的简单求和。事实上，由于 FIR 滤波器中舍入噪声没有反馈环路的积累，故其影响也就比同阶的 IIR 滤波器小。

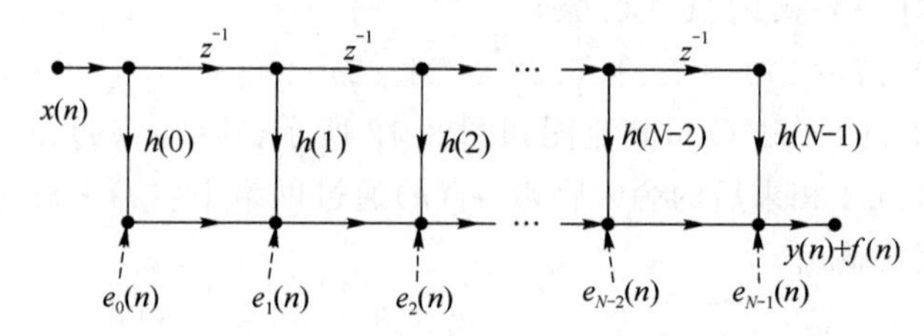

图 8.13 FIR 滤波器的横截型结构以及其中的相乘误差

下面进行数学推导。设 $y(n)$是 FIR 滤波器在无限精度情况下的输出，而 $\underline{\underline{y}}(n)$是乘积为有限精度情况下的输出，$f(n)$为输出噪声，于是有

$$\underline{\underline{y}}(n)=y(n)+f(n) \tag{8.29}$$

每一次相乘后产生一个舍入噪声，即

$$Q[h(i)x(n-i)] = h(i)x(n-i) + e_i(n)$$

故实际的输出为

$$\begin{aligned}\underline{\underline{y}}(n) &= \sum_{i=0}^{N-1} Q[h(i)x(n-i)] \\ &= \sum_{i=0}^{N-1} h(i)x(n-i) + \sum_{i=0}^{N-1} e_i(n) = y(n) + \sum_{i=0}^{N-1} e_i(n)\end{aligned} \tag{8.30}$$

比较(8.29)式和(8.30)式，可得

$$f(n) = \sum_{i=0}^{N-1} e_i(n) \tag{8.31}$$

故输出噪声的方差(功率)为

$$\sigma_f^2 = N\sigma_e^2 = \frac{1}{12}q^2 N \tag{8.32}$$

这里 $q=2^{-L}$。因此，输出噪声与字长有关，也与滤波器阶数有关。滤波器阶数越高，字长越短，由乘积误差所产生的输出噪声就越大。

本节虽然讨论的是乘积的舍入误差产生的影响，但是对于乘积在补码截尾处理下所产生的误差，除了输出噪声不再具有零均值之外，其分析和计算完全可以同样进行，所得的若干结论也相同，这是因为，本节的所有分析和计算都与误差范围和均值无关。

8.4　系数的量化效应

到目前为止，所研究的数字网络的系统函数(又叫传递函数、传输函数)都是假定其分子、分母多项式的系数具有无限精度。但是在实现数字滤波器时，系数的精度都要受到存储器字长的限制，也即要对系数进行量化。系数的量化误差必然使系统函数的零极点位置发生偏差，也必然使频率响应发生偏差。在 IIR 滤波器的情况下，还可能使某些极点从单位圆内移出，从而导致系统不稳定。本节主要讨论系数的量化误差对 IIR 滤波器极点位置的影响，因为这不但关系到频率特性，而且还关系到系统的稳定性。而 FIR 滤波器的极点在 $z=0$ 处，不受系数变化的影响。

IIR 滤波器的系统函数为

$$H(z) = \frac{\sum_{i=0}^{M} a_i z^{-i}}{1 - \sum_{i=1}^{N} b_i z^{-i}} = \frac{A(z)}{B(z)} \tag{8.33}$$

如果 IIR 滤波器直接按此形式实现，则其结构为直接型或正准型。当系数量化后，实际的系统函数为

$$\overline{H}(z)=\frac{\sum_{i=0}^{M}\overline{a}_i z^{-i}}{1-\sum_{i=1}^{N}\overline{b}_i z^{-i}} \tag{8.34}$$

其中$\overline{a}_i$、$\overline{b}_i$ 表示量化后的系数：

$$\overline{a}_i=a_i+\Delta a_i,\quad \overline{b}_i=b_i+\Delta b_i \tag{8.35}$$

这里 Δa_i、Δb_i 是系数的偏差值，它们将分别引起零点和极点位置的偏差。现在分析极点的情况。

$$B(z)=1-\sum_{i=1}^{N}b_i z^{-i}=\prod_{k=1}^{N}(1-z_k z^{-1}) \tag{8.36}$$

其中 $z_k(k=1,2,\cdots,N)$是系数为无限精度时的极点，设位置偏离后的极点为 $z_k+\Delta z_k$，Δz_k 为极点位置偏差量，它是由于系数偏差 Δb_i 引起的。

偏导数$\partial z_k/\partial b_i$ 表示系数 b_i 的变化所引起的极点 z_k 位置的变化率，叫做极点灵敏度。显然有

$$\Delta z_k=\sum_{i=1}^{N}\frac{\partial z_k}{\partial b_i}\Delta b_i \qquad (k=1,2,\cdots,N) \tag{8.37}$$

因此极点灵敏度$\partial z_k/\partial b_i$ 的大小决定了系数偏差对于极点偏差的影响程度，$\partial z_k/\partial b_i$ 越大，Δb_i 对 Δz_k 的影响就越大，更具体地说，$\partial z_k/\partial b_i$ 是极点 z_k 的偏差对于系数 b_i 变化的灵敏度。下面来求$\partial z_k/\partial b_i$。

由复合函数的求导可知

$$\frac{\partial B(z)}{\partial b_i}=\frac{\partial B(z)}{\partial z_k}\cdot\frac{\partial z_k}{\partial b_i} \tag{8.38}$$

而由(8.36)式可得

$$\frac{\partial B(z)}{\partial b_i}=-z^{-i}$$

以及

$$\frac{\partial B(z)}{\partial z_k}=-z^{-1}\prod_{\substack{l=1\\l\neq k}}^{N}(1-z_l z^{-1})$$

故由(8.38)式有

$$\frac{\partial z_k}{\partial b_i}=\frac{\dfrac{\partial B(z)}{\partial b_i}}{\dfrac{\partial B(z)}{\partial z_k}}=\frac{-z^{-i}}{-z^{-1}\prod\limits_{\substack{l=1\\l\neq k}}^{N}(1-z_l z^{-1})}$$

将上式分子、分母同乘以$-z^N$，得

$$\frac{\partial z_k}{\partial b_i} = \frac{z^{N-i}}{\prod\limits_{\substack{l=1 \\ l \neq k}}^{N} (z - z_l)}$$

而

$$\left.\frac{\partial z_k}{\partial b_i}\right|_{z=z_k} = \frac{z_k^{N-i}}{\prod\limits_{\substack{l=1 \\ l \neq k}}^{N} (z_k - z_l)} \tag{8.39}$$

(8.39)式的分母的一个因式表示 z_k 外的一个极点指向 z_k 的矢量,因此,极点个数越多,分布越密集,这些矢量的长度就越小,分母也就越小,因而极点 z_k 对系数变化的灵敏度也就越大。这就说明了,对于高阶 IIR 滤波器(N 大,极点个数多),若用直接型结构实现,则系数的量化误差将使极点位置发生大的偏差。而级联型与并联型的情况就不一样。无论是级联的一个子网络还是并联的一个支路,都只实现一对共轭极点或一个单极点,因此极点间的距离不会很小,极点对系数变化的灵敏度也就不会高。而且无论是级联型还是并联型,极点都具有独立性,即每一子网络或每一支路的系数变化,只影响该子网络或该支路的极点变化,对其他子网络或其他支路的极点无影响。因此,级联型和并联型结构系数的量化误差只是使得本子网络或本支路的极点位置发生小的变化,即系数量化对极点位置的影响小。

系数量化对零点位置的影响可以类似地进行分析,但并联型结构的 IIR 滤波器的零点除外。

8.5　极限环振荡

定点制运算中的有限字长效应常产生两种极限环振荡,这里仅讨论零输入极限环振荡。

这种振荡发生于 IIR 数字滤波系统中。设有一个稳定的 IIR 滤波器,其运算精度无限,若 $n>n_0$ 时输入为 0,则在 n_0 时刻之后,滤波器输出将逐渐衰减而趋于 0。若此滤波器以有限精度运算来实现,则当 $n>n_0$ 时,虽然输入停止了,但其输出可能在衰减到某一非零值后,呈现振荡特性,这种振荡就叫做零输入极限环振荡。

现举一例来说明。设有一阶 IIR 滤波器:

$$y(n)=ay(n-1)+x(n)$$

其中

$$a=\frac{1}{2},\ x(n)=\begin{cases} 7/8 & n=0 \\ 0 & n\neq 0 \end{cases}$$

容易得出其系统函数:

$$H(z)=\frac{1}{1-az^{-1}}=\frac{z}{z-a}$$

极点 $z=a<1$，故系统是稳定的。显然

$$X(z)=\sum_{n=-\infty}^{\infty}x(n)z^{-n}=\frac{7}{8}$$

故

$$Y(z)=X(z)H(z)=\frac{7}{8}\times\frac{1}{1-az^{-1}}=\frac{7}{8}\sum_{n=0}^{\infty}(az^{-1})^{n}=\frac{7}{8}\sum_{n=0}^{\infty}a^{n}z^{-n}$$

因此输出序列为

$$y(n)=\frac{7}{8}a^{n}u(n)=\frac{7}{8}(\frac{1}{2})^{n}u(n)$$

显然，当 $n\rightarrow\infty$，$y(n)\rightarrow 0$。

下面进行有限精度运算。设存储器长为 4 位（$L=3$），故 $a=0_{\Delta}100$，$x(0)=0_{\Delta}111$，这里用符号“Δ”来代表小数点，用来表示二进制数。乘积 $ay(n-1)$ 在与 $x(n)$ 相加之前必须量化为 4 位（假设作舍入处理），因此实际输出 $\underline{\underline{y}}(n)$ 满足非线性差分方程：

$$\underline{\underline{y}}(n)=Q[a\underline{\underline{y}}(n-1)]+x(n) \tag{8.40}$$

这个方程的前几步运算过程列于表 8.1 中，可以看出，$\underline{\underline{y}}(n)$ 最后达到恒定值 $1/8=2^{-3}=2^{-L}$。若 $a=-1/2$，则经过类似的运算，最后输出 $\underline{\underline{y}}(n)$ 在 1/8 与 −1/8 之间作周期性稳定振荡，振荡周期为 2；而当 $a=1/2$，$\underline{\underline{y}}(n)$ 达到恒定值 1/8 时，振荡周期为 1。这种稳定的周期性输出称做极限环。

表 8.1　一阶 IIR 滤波器的有限精度运算过程（$a=0_{\Delta}100$）

n	$x(n)$	$\underline{\underline{y}}(n-1)$	$a\underline{\underline{y}}(n-1)$	$Q[a\underline{\underline{y}}(n-1)]$	$\underline{\underline{y}}(n)=Q[a\underline{\underline{y}}(n-1)]+x(n)$
0	$0_{\Delta}111$	$0_{\Delta}000$	$0_{\Delta}000000$	$0_{\Delta}000$	$0_{\Delta}111=7/8$
1	$0_{\Delta}000$	$0_{\Delta}111$	$0_{\Delta}011100$	$0_{\Delta}100$	$0_{\Delta}100=1/2$
2	$0_{\Delta}000$	$0_{\Delta}100$	$0_{\Delta}010000$	$0_{\Delta}010$	$0_{\Delta}010=1/4$
3	$0_{\Delta}000$	$0_{\Delta}010$	$0_{\Delta}001000$	$0_{\Delta}001$	$0_{\Delta}001=1/8$
4	$0_{\Delta}000$	$0_{\Delta}001$	$0_{\Delta}000100$	$0_{\Delta}001$	$0_{\Delta}001=1/8$

下面分析极限环的振荡幅度与字长的关系。由舍入误差范围可知：

$$|Q[a\underline{\underline{y}}(n-1)]-a\underline{\underline{y}}(n-1)|\leqslant 2^{-L}/2 \tag{8.41}$$

而当 $a=1/2$ 时，对于极限环内的 n 值，由于 $\underline{\underline{y}}(n)=\underline{\underline{y}}(n-1)$，并且 $x(n)=0$，故相当于满足差分方程：

$$\underline{\underline{y}}(n)=\underline{\underline{y}}(n-1)+x(n) \tag{8.42}$$

比较(8.40)式和(8.42)式，可得

$$Q[a\underline{\underline{y}}(n-1)]=\underline{\underline{y}}(n-1) \tag{8.43}$$

于是有

$$|Q[a\underline{\underline{y}}(n-1)]|=|\underline{\underline{y}}(n-1)| \tag{8.44}$$

又因为

$$|Q[a\underline{\underline{y}}(n-1)]|-|a\underline{\underline{y}}(n-1)|\leqslant|Q[a\underline{\underline{y}}(n-1)]-a\underline{\underline{y}}(n-1)| \tag{8.45}$$

故由(8.41)式与(8.45)式有

$$|Q[a\underline{\underline{y}}(n-1)]|-|a\underline{\underline{y}}(n-1)|\leqslant 2^{-L}/2 \tag{8.46}$$

再由(8.44)式与(8.46)式得到

$$|\underline{\underline{y}}(n-1)|-|a\underline{\underline{y}}(n-1)|\leqslant 2^{-L}/2$$

于是有

$$|\underline{\underline{y}}(n-1)|\leqslant\frac{2^{-L}/2}{1-|a|}=D \tag{8.47}$$

$D=(2^{-L}/2)/(1-|a|)$为一阶 IIR 滤波器的死区值，也即极限环振荡的幅度。当$|a|=1/2$时，$D=2^{-L}$，为量化间距。

每当输入为0，并且$|\underline{\underline{y}}(n-1)|\leqslant D$时，则节点变量$\underline{\underline{y}}(n-1)$就落入死区之内，滤波器就进入极限环状态，并且一直保持着这种工作模式，直到输入重新不为0，使输出脱离死区为止。

(8.47)式表明，极限环振荡的幅度与量化间距2^{-L}成正比，因此，增加字长可以使极限环振荡减弱。

高阶 IIR 滤波器中的极限环振荡现象更复杂，不再讨论了。当输入不是零时，量化效应还与输入信号有关。本节的分析方法，只适用于单位抽样、单位阶跃或正弦波等简单输入的情形。

习　题

8.1　将下列十进制数分别用8位(数据7位符号1位)的原码、补码、反码定点表示出来，分别考虑截尾和舍入两种情况。

$x_1=0.4375$，　$x_2=-0.4375$，　$x_3=0.9515625$，　$x_4=-0.9515625$

8.2　当以下二进制数分别是原码、补码、反码时，分别写出所代表的十进制数。

$x_1=0_{\Delta}1001$，　$x_2=0_{\Delta}1101$，　$x_3=1_{\Delta}1000$，　$x_4=1_{\Delta}1011$

8.3 将8.1题中的各个数用4位(包括符号位)定点补码表示出来,并且分别就截尾和舍入两种情况计算它们与相应的8位表示时的误差。

8.4 设输入序列 $x(n)$ 通过一量化器 $Q[\,]$ 的输入输出关系如题8.4图所示,量化器输出 $\underline{x}(n)$ 的形式为 $\underline{x}(n)=x(n)+e(n)$。误差序列 $e(n)$ 是一个平稳随机过程,它在误差范围内有均匀分布的概率密度,它的各抽样值之间互不相关,并且 $e(n)$ 与 $x(n)$ 也不相关。假设 $x(n)$ 是均值为0、方差为 σ_x^2 的平稳白噪声。

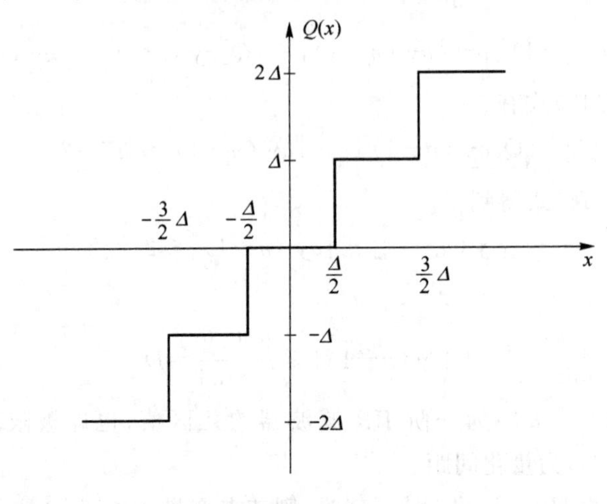

题8.4图

(a) 写出 $e(n)$ 的误差范围,求 $e(n)$ 的均值和方差。

(b) 求信噪比 σ_x^2/σ_e^2。

8.5 设一个数字系统的系统函数为

$$H(z)=\frac{0.5-0.826\,543\,321z^{-1}}{1-1.657\,823\,44z^{-1}+0.756\,622\,3z^{-2}}$$

而存储器的字长为8 bit,请写出实际的系统函数 $\underline{\underline{H}}(z)$ 的表达式。

8.6 A/D变换器的字长为 $L+1$ 位,它的输出信号通过一个单位抽样响应

$$h(n)=\frac{1}{2}[a^n+(-a)^n]u(n)$$

的离散系统,其中 $|a|\neq 1$。试确定系统输出端上量化噪声的方差,以及输出端的信噪比。

8.7 研究下面的系统函数:

$$H(z)=\frac{1-0.4z^{-1}}{1-0.9z^{-1}+0.18z^{-2}}$$

(a) 计算 $H(z)$ 的零点和极点。

(b) 若系数舍入成4位(包括符号位)的定点补码表示,计算系统函数系数量化后的零点和极点。

8.8　一个二阶IIR网络的系统函数为

$$H(z)=\frac{0.4-0.34z^{-1}}{(1-0.9z^{-1})(1-0.7z^{-1})}$$

用6位字长的定点算法来实现，尾数作舍入处理。

(a) 在正准型结构下，画出信号流图，并且标明乘积项有限字长效应所产生的误差的输入点。

(b) 计算由于乘积的有限字长效应所产生的输出噪声功率。

(c) 对于级联型结构，重复(a)、(b)。

(d) 对于并联型结构，重复(a)、(b)。

8.9　设有一数字均衡器的系统函数为

$$H(z)=\prod_{k=1}^{2}\frac{a_{0k}z^{2}+a_{1k}z+1}{(z-a_{0k})(z+a_{1k})}=\prod_{k=1}^{2}H_{k}(z)$$

其中 a_{0k} 和 a_{1k} 如下表所示：

k	a_{0k}	a_{1k}
1	0.9	0.3
2	0.7	0.1

(a) 画出二阶子网络 $H_k(z)$ 的正准型信号流图，并且标出乘积的舍入误差的馈入点。

(b) 令 $H_{a}(z)=H_{1}(z)H_{2}(z)$，再令 $H_{b}(z)=H_{2}(z)H_{1}(z)$，比较在两种不同的级联次序下乘积的舍入误差所产生的输出噪声功率的大小。

注：写出每种情况下输出噪声功率的表达式，只需要用留数定理计算这两个表达式中不同的积分以进行比较，并不需要计算表达式中的每一个积分。

8.10　一个FIR滤波器为 $H(z)=\sum\limits_{n=0}^{N-1}a_{n}z^{-n}$，用直接型结构实现，以6位(包括符号位)字长舍入方式进行量化处理。

(a) 计算由于乘积项的有限字长效应所产生的输出噪声功率 σ_{f}^{2}。

(b) 当 $N=512$ 时，若要求 $\sigma_{f}^{2}\leqslant 10^{-8}$，则字长至少应该选取多少位？

8.11　一阶IIR系统的差分方程为 $y(n)=ay(n-1)+x(n)$，已知在无限精度情况下，这个系统是稳定的。当在有限精度情况下实现时，对相乘的结果作截尾处理，因此实际的差分方程是

$$\underline{\underline{y}}(n)=Q[a\underline{\underline{y}}(n-1)]+x(n)$$

式中，$Q[\,]$ 表示截尾量化后的结果。

(a) 如果信号和乘法器系数都是原码表示的，试问当用有限精度实现时，是否存在形式为 $|\underline{\underline{y}}(n)|=|\underline{\underline{y}}(n-1)|$ 的零输入极限环？请说明理由。

(b) 上述结果对于补码截尾仍然成立吗？为什么？

附　录

A1 常用的数学知识

下面简略介绍本书用到的有关数学知识，这些知识大家在“信号与系统”里已经学过，因此只介绍其常用结论，不作证明。这里所涉及的信号（函数）都是模拟信号。

A1.1 傅里叶变换

傅里叶变换就是对信号进行频谱分析。若信号 $h(t)$ 满足绝对可积的条件，即 $\int_{-\infty}^{\infty}|h(t)|\mathrm{d}t<\infty$，则其傅里叶变换存在。此条件意指信号 $h(t)$ 在区间 $(-\infty,\infty)$ 包含有限能量，这是傅里叶变换存在的充分条件，并非必要条件。若信号 $h(t)$ 具有无限能量，但具有有限功率，即极限 $\lim\limits_{T\to\infty}\frac{1}{T}\int_{-T/2}^{T/2}h^{2}(t)\mathrm{d}t<\infty$ 存在，则此信号仍可以进行傅里叶变换。

傅里叶变换对主要有两种形式。

第一种形式：

$$\begin{aligned} H_1(f) &= \int_{-\infty}^{\infty} h_1(t)\mathrm{e}^{-\mathrm{j}2\pi ft}\,\mathrm{d}t \\ h_1(t) &= \int_{-\infty}^{\infty} H_1(f)\mathrm{e}^{\mathrm{j}2\pi ft}\,\mathrm{d}f \end{aligned} \tag{A1.1}$$

第二种形式：

$$\begin{aligned} H_2(\Omega) &= \int_{-\infty}^{\infty} h_2(t)\mathrm{e}^{-\mathrm{j}\Omega t}\,\mathrm{d}t \\ h_2(t) &= \frac{1}{2\pi}\int_{-\infty}^{\infty} H_2(\Omega)\mathrm{e}^{\mathrm{j}\Omega t}\,\mathrm{d}\Omega \end{aligned} \tag{A1.2}$$

形式二中的 Ω 为圆频率或叫做角频率，它与形式一中的频率 f 之间满足关系 $\Omega=2\pi f$，这样，两种形式的函数之间有如下关系：

$$\begin{aligned} h_2(t) &= h_1(t) \\ H_2(\Omega) &= H_2(2\pi f) = H_1(f) \end{aligned} \tag{A1.3}$$

A1.2　特殊函数

1. 单位阶跃函数

定义：

$$u(t-t_0)=\begin{cases}0 & t<t_0\\ 0.5 & t=t_0\\ 1 & t>t_0\end{cases} \tag{A1.4}$$

这里 t_0 是一个实数，表示时间的移位。图 A1.1 是其图像。

当 $t_0=0$ 时，为单位阶跃函数的常见形式 $u(t)$，其傅里叶变换为

$$\pi\delta(\Omega)+\frac{1}{\mathrm{j}\Omega} \tag{A1.5}$$

2. 矩形函数

定义：

$$\operatorname{rect}\left(\frac{t-t_0}{a}\right)=\begin{cases}0 & |t-t_0|>\dfrac{a}{2}\\ \dfrac{1}{2} & |t-t_0|=\dfrac{a}{2}\\ 1 & |t-t_0|<\dfrac{a}{2}\end{cases} \tag{A1.6}$$

这里 t_0 为实数，$a>0$，其图像如图 A1.2 所示。可以看出，矩形函数的高度为 1，中心点在 $t=t_0$ 处，宽度和面积均为 a。

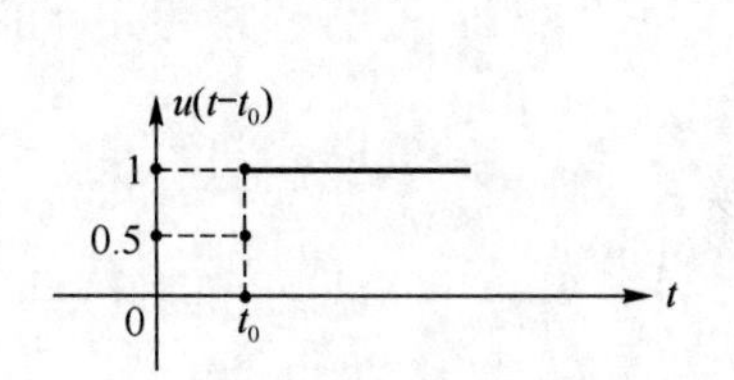

图 A1.1　单位阶跃函数

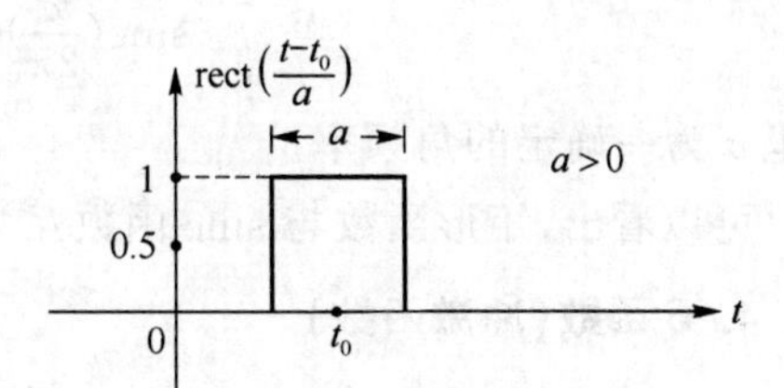

图 A1.2　矩形函数

当 $t_0=0$、$a=1$ 时，矩形函数为 $\operatorname{rect}(t)$，其傅里叶变换为

$$\operatorname{sinc}\frac{\Omega}{2\pi}=\frac{\sin\Omega/2}{\Omega/2} \tag{A1.7}$$

3. sinc 函数

定义：

$$\operatorname{sinc}(\frac{t-t_0}{a})=\frac{\sin(\pi(t-t_0)/a)}{\pi(t-t_0)/a} \tag{A1.8}$$

显然有

$$\operatorname{sinc}\left(\frac{t-t_0}{a}\right)=\operatorname{sinc}\left(\frac{t-t_0}{-a}\right)$$

因此不妨设 $a>0$ 时，其图像如图 A1.3 所示。

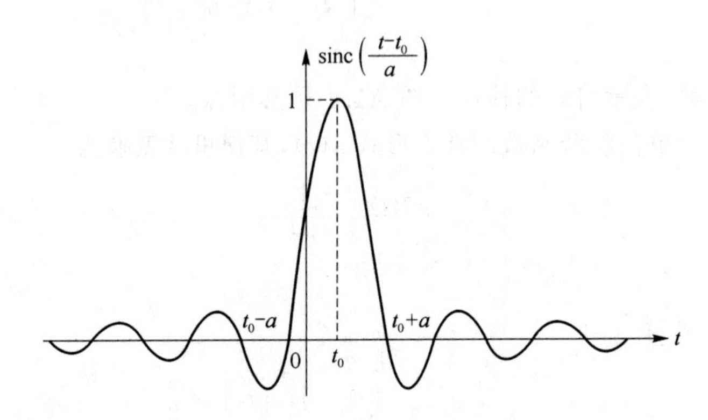

图 A1.3　sinc 函数

曲线对 t 轴形成的面积为 a，即

$$\int_{-\infty}^{\infty}\operatorname{sinc}((t-t_0)/a)\,\mathrm{d}t=a$$

sinc 函数的傅里叶变换：

$$\operatorname{sinc}(\frac{t\sigma}{2\pi})\stackrel{\mathscr{F}}{\longleftrightarrow}\frac{2\pi}{\sigma}\operatorname{rect}(\frac{\Omega}{\sigma}) \tag{A1.9}$$

这里 σ 为一确定的角频率。

可以看出，矩形函数与 sinc 函数互为傅里叶变换。

4. $\boldsymbol{\delta}$ 函数（冲激函数）

定义：

$$\delta(t-t_0)=\begin{cases}0 & t\neq t_0\\ \infty & t=t_0\end{cases} \tag{A1.10}$$

这里 t_0 为实数，其图像如图 A1.4 所示。

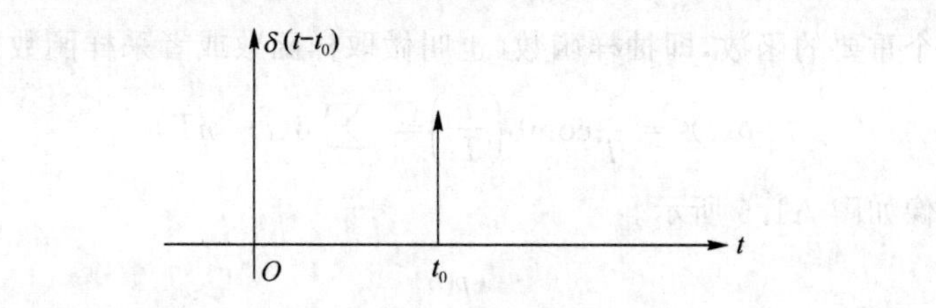

图 A1.4 δ 函数

若 $t_1 < t_0 < t_2$,则有

$$\int_{t_1}^{t_2} \delta(t-t_0)\,\mathrm{d}t = \int_{t_0^-}^{t_0^+} \delta(t-t_0)\,\mathrm{d}t = 1 \tag{A1.11}$$

即 δ 函数的面积集中在 $t=t_0$ 处,且为 1,且还有

$$\int_{t_1}^{t_2} f(t)\delta(t-t_0)\,\mathrm{d}t = f(t_0) \tag{A1.12}$$

(1) δ 函数的标尺特性:设 a 和 t_0 为实常数,则有

$$\begin{aligned} \delta(-t) &= \delta(t) \\ \delta\left(\frac{t-t_0}{a}\right) &= |a|\ \delta(t-t_0) \\ \delta(at-t_0) &= \frac{1}{|a|}\delta\left(t-\frac{t_0}{a}\right) \end{aligned} \tag{A1.13}$$

(2) δ 函数的相乘特性:

$$f(t)\delta(t-t_0) = f(t_0)\delta(t-t_0) \tag{A1.14}$$

(3) δ 函数是单位阶跃函数的导数,即

$$\delta(t-t_0) = \frac{\mathrm{d}}{\mathrm{d}t}u(t-t_0) \tag{A1.15}$$

(4) δ 函数的傅里叶变换:

$$\begin{aligned} \delta(t-t_0) &\leftrightarrow \mathrm{e}^{-\mathrm{j}\Omega t_0} \\ \mathrm{e}^{\mathrm{j}\Omega_0 t} &\leftrightarrow 2\pi\delta(\Omega-\Omega_0) \end{aligned} \tag{A1.16}$$

即 δ 函数和指数函数互为傅里叶变换。

(5) δ 函数的卷积特性:

$$\begin{aligned} f(t) * \delta(t) &= f(t) \\ f(t) * \delta(t-t_0) &= f(t-t_0) \end{aligned} \tag{A1.17}$$

5. 梳状函数

定义:

$$\mathrm{comb}\left(\frac{t-t_0}{T}\right) = \sum_{n=-\infty}^{\infty} \delta\left(\frac{t-t_0}{T} - n\right) = T\sum_{n=-\infty}^{\infty} \delta(t-t_0-nT) \tag{A1.18}$$

由此可引出一个重要的函数，即抽样函数(也叫做取样函数或者采样函数)：

$$p(t)=\frac{1}{T}\mathrm{comb}\left(\frac{t}{T}\right)=\sum_{n=-\infty}^{\infty}\delta(t-nT) \tag{A1.19}$$

抽样函数的图像如图 A1.5 所示。

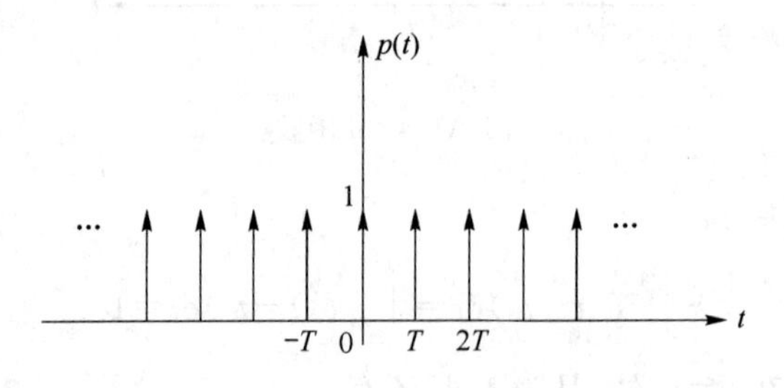

图 A1.5　抽样函数

由 δ 函数的傅里叶变换，可以得到抽样函数的傅里叶变换：

$$p(t)=\sum_{n=-\infty}^{\infty}\delta(t-nT)\xleftrightarrow{\mathscr{F}}\sum_{n=-\infty}^{\infty}\mathrm{e}^{-\mathrm{j}nT\Omega} \tag{A1.20}$$

A2 LTI 系统因果性的充分必要条件的证明

定理：一个线性时不变(LTI)系统是因果系统的充分必要条件是其单位抽样响应 $h(n)$ 当 $n<0$ 时等于 0。

证

(1) 必要性：如果一个线性时不变系统 $h(n)$ 是因果系统，则当 $n<0$ 时，$h(n)=0$。

由于是因果系统，因而对某一 n_0，设 $n<n_0$ 时有 $x_1(n)=x_2(n)$，则当 $n<n_0$ 时，也有 $y_1(n)=y_2(n)$。又由于是线性时不变系统，因此有

$$y_1(n_1)=h(n)*x_1(n)\Big|_{n=n_1}=\sum_{k=-\infty}^{\infty}h(k)x_1(n_1-k) \tag{A2.1}$$

$$y_2(n_1)=h(n)*x_2(n)\Big|_{n=n_1}=\sum_{k=-\infty}^{\infty}h(k)x_2(n_1-k) \tag{A2.2}$$

这里 $n_1<n_0$，所以，应有 $y_1(n_1)=y_2(n_1)$。

再来看(A2.1)式和(A2.2)式的右边，k 的范围是由 $-\infty$ 到 ∞。当 $k\geqslant 0$ 时，由于 $n_1-k<n_0$，故有 $x_1(n_1-k)=x_2(n_1-k)$；而当 $k<0$ 时，虽然 $n_1<n_0$，但不一定有 $n_1-k<n_0$，因此就不能保证满足 $x_1(n_1-k)=x_2(n_1-k)$。这就是说，(A2.1)式和(A2.2)式的右边不能保证相等，当然也就不能保证 $y_1(n_1)=y_2(n_1)$。但事实上，对所有小于 n_0 的 n_1 都有 $y_1(n_1)=y_2(n_1)$，因此(A2.1)式和(A2.2)式的右边必然有 $k<0$ 时，$h(k)=0$。这就是说，因果线性时不变系统必然有当 $n<0$ 时 $h(n)=0$。

(2) 充分性：如果一个线性时不变系统的单位抽样响应 $h(n)$ 当 $n<0$ 时等于零，则此 LTI 系统是因果系统。

设当 $n_1<n_0$ 时有 $x_1(n_1)=x_2(n_1)$，现在要证明 $y_1(n_1)=y_2(n_1)$。

$$y_1(n_1)=\sum_{k=-\infty}^{\infty}h(k)x_1(n_1-k)=\sum_{k=0}^{\infty}h(k)x_1(n_1-k) \tag{A2.3}$$

$$y_2(n_1)=\sum_{k=-\infty}^{\infty}h(k)x_2(n_1-k)=\sum_{k=0}^{\infty}h(k)x_2(n_1-k) \tag{A2.4}$$

当 $k\geqslant 0$ 时 $n_1-k\leqslant n_1$，所以当 $n_1<n_0$ 时一定有 $n_1-k<n_0$，于是有 $x_1(n_1-k)=x_2(n_1-k)$，因此，由(A2.3)式和(A2.4)式知 $y_1(n_1)=y_2(n_1)$。

到此已经证明了：当且仅当 $n<0$ 时单位抽样响应等于零，一个线性时不变系统是因果系统。

A3 复变函数中的一个积分的计算

下面是(2.83)式的积分

$$I(k)=\frac{1}{2\pi \mathrm{j}}\oint_{c} z^{k-1}\mathrm{d}z$$

的计算，k 为整数，c 是一条包围原点的闭合曲线。

(1) 当 $k>0$ 时，被积函数 z^{k-1} 在 $|z|<\infty$ 解析，就是说，在围线 c 上及其所包围的区域内被积函数解析，于是由柯西定理知，$I(k)=0$。

(2) 当 $k=0$ 时，

$$I(0)=\frac{1}{2\pi \mathrm{j}}\oint_{c}\frac{1}{z}\mathrm{d}z \tag{A3.1}$$

在“复变函数”中，有柯西分式：

$$f(z_0)=\frac{1}{2\pi \mathrm{j}}\oint_{c}\frac{f(z)}{z-z_0}\mathrm{d}z \tag{A3.2}$$

比较(A3.1)式和(A3.2)式的右边，若令 $f(z)=1, z_0=0$，则它们就相同，所以有

$$I(0)=f(0)=1$$

(3) 当 $k<0$ 时，可根据另一柯西公式：

$$f^{(m)}(z_0)=\frac{m!}{2\pi \mathrm{j}}\oint_{c}\frac{f(z)}{(z-z_0)^{m+1}}\mathrm{d}z$$

这里 m 为正整数，于是

$$\frac{f^{(m)}(z_0)}{m!}=\frac{1}{2\pi \mathrm{j}}\oint_{c}\frac{f(z)}{(z-z_0)^{m+1}}\mathrm{d}z \tag{A3.3}$$

而当 $k<0$ 时，有

$$I(k)=\frac{1}{2\pi \mathrm{j}}\oint_{c} z^{k-1}\mathrm{d}z=\frac{1}{2\pi \mathrm{j}}\oint_{c}\frac{1}{z^{m+1}}\mathrm{d}z \quad (m=-k) \tag{A3.4}$$

将(A3.4)式与(A3.3)式比较，若令 $f(z)=1, z_0=0$，则它们就相同；又因为常数的导数为0，所以有

$$I(k)=\frac{f^{(m)}(z_0)}{m!}=0$$

归纳起来，有

$$I(k)=\frac{1}{2\pi \mathrm{j}}\oint_{c} z^{k-1}\mathrm{d}z=\begin{cases}1 & k=0\\ 0 & k\neq 0\end{cases} \tag{A3.5}$$

A4 双线性变换法 s 平面与 z 平面的映射关系推导

将 $s=\sigma+\mathrm{j}\Omega, z=re^{\mathrm{j}\omega}$ 代入 $z=\frac{2/T_s+s}{2/T_s-s}$，得到

$$re^{\mathrm{j}\omega}=\frac{2/T_s+\sigma+\mathrm{j}\Omega}{2/T_s-\sigma-\mathrm{j}\Omega}$$

或者

$$r\cos\omega+\mathrm{j}r\sin\omega=\frac{2/T_s+\sigma+\mathrm{j}\Omega}{2/T_s-\sigma-\mathrm{j}\Omega}$$

于是有

$$\left(\frac{2}{T_s}-\sigma\right)r\cos\omega+r\Omega\sin\omega+\mathrm{j}\left(\frac{2}{T_s}-\sigma\right)r\sin\omega-\mathrm{j}r\Omega\cos\omega=\frac{2}{T_s}+\sigma+\mathrm{j}\Omega$$

即有

$$(2/T_s-\sigma)r\cos\omega+r\Omega\sin\omega=2/T_s+\sigma \tag{A4.1}$$

$$(2/T_s-\sigma)r\sin\omega-r\Omega\cos\omega=\Omega \tag{A4.2}$$

将(A4.1)式两边和(A4.2)式两边分别平方：

$$(2/T_s-\sigma)^2r^2\cos^2\omega+r^2\Omega^2\sin^2\omega+2(2/T_s-\sigma)r^2\Omega\sin\omega\cos\omega=(2/T_s+\sigma)^2$$

$$(2/T_s-\sigma)^2r^2\sin^2\omega+r^2\Omega^2\cos^2\omega-2(2/T_s-\sigma)r^2\Omega\sin\omega\cos\omega=\Omega^2$$

将这两个式子两边分别相加，并利用 $\sin^2\omega+\cos^2\omega=1$，可以得到

$$(2/T_s-\sigma)^2r^2+r^2\Omega^2=(2/T_s+\sigma)^2+\Omega^2$$

于是有

$$r^2=\frac{(2/T_s+\sigma)^2+\Omega^2}{(2/T_s-\sigma)^2+\Omega^2}$$

即有

$$r=\left[\frac{(2/T_s+\sigma)^2+\Omega^2}{(2/T_s-\sigma)^2+\Omega^2}\right]^{1/2}$$

这就是(5.72)式。

为了书写方便，令 $a=\sin\omega, b=\cos\omega$，则(A4.1)式和(A4.2)式就分别写为

$$(2/T_s-\sigma)rb+r\Omega a=2/T_s+\sigma \tag{A4.3}$$

$$(2/T_s-\sigma)ra-r\Omega b=\Omega \tag{A4.4}$$

由(A4.4)式，有

$$a=\frac{\Omega(1+rb)}{(2/T_s-\sigma)r} \tag{A4.5}$$

将 a 代入(A4.3)式,可以得到

$$(2/T_s-\sigma)^2r^2b+r\Omega^2(1+rb)=(2/T_s+\sigma)(2/T_s-\sigma)r$$

由这个式子可以解出

$$b=\frac{(2/T_s)^2-\sigma^2-\Omega^2}{r[(2/T_s-\sigma)^2+\Omega^2]} \tag{A4.6}$$

将(A4.6)式代入(A4.5)式,有

$$\begin{aligned} a &= \frac{\Omega r[(2/T_s-\sigma)^2+\Omega^2]+\Omega r[(2/T_s)^2-\sigma^2-\Omega^2]}{(2/T_s-\sigma)r^2[(2/T_s-\sigma)^2+\Omega^2]} \\ &= \frac{4\Omega/T_s}{r[(2/T_s-\sigma)^2+\Omega^2]} \end{aligned}$$

于是有

$$\begin{aligned} \tan\omega &= \frac{\sin\omega}{\cos\omega}=\frac{a}{b}=\frac{4\Omega/T_s}{(2/T_s)^2-\sigma^2-\Omega^2} \\ &= \frac{\Omega(2/T_s-\sigma)+\Omega(2/T_s+\sigma)}{(2/T_s+\sigma)(2/T_s-\sigma)-\Omega^2} \\ &= \frac{\dfrac{\Omega}{2/T_s+\sigma}+\dfrac{\Omega}{2/T_s-\sigma}}{1-\dfrac{\Omega}{2/T_s+\sigma}\cdot\dfrac{\Omega}{2/T_s-\sigma}}=\frac{\tan\alpha+\tan\beta}{1-\tan\alpha\cdot\tan\beta}=\tan(\alpha+\beta) \end{aligned} \tag{A4.7}$$

上式中

$$\tan\alpha=\frac{\Omega}{2/T_s+\sigma},\qquad \tan\beta=\frac{\Omega}{2/T_s-\sigma}$$

由(A4.7)式便得到

$$\omega=\alpha+\beta=\arctan\frac{\Omega}{2/T_s+\sigma}+\arctan\frac{\Omega}{2/T_s-\sigma}$$

这就是(5.73)式。

A5 本书所用的符号、术语以及英文缩写词一览表

*	离散信号的线性卷积运算符
$\otimes$	有限长序列的循环卷积运算符
$\delta(t)$	δ 函数，冲激函数
$\delta(n)$	单位抽样序列，冲激序列
$\psi_{n}(t)$	内插函数
ω	数字角频率
Ω	模拟角频率
Ω_{s}	抽样角频率
Ω_{1},ω_{1}	滤波器的通带边界频率
Ω_{2},ω_{2}	滤波器的阻带边界频率
σ_{e}^{2}	量化噪声的方差，量化噪声的功率
A/D 变换	模拟到数字的变换
a^{n}	实指数序列（a 为实数，$a\neq 0$）
CZT	线性调频 z 变换
D/A 变换	数字到模拟的变换
DFS	离散傅里叶级数
DFT	离散傅里叶变换
DTFT	离散时间傅里叶变换，离散信号的傅里叶变换
$E(\ )$	误差函数
e_{r}	舍入处理的量化误差
e_{t}	截尾处理的量化误差
f	模拟频率
f_{s}	抽样频率
FFT	快速傅里叶变换
FIR	有限冲激响应
$h_{a}(t)$	模拟滤波器的冲激响应
$h(n)$	数字滤波器的冲激响应，离散系统的单位抽样响应

续 表

$H_a(s)$	模拟滤波器的系统函数
$H(z)$	数字滤波器的系统函数，离散系统的系统函数
$H_l(z)$	原型低通数字滤波器的系统函数
$H_d(Z)$	变换后的数字滤波器的系统函数
$H_a(j\Omega)$，$H_a(\Omega)$	模拟滤波器的频率响应
$H(e^{j\Omega T_s})$	数字滤波器的频率响应(用模拟角频率表示)
$H(e^{j\omega})$	数字滤波器的频率响应(用数字(角)频率表示)
IDFT	离散傅里叶反变换
IFFT	快速傅里叶反变换
IIR	无限冲激响应
LTI 系统	线性时不变系统
m_e	量化噪声的均值
$p(t)$	抽样函数
q	量化间距
$\mathrm{rect}(t)$	矩形函数
$r_N(n)$	矩形序列
$\mathrm{sinc}(t)$	sinc 函数
$\sin(n\omega_0)$	正弦序列
T_s	抽样周期
$u(t)$	单位阶跃函数
$u(n)$	单位阶跃序列
$x_e(n)$	复序列的共轭对称部分；实序列的偶序列部分
$x_o(n)$	复序列的共轭反对称部分；实序列的奇序列部分
$\tilde{x}(n)$	周期序列；有限长序列 $x(n)$ 的周期延拓
$\underline{\underline{x}}(n)$	对 $x(n)$ 量化后得到的序列，含有量化噪声的序列
$X_e(e^{j\omega})$	数字频谱函数的共轭对称部分
$X_o(e^{j\omega})$	数字频谱函数的共轭反对称部分

参 考 文 献

1. W. D. Stanley. 数字信号处理. 常迥，译. 北京：科学出版社，1979.
2. E. O. Brigham. 快速傅里叶变换. 柳群，译. 上海：上海科学技术出版社，1979.
3. S. L. Marple. A New Autoregressive Spectrum Analysis Algorithms. IEEE Trans. on ASSP-28, August，1980.
4. L·R·拉宾纳，B·戈尔德. 数字信号处理的原理与应用. 史令启，译. 北京：国防工业出版社，1982.
5. S. A. Tretter. 离散时间信号处理导论. 王平孙，译. 北京：高等教育出版社，1982.
6. 黄顺吉. 数字信号处理及其应用. 北京：国防工业出版社，1982.
7. A·V·奥本海姆，R·W·谢弗. 数字信号处理. 董士嘉，杨辉增，译. 北京：科学出版社，1983.
8. 何振亚. 数字信号处理的理论与应用(上、下). 北京：人民邮电出版社，1983.
9. Maurice Bellanger. Digital Processing of Signals. Theory and Practice，1984.
10. 邹理和. 数字信号处理. 北京：国防工业出版社，1985.
11. T. J. Terrell. 数字滤波器引论. 程佩青，译. 北京：清华大学出版社，1986.
12. S. L. Mapple. Digital Spectral Analysis with Applications. Prentice－Hall，1987.
13. W. P. Parks，S. C. Burrus. Digital Filter Design. John Wiley & Sons，Inc.，New York，1987.
14. 全子一，等. 数字信号处理. 北京：人民邮电出版社，1988.
15. A. V. Oppenheim，R. W. Schaffer. Discrete Time Signal Processing. Prentice-Hall Inc.，1989.
16. J. G. Proakis，C. M. Rader，F. Ling，C. L. Nikias. Advanced Digital Signal Processing. Macmillan Publishing Company，1992.
17. L. J. Nicolson，B. M. G. Cheetham. Simulated Annealing Applied to the Design of IIR Digital Filters by Multiple Criterion Optimisation. Workshop on Natural Algorithms inSignal Processing，Chelmsford，Essex，14～16Nov.，1993，6/1～6/7.
18. 杨行峻，迟惠生，等. 语音信号数字处理. 北京：电子工业出版社，1995.
19. 吴湘淇. 信号、系统与信号处理(上、下). 北京：电子工业出版社，1996.
20. A. V. Oppenheim，A. S. Willsky. 信号与系统. 2版. 刘树棠，译. 西安：西安交通大学出版社，1998.
21. 赵尔沅，周利清，张延平. 数字信号处理实用教程. 北京：人民邮电出版社，1999.
22. 程佩青. 数字信号处理教程. 2版. 北京：清华大学出版社，2001.

23. 全子一,周利清,门爱东. 数字信号处理基础. 北京:北京邮电大学出版社,2002.
24. Joyce Van de Vegte. 数字信号处理基础. 候正信,王国安,等,译. 北京:电子工业出版社,2003.
25. Vinay K. Ingle,John G. Proakis. Digital Signal Processing Using Matlab. 北京:科学出版社,2003.
26. 陈后金. 数字信号处理. 北京:高等教育出版社,2004.
27. Sanjit K. Mitra. Digital Signal Processing—A Computer—Based Approach. 北京:电子工业出版社,2005.
28. 胡广书. 数字信号处理导论. 北京:清华大学出版社,2005.
29. [美] James H. McClellan, Ronald W. Schafer, Mark A. Yoder. 信号处理引论. 周利清,等,译. 北京:电子工业出版社,2005.
30. R. E. Crochiere and L. R. Rabiner. Multirate Digital Signal Processing. Prentice Hall Inc., Englewood Cliffs, New Jersey,1983.
31. P. P. Vaidyanathan, Multirate Digital Filters. Filter Banks. Polyphase Networks and Applications: A Tutirial;Proc. Of IEEE, 78:pp. 56-93,1990.
32. P. P. Vaidyanathan. Multirate Systems ahd Filter Banks. Prentice Hall Inc., 1993.
33. N. J. Fliege. Multirate Digital Signal Processing. Chichester: John Wiley & Sons, 1994.
34. [美] Sanjit K. Mitra. 数字信号处理——基于计算机的方法. 孙洪,余翔宇,等,译. 北京:电子工业出版社,2005.